全国技工院校"十二五"系列规划教材·高级工

常用电力拖动控制线路安装与维修

（任务驱动模式）

主　编　冯志坚　邢贵宁
副主编　苗素华　袁　红　王昌龙
参　编　高玉泉　李卫国　姚　坚　李　动　周　俊
主　审　杨杰忠

机械工业出版社

本书是依据《国家职业技能标准　维修电工》高级的知识要求和技能要求，按照岗位培训需要的原则编写的，主要内容包括三相异步电动机基本控制电路的安装与维修以及常用生产机械的电气控制电路及其安装、调试与维修。本书以能力为本位，加强了实践能力的培养，突出职业教育的特色，在编写模式上采用任务驱动模式，使内容更加符合学生的认知规律，为了强化知识点，在每个单元都有考证要点。为了配合教学，本书还配套了教学用电子课件。

本书可作为技工院校、职业院校电工及其他相关专业的一体化教材，也可作为维修电工中级、高级的培训教材。

图书在版编目（CIP）数据

常用电力拖动控制线路安装与维修：任务驱动模式
/冯志坚，邢贵宁主编．—北京：机械工业出版社，
2012.6（2017.8重印）
全国技工院校"十二五"系列规划教材．高级工
ISBN 978 - 7 - 111 - 38179 - 2

Ⅰ．①常…　Ⅱ．①冯…②邢…　Ⅲ．①电力拖动 - 自动控制系统 - 控制电路 - 安装 - 技工学校 - 教材②电力拖动 - 自动控制系统 - 控制电路 - 维修 - 技工学校 - 教材
Ⅳ．① TM921.5

中国版本图书馆 CIP 数据核字（2012）第 080835 号

机械工业出版社（北京市百万庄大街22号　邮政编码100037）
策划编辑：陈玉芝　责任编辑：陈玉芝　王　荣
版式设计：霍永明　责任校对：陈秀丽　胡艳萍
封面设计：张　静　责任印制：常天培
涿州市京南印刷厂印刷
2017 年 8 月第 1 版·第 3 次印刷
184mm×260mm·24.75 印张·610 千字
4 501—6 400 册
标准书号：ISBN 978 - 7 - 111 - 38179 - 2
定价：45.00 元

凡购本书，如有缺页、倒页、脱页，由本社发行部调换
电话服务　　　　　　　　　　网络服务
社服务中心：（010）88361066　门户网：http://www.cmpbook.com
销售一部：（010）68326294
销售二部：（010）88379649　教材网：http://www.cmpedu.com
读者购书热线：（010）88379203　**封面无防伪标均为盗版**

全国技工院校"十二五"系列规划教材
编审委员会

序

"十二五"期间，加速转变生产方式，调整产业结构，将是我国国民经济和社会发展的重中之重。而要完成这种转变和调整，就必须有一大批高素质的技能型人才作为后盾。根据《国家中长期人才发展规划纲要（2010—2020年）》的要求，至2020年，我国高技能人才占技能劳动者的比例将由2008年的24.4%上升到28%（目前一些经济发达国家的这个比例已达到40%）。可以预见，作为高技能人才培养重要组成部分的高级技工教育，在未来的10年必将会迎来一个高速发展的黄金期。近几年来，各职业院校都在积极开展高级工培养的试点工作，并取得了较好的效果。但由于起步较晚，课程体系、教学模式都还有待完善与提高，教材建设也相对滞后，至今还没有一套适合高级技工教育快速发展需要的成体系、高质量的教材。即使一些专业（工种）有高级工教材也不是很完善，或是内容陈旧、实用性不强，或是形式单一、无法突出高技能人才培养的特色，更没有形成合理的体系。因此，开发一套体系完整、特色鲜明、适合理论实践一体化教学、反映企业最新技术与工艺的高级工教材，就成为高级技工教育亟待解决的课题。

鉴于高级技工教材短缺的现状，机械工业出版社与中国机械工业教育协会从2010年10月开始，组织相关人员，采用走访、问卷调查、座谈等方式，对全国有代表性的机电行业企业、部分省市的职业院校进行了历时6个月的深入调研。对目前企业对高级工的知识、技能要求，各学校高级工教育教学现状、教学和课程改革情况以及对教材的需求等有了比较清晰的认识。在此基础上，他们紧紧依托行业优势，以为企业输送满足其岗位需求的合格人才为最终目标，组织了行业和技能教育方面的专家精心规划了教材书目，对编写内容、编写模式等进行了深入探讨，形成了本系列教材的基本编写框架。为保证教材的编写质量、编写队伍的专业性和权威性，2011年5月，他们面向全国技工院校公开征稿，共收到来自全国22个省（直辖市）的110多所学校的600多份申报材料。组织专家对作者及教材编写大纲进行了严格评审，决定首批启动编写机械加工制造类专业、电工电子类专业、汽车检测与维修专业、计算机技术相关专业教材以及部分公共基础课教材等，共计80余种。

本套教材的编写指导思想明确，坚持以达到国家职业技能鉴定标准和就业能力为目标，以各专业的工作内容为主线，以工作任务为引领，由浅入深，循序渐进，精简理论，突出核心技能与实操能力，使理论与实践融为一体，充分体现"教、学、做合一"的教学思想，致力于构建符合当前教学改革方向的，以培养应用型、技术型、创新型人才为目标的教材体系。

本套教材重点突出了如下三个特色：一是"新"字当头，即体系新、模式新、内容新。

体系新是把教材以学科体系为主转变为以专业技术体系为主；模式新是把教材传统章节模式转变为以工作过程的项目为主；内容新是教材充分反映了新材料、新工艺、新技术、新方法。二是注重科学性。教材从体系、模式到内容符合教学规律，符合国内外制造技术水平实际情况。在具体任务和实例的选取上，突出先进性、实用性和典型性，便于组织教学，以提高学生的学习效率。三是体现普适性。由于当前高级工生源既有中职毕业生，又有高中生，各自学制也不同，还要考虑到在职人群，教材内容安排上尽量照顾到了不同的求学者，适用面比较广泛。

此外，本套教材还配备了电子教学课件，以及相应的习题集，实验、实习教程，现场操作视频等，初步实现教材的立体化。

我相信，这套教材的编辑出版，对深化职业技术教育改革，提高高级工培养的质量，都会起到积极的作用。在此，我谨向各位作者和所在单位及为这套教材出力的学者表示衷心的感谢。

原机械工业部教育司副司长
中国机械工业教育协会高级顾问
郭广发

V

前　言

　　教材是反映教学内容和课程体系的重要标志，是提高教学质量的重要保证，教学内容和课程体系改革最终必须落实到教材上。本书依据国家职业标准编写，知识体系由基础知识、相关知识、专业知识和操作技能训练4部分构成，知识体系中各个知识点和操作技能都以任务的形式出现。本书精心选择教学内容，对专业技术理论及相关知识并没有追求面面俱到，过分强调学科的理论性、系统性和完整性，但力求涵盖了国家职业标准中必须掌握的知识和具备的技能。

　　本书共分两大模块，即三相异步电动机基本控制电路的安装（模块一）与维修和常用生产机械的电气控制电路及其安装、调试与维修（模块二），模块一为基础部分，模块二为应用部分。模块一中，根据对三相异步电动机的不同控制要求划分为7个单元；模块二中，根据不同的生产机械划分为5个单元。每个单元又划分为不同的任务。在任务的选择上，以典型的工作任务为载体，坚持以能力为本位，重视实践能力的培养；在内容的组织上，整合相应的知识和技能，实现理论和操作的统一，有利于实现"理实一体化"教学，充分体现了认知规律。

　　本书是在充分吸收国内外职业教育先进理念的基础上，总结了众多学校一体化教学改革的经验，集众多一线教师多年的教学经验和智慧完成的。在编写过程中，力求实现内容通俗易懂，既方便教师教学，又方便学生自学。特别是在操作技能部分，图文并茂，侧重于对电路安装完成后的学生自检过程、通电试车过程和故障检修内容的细化，以提高学生在实际工作中分析和解决故障的能力，实现职业教育与社会生产实际的紧密结合。

　　本书在编写过程中得到了江苏省淮安技师学院、河北省衡水技师学院、广西机电技师学院、天津市人力资源和社会保障局第二职业技术学校、石家庄高级技工学校、徐州机电工程学校的领导和同行们的大力支持和帮助，在此一并表示感谢。同时也对书末参考文献的作者表示感谢！

　　由于编者水平有限，错漏及不足之处在所难免，敬请读者批评指正。

编　者

目 录

模块一　三相异步电动机基本控制电路的安装与维修

在现代化工业大生产中，大量使用各式各样的生产机械，这些生产机械的工作机构是通过电动机来拖动的，如车床、钻床、磨床、铣床等，人们把这种工作方式称为电力拖动，即用电动机拖动生产机械的工作机构使之运转的一种方法。

由于现代电网普遍采用三相交流电，而三相异步电动机又具有结构简单、工作可靠、价格低廉、维护方便、效率较高、体积小和重量轻等一系列优点，比直流电动机有更好的性价比，因此三相异步电动机比直流电动机使用得更广泛。在各行各业的电力拖动生产设备中，三相异步电动机是所有电动机中应用最广泛的一种。

在生产实践中，各种生产机械需用的电器类型和数量各不相同，构成的控制电路也不同，一台生产机械的控制电路可以比较简单，也可能相当复杂，但任何复杂的控制电路也总是由一些基本控制电路有机地组合起来的。常见三相异步电动机的基本控制电路有以下几种：点动控制电路、正转控制电路、正反转控制电路、位置控制电路、顺序控制电路、多地控制电路、减压起动控制电路、调速控制电路和制动控制电路等。

单元 1　三相异步电动机正转控制电路的安装与维修

在许多生产机械中，对工作机构的运动方向始终是一致的，因此要求电动机的转动方向要保持不变，人们将这种控制方式称为正转控制。本单元将介绍三相异步电动机手动正转控制电路、点动控制电路、接触器自锁控制电路、连续与点动混合正转控制电路和多地控制正转控制电路。

任务 1　三相异步电动机手动正转控制电路的安装与维修

知识目标

1. 正确理解三相异步电动机手动正转控制电路的工作原理。
2. 掌握开启式负荷开关、封闭式负荷开关和组合开关选用和安装要求。
3. 能正确识读三相异步电动机手动正转控制电路的原理图、接线图和布置图。

能力目标

1. 会按照工艺要求正确安装开启式负荷开关、封闭式负荷开关和组合开关手动控制三相异步电动机正转控制电路。

2. 初步掌握开启式负荷开关、封闭式负荷开关和组合开关的选用方法与简单检修。

3. 能根据故障现象，检修开启式负荷开关、封闭式负荷开关和组合开关控制三相异步电动机起动控制电路。

 任务描述（见表 1-1-1）

表 1-1-1 任务描述

工作任务	要　　求
1. 分别完成用开启式负荷开关、封闭式负荷开关和组合开关控制三相异步电动机正转控制电路的安装	1. 正确绘制元器件布置图和接线图 2. 元器件安装要正确、牢固 3. 安装布线要符合工艺要求 4. 通电试车时要严格遵守安全规程
2. 完成开启式负荷开关、封闭式负荷开关和组合开关控制三相异步电动机正转控制电路的检修	1. 理解电路的工作原理,掌握分析故障的方法 2. 带电检测故障电路时要严格遵守安全规程 3. 维修过程要符合工艺要求

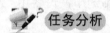 **任务分析**

> **想一想**：仔细回顾一下，以前学习的三相异步电动机的知识，三相异步电动机的定子绕组接通三相交流电，则电动机运转。

要完成本任务就需要对连接三相异步电动机定子绕组的电源线路进行手动开关控制。工业生产机械中，常用于三相异步电动机控制的开关电器有开启式负荷开关、封闭式负荷开关和组合开关。常见的三相异步电动机手动正转控制电路如图 1-1-1 所示。

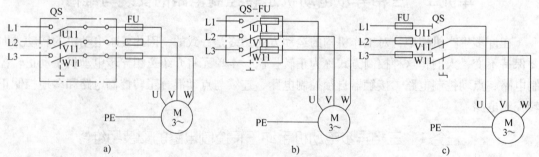

图 1-1-1　三相异步电动机手动正转控制电路

a）用开启式负荷开关控制　b）用封闭式负荷开关控制　c）用组合开关控制

一、电路构成

从图 1-1-1 看出，电路由开关（开启式负荷开关、封闭式负荷开关、组合开关）、熔断器、三相异步电动机和连接导线组成。

其中，图 1-1-1a 中的 QS 为开启式负荷开关，FU 为熔断器；图 1-1-1b 中的 QS-FU 为封闭式负荷开关；图 1-1-1c 中的 FU 为熔断器，QS 为组合开关；它们统称为低压电器。它们的作用如下：

（1）低压开关（负荷开关、组合开关、低压断路器） 电源控制开关。

（2）熔断器 作短路保护。

【所谓电器就是一种能根据外界的信号和要求，手动或自动地接通或断开电路，实现对电路或非电对象进行切换、控制、保护、检测和调节的元器件或设备。】

根据工作电压的高低，电器可分为高压电器和低压电器。工作在交流额定电压1200V及以下、直流额定电压1500V及以下的电器称为低压电器。低压电器作为基本器件，广泛应用于输配电系统和电力拖动系统中，在实际生产中起着非常重要的作用。

低压电器的种类繁多，分类方法也很多，常见的分类方法见表1-1-2。

表1-1-2 低压电器常见的分类方法

分类方法	类 别	说明及用途
按低压电器的用途和所控制的对象分	低压配电电器	包括低压开关、低压熔断器等，主要用于低压配电系统及动力设备中
	低压控制电器	包括接触器、继电器、电磁铁等，主要用于电力拖动与自动控制系统中
按低压电器的动作方式分	自动切换电器	依靠电器本身参数的变化或外来信号的作用，自动完成接通或分断等动作的电器，如接触器、继电器等
	非自动切换电器	主要依靠外力（如手控）直接操作来进行切换的电器，如按钮、低压开关等
按低压电器的执行机构分	有触头电器	具有可分离的动触头和静触头，利用触头的接触和分离以实现电路的接通和断开控制，如接触器、继电器等
	无触头电器	没有可分离的触头，主要利用半导体器件的开关效应来实现电路的通断控制，如接近开关、固态继电器等

二、工作原理分析

如图1-1-1所示，手动三相异步电动机正转控制电路是由三相电源L1、L2、L3，开启式负荷开关（或封闭式负荷开关、组合开关），熔断器和三相交流异步电动机构成的。当开启式负荷开关（或封闭式负荷开关、组合开关）QS闭合，三相电源经开启式负荷开关（或封闭式负荷开关、组合开关）、熔断器流入电动机，电动机运转；打开QS，三相电源断开，电动机停转。

 相关知识

一、低压开关

低压开关主要作隔离、转换及接通和分断电路用，多数用做机床电路的电源开关和局部照明电路的开关，有时也可用来直接控制小功率电动机的起动、停止和正反转。低压开关一般为非自动切换电器，常用的有开启式负荷开关、封闭式负荷开关、组合开关和低压断路器。

1. 开启式负荷开关

（1）结构符号 开启式负荷开关俗称瓷底胶盖刀开关，简称刀开关。生产中常用的是HK系列开启式负荷开关，适用于照明、电热设备及小功率电动机控制电路中，供手动和不频繁接通和分断电路，并起短路保护。HK系列负荷开关由刀开关和熔断器组合而成，其外形结构和图形符号如图1-1-2所示。

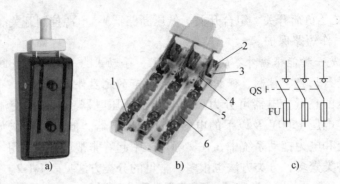

图 1-1-2 HK 系列开启式负荷开关
a) 外形 b) 结构 c) 图形符号
1—出线座 2—进线座 3—静触头 4—动触头 5—瓷底座 6—熔体

开启式负荷开关的型号及含义如下：

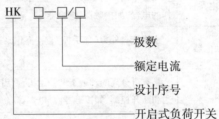

HK 系列开启式负荷开关的主要技术参数见表 1-1-3。

表 1-1-3 HK 系列开启式负荷开关的主要技术数据

型号	极数	额定电流 /A	额定电压 /V	可控制电动机最大功率/kW		配用熔丝规格			
						熔丝成分(%)			熔丝线径/mm
				220V	380V	铅	锡	锑	
HK1—15	2	15	220	—	—				1.45 ~ 1.59
HK1—30	2	30	220	—	—				2.30 ~ 2.52
HK1—60	2	60	220	—	—	98	1	1	3.36 ~ 4.00
HK1—15	3	15	380	1.5	2.2				1.45 ~ 1.59
HK1—30	3	30	380	3.0	4.0				2.30 ~ 2.52
HK1—60	3	60	380	4.5	5.5				3.36 ~ 4.00

（2）选用

1）用于照明和电热负载时，选用额定电压 220V 或 250V、额定电流不小于电路所有负载额定电流之和的两极开关。

2）用于控制电动机的直接起动和停止时，选用额定电压 380V 或 500V、额定电流不小于电动机额定电流 3 倍的三极开关。

> 提醒 HK 系列开启式负荷开关用于一般的照明电路和功率小于 5.5kW 的电动机控制电路中。但这种开关没有专门的灭弧装置，其刀式动触头和静夹座易被电弧灼伤引起接触不良，因此不宜用于操作频繁的电路。

2. 封闭式负荷开关

（1）结构符号 封闭式负荷开关因外壳为铸铁或用薄钢板冲压而成，故俗称铁壳开关，如图 1-1-3 所示，其是在开启式负荷开关基础上改进设计的一种开关，灭弧性能、操作性能、通断能力、安全防护性能等都优于刀开关。

封闭式负荷开关主要由触头系统（包括动触刀和静夹座）、操动机构（包括手柄、转轴和速断弹簧）、熔断器、灭弧装置和外壳构成。

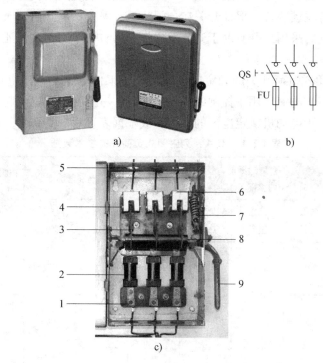

图 1-1-3 HH3 系列封闭式负荷开关

a）外形 b）图形符号 c）结构

1—出线孔 2—熔断器 3—动触刀 4—静夹座 5—进线孔
6—灭弧罩 7—速断弹簧 8—转轴 9—手柄

HH 系列封闭式负荷开关的触头和灭弧有两种形式，一种是双断点楔形转动式触头，其动触刀为 U 形双刀片固定在方形绝缘转轴上，静夹座固定在瓷质 E 形灭弧室上，两断口间还隔有瓷板；另一种是单断点楔形触头，其结构与一般刀开关相仿，灭弧室是由钢纸板和去离子栅片构成的。

封闭式负荷开关的型号及含义如下：

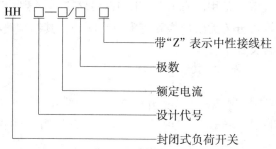

（2）动作原理　封闭式负荷开关的操动机构具有以下两个特点：一是采用储能分合闸方式，这种储能操动机构是一根一端装在外壳上，另一端扣在操作手柄转轴上的弹簧。当转动操作手柄使开关合闸或分闸时，在开始阶段，动触刀不移动，只使弹簧被拉伸，从而储存一定的能量，一旦转轴转过了一定角度，弹簧力就使动触刀迅速地插入或离开静夹座，其分合速度与手柄操作速度无关。这样一来，大大地提高了开关的合闸和分闸速度，缩短了开关的通断时间，因而也提高了开关的通断能力和降低了触头系统的电气磨损，延长了开关的使用寿命。第二是设有联锁装置，保证开关在合闸状态开关盖不能开启，而当开关盖开启时又不能合闸。联锁装置的采用，既有助于充分发挥外壳的防护作用，又保证了更换熔丝等操作的安全。

（3）选用　封闭式负荷开关的额定电压应不小于工作电路的额定电压；额定电流应等于或稍大于电路的工作电流。用于控制电动机工作时，考虑到电动机的起动电流较大，应使开关的额定电流不小于电动机额定电流的 3 倍，或根据表 1-1-4 选择。

表 1-1-4　HH4 系列封闭式负荷开关技术数据

型号	额定电流 /A	开关极限通断能力（在 110% 额定电压时）			熔断器极限通断能力			控制电动机最大功率 /kW	熔体额定电流 /A	熔体（纯铜丝）直径 /mm
		通断电流 /A	功率因数	通断次数 /次	分断电流 /A	功率因数	分断次数 /次			
HH4—15/3Z	15	60	0.5	10	750	0.8	2	3.0	6	0.26
									10	0.35
									15	0.46
HH4—30/3Z	30	120			1500	0.7		7.5	20	0.65
									25	0.71
									30	0.81
HH4—60/3Z	60	240	0.4		3000	0.6		13	40	0.92
									50	1.07
									60	1.20

目前，由于封闭式负荷开关的体积大，操作费力，使用有逐步减少的趋势，取而代之的是大量使用的低压断路器。

3. 组合开关

（1）结构和符号　组合开关又称为转换开关，它的操作手柄是在平行于其安装面的平面内向左或向右转动。它具有多触头、多位置、体积小、性能可靠、操作方便和安装灵活等特点。组合开关的种类很多，常用的有 HZ5、HZ10、HZ15 等系列。

转换开关按操动机构可分为无限位型和有限位型两种，其结构略有不同。

组合开关的型号及含义如下：

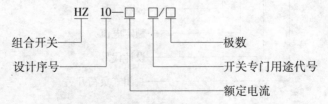

HZ10—10/3 型组合开关如图 1-1-4 所示。

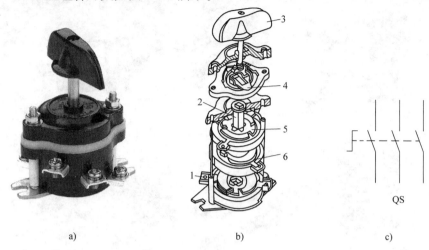

图 1-1-4 HZ10—10/3 型组合开关

a) 外形 b) 结构 c) 图形符号

1—接线端 2—绝缘方轴 3—手柄 4—凸轮 5—动触头 6—静触头

（2）组合开关的主要技术数据及选用 组合开关可分为单极、双极和多极三类，主要参数有额定电压、额定电流和极数等，额定电流有 10A、20A、40A、60A 等几个等级。HZ10 系列组合开关的主要技术数据见表 1-1-5。

表 1-1-5 HZ10 系列组合开关的主要技术数据

型　号	额定电压/V	额定电流/A		380V 时可控制电动机的功率/kW
		单极	三极	
HZ10—10	直流 220V 或交流 380V	6	10	1
HZ10—25		—	25	3.3
HZ10—60		—	60	5.5
HZ10—100		—	100	—

如本任务需控制的电动机（丫112M—4，4 kW，380 V，8.8A，△联结），根据表 1-1-4 查得，满足额定 380V，可控制电动机最大功率大于 4kW 的，需用型号为 HZ10—60 型组合开关满足任务需要。

> **提醒** 组合开关应根据电源种类、电压等级、所需触头数、接线方式和负载容量进行选用。用于控制小型异步电动机的运转时，开关的额定电流一般取电动机额定电流的 1.5~2.5 倍。

二、低压熔断器

低压熔断器是低压配电系统和电力拖动系统中的保护电器。几种低压熔断器外形如图 1-1-5 所示。在使用时，熔断器串接在所保护的电路中，当该电路发生过载或短路故障时，通过熔断器的电流达到或超过了某一规定值，以其自身产生的热量使熔体熔断而自动切断电路，起到保护作用。电气设备的电流保护有过载延时保护和短路瞬时保护两种主要形式。

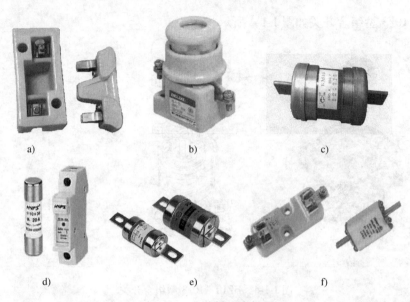

图 1-1-5　几种低压熔断器

a）瓷插式　b）RL1、RLS 系列螺旋式　c）RM10 系列无填料密封管式

d）RT18 系列圆筒帽形　e）RT15 系列螺栓连接　f）RT0 系列有填料密封管式

> **提醒**　过载一般是指 10 倍额定电流以下的过电流，短路则是指 10 倍额定电流以上的过电流。但应注意，过载保护和短路保护决不仅是电流倍数的不同，实际上无论从特性方面、参数方面还是工作原理方面来看，差异都很大。

1. 熔断器的结构和符号

熔断器主要由熔体、安装熔体的熔管和熔座 3 部分组成，如图 1-1-6a 所示。

熔体是熔断器的核心，常做成丝状、片状或栅状，制作熔体的材料一般有铅锡合金、锌、铜、银等，根据保护的要求而定。熔管是熔体的保护外壳，用耐热绝缘材料制成，在熔体熔断时兼有灭弧作用。熔座是熔断器的底座，作用是固定熔管和外接引线。

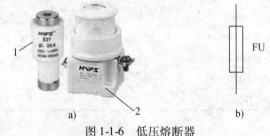

图 1-1-6　低压熔断器

a）RL6 系列螺旋式熔断器　b）图形符号

1—熔管，内装熔体　2—熔座

2. 型号含义

熔断器型号及含义如下：

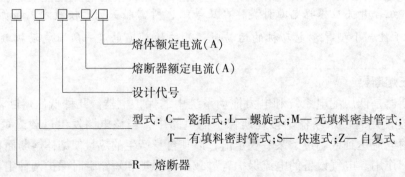

- 熔体额定电流(A)
- 熔断器额定电流(A)
- 设计代号
- 型式：C— 瓷插式；L— 螺旋式；M— 无填料密封管式；T— 有填料密封管式；S— 快速式；Z— 自复式
- R— 熔断器

如型号 RC1A—15/10 中，R 表示熔断器，C 表示瓷插式，设计代号为 1A，熔断器额定电流是 15A，熔体额定电流是 10A。

3. 熔断器的主要技术参数

（1）额定电压 是指熔断器长期工作所能承受的电压。如果熔断器的实际工作电压大于其额定电压，熔体熔断时可能会发生电弧不能熄灭的危险。

（2）额定电流 是指保证熔断器能长期正常工作的电流，是由熔断器各部分长期工作时的允许温升决定的。

（3）分断能力 是指在规定的使用和性能条件下，在规定电压下熔断器能分断的预期分断电流值。常用极限分断电流值来表示。

（4）时间-电流特性 也称为安-秒特性或保护特性，是指在规定的条件下，表征流过熔体的电流与熔体熔断时间的关系曲线。一般熔断器的熔断电流与熔断时间的关系见表1-1-6。

表1-1-6 熔断器的熔断电流与熔断时间的关系

熔断电流 I_S/A	$1.25I_N$	$1.6I_N$	$2.0I_N$	$2.5I_N$	$3.0I_N$	$4.0I_N$	$8.0I_N$	$10.0I_N$
熔断时间/s	∞	3600	40	8	4.5	2.5	1	0.4

由表1-1-6 可以看出，熔断器的熔断时间随电流的增大而减小。熔断器对过载反应是很不灵敏的，当电气设备发生轻度过载时，熔断器将持续很长时间才熔断，有时甚至不熔断。因此，除在照明和电加热电路外，熔断器一般不宜用做过载保护，主要用做短路保护。

4. 熔断器的选择

（1）熔断器类型的选用 根据使用环境、负载性质和短路电流的大小选用适当类型的熔断器。例如，对于容量较小的照明电路，可选用 RT 系列圆筒帽形熔断器或 RC1A 系列瓷插式熔断器；对于短路电流相当大或有易燃气体的地方，应选用 RT 系列有填料密封管式熔断器；在机床控制电路中，多选用 RL 系列螺旋式熔断器；用于半导体功率元器件及晶闸管的保护时，应选用 RS 或 RLS 系列快速熔断器。

（2）熔断器额定电压和额定电流的选用 熔断器的额定电压必须不小于电路的额定电压；熔断器的额定电流必须不小于所装熔体的额定电流；熔断器的分断能力应大于电路中可能出现的最大短路电流。

（3）熔体额定电流的选用

1）对照明和电热等电流较平稳、无冲击电流的负载的短路保护，熔体的额定电流应等于或稍大于负载的额定电流。

2）对一台不经常起动且起动时间不长的电动机的短路保护，熔体的额定电流 I_{RN} 应不小于 1.5 ~ 2.5 倍电动机额定电流 I_N，即

$$I_{RN} \geq (1.5 \sim 2.5)I_N$$

3）对一台起动频繁且连续运行的电动机的短路保护，熔体的额定电流 I_{RN} 应不小于 3 ~ 3.5 倍电动机额定电流 I_N，即

$$I_{RN} \geq (3 \sim 3.5)I_N$$

4）对多台电动机的短路保护，熔体的额定电流应不小于其中最大功率电动机的额定电流 I_{Nmax} 的 1.5 ~ 2.5 倍，加上其余电动机额定电流的总和 $\sum I_N$，即

$$I_{RN} \geq (1.5 \sim 2.5)I_{Nmax} + \sum I_N$$

任务准备

一、分析绘制元器件布置图和接线图

1. 绘制元器件布置图

（1）布置图　是根据元器件在控制板上的实际安装位置，采用简化的外形符号（如正方形、矩形、圆形等）而绘制的一种简图。它不表达各元器件的具体结构、作用、接线情况以及工作原理，主要用于元器件的布置和安装。图中的文字符号必须与电路图和接线图的标注相一致。

在实际中，电路图、接线图和布置图要结合起来使用。

（2）绘制布置图（见图1-1-7）

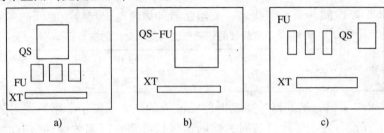

图 1-1-7　布置图
a）开启式负荷开关控制电路元器件布置图　b）封闭式负荷开关控制电路元器件布置图
c）组合开关控制电路元器件布置图

2. 绘制接线图

接线图是根据电气设备和元器件的实际位置和安装情况绘制的，只用来表示电气设备和元器件的位置、配线方式和接线方式，而不明显表示电气动作原理。主要用于安装接线、电路的检查维修和故障处理。开启式负荷开关控制电路、封闭式负荷开关控制电路及组合开关控制电路的接线图分别如图1-1-8、1-1-9、1-1-10 所示。

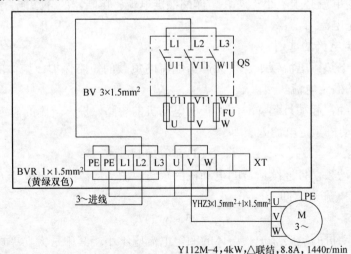

图 1-1-8　开启式负荷开关控制电路接线图

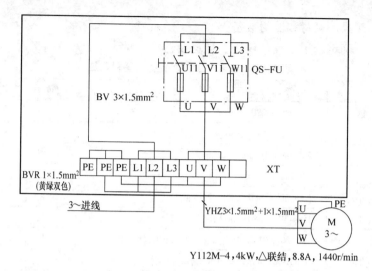

图 1-1-9　封闭式负荷开关控制电路接线图

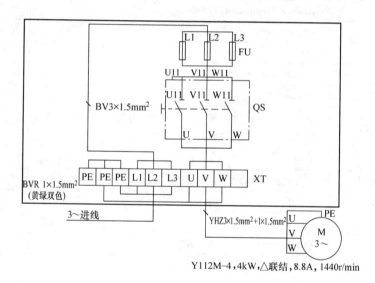

图 1-1-10　组合开关控制电路接线图

绘制、识读接线图应遵循以下原则:

1) 接线图中一般示出如下内容: 电气设备和元器件的相对位置、文字符号、端子号、导线号、导线类型、导线截面积、屏蔽和导线绞合等。

2) 所有的电气设备和元器件都按其所在的实际位置绘制在图样上, 且同一电器的各元器件根据其实际结构, 使用与电路图中相同的图形符号画在一起, 并用点画线框上, 其文字符号以及接线端子的编号应与电路图中的标注一致, 以便对照检查接线。

3) 接线图中的导线有单根导线、导线组（或线扎）、电缆等之分, 可用连续线和中断线来表示。凡导线走向相同的可以合并, 用线束来表示, 到达接线端子板或元器件的连接点时再分别画出。在用线束来表示导线组、电缆等时可用加粗的线条表示, 在不引起误解的情况下也可采用部分加粗。另外, 导线及管子的型号、根数和规格应标注清楚。

二、仪表、工具、耗材和器材准备

根据电路图，确定选用工具、仪表、耗材及器材，见表1-1-7。

表1-1-7 仪表、工具、耗材和器材明细

序号	名称	型号与规格	单位	数量	质检要求
1	三相四线电源	~3×380/220 V、20 A	处	1	
2	三相电动机	Y112M-4、4 kW、380 V、△联结；或自定	台	1	
3	配线板	500mm×600mm×20mm	块	1	
4	组合开关	HZ10-25/3	个	1	
5	开启式负荷开关	HK1-30/3，380V，30A，熔体直连	只	1	1. 根据电动机规格检验选配的工具、仪表、器材等是否满足要求
6	封闭式负荷开关	HH4-30/3，380V，30A，配20A熔体	只	1	
7	低压断路器	DZ5-20/330，复式脱扣器，380V，20A，整定10A	只	1	
8	瓷插式熔断器	RC1A-30/20，380V，30A，配20A熔体	套	3	
9	接线端子排	JX2-1015，500 V、10 A、15 节或配套自定	条	1	
10	木螺钉	φ3mm×20mm；φ3mm×15mm	个	30	2. 元器件外观应完整无损，附件、配件齐全
11	平垫圈	φ4mm	个	30	
12	圆珠笔	自定	支	1	
13	塑料铜线	BVR-2.5mm²，颜色自定	m	20	3. 用万用表、绝缘电阻表检测元器件及电动机的技术数据是否符合要求
14	穿线管及配套管夹	φ16mm	m	5	
15	电工通用工具	验电器、钢丝钳、螺钉旋具（一字形和十字形）、电工刀、尖嘴钳、活扳手、剥线钳等	套	1	
16	万用表	自定	块	1	
17	绝缘电阻表	型号自定，或500 V、0~200 MΩ	台	1	
18	钳形电流表	0~50 A	块	1	
19	劳保用品	绝缘鞋、工作服等	套	1	
20	接线端子排	JX2-1015，500V、10A、15 节或配套自定	条	1	

三、安装工艺要求

1. 低压电器的安装与使用要求

（1）开启式负荷开关安装与使用要求

1）开启式负荷开关必须垂直安装在控制屏或开关板上（见图1-1-1a），且合闸状态时手柄应朝上。不允许倒装或平装，以防发生误合闸事故。

2）开启式负荷开关控制照明和电热负载使用时，要装接熔断器作短路保护和过载保护。接线时应把电源进线接在静触头一边的进线座，负载接在动触头一边的出线座。

3）开启式负荷开关用做电动机的控制开关时，应将开关的熔体部分用铜导线直连，并在出线端另外加装熔断器作短路保护，如图1-1-11所示。

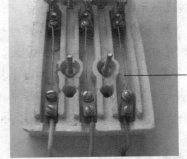

铜导线直连

图1-1-11 铜导线直连

4）在分闸和合闸操作时，应动作迅速，使电弧尽快熄灭。更换熔体时，必须在动触刀断开的情况下按原规格更换。

（2）封闭式负荷开关安装与使用要求

1）封闭式负荷开关必须垂直安装于无强烈振动和冲击的场合，安装高度一般离地不低于1.3～1.5m，外壳必须可靠接地，并以操作方便和安全为原则。

2）接线时，应将电源进线接在静夹座一边的接线端子上，负载引线接在熔断器一边的接线端子上，且进出线都必须穿过开关的进出线孔。

3）在进行分合闸操作时，要站在开关的手柄侧，不准面对开关，以免因意外故障电流使开关爆炸，铁壳飞出伤人。

（3）组合开关的安装与使用要求

1）HZ10系列组合开关应安装在控制箱（或壳体）内，其操作手柄最好伸出在控制箱的前面或侧面。开关为断开状态时应使手柄在水平旋转位置。倒顺开关外壳上的接地螺钉应可靠接地。

2）若需在箱内操作，开关最好装在箱内右上方，并且在它的上方不要安装其他电器，否则应采取隔离或绝缘措施。

3）组合开关的通断能力较低，不能用来分断故障电流。

4）当操作频率过高或负载功率因数较低时，应降低开关的容量使用，以延长其使用寿命。

（4）熔断器的安装与使用要求

1）用于安装使用的熔断器应完整无损，并标有额定电压、额定电流值。

2）熔断器安装时应保证熔体与夹头、夹头与夹座接触良好。瓷插式熔断器应垂直安装。螺旋式熔断器接线时，电源线应接在下接线座上，以保证能安全地更换熔管。

3）熔断器内要安装合格的熔体，不能用多根小规格的熔体并联代替一根大规格的熔体。多级保护时，上一级熔断器的额定电流等级以大于下一级熔断器的额定电流等级两级为宜。

4）更换熔体或熔管时，必须切断电源，尤其不允许带负荷操作，以免发生电弧灼伤。管式熔断器的熔体应用专用的绝缘插拔器进行更换。

5）对RM10系列熔断器，在切断过3次相当于分断能力的电流后，必须更换熔管，以保证能可靠地切断所规定分断能力的电流。

6）熔体熔断后，应分析原因排除故障后，再更换熔体。更换熔体时不能轻易改变熔体规格，更不能用其他导体替代。

7）熔断器兼作隔离器件使用时，应安装在控制开关的电源进线端；若仅作短路保护，应装在控制开关的出线端。

2. 安装固定工艺

1）各元器件的安装位置应整齐、匀称，间距合理，便于元器件的更换。

2）紧固各元器件时，用力要均匀，紧固程度适当。在紧固熔断器等易碎元器件时，应该用手按住元器件一边轻轻摇动，一边用螺钉旋具轮换旋紧对角线上的螺钉，直到手摇不动后，再适当加固旋紧些即可。

3）熔断器的受电端子应安装在控制板的外侧，并使熔断器的受电端为底座的中心端。

3. 安装固定操作

以开启式负荷开关控制为例。

1）根据元器件布置图和外形尺寸在控制板上画线，确定安装位置。

2）固定安装、并贴上醒目的文字符号。

4. 板前明线布线的工艺要求

1）布线通道要尽可能少，同路并行导线按主电路、控制电路分类集中，单层密排，紧贴安装面布线。

2）同一平面的导线应高低一致或前后一致，不能交叉。非交叉不可时，该根导线应在接线端子引出时，就水平架空跨越，但必须走线合理。

3）布线应横平竖直，分布均匀。变换走向时应垂直转向。

4）布线时严禁损伤线芯和导线绝缘。

5）布线顺序一般以接触器为中心，由里向外，由低至高，先控制电路，后主电路的顺序进行，以不妨碍后续布线为原则。

6）在每根剥去绝缘层导线的两端套上编码套管。所有从一个接线端子（或接线桩）到另一个接线端子（或接线桩）的导线必须连续，中间无接头。

7）导线与接线端子或接线桩连接时，不得压绝缘层、不反圈及不露铜过长。

8）同一元器件、同一回路的不同接点的导线间距离应保持一致。

9）一个元器件接线端子上的连接导线不得多于两根，每节接线端子板上的连接导线一般只允许连接一根。

 任务实施

任务实施的步骤和具体内容，见表1-1-8。

表1-1-8　电动机手动正转控制电路的安装步骤

第一步： 识读电路图	明确电路所用元器件及其作用，熟悉电路的工作原理
第二步： 工具、仪表准备	根据元器件选配安装工具、仪表和控制板
第三步： 元器件质量检验	根据电路图或元器件明细表配齐电气元器件，并进行质量检验
第四步： 绘制布置图和接线图， 固定元器件	根据电路图绘制布置图和接线图，然后按要求在控制板上安装除电动机以外的元器件，并贴上醒目的文字符号，如图1-1-12a所示
第五步： 布线	1. 选线：根据电动机功率选配主电路导线的截面积。控制电路导线一般采用 BVR1mm² 的铜芯线（红色）；按钮线一般采用 BVR0.75mm² 的铜芯线（红色）；接地线一般采用截面积不小于 1.5mm² 的铜芯线（BVR 黄绿双色） 2. 布线：根据接线图布线，同时将剥去绝缘层的两端线头上，套上与电路图相一致编号的编码套管。根据由里向外、由低至高原则，连接电气部分 以开启式负荷开关控制为例，如图1-1-12b、c、d 所示
第六步： 安装电动机、保护接地 线连接	电动机的金属外壳必须可靠接地。接至电动机的导线，必须穿在导线通道内加以保护，或采用坚韧的四芯橡皮线或塑料护套线进行临时通电校验。连接电动机和所有元器件金属外壳的保护接地线，如图1-1-12e所示 提醒：至电动机的导线，必须穿在导线通道内加以保护

（续）

第七步： 控制板外部的导线	连接电动机等控制板外部的导线
第八步： 自检	以开启式负荷开关控制为例： 1. 按电路图或接线图从电源端开始，逐段核对接线及接线端子处线号是否正确，有无漏接、错接之处。检查导线接点是否符合要求，压接是否牢固。同时注意接点接触应良好，以避免带负载运转时产生闪弧现象 2. 用万用表检查电路的通断情况。检查时，应选用倍率适当的电阻挡，并进行校零，以防发生短路故障。对电路的检查，可将表棒分别依次搭在 U、L1，V、L2，W、L3 线端上，读数应为"0" 3. 用绝缘电阻表检查电路的绝缘电阻的阻值应不得小于 1MΩ，如图 1-1-12g 所示
第九步： 交验、连接电源	学生提出申请，经教师检查同意后方可进行连接电源。为保证人身安全，在连接电源时，要认真执行安全操作规程的有关规定，一人监护，一人操作
第十步： 通电试车	通电试车前，必须征得教师的同意，先检查与通电试车有关的电气设备是否有不安全的因素存在，若查出应立即整改，然后方能试车。并由指导教师接通三相电源 L1、L2、L3，同时在现场监护。学生合上电源开关 QS 后，用验电器检查开启式负荷开关的上端头，氖管亮说明电源接通，如图 1-1-12f 所示。合上开启式负荷开关后观察电动机运行情况是否正常，但不得对电路接线是否正确进行带电检查。观察过程中，若发现有异常现象，应立即停车。当电动机运转平稳后，用钳形电流表测量三相电流是否平衡，如图 1-1-12h 所示 出现故障后，学生应独立进行检修。若需带电检查时，教师必须在现场监护。检修完毕后，如需要再次试车，教师也应该在现场监护，并做好时间记录 通电试车完毕，停转，切断电源。先拆除三相电源线，再拆除电动机线

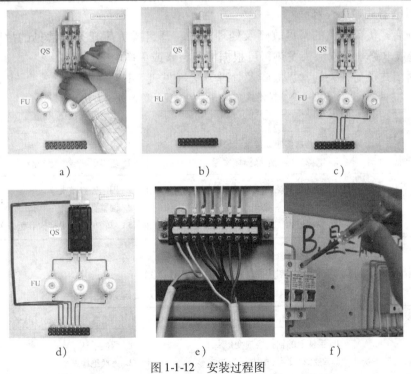

a)　　　　　　　　　b)　　　　　　　　　c)

d)　　　　　　　　　e)　　　　　　　　　f)

图 1-1-12　安装过程图

a）开启式负荷开关的安装固定　b）、c）、d）开启式负荷开关控制电路的接线步骤

e）电动机的接线　f）验电器检查

g)   h)

图 1-1-12　安装过程图（续）

g）用绝缘电阻表测量绝缘电阻　h）用钳形电流表测量三相电流是否平衡

故障检修

对在检测中发现的各种故障进行分析找出故障原因，如是低压电器故障，通过更换低压电器或修理低压电器的方法排除故障；如是接线问题，通过对照原理图和接线图，找出接线错误。

在完成试车的基础上，教师或同组学生按照表 1-1-9 ~ 表 1-1-12 中故障原因分析的元器件或路径，人为的设定一两个故障点进行排故练习。

> **提醒**　故障设定时一定要在断开电源的情况下进行。如果需要通电观察故障现象，必须在有教师在场的情况下进行。

1. 低压电器故障及维修

（1）开启式负荷开关的常见故障及处理方法　开启式负荷开关最常见的故障是触头接触不良，造成电路开路或触头发热，可根据情况整修或更换触头。

（2）封闭式负荷开关的常见故障及处理方法（见表 1-1-9）

表 1-1-9　封闭式负荷开关的常见故障及处理方法

故障现象	可能原因	处理方法
操作手柄带电	1. 外壳未接地或接地线松脱 2. 电源进出线绝缘损坏碰壳	1. 检查后，加固接地导线 2. 更换导线或恢复绝缘
夹座（静触头）过热或烧坏	1. 夹座表面烧毛 2. 动触刀与夹座压力不足 3. 负载过大	1. 用细锉修整夹座 2. 调整夹座压力 3. 减轻负载或更换大容量开关

（3）组合开关的常见故障及处理方法（见表 1-1-10）

表 1-1-10　组合开关的常见故障及处理方法

故障现象	可能原因	处理方法
手柄转动后，内部触头未动	1. 手柄上的轴孔磨损变形 2. 绝缘杆变形（由方形磨为圆形） 3. 手柄与方轴，或轴与绝缘杆配合松动 4. 操动机构损坏	1. 调换手柄 2. 更换绝缘杆 3. 紧固松动部件 4. 修理更换

（续）

故障现象	可能原因	处理方法
手柄转动后,动静触头不能按要求动作	1. 组合开关型号选用不正确 2. 触头角度装配不正确 3. 触头失去弹性或接触不良	1. 更换开关 2. 重新装配 3. 更换触头或清除氧化层或尘污
接线柱间短路	因金属屑或油污附着在接线柱间,形成导电层,将胶木烧焦,绝缘损坏而形成短路	更换开关

（4）熔断器的常见故障及处理方法（见表1-1-11）

表1-1-11 熔断器的常见故障及处理方法

故障现象	可能原因	处理方法
电路接通瞬间,熔体熔断	1. 熔体电流等级选择过小 2. 负载侧短路或接地 3. 熔体安装时受机械损伤	1. 更换熔体 2. 排除负载故障 3. 更换熔体
熔体未熔断,但电路不通	熔体或接线座接触不良	重新连接

2. 手动正转控制电路的常见故障及维修方法（见表1-1-12）

表1-1-12 手动正转控制电路的常见故障及维修方法

故障现象	原因分析	检查方法
（1）电动机不能起动。送电后,电动机不能起动,也没有"嗡嗡"声	电动机缺两相或三相电 可能故障点 1. 电源问题 2. 连接导线问题 3. 元器件问题 4. 电动机损坏	用验电器首先测量三相电源端是否有电,没有电,电源问题,有电,再检查熔断器的熔芯是否安装,如已安装,则断开电源,用万用表的电阻挡逐相检查电路的通断情况
（2）电动机不能起动,送电时,电动机有"嗡嗡"声	电动机一相断电 可能故障点 1. 熔断器熔体熔断 2. 组合开关或断路器操作失控 3. 负荷开关或组合开关动、静触头接触不良	应立即断开开关,避免电动机断相运行。用万用表的交流电压"500V"挡,测开关上端头三相电路的两两间电压,检查是否断相;如不断相,则断开电源,用万用表的电阻挡,一支表笔固定一相,另一支表笔逐相检查,找出不通的故障相,如没有故障相,则故障在开关;找出故障相,再逐点查找故障点

 检查评议

检查评分表见表1-1-13。

表 1-1-13　检查评分表

项目内容	配分	评 分 标 准		学生互评	教师评分
装前检查	20分	1. 电动机质量漏检 2. 低压开关漏检或错检，每处	扣10分 扣5分		
安装	40分	1. 电动机安装不符合要求： 地脚螺栓紧松不一或松动 缺少弹簧垫圈、平垫圈、防振物，每个 2. 控制板或开关安装不符合要求： 位置不适当或松动 紧固螺栓（或螺钉）松动，每个 3. 电线管支持不牢固或管口无护圈 4. 导线穿管时损伤绝缘	扣20分 扣5分 扣20分 扣5分 扣5分 扣15分		
接线及试车	30分	1. 不会使用仪表及测量方法不正确，每个仪表 2. 各接点松动或不符合要求，每个 3. 接线错误造成通电一次不成功 4. 控制开关进、出线接错 5. 电动机接线错误 6. 接线程序错误 7. 漏接地线	扣5分 扣5分 扣30分 扣15分 扣20分 扣15分 扣20分		
检修	10分	1. 查不出故障 2. 查出故障但不能排除	扣10分 扣5分		
安全文明生产		违反安全文明生产规程	扣5~40分		
定额时间：90min		每超时10min以内以扣5分计算			
备注		除定额时间外，各项目的最高扣分不应超过配分数		成绩	
开始时间		结束时间		实际时间	

问题及防治

1. 开启式负荷开关倒装

防治：教学中要提醒开启式负荷开关的安装是有方向的，电源进线应接在静触头一边的进线座。

2. 螺旋式熔断器倒装

防治：螺旋式熔断器接线时，电源线应接在下接线座上，以保证能安全地更换熔管。

3. 不紧贴安装面布线

防治：教学中要提醒紧贴安装面布线，可以提高导线安装的稳定和强度。

4. 导线两端不套上编码套管

防治：教学中要提醒导线两端不套上编码套管，一是不规范，二是不方便检查排故。

扩展知识

几种常用熔断器的名称、结构示意图、特点和应用场合，见表1-1-14。

表 1-1-14　常用熔断器的名称、结构示意图、特点和应用场合

名称	结构示意图	特　点	应用场合
RC1A 系列瓷插式熔断器		结构简单,价格低廉,更换方便,使用时将瓷盖插入瓷座,拔下瓷盖便可更换熔丝 但极限分断能力较差,由于为半封闭结构,熔丝熔断时有声光现象,对易燃易爆的工作场合应禁止使用	交流 50Hz、额定电压 380V 及以下、额定电流为 5～200A 的低压电路末端或分支电路中,作电路和用电设备的短路保护,在照明电路中还可起过载保护作用
RL1 系列螺旋式熔断器		分断能力较高,结构紧凑,体积小,安装面积小,更换熔体方便,工作安全可靠,熔丝熔断后有明显指示(带小红点的熔断指示器自动脱落表示熔丝已经熔断)	控制箱、配电屏、机床设备及振动较大的场合,在交流额定电压 500V、额定电流 200A 及以下的电路中,作为短路保护器件
RM10 系列封闭管式熔断器		熔断管为钢纸制成,两端为黄铜制成的可拆式管帽,管内熔体为变截面形状的熔片,更换熔体较方便。RM10 系列的极限分断能力比 RC1A 熔断器有提高	主要用于交流额定电压 380V 及以下、直流 440V 及以下、电流在 600A 以下的电力线路中,作导线、电缆及电气设备的短路和连续过载保护
RT0 系列有填料封闭管式熔断器		该熔断器的分断能力比同容量的 RM10 型大 2.5～4 倍。该系列熔断器配有熔断指示装置,熔体熔断后,显示出醒目的红色熔断信号,并可用配备的专用绝缘手柄,在带电的情况下更换熔管,装取方便,安全可靠	广泛用于交流 380V 及以下、短路电流较大的电力输配电系统中,作电路及电气设备的短路保护及过载保护
NG30 系列有填料封闭管式圆筒帽形熔断器		该系列熔断器为半封闭式结构,且带有熔断指示灯。熔体熔断时指示灯即亮	用于交流 50Hz、额定电压 380V、额定电流 63A 及以下工业电气装置的配电线路中,作电路的短路保护及过载保护
RS0、RS3 系列有填料快速熔断器(又叫做半导体器件保护用熔断器)		熔断时间短,动作迅速(小于 5ms)。RS0、RS3 系列,其外形与 RT0 系列相似,熔断管内有石英填料,熔体也采用变截面形状,但用导热性能强、热容量小的银片,熔化速度快	主要用于半导体硅整流元件的过电流保护。常用的有 RLS、RS0、RS3 等系列。RLS 系列主要用于小容量硅器件及成套装置的短路保护;RS0 和 RS3 系列主要用于大容量晶闸管器件的短路和过载保护,它们的结构相同,但 RS3 系列的动作更快,分断能力更高
自复式熔断器		自复式熔断器有限流型和复合型两种,限流型本身不能分断电路,常与断路器串联使用限制短路电流,以提高组合分断性能。复合型的具有限流和分断电路两种功能。自复式熔断器具有限流作用显著、动作时间短、动作后不必更换熔体、能重复使用、能实现自动重合闸等优点	目前自复式熔断器的工业产品有 RZ1 系列,它适用于交流 380V 的电路中与断路器配合使用。熔断器的电流有 100A、200A、400A、600A 这 4 个等级,在功率因数 $\lambda \leqslant 0.3$ 时的分断能力为 100kA

常见低压熔断器的主要技术参数见表 1-1-15。

表 1-1-15 常见低压熔断器的主要技术参数

类别	型号	额定电压/V	额定电流/A	熔体额定电流/A	极限分断能力/kA	功率因数
瓷插式熔断器	RC1A	380	5	2、5	0.25	
			10	2、4、6、10	0.5	0.8
			15	6、10、15		
			30	20、25、30	1.5	0.7
			60	40、50、60	3	0.6
			100	80、100		
			200	120、150、200		
螺旋式熔断器	RL1	500	15	2、4、6、10、15	2	
			60	20、25、30、35、40、50、60	3.5	
			100	60、80、100	20	
			200	100、125、150、200	50	≥0.3
	RL2	500	25	2、4、6、10、15、20、25	1	
			60	25、35、50、60	2	
			100	50、80、100	3.5	
无填料封闭管式熔断器	RM10	380	15	6、10、15	1.2	0.8
			60	15、20、25、35、45、60	3.5	0.7
			100	60、80、100	10	0.35
			200	100、125、160、200		
			350	200、225、260、300、350		
			600	350、430、500、600	12	0.35
有填料封闭管式熔断器	RT0	交流380 直流440	100	30、40、50、60、100	交流50 直流25	>0.3
			200	120、150、200、250		
			400	300、350、400、450		
			600	500、550、600		
有填料封闭管式圆筒帽形熔断器	RT18	380	32	2、4、6、8、10、12、16、20、25、32	100	0.1~0.2
			63	2、4、6、8、10、16、20、25、32、40、50、63		
快速熔断器	RLS2	500	30	16、20、25、30	50	0.1~0.2
			63	35、45、50、63		
			100	75、80、90、100		

任务 2　三相异步电动机点动正转控制电路的安装与维修

知识目标

1. 正确理解三相异步电动机点动正转控制电路的工作原理。
2. 掌握按钮、接触器选用和安装要求。
3. 能正确识读三相异步电动机点动正转控制电路的原理图、接线图和布置图。

能力目标

1. 会按照工艺要求正确安装点动控制三相异步电动机正转控制电路。
2. 初步掌握按钮、接触器的简单检修。

3. 初步掌握板前明线布线方法。

4. 能根据故障现象，检修三相异步电动点动控制电路。

 任务描述（见表1-1-16）

表1-1-16 任 务 描 述

工 作 任 务	要 求
1. 三相异步电动机点动控制电路的安装	1. 正确绘制元器件布置图和接线图 2. 按钮、接触器安装要正确、牢固 3. 按照硬线布线工艺要求安装布线 4. 通电试车时要严格遵守安全规程
2. 三相异步电动机点动控制电路的故障检修	1. 理解三相异步电动机点动控制电路的工作原理,掌握分析故障的方法 2. 带电检测故障电路时要严格遵守安全规程 3. 维修过程要符合工艺要求

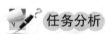 **任务分析**

> **想一想**：手动控制电路，其特点是结构简单，使用的控制设备少，但使用负荷开关控制的工作强度大且安全性差；组合开关的通断能力低，且不能频繁通断；手动控制电路不便于实现远距离控制和自动控制。

生产机械中常常需要这种频繁通断、远距离控制和自动控制。如电动葫芦中的起重电动机和车床溜板箱快速移动电动机，都是通过按下按钮电动机起动运转，松开按钮电动机停止的控制方法。这种用手指按下按钮，电动机得电运转；松开按钮，电动机失电停转；控制电路是用按钮、接触器来控制电动机运转的正转控制电路，就是点动控制电路；这种控制方式称为点动控制。

 相关知识

一、按钮

按钮是一种手动操作接通或分断小电流控制电路的主令电器。一般情况下按钮不直接控制主电路的通断，主要利用按钮远距离发出手动指令或信号去控制接触器、继电器等电磁装置，实现主电路的分合、功能转换或电气联锁。图1-1-13是几款常见按钮的外形。

图 1-1-13 几款常见按钮的外形

a) LA10 系列 b) LA19 系列 c) LA13 系列 d) BS 系列 e) COB 系列 f) LA4 系列

1. 按钮的结构符号

按钮的结构一般都是由按钮帽、复位弹簧、桥式动触头、外壳及支柱连杆等组成。按钮按静态时触头分合状况，可分为常开按钮（起动按钮）、常闭按钮（停止按钮）及复合按钮（常开、常闭组合为一体的按钮），见表 1-1-17。

表 1-1-17　按钮的结构与符号

名　称	符　号	结　构
停止按钮（常闭按钮）	⊢－↗⟋ SB	
起动按钮（常开按钮）	⊢－⟍⟋ SB	
复合按钮	⊢－⟍⟋ ⟍⟋ SB	按钮 复位弹簧 支柱连杆 常闭静触头 桥式动触头 常开静触头 外壳

对起动按钮而言，按下按钮帽时触头闭合，松开后触头自动断开复位；停止按钮则相反，按下按钮帽时触头分断，松开后触头自动闭合复位；复合按钮是当按下按钮帽时，桥式动触头向下运动，使常闭静触头先断开后，常开静触头才闭合；当松开按钮帽时，则常开静触头先分断复位后，常闭静触头再闭合复位。

为了便于识别各个按钮的作用，避免误操作，通常用不同的颜色和符号标志来区分按钮的作用。按钮颜色的含义见表 1-1-18。

另外，根据不同需要，可将单个按钮组成双联按钮、三联按钮或多联按钮，如将两个独立的按钮安装在同一个外壳内组成双联按钮，这里的"联"指的是同一个开关面板上有几个按钮。双联按钮、三联按钮可用于电动机的起动、停止及正转、反转、制动的控制。有的也可将若干按钮集中安装在一块控制板上，以实现集中控制，称为按钮站。

表 1-1-18　按钮颜色的含义

颜色	含义	说　明	应用举例
红	紧急	危险或紧急情况时操作	急停
黄	异常	异常情况时操作	干预、制止异常情况，干预、重新起动中断了的自动循环
绿	安全	安全情况或为正常情况准备时操作	起动/接通
蓝	强制性的	要求强制动作情况下的操作	复位功能

（续）

颜色	含义	说　明	应用举例
白			起动/接通（优先）
			停止/断开
灰	未赋予特定含义	除急停以外的一般功能的起动（见表注）	起动/接通
			停止/断开
黑			起动/接通
			停止/断开（优先）

注：如果用代码的辅助手段（如标记、形状、位置）来识别按钮操作件，则白、灰或黑同一颜色可用于标注各种不同功能（如白色用于标注起动/接通和停止/断开）。

2. 按钮的型号及含义

按钮的型号及含义如下：

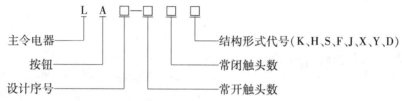

其中结构形式代号的含义如下：

K——开启式，适用于嵌装在操作面板上。

H——保护式，带保护外壳，可防止内部零件受机械损伤或人偶然触及带电部分。

S——防水式，具有密封外壳，可防止雨水侵入。

F——防腐式，能防止腐蚀性气体进入。

J——紧急式，带有红色大蘑菇钮头（突出在外），作紧急切断电源用。

X——旋钮式，用旋钮旋转进行操作，有通和断两个位置。

Y——钥匙操作式，用钥匙插入进行操作，可防止误操作或供专人操作。

D——光标式，按钮内装有信号灯，兼作信号指示。

3. 按钮的选用

（1）根据使用场合和具体用途选择按钮的种类　例如，嵌装在操作面板上的按钮可选用开启式；需显示工作状态的选用光标式；为防止无关人员误操作的重要场合宜用钥匙操作式；在有腐蚀性气体处要用防腐式。

（2）根据工作状态指示和工作情况要求选择按钮或指示灯的颜色　例如，起动按钮可选用白、灰或黑色，优先选用白色，也允许选用绿色；急停按钮应选红色；停止按钮可选用黑、灰或白色，优先用黑色，也允许选用红色。

（3）根据控制回路的需要选择按钮的数量　如单联钮、双联钮和三联钮等。

二、接触器

接触器是一种用来接通或切断交、直流主电路和控制电路，并且能够实现远距离控制的电器。大多数情况下其控制对象是电动机，也可以用于其他电力负载，如电阻炉、电焊机等。接触器不仅能自动地接通和断开电路，还具有控制容量大、欠电压释放保护、零电压保护、频繁操作、工作可靠和寿命长等优点。接触器实际上是一种自动的电磁式开关。触头的通断不是由手来控制，而是电动操作，属于自动切换电器。接触器按主触头通过电流的种类，分为交流接触器和直流接触器两类。

图 1-1-14 所示为几款常用交流接触器的外形。

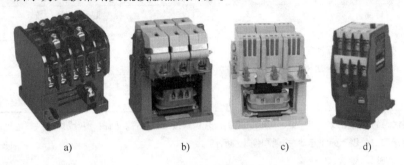

图 1-1-14　常用交流接触器的外形

a）CJ10（CJT1）系列　b）CJ20 系列　c）CJ40 系列　d）CJX1（3TB、3TF）系列

1. 交流接触器

（1）交流接触器的结构符号　交流接触器主要由电磁系统、触头系统、灭弧装置和辅助部件等组成。交流接触器的结构如图 1-1-15 所示。

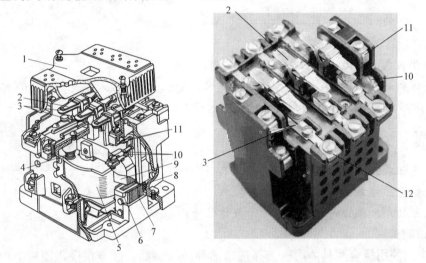

图 1-1-15　交流接触器的结构

1—灭弧罩　2—触头压力弹簧片　3—主触头　4—反作用弹簧　5—线圈　6—短路环
7—静铁心　8—弹簧　9—动铁心　10—辅助常开触头　11—辅助常闭触头　12—主触头接线端子

1）电磁系统。电磁系统主要由线圈、静铁心和动铁心（衔铁）3 部分组成。静铁心在下、动铁心在上，线圈装在静铁心上。静、动铁心一般用 E 形硅钢片叠压而成，以减少铁心的磁滞和涡流损耗；铁心的两个端面上嵌有短路环，如图 1-1-16 所示，用以消除电磁系统的振动和噪声；线圈做成粗而短的圆筒形，且在线圈和铁心之间留有空隙，以增强铁心的散热效果。交流接触器利用电磁系统中线圈的通电或断电，使静铁心吸合或释放衔铁，从而带动动触头与静触头闭合或分断，实现电路的接通或断开。

短路环

图 1-1-16　短路环

2）触头系统。交流接触器的触头按接触情况可分为点接触式、线接触式和面接触式 3 种，如图 1-1-17 所示。

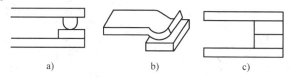

图 1-1-17　触头的 3 种接触形式

a）点接触式　b）线接触式　c）面接触式

按触头的结构形式可分为桥式触头和指形触头两种，如图 1-1-18 所示。CJ10 系列交流接触器的触头一般采用双断点桥式触头，其动触头用纯铜片冲压而成，在触头桥的两端镶有银基合金制成的触头块，以避免接触头由于氧化铜的产生影响其导电性能。静触头一般用黄铜板冲压而成，一端镶焊触头块，另一端为接线柱。在触头上装有压力弹簧片，用以减小接触电阻，并消除开始接触时产生的有害振动。

按触头的通断能力可分为主触头和辅助触头。主触头用以通断电流较大的主电路，一般由 3 对常开触头组成。辅助触头用以通断电流较小的控制电路，一般由两对常开和两对常闭触头组成。所谓触头的常开和常闭，是指电磁系统未通电动作前触头的状态。常开触头和常

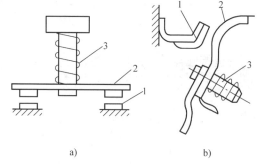

图 1-1-18　触头的结构形式

a）双断点桥式触头　b）指形触头

1—静触头　2—动触头　3—触头压力弹簧

闭触头是联动的。当线圈通电时，常闭触头先断开，常开触头随后闭合，中间有一个很短的时间差。当线圈断电后，常开触头先恢复断开，随后常闭触头恢复闭合，中间也存在一个很短的时间差。这个时间差虽短，但对分析电路的控制原理却很重要。

3）灭弧装置。交流接触器在断开大电流或高电压电路时，会在动、静触头之间产生很强的电弧。电弧是触头间气体在强电场作用下产生的放电现象，它的产生一方面会灼伤触头，减少触头的使用寿命；另一方面会使电路切断时间延长，甚至造成弧光短路或引起火灾事故。因此触头间的电弧应尽快熄灭。

灭弧装置的作用是熄灭触头分断时产生的电弧，以减轻电弧对触头的灼伤，保证可靠的分断电路。交流接触器常采用的灭弧装置有双断口结构的电动力灭弧装置、纵缝灭弧装置和栅片灭弧装置，如图 1-1-19 所示。对于容量较小的交流接触器，如 CJ10—10 型，一般采用双断口结构的电动力灭弧装置；CJ10 系列交流接触器额定电流在 20A 及以上的，常采用纵缝灭弧装置灭弧；对于容量较大的交流接触器，多采用栅片来灭弧。

4）辅助部件。交流接触器的辅助部件有反作用弹簧、缓冲弹簧、触头压力弹簧、传动机构及底座、接线柱等，如图 1-1-15 所示。反作用弹簧安装在衔铁和线圈之间，其作用是线圈断电后，推动衔铁释放，带动触头复位；缓冲弹簧安装在静铁心和线圈之间，其作用是缓冲衔铁在吸合时对静铁心和外壳的冲击力，保护外壳；触头压力弹簧安装在动触头上面，其作用是增加动、静触头间的压力，从而增大接触面积，以减少接触电阻，防止触头过热损

伤；传动机构的作用是在衔铁或反作用弹簧的作用下，带动动触头实现与静触头的接通或分断。

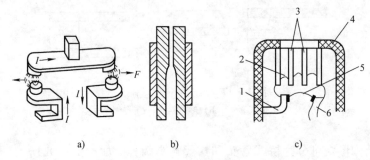

图 1-1-19　常用的灭弧装置

a）双断口结构电动力灭弧装置　b）纵缝灭弧装置　c）栅片灭弧装置

1—静触头　2—短电弧　3—灭弧栅片　4—灭弧罩　5—电弧　6—动触头

交流接触器在电路图中的符号如图 1-1-20 所示。

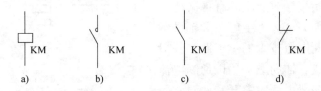

图 1-1-20　交流接触器的符号

a）线圈　b）主触头　c）辅助常开触头　d）辅助常闭触头

> **提醒**　如果控制电路中的接触器大于一个，则通过在 KM 后加数字来区别，如 KM1、KM2。

（2）交流接触器的工作原理　交流接触器的工作原理如图 1-1-21 所示，当接触器的线圈通电后，线圈中的电流产生磁场，使静铁心磁化产生足够大的电磁吸力，克服反作用弹簧的反作用力将衔铁吸合，衔铁通过传动机构带动辅助常闭触头先断开，3 对常开主触头和辅助常开触头后闭合；当接触器线圈断电或电压显著下降时，由于铁心的电磁吸力消失或过小，衔铁在反作用弹簧力的作用下复位，并带动各触头恢复到原始状态。

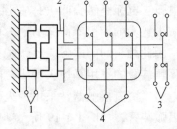

图 1-1-21　交流接触器的工作原理

1—线圈　2—弹簧　3—辅助触头　4—主触头

交流接触器线圈在其额定电压的 85% ~ 105% 时，能可靠地工作。若电压过高，则磁路趋于饱和，线圈电流将显著增大，线圈有被烧坏的危险；若电压过低，则吸不牢衔铁，触头跳动，不但影响电路正常工作，而且线圈电流会达到额定电流的十几倍，使线圈过热而烧坏。因此，电压过高或过低都会造成线圈发热而烧毁。

（3）型号及含义　交流接触器的型号及含义如下：

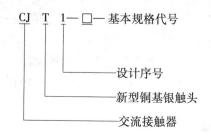

2. 直流接触器简介

直流接触器主要供远距离接通和分断额定电压 440V、额定电流 1600A 以下的直流电力线路之用，并适宜于直流电动机的频繁起动、停止、换向及反接制动。目前常用的直流接触器有 CZ0、CZ17、CZ18、CZ21 等系列。图 1-1-22 所示是 CZ0 系列直流接触器。

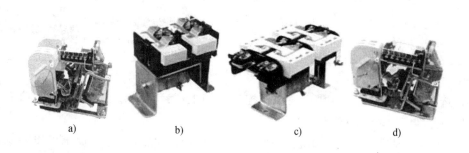

图 1-1-22　CZ0 系列直流接触器

a）CZ0—20　b）CZ0—40　c）CZ0—150　d）CZ0—250

直流接触器的结构和工作原理与交流接触器基本相同，主要的区别如下：

（1）电磁系统的区别　直流接触器的电磁系统由线圈、铁心和衔铁组成。由于线圈中通过的是直流电，铁心中不会产生涡流和磁滞损耗而发热，因此铁心可用整块铸钢或铸铁制成，铁心端面也不需要嵌装短路环。但在磁路中常垫有非磁性垫片，以减少剩磁影响，保证线圈断电后衔铁能可靠释放。另外直流接触器线圈的匝数比交流接触器多，电阻值大，铜损大，所以接触器发热以线圈本身发热为主。为了使线圈散热良好，常常将线圈做成长又薄的圆筒形。

（2）触头系统的区别　直流接触器触头也有主、辅之分。由于主触头接通和断开的电流较大，多采用滚动接触的指形触头，以延长触头使用寿命。辅助触头的通断电流小，多采用双断点桥式触头，可有若干对。

（3）灭弧装置的区别　直流接触器的主触头在分断较大直流电流时，会产生强烈的电弧，直流接触器一般采用磁吹式灭弧装置结合其他灭弧方法灭弧。磁吹式灭弧装置是利用磁场对电流的作用，在电弧产生时，在其上方有一个强磁场作用于电弧，使电弧受力变形，拉长拉断，达到灭弧目的。

3. 接触器的选择

选择接触器时应从其工作条件出发，主要考虑下列因素：

1）控制交流负载应选用交流接触器，直流负载选用直流接触器。

2）主触头的额定工作电流应大于或等于负载电路的电流；还要注意的是接触器主触头

的额定工作电流是在规定的条件下（额定工作电压、使用类别、操作频率等）能够正常工作的电流值，当实际使用条件不同时，这个电流值也将随之改变。

3）主触头的额定工作电压应大于或等于负载电路的电压。

4）吸引线圈的额定电压应与控制回路电压相一致，接触器在线圈额定电压85%及以上时应能可靠地吸合。

4. 接触器选择的具体步骤

（1）选择接触器的类型　需根据负荷种类选择接触器的类型，见表1-1-19。

表1-1-19　根据负荷种类选择接触器的类型

负荷种类	一类	二类	三类	四类
标记名	AC—1	AC—2	AC—3	AC—4
控制对象	无感或微感负荷，如白炽灯、电阻炉等	用于绕线转子异步电动机的起动和停止	典型用途是笼型异步电动机的运转和运行中分断	用于笼型异步电动机的起动、反接制动、反转和点动

（2）选择接触器的额定参数　根据被控对象和工作参数，如电压、电流、功率、频率及工作制等，确定接触器的额定参数。

1）接触器的线圈电压，一般应低一些为好，这样对接触器的绝缘要求可以降低，使用时也较安全。当控制电路简单、使用电器较少时，可直接选用380V或220V的电压。若电路较复杂、使用电器的个数超过5只时，可选用36V或110V电压的线圈，以保证安全。但为了方便和减少设备，常按实际电网电压选取。接触器主触头的额定电压应大于或等于所控制电路的额定电压。

2）电动机的操作频率不高，如压缩机、水泵、风机、空调、压力床等，接触器额定电流大于负荷额定电流即可。控制电动机时，可按下列经验公式计算（仅适用于CJT1（CJ10）系列）：

$$I_C = \frac{P_N \times 10^3}{KU_N}$$

式中　K——经验系数，一般取1～1.4；

P_N——被控制电动机的额定功率（kW）；

U_N——被控制电动机的额定电压（V）；

I_C——接触器主触头电流（A）。

接触器类型可选用CJT1（CJ10）、CJ20等。

3）对重任务型电动机，如机床主电动机、升降设备、绞盘、破碎机等，其平均操作频率超过100次/min，运行于起动、点动、正反向制动、反接制动等状态，可选用CJ10Z、CJ12型接触器。为了保证电寿命，可使接触器降容使用。选用时，接触器额定电流大于电动机额定电流。

4）对特种用途电动机，如印刷机、镗床等，操作频率很高，可达600～12000次/h，经常运行于起动、反接制动、反向等状态，接触器大致可按电寿命及起动电流选用，接触器型号选CJ10Z、CJ12等。

5) 交流回路中的电容器投入电网或从电网中切除时，接触器选择应考虑电容器的合闸冲击电流。一般地，接触器的额定电流可按电容器的额定电流的 1.5 倍选取，型号选 CJT1（CJ10）、CJ20 等。

6) 用接触器对变压器进行控制时，应考虑浪涌电流的大小。例如交流电弧焊机、电阻焊机等，一般可按变压器额定电流的两倍选取接触器，型号选 CJT1（CJ10）、CJ20 等。

7) 对于电热设备，如电阻炉、电热器等，负荷的冷态电阻较小，因此起动电流相应要大一些。选用接触器时可不用考虑（起动电流），直接按负荷额定电流选取，型号可选用 CJT1（CJ10）、CJ20 等。

8) 由于气体放电灯的起动电流大、起动时间长，对于照明设备的控制，可按额定电流的 1.1 ~ 1.4 倍选取交流接触器，型号可选 CJT1（CJ10）、CJ20 等。

9) 接触器的额定电流是指接触器在长期工作下的最大允许电流，持续时间 ≤8h，且安装于敞开的控制板上，如果冷却条件较差，选用接触器时，接触器的额定电流按负荷额定电流的 110% ~ 120% 选取。对于长时间工作的电动机，由于其氧化膜没有机会得到清除，使接触电阻增大，导致触头发热超过允许温升。实际选用时，可将接触器的额定电流减小30% 使用。

10) 选择接触器触头的数量和种类 接触器的触头数量和种类应满足控制电路的要求。常用 CJT1 系列和 CJ20 系列交流接触器的技术数据分别见表 1-1-20 和表 1-1-21。常用 CZ0 系列直流接触器技术数据见表 1-1-22。

表 1-1-20 CJT1 系列交流接触器的技术数据

型　　号		CJT1—10	CJT1—20	CJT1—40	CJT1—60	CJT1—100	CJT1—150
基本规格代码		10	20	40	60	100	150
额定绝缘电压(U_i)/V		380					
约定发热电流(I_{th})/A		10	20	40	60	100	150
额定控制电源电压		交流 50Hz：AC110V、AC127V、AC220V、AC380V					
AC—1 额定工作电流(I_e)/ A	AC220V	10	20	40	60	100	150
	AC380V	10	20	40	60	100	150
AC—2 额定工作电流(I_e)/A	AC220V	10	20	40	60	100	150
	AC380V	10	20	40	60	100	150
AC—3 额定工作电流(I_e)A	AC220V	10	20	40	60	100	150
	AC380V	10	20	40	60	100	150
AC—4 额定工作电流(I_e)/A	AC220V	10	20	40	60	100	150
	AC380V	10	20	40	60	100	150
AC—3 额定工作功率(P_e)/kW	AC220V	2.2	5.8	11	17	28	43
	AC380V	4	10	20	30	50	75

表 1-1-21　CJ20 系列交流接触器的技术数据

型　号	额定频率/Hz	额定绝缘电压/V	额定工作电压/V	约定发热电流/A	断续周期工作制下的额定工作电流/A				380V AC—3类工作制下的控制功率/kW	不间断工作制下的额定工作电流/A
					AC—1	AC—2	AC—3	AC—4		
CJ20—10	50	660	220	10	10	—	10	10	2.2	10
			380			—			4	
			660			—	5.2	5.2		
CJ20—16			220	16	16	—	16	16	4.5	16
			380			—			7.5	
			660			—	13	13	11	
CJ20—25			220	32	32	—	25	25	5.5	32
			380			—			11	
			660			—	14.5	14.5	13	
CJ20—40			220	55	55	—	40	40	11	55
			380			—			22	
			660			—	25	25		
CJ20—63			220	80	80	63	63	63	18	80
			380						30	
			660			40	40	40	35	
CJ20—100			220	125	125	100	100	100	28	125
			380						50	
			660			63	63	63		
CJ20—160			220	200	200	160	160	160	48	200
			380							
			660			100	100	100	85	
CJ20—160/11		1140	1140			80	80	80		
CJ20—250			220	315	315	250	250	250	80	315
			380						132	
CJ20—250/06			660			200	200	200	190	
CJ20—400		660	220	400	400	400	400	400	115	400
			380						200	
			660			250	250	250	220	
CJ20—630			220	630	630	630	630	630	175	630
			380						300	
CJ20—630/06			660	400	400	400	400	400	350	400
CJ20—630/11		1140	1140						400	

表 1-1-22　CZ0 系列直流接触器技术数据

型号	额定电压 /V	额定电流 /A	额定操作频率 /(次/h)	主触头形式及数目		辅助触头形式及数目		最大分断电流 /A	吸引线圈电压 /V	吸引线圈消耗功率/W
				常开	常闭	常开	常闭			
CZ0—40/20		40	1200	2	0		2	160		22
CZ0—40/02		40	600	0	2		2	100		24
CZ0—100/10		100	1200	1	0		2	400		24
CZ0—100/01		100	600	0	1	2	1	250		180/24
CZ0—100/20		100	1200	2	0		2	400		30
CZ0—150/10		150	1200	1	0		2	600	24 48 110 220 440	30
CZ0—150/01	440	150	600	0	1		1	375		300/25
CZ0—150/20		150	1200	2	0		2	600		40
CZ0—250/10		250	600	1	0	可以在 5 常开、1 常闭与 5 常闭、1 常开之间任意组合		1000		230/31
CZ0—250/20		250	600	2	0			1000		290/40
CZ0—400/10		400	600	1	0			1600		350/28
CZ0—400/20		400	600	2	0			1600		430/43
CZ0—600/10		600	600	1	0			2400		320/50

三、点动正转控制电路的工作原理分析

点动正转控制电路如图 1-1-23 所示，电路由 3 个部分组成：

1. 电源电路

电源电路画成水平线，三相交流电源相序 L1、L2、L3 自上而下依次画出，中性线 N 和保护地线 PE 集中画在相线之下。直流电源的 " + " 端画在上边，" - " 端画在下边。电源开关要水平画出。该电路中组合开关 QS 作为电源的隔离开关。

2. 主电路

主电路是指受电的动力装置及控制、保护电器的支路等。该主电路由熔断器 FU1、接触器主触头 KM 和电动机 M 组成。线号用大写字母表示，如 U、V、W、U1、U11 等。

3. 辅助电路

辅助电路一般包括控制主电路工作状态的控制电路，显示主电路工作状态的指示电路，提供机床设备局部照明的照明电路等。该辅助电路由熔断器 FU2、按钮 SB 和接触器线圈 KM 组成。线号用数字表示，如 0、1、2、3 等标注。

工作原理如下：当电动机 M 需要点动时，先合上组合开关 QS，此时电动机 M 尚未接通电源。按下起动按钮 SB，接触器 KM 的线圈得电，使衔铁吸合，同时带动接触器 KM 的 3 对主触头闭合，电动

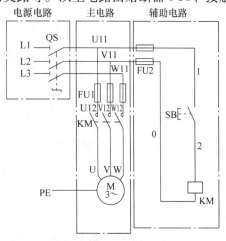

图 1-1-23　点动正转控制电路构成

机 M 便接通电源起动运转。当电动机 M 需要停车时，只要松开起动按钮 SB，使接触器 KM 的线圈失电，衔铁在复位弹簧的作用下复位，带动接触器 KM 的 3 对主触头复位分断，电动机 M 失电停转。

任务准备

一、分析绘制元器件布置图和接线图

1. 绘制元器件布置图

元器件布置图如图 1-1-24 所示。

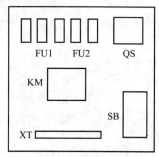

图 1-1-24 点动正转控制电路元器件布置图

2. 绘制接线图

接线图如图 1-1-25 所示。

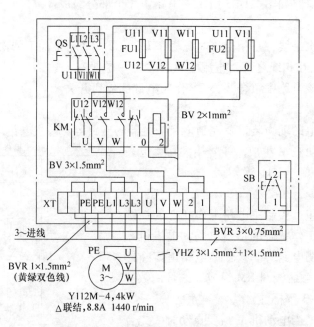

图 1-1-25 点动正转控制电路接线图

二、仪表、工具、耗材和器材准备

根据电路图，确定选用工具、仪表、耗材及器材，见表 1-1-23。

表 1-1-23　工具、仪表及器材明细

序号	名称	型号与规格	单位	数量	质检要求
1	三相四线电源	~3×380/220 V,20A	处	1	1. 根据电动机规格检验选配的工具、仪表、器材等是否满足要求
2	三相电动机	Y112M—4,4 kW,380 V,△联结;或自定	台	1	
3	配线板	500mm×600mm×20mm	块	1	
4	组合开关	HZ10—25/3	个	1	
5	熔断器 FU1	RL1—60/25,380V,60A,熔体配25A	套	3	2. 检查其各元器件、耗材与表中的型号与规格是否一致
6	熔断器 FU2	RL1—15/2	套	2	
7	接触器 KM	CJ10—20,线圈电压380V,20 A(CJX2、B 系列等自定)	只	1	
8	按钮 SB1~SB3	LA10—3H,保护式,按钮数3	只	1	
9	木螺钉	φ3mm×20mm;φ3mm×15mm	个	30	3. 元器件外观应完整无损,附件、配件齐全
10	平垫圈	φ4mm	个	30	
11	圆珠笔	自定	支	1	
12	主电路导线	BVR—1.5,1.5 mm²(7×0.52mm)(黑色)	m	若干	4. 用万用表、绝缘电阻表检测元器件及电动机的技术数据是否符合要求
13	控制电路导线	BV—1.0,1.0mm²(7×0.43mm)	m	若干	
14	按钮线	BV—0.75,0.75 mm²	m	若干	
15	接地线	BVR—1.5,1.5 mm²(黄绿双色)	m	若干	
16	劳保用品	绝缘鞋、工作服等	套	1	
17	接线端子排	JX2—1015,500V,10A,15 节或配套自定	条	1	

三、元器件规格、质量检查

1)根据仪表、工具、耗材和器材表,检查其各元器件、耗材与表中的型号与规格是否一致。

2)检查各元器件的外观是否完整无损,附件、备件是否齐全。

3)用仪表检查各元器件和电动机的有关技术数据是否符合要求。

4)接触器、按钮安装前的检查:

①检查接触器铭牌与线圈的技术数据(如额定电压、电流、操作频率等)是否符合实际使用要求。

②检查接触器外观,应无机械损伤;用手推动接触器可动部分时,接触器应动作灵活,无卡阻现象;灭弧罩应完整无损,固定牢固。

③将铁心极面上的防锈油脂或粘在极面上的污垢用煤油擦净,以免多次使用后衔铁被粘住,造成断电后不能释放。

④测量接触器的线圈电阻和绝缘电阻。绝缘电阻要大于 0.5MΩ,线圈电阻不同的接触器有差异,但一般为 1.5kΩ。

⑤检查按钮外观,应无机械损伤;用手按动按钮钮帽时,按钮应动作灵活,无卡阻现象。

⑥按动按钮,测量检查按钮常开、常闭的通断情况。

四、安装工艺要求

1. 按钮的安装与使用维护要求

1)按钮安装在面板上时,应布置整齐,排列合理,如根据电动机起动的先后顺序,从上到下或从左到右排列。

2）同一机床运动部件有几种不同的工作状态时（如上、下，前、后，松、紧等），应使每一对相反状态的按钮安装在一组。

3）按钮的安装应牢固，安装按钮的金属板或金属按钮盒必须可靠接地。

4）由于按钮的触头间距较小，如有油污等极易发生短路故障，所以应注意保持触头间的清洁。

5）光标按钮一般不宜用于需长期通电显示处，以免塑料外壳过度受热而变形，使更换灯泡困难。

2. 接触器的安装与使用维护要求

（1）接触器的安装

1）交流接触器一般应安装在垂直面上，倾斜度不得超过5°；若有散热孔，则应将有孔的一面放在垂直方向上，以利散热，并按规定留有适当的飞弧空间，以免飞弧烧坏相邻电器。

2）安装和接线时，注意不要将零件失落或掉入接触器内部。安装孔的螺钉应装有弹簧垫圈和平垫圈，并拧紧螺钉以防振动松脱。

3）安装完毕，检查接线正确无误后，在主触头不带电的情况下操作几次，然后测量产品的动作值和释放值，所测数值应符合产品的规定要求。

（2）日常维护

1）应对接触器作定期检查，观察螺钉有无松动、可动部分是否灵活等。

2）接触器的触头应定期清扫，保持清洁，但不允许涂油。当触头表面因电灼作用形成金属小颗粒时，应及时清除。

3）拆装时注意不要损坏灭弧罩。带灭弧罩的接触器绝不允许不带灭弧罩或带破损的灭弧罩运行，以免发生电弧短路故障。

任务实施

安装步骤与任务1基本相同，本任务操作过程中需要重点说明的是：

1）为保证人身安全，在通电试车时，要认真执行安全操作规程的有关规定，一人监护，一人操作。试车前，应检查与通电试车有关的电气设备是否有不安全的因素存在，若查出应立即整改，然后方能试车。

2）通电试车前，必须征得教师的同意，并由指导教师接通三相电源L1、L2、L3，同时在现场监护。学生合上组合开关QS后，用验电器检查熔断器出线端，氖管亮说明电源接通。上述检查一切正常后，做好准备工作，在指导老师监护下试车。

通电试车将按照下面的两个步骤进行：

1）空操作试验。合上QS，按下SB，接触器得电吸合，观察是否符合电路功能要求，电气元器件的动作是否灵活，有无卡阻及噪声过大等现象。放开SB，接触器失电复位。反复操作几次，以观察电路的可靠性。

2）带负荷试车。断开QS，接好电动机接线。再合上QS，按下SB，观察接触器的工作情况是否正常、电动机运行情况是否正常等，但不得对电路接线是否正确进行带电检查。放开SB，电动机停转。观察过程中，若发现有异常现象，应立即停车。当电动机运转平稳后，用钳形电流表测量三相电流是否平衡。

点动正转控制电路接线如图1-1-26所示。

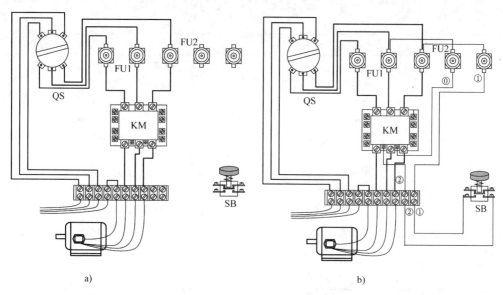

图 1-1-26　点动正转控制电路接线

a）主电路接线　b）点动正转控制电路接线

故障检修

一、元器件常见故障及维修

1. 接触器常见故障及处理方法（见表 1-1-24）

表 1-1-24　接触器常见故障及处理方法

故障现象	可能原因	处理方法
吸不上或吸不足（即触头已闭合而铁心尚未完全吸合）	1. 电源电压太低或波动过大 2. 操作回路电源容量不足或发生断线、配线错误及触头接触不良 3. 线圈技术参数与使用条件不符 4. 产品本身受损 5. 触头弹簧压力过大	1. 调高电源电压 2. 增加电源容量，更换电路，修理控制触头 3. 更换线圈 4. 更换新品 5. 按要求调整触头参数
不释放或释放缓慢	1. 触头弹簧压力过小 2. 触头熔焊 3. 机械可动部分被卡住，转轴生锈或歪斜 4. 反力弹簧损坏 5. 铁心极面有油垢或尘埃粘着 6. 铁心磨损过大	1. 调整触头参数 2. 排除熔焊故障，更换触头 3. 排除卡住现象，修理受损零件 4. 更换反力弹簧 5. 清理铁心极面 6. 更换铁心
电磁铁(交流)噪声大	1. 电源的电压过低 2. 触头弹簧压力过大 3. 短路环断裂 4. 铁心极面有污垢 5. 磁系统歪斜或机械上卡住，使铁心不能吸平 6. 铁心极面过度磨损而不平	1. 提高操作回路电压 2. 调整触头弹簧压力 3. 更换短路环 4. 清除铁心极面 5. 排除机械卡住的故障 6. 更换铁心

（续）

故障现象	可能原因	处理方法
线圈过热或烧坏	1. 电源电压过高或过低 2. 线圈技术参数与实际使用条件不符 3. 操作频率过高 4. 线圈匝间短路	1. 调整电源电压 2. 调换线圈或接触器 3. 选择其他合适的接触器 4. 排除短路故障，更换线圈
触头灼伤或熔焊	1. 触头压力过小 2. 触头表面有金属颗粒异物 3. 操作频率过高，或工作电流过大，断开容量不够 4. 长期过载使用 5. 负载侧短路	1. 调高触头弹簧压力 2. 清理触头表面 3. 调换容量较大的接触器 4. 调换合适的接触器 5. 排除短路故障，更换触头

2. 按钮的常见故障及处理方法（见表1-1-25）

表1-1-25　按钮的常见故障及处理方法

故障现象	可能原因	处理方法
触头接触不良	1. 触头烧损 2. 触头表面有尘垢 3. 触头弹簧失效	1. 修整触头或更换产品 2. 清洁触头表面 3. 重绕弹簧或更换产品
触头间短路	1. 塑料受热变形，导致接线螺钉相碰短路 2. 杂物或油污在触头间形成通路	1. 查明发热原因排除并更换产品 2. 清洁按钮内部

二、点动正转控制电路常见故障及处理方法（见表1-1-26）

表1-1-26　点动正转控制电路常见故障及处理方法

故障现象	原因分析	检查方法
按下按钮后，接触器不吸合，电动机不能起动	1. 电源电路故障 可能故障点：断路器故障、电源连接导线故障 2. 控制电路故障 可能故障点：熔断器FU2故障、1号线断路、按钮SB常开触头故障、2号线断路、接触器线圈故障	电源电路检查：合上电源开关，用万用表交流电压"500V"挡分别测量开关下端头 U11-V11、V11-W11、U11-W11 间的电压，观察是否正常。若正常，则故障点在控制电路；若不正常则检查电源的输入端电压，电压正常，故障点在转换开关，电压不正常，故障点在电源 控制电路检查：合上电源，用验电器逐点顺序检查是否有电，故障点在有电点和没有电点之间

（续）

故障现象	原因分析	检查方法
按下按钮后，接触器吸合，电动机有"嗡嗡"声不能起动	接触器吸合，说明控制电路没有故障，故障在主电路中，电动机有"嗡嗡"声，说明电动机断相 U11 V11 W11 FU1 U12 V12 W12 KM U V W M 3～ 可能故障点： 电源 W 相断相、熔断器 FU1 故障、接触器主触头故障、连接导线故障、电动机故障	电动机单向转动主电路的检查方法：控制电路动作，说明 U 相、V 相正常。合上 QS，首先检查 QS 的 W 相下端头是否有电，若没有，则电源断相；若有电，则检查接触器主触头上端头以上部分，用验电器逐点检查是否有电，故障点在有电点和没有电点之间；也可用万用表的交流电压"500V"挡，通过接触器主触头上端头两两间的电压测量，进行故障相线判断。因为电动机不能长时断相运行，因此接触器主触头下端头以下部分，不能用按下 SB 后，用验电器检查每一相的有电的方法；因此检查时要断开电源，拔掉熔断器熔芯，用万用表电阻挡检查，其中一支表笔固定在接触器主触头某相上端头，按下触头架，另一支表笔交替测量另外两相，进行两两间逐相检测通路情况，对其他两相都不通的相是故障相。然后再对故障相逐点检查，找出故障点

 检查评议

检查见表 1-1-13。

 问题及防治

1. 按钮内接线时，造成按钮损坏。

按钮内接线时，用力不可过猛，以防螺钉打滑或损坏按钮。

2. 检查电路故障，不能用验电器代替电压表。

因为从验电器氖灯的亮度不易查出电压的高低，甚至得出错误的判断。例如，电源熔断器一相熔断后，由于电感和其他并联电路的影响，验电器接触其输出端时仍有较高的亮度，往往得出错误的判断。

 扩展知识

几种特定用途的交流接触器简介见表 1-1-27。

表 1-1-27　特定用途的交流接触器

名　称	外 形 图	应 用 条 件	主 要 特 点
CJX2—N（LC2—D）系列联锁可逆交流接触器		主要用于交流 50Hz 或 60Hz，额定工作电压至 660V，额定工作电流至 95A 的电路中，作电动机可逆控制用	它的联锁机构保证了两台可逆接触器转换的工作可靠性

（续）

名　　称	外　形　图	应用条件	主要特点
CJ19（16C）系列切换电容器接触器		主要用于交流 50Hz 或 60Hz、额定工作电压至 380V 的电力线路中，供低压无功功率补偿设备投入或切除低压并联电容器之用	接触器带有抑制涌流装置，能有效地减小合闸涌流对电容的冲击和抑制开断时的过电压
GSC2—J 建筑用交流接触器		主要用于家用及类似用途,用于主电路为交流 50Hz（或 60Hz）,额定绝缘电压为 440V,额定工作电压至 415V,使用类别 AC—7a 下额定工作电流至 63A,使用类别 AC—7b 下额定工作电流至 30A,额定限制短路电流不大于 6kA 的电路中	操动机构为转动式,触头为双断点;低音操作、无噪声;低功耗,高可靠性;具有触头状态指示器
空调专用型接触器		用于交流 50Hz 或 60Hz,额定工作电压 220V,额定工作电流 25A,使用类别为 AC—7b 的电路中接通和分断电路。广泛用于空调等家用电器的压缩机或者电动机控制,也可用于电加热器等其他负载	噪声低 ;接线方便,提供了插线端子、锁线、压着端子等多种接线方式 ;采用国际通用的底板设计,安装方便,互换性高
CJC20 系列自保持节能型交流接触器		主要适用于交流 50Hz、额定电压到 660V、额定工作电流到 630A 的电力系统中接通和分断电路。在电网停电时不要求接触器断开,在来电时允许自送电。类同于断路器	节能接触器在吸合运行中不通励磁电流,因而达到节能、无噪声、不烧励磁线圈的目的

任务3　三相异步电动机接触器自锁正转控制电路的安装与维修

知识目标

1. 正确理解三相异步电动机接触器自锁正转控制电路的工作原理。

2. 掌握热继电器选用和安装调试要求。

3. 能正确识读三相异步电动机接触器自锁正转控制电路的原理图,绘制接线图和布置图。

能力目标

1. 会按照工艺要求正确安装接触器自锁控制三相异步电动机正转控制电路。

2. 初步掌握板前明线布线方法。

3. 初步掌握热继电器的简单检修。

4. 能根据故障现象,检修三相异步电动机点动控制电路。

任务描述（见表 1-1-28）

表 1-1-28　任 务 描 述

工 作 任 务	要　　求
1. 三相异步电动机接触器自锁控制电路的安装	1. 正确绘制三相异步电动机接触器自锁控制电路的元器件布置图和接线图 2. 元器件安装要正确、牢固 3. 安装布线要符合工艺要求 4. 通电试车时要严格遵守安全规程
2. 三相异步电动机接触器自锁控制电路的故障检修	1. 理解电路的工作原理,掌握分析故障的方法 2. 带电检测故障电路时要严格遵守安全规程 3. 维修过程要符合工艺要求

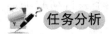 任务分析

> **想一想**：点动控制电路中，手必须按在按钮上电动机才能运转，手松开按钮后，电动机停转。这种控制电路对于生产机械中电动机的短时间控制十分有效。但如果生产机械中电动机需要控制时间较长，手必须始终按在按钮上，操作人员的一只手被固定，不方便其他操作，劳动强度大。

三相异步电动机接触器自锁控制电路，可以解决手必须始终按在按钮上的问题，如图 1-1-27 所示。

一、三相异步电动机的接触器自锁控制电路工作原理分析

图 1-1-27 所示电路的主电路和点动控制电路的主电路相同，但在控制电路中又串接了一个停止按钮 SB2，在起动按钮 SB1 的两端并接了接触器 KM 的一对常开触头。接触器自锁控制电路不但能使电动机连续运转，而且还具有欠电压和失电压（或零电压）保护作用。

工作原理如下：

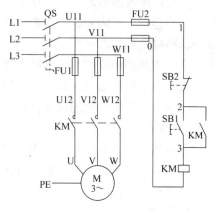

图 1-1-27　三相异步电动机
接触器自锁控制电路

【起动】　合上电源开关 QS→按下 SB1→KM 线圈得电 ━━→KM 主触头闭合 ━━━→电动机 M 起动连续运转
┗━→KM 辅助常开触头闭合

【停止】　按下 SB2→KM 线圈失电 ━━→KM 主触头分断 ━━━→电动机 M 失电停转
┗━→KM 辅助常开触头分断

这种当松开起动按钮后，接触器通过自身的辅助常开触头使其线圈保持得电的作用叫做

自锁。与起动按钮并联起自锁作用的辅助常开触头叫做自锁触头。

二、保护分析

（1）欠电压保护 "欠电压"是指电路电压低于电动机应加的额定电压。"欠电压保护"是指当电路电压下降到低于某一数值时，电动机能自动切断电源停转，避免电动机在欠电压下运行的一种保护。采用接触器自锁控制电路就可避免电动机欠电压运行。因为当电路电压下降到低于额定电压的85%时，接触器线圈两端的电压也同样下降到此值，从而使接触器线圈磁通减弱，产生的电磁吸力减少，当电磁吸力减少到小于反作用弹簧的拉力时，动铁心被迫释放，主触头、自锁触头同时分断，自动切断主电路和控制电路，电动机失电停转，达到欠电压保护的作用。

（2）失电压保护 失电压保护是指电动机在正常运行中，由于外界某种原因引起突然断电时，能自动切断电动机电源；当重新供电时，保证电动机不能自动起动的一种保护。接触器自锁控制电路也可实现失电压保护。因为接触器自锁触头和主触头在电源断电时已经断开，使主电路和控制电路都不能接通，所以在电源恢复供电时，电动机就不会自动起动运转，保证了人身和设备的安全。

（3）短路保护 FU1起主电路的短路保护作用，FU2起控制电路的短路保护作用。

（4）过载保护 该电路没有过载保护。

 相关知识

点动控制电路中，由于电动机的运行时间较短，一般通过FU1起主电路的短路保护作用，FU2起控制电路的短路保护作用，而不需要过载保护。接触器自锁控制电路中控制的电动机长时间运行，就需要进行过载保护。常用的过载保护电器是热继电器。

一、热继电器

热继电器是利用流过继电器的电流所产生的热效应而反时限动作的自动保护电器。所谓反时限动作，是指电器的延时动作时间随通过电路电流的增加而缩短。热继电器主要与接触器配合使用，用做电动机的过载保护、断相保护、电流不平衡运行的保护及其他电气设备发热状态的控制。

热继电器的形式有多种，主要有双金属片式和电子式，其中双金属片式应用最多。

按极数划分有单极、两极和三极3种，其中三极的又包括带断相保护装置的和不带断相保护装置的；按复位方式分有自动复位式和手动复位式。常见双金属片式热继电器的外形如图1-1-28所示。

图1-1-28 常见双金属片式热继电器的外形

1. 双金属片式热继电器的结构及工作原理

（1）结构　图 1-1-29a 所示为两极双金属片热继电器的结构，它主要由热元件、传动机构、常闭触头、电流整定按钮和复位按钮组成。热继电器的热元件由主双金属片和绕在外面的电阻丝组成。主双金属片是由两种热膨胀系数不同的金属片复合而成。

（2）工作原理　热继电器使用时，需要将热元件串联在主电路中，常闭触头串联在控制电路中，如图 1-1-29b 所示。当电动机过载时，流过电阻丝的电流超过热继电器的整定电流，电阻丝发热增多，温度升高，由于 3 块金属片的热膨胀程度不同而使主双金属片向右弯曲，通过传动机构推动常闭触头断开，分断控制电路，再通过接触器切断主电路，实现对电动机的过载保护。

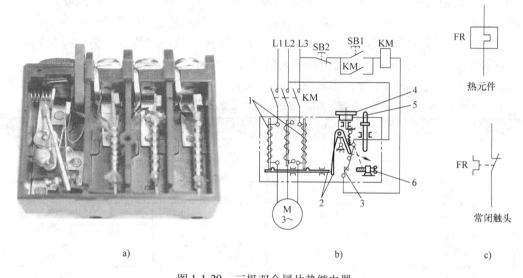

图 1-1-29　三极双金属片热继电器
a）结构图　b）原理图　c）图形符号
1—热元件　2—传动机构　3—常闭触头　4—电流整定按钮　5—复位按钮　6—限位螺钉

电源切除后，主双金属片逐渐冷却恢复原位。热继电器的复位机构有手动复位和自动复位两种形式，可根据使用要求通过复位调节螺钉来自由调整选择。一般自动复位时间不大于 5min，手动复位时间不大于 2min。

热继电器的整定电流大小可通过旋转电流整定旋钮来调节。热继电器的整定电流是指热继电器连续工作而不动作的最大电流。超过整定电流，热继电器将在负载未达到其允许的过载极限之前动作。

热继电器在电路图中的图形符号如图 1-1-29c 所示。

由于热继电器主双金属片受热膨胀的热惯性及传动机构传递信号的惰性原因，热继电器从电动机过载到触头动作需要一定的时间，也就是说，即使电动机严重过载甚至短路，热继电器也不会瞬时动作，因此热继电器不能作短路保护。但也正是这个热惯性和机械惰性，保证了热继电器在电动机起动或短时过载时不会动作，从而满足了电动机的运行要求。

这种双金属片式热继电器是通过发热元件来控制动作的，能耗高，将逐步被电子热继电器所取代。

2. 热继电器的型号含义及主要技术数据

常用 JR20 系列热继电器的型号含义如下：

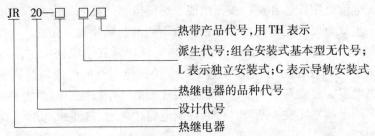

JR 20—□ □/□
热带产品代号，用 TH 表示
派生代号：组合安装式基本型无代号；
L 表示独立安装式；G 表示导轨安装式
热继电器的品种代号
设计代号
热继电器

JR20 系列热继电器是一种双金属片式热继电器，在电力线路中用于长期或间断工作的一般交流电动机的过载保护，并且能在三相电流严重不平衡时起保护作用。

JR20 系列热继电器的结构为立体布置，一层为结构，另一层为主电路。前者包括整定电流调节凸轮、动作脱扣指示、复位按钮及断开检查按钮。

JR20 系列热继电器的主要技术数据见表 1-1-29。

表 1-1-29　JR20 系列热继电器的主要技术数据

型号	热元件号	整定电流范围/A	型号	热元件号	整定电流范围/A
JR20—10	1R	0.1～0.13～0.15	JR20—25	3T	17～21～25
	2R	0.15～0.19～0.23		4T	21～25～29
	3R	0.23～0.29～0.35	JR20—63	1U	16～20～24
	4R	0.35～0.44～0.53		2U	24～30～36
	5R	0.53～0.67～0.8		3U	32～40～47
	6R	0.8～1～1.2		4U	40～47～55
	7R	1.2～1.5～1.8		5U	47～55～62
	8R	1.8～2.2～2.6		6U	55～62～67
	9R	2.6～3.2～3.6	JR20—160	1W	33～40～47
	10R	3.2～4～4.8		2W	47～55～63
	11R	4～5～6		3W	63～74～84
	12R	5～6～7		4W	74～86～98
	13R	6～7.2～8.4		5W	85～98～115
	14R	7～8.6～10		6W	100～115～130
	15R	8.6～10～11.6		7W	115～132～150
JR20—16	1S	3.6～4.5～5.4		8W	130～150～170
	2S	5.4～6.7～8		9W	144～160～176
	3S	8～10～12	JR20—250	1X	130～160～195
	4S	10～12～14		2X	167～200～250
	5S	12～14～16	JR20—400	1Y	200～250～300
	6S	14～16～18		2Y	267～335～400
JR20—25	1T	7.8～9.7～11.6	JR20—630	1Z	320～400～480
	2T	11.6～14.3～17		2Z	420～525～680

3. 热继电器的选用

选择热继电器时，主要根据所保护电动机的额定电流来确定热继电器的规格和热元件的电流等级。

1）根据电动机的额定电流选择热继电器的规格。一般应使热继电器的额定电流略大于电动机的额定电流。

2）根据需要的整定电流值选择热元件的编号和电流等级。一般情况下，热元件的整定电流为电动机额定电流的 0.95 ~ 1.05 倍。

3）根据电动机定子绕组的连接方式选择热继电器的结构型式，即定子绕组作丫联结的电动机选用普通三相结构的热继电器，而作△联结的电动机应选用带断相保护装置的热继电器。

二、具有过载保护的接触器自锁控制电路

图 1-1-30 是具有过载保护的接触器自锁控制电路。电路的主电路是在接触器自锁控制电路的主电路上串联了热继电器的热元件 FR，在控制电路中又串接了一个热继电器的常闭触头 FR。具有过载保护的接触器自锁控制电路不但能使电动机连续运转，而且还具有欠电压和失电压（或零电压）保护和过载保护作用。

【工作原理分析】：工作原理、欠电压保护、失电压保护、短路保护与接触器自锁控制电路相同。

【过载保护分析】：电动机运行过程中出现了过载后，串联在主电路上的热继电器热元件 FR 感受到过载电流，触发串接在控制电路中的热继电器常闭触头 FR 断开，接触器线圈失电，接触器主触头复位，电动机停转，实现过载保护。

任务准备

安装具有过载保护的接触器自锁控制电路。

一、分析绘制元器件布置图和接线图

1. 绘制元器件布置图

从原理图分析得知，具有过载保护的接触器自锁控制电路比点动控制电路所用的低压电气元器件多了一个热继电器，热继电器安装在接触器的下方，如图 1-1-31。

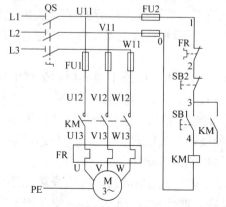

图 1-1-30　具有过载保护的
接触器自锁控制电路

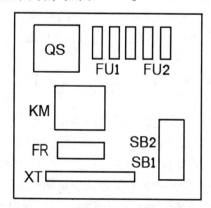

图 1-1-31　具有过载保护的接触器
自锁控制电路元器件布置图

2. 绘制接线图

具有过载保护的接触器自锁控制电路接线图如图 1-1-32 所示。

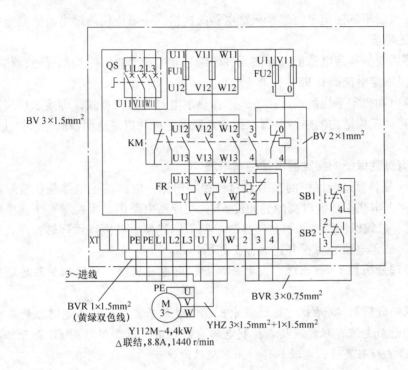

图 1-1-32　具有过载保护的接触器自锁控制电路接线图

二、仪表、工具、耗材和器材准备

根据电路图，确定选用工具、仪表、耗材及器材，见表 1-1-30。

三、安装工艺要求

热继电器的安装与使用要求如下：

1）热继电器必须按照产品说明书中规定的方式安装。安装处的环境温度应与电动机所处环境温度基本相同。当与其他电器安装在一起时，应注意将热继电器安装在其他电器的下方，以免其动作特性受到其他电器发热的影响。

2）安装时，应清除触头表面尘污，以免因接触电阻过大或电路不通而影响热继电器的动作性能。

3）热继电器出线端的连接导线，应按表 1-1-31 的规定选用。这是因为导线的粗细和材料将影响到热元件端接点传导到外部热量的多少。导线过细，轴向导热性差，热继电器可能提前动作；反之，导线过粗，轴向导热快，热继电器可能滞后动作。

4）使用中的热继电器应定期通电校验。此外，当发生短路事故后，应检查热元件是否已发生永久变形。若已变形，则需通电校验。若因热元件变形或其他原因致使动作不准确时，只能调整其可调部件，而绝不能弯折热元件。

表 1-1-30　仪表、工具、耗材和器材明细

序号	名称	型号与规格	单位	数量	质检要求
1	三相四线电源	~3×380/220 V,20 A	处	1	1. 根据电动机规格检验选配的工具、仪表、器材等是否满足要求 2. 检查其各元器件、耗材与表中的型号与规格是否一致 3. 元器件外观应完整无损,附件、配件齐全 4. 用万用表、绝缘电阻表检测元器件及电动机的技术数据是否符合要求
2	三相电动机	Y112M—4,4kW,380V,△联结;或自定	台	1	
3	配线板	500mm×600mm×20mm	块	1	
4	组合开关	HZ10—25/3	个	1	
5	熔断器 FU1	RL1—60/25,380V,60A,熔体配 25A	套	3	
6	熔断器 FU2	RL1—15/2	套	2	
7	接触器 KM1	CJ10—20,线圈电压 380V,20 A(CJX2、B 系列等自定)	只	1	
8	热继电器	JR20—10	只	1	
9	按钮 SB1～SB3	LA10—3H,保护式,按钮数 3	只	1	
10	木螺钉	ϕ3mm×20mm;ϕ3mm×15mm	个	30	
11	平垫圈	ϕ4mm	个	30	
12	圆珠笔	自定	支	1	
13	主电路导线	BVR—1.5,1.5mm²(7×0.52mm)(黑色)	m	若干	
14	控制电路导线	BV—1.0,1.0mm²(7×0.43mm)	m	若干	
15	按钮线	BV—0.75,0.75 mm²	m	若干	
16	接地线	BVR—1.5,1.5 mm²(黄绿双色)	m	若干	
17	劳保用品	绝缘鞋、工作服等	套	1	
18	接线端子排	JX2—1015,500 V、10 A、15 节或配套自定	条	1	

表 1-1-31　热继电器出线端的连接导线选用表

热继电器的额定电流/A	连接导线截面积/mm²	连接导线种类
10	2.5	单股铜芯塑料线
20	4	单股铜芯塑料线
60	16	多股铜芯橡皮线

5）热继电器在出厂时均调整为手动复位方式,如果需要自动复位,只要将复位螺钉沿顺时针方向旋转 3～4 圈,并稍微拧紧即可。

6）热继电器在使用中,应定期用布擦净尘埃和污垢,若发现双金属片上有锈斑,应用清洁棉布蘸汽油轻轻擦除,切忌用砂纸打磨。

7）热继电器因电动机过载动作后,若需再次起动电动机,必须待热元件冷却后,才能使热继电器复位。一般自动复位时间不大于 5min;手动复位时间不大于 2min。

▲ 任务实施

安装步骤与前面任务基本相同,布线概况如图 1-1-33 所示,本任务操作过程中需要重点说明的是:

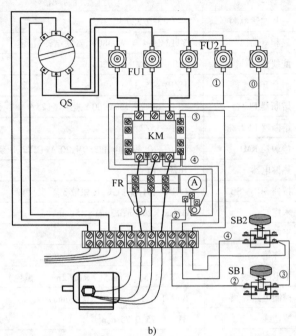

图 1-1-33　布线概况

a）按钮接线　b）电路概况

一、自检

自检步骤及工艺要求如下：

1）按电路图或接线图从电源端开始，逐段核对接线及接线端子处线号是否正确，有无漏接、错接之处。检查导线接点是否符合要求，压接是否牢固。同时注意接点接触应良好，以避免带负载运转时产生闪弧现象。

2）用万用表检查电路的通断情况。

用万用表电阻挡（$R \times 100$）检查，断开 QS，摘下接触器灭弧罩。

①按点动控制电路的步骤、方法检查主电路。

②检查辅助电路。接好 FU2，做以下几项检查。

【检查起动控制】　将万用表两支表笔跨接在 QS 下端子 U11 和 W11 处，应测得断路，按下 SB1，应测得 KM 线圈的电阻值。

【检查自锁电路】　松开 SB1 后，按下 KM 触头架，使其常开辅助触头也闭合，应测得 KM 线圈的电阻值。

如操作 SB1 或按下 KM 触头架后，测得结果为断路，应检查按钮及 KM 自锁触头否正常，检查它们上、下端子连接线是否正确、有无虚接及脱落。必要时用移动表缩小故障范围的方法探查断路点。如上述测量中测得短路，则重点检查单号、双号导线是否错接到同一端子上了。

【检查停车控制】 在按下 SB1 或按下 KM 触头架测得 KM 线圈电阻值后，同时按下停车按钮 SB2，则应测出辅助电路由通而断。否则检查按钮盒内接线，并排除错接现象。

【检查过载保护环节】 摘下热继电器盖扳后，按下 SB1 测得 KM 线圈阻值，同时用小螺钉旋具缓慢向右拨动热元件自由端，在听到热继电器常闭触头分断动作的声音同时，万用表应显示辅助电路由通而断。否则应检查热继电器的动作及连接线情况，并排除故障。

二、通电试车

连接电动机和按钮金属外壳的保护接地线，以及电源、电动机等控制板外部的导线。学生提出申请，经教师检查同意后通电试车。

1. 空操作试验

合上 QS 做以下试验。

1）按下 SB1，接触器得电吸合，观察是否符合电路功能要求，元器件的动作是否灵活，有无卡阻及噪声过大等现象。放开 SB1，接触器应处于吸合的自锁状态。按下 SB2，接触器应失电复位。

2）用绝缘棒按下 KM 触头架，当其自锁触头闭合时，KM 线圈立即得电，触头保持闭合。按下 SB2，接触器应失电复位。

2. 带负荷试车

断开 QS，接好电动机接线，再合上 QS，先操作 SB1 起动电动机，待电动机达到额定转速后，再操作 SB2，电动机应失电停转。反复操作几次，以观察电路自锁作用的可靠性。

试车过程中，随时观察电动机运行情况是否正常等。但不得对电路接线是否正确进行带电检查。观察过程中，若发现有异常现象，应立即停车。当电动机运转平稳后，用钳形电流表测量三相电流是否平衡。

通电试车完毕，停转，切断电源。先拆除三相电源线，再拆除电动机线。

故障检修

1. 常见故障及维修

热继电器的常见故障及处理方法见表 1-1-32。

2. 电动机基本控制电路故障检修的一般步骤和方法

（1）用试验法观察故障现象，初步判定故障范围　在不扩大故障范围、不损坏电气设备和机械设备的前提下，对电路进行通电试验，通过观察电气设备和元器件的动作是否正常，各控制环节的动作程序是否符合要求，初步确定故障发生的大概部位或回路。

表 1-1-32　热继电器的常见故障及处理方法

故障现象	故障原因	维修方法
热元件烧断	1. 负载侧短路,电流过大 2. 操作频率过高	1. 排除故障,更换热继电器 2. 更换合适参数的热继电器

（续）

故障现象	故障原因	维修方法
热继电器不动作	1. 热继电器的额定电流值选用不合适 2. 整定值偏大 3. 动作触头接触不良 4. 热元件烧断或脱焊 5. 动作机构卡阻 6. 导板脱出	1. 按保护容量合理选用 2. 合理调整整定电流值 3. 消除触头接触不良因素 4. 更换热继电器 5. 消除卡阻因素 6. 重新放入导板并调试
热继电器动作不稳定，时快时慢	1. 热继电器内部机构某些部件松动 2. 在检修中弯折了双金属片 3. 通电电流波动太大，或接线螺钉松动	1. 紧固松动部件 2. 用两倍电流预试几次或将双金属片拆下来热处理（一般约240℃）以去除内应力 3. 检查电源电压或拧紧接线螺钉
热继电器动作太快	1. 整定值偏小 2. 电动机起动时间过长 3. 连接导线太细 4. 操作频率过高 5. 使用场合有强烈冲击和振动 6. 可逆转换频繁 7. 安装热继电器处与电动机处环境温差太大	1. 合理调整整定值 2. 按起动时间要求，选择具有合适的可返回时间的热继电器或在起动过程中将热继电器短接 3. 选用标准导线 4. 更换合适型号的热继电器 5. 采取防振动措施或选用带防冲击振动的热继电器 6. 改用其他保护方式 7. 按两地温差情况配置适当的热继电器
主电路不通	1. 热元件烧断 2. 接线螺钉松动或脱落	1. 更换热元件或热继电器 2. 紧固接线螺钉
控制电路不通	1. 触头烧坏或动触头片弹性消失 2. 可调整式旋钮转到不合适的位置 3. 热继电器动作后未复位	1. 更换触头或簧片 2. 调整旋钮或螺钉 3. 按动复位按钮

（2）用逻辑分析法缩小故障范围　根据电气控制电路的工作原理、控制环节的动作程序以及它们之间的联系，结合故障现象做具体的分析，缩小故障范围，特别适用于对复杂电路的故障检查。

（3）用测量法确定故障点　利用电工工具和仪表对电路进行带电或断电测量，常用的方法有电压测量法、电阻测量法、验电器法和校验灯法。

1）电压测量法。测量检查时，首先把万用表的转换开关置于交流电压"500V"的挡位上，然后按如图1-1-34所示的方法进行测量。

接通电源，若按下起动按钮SB1时，接触器

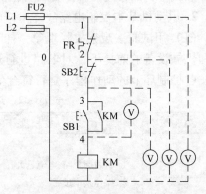

图1-1-34　电压测量法

KM 不吸合，则说明控制电路有故障。

　　检测时，在松开按钮 SB1 的条件下，先用万用表测量 0—1 两点之间的电压，若电压为 380V，则说明控制电路的电源电压正常。然后把黑表笔接到 0 点上，红表笔依次接到 2、3 两点上，分别测量出 0—2、0—3 两点间的电压，若电压均为 380V，再把黑表笔接到 1 点上，红表笔接到 4 点上，测量出 1—4 两点间的电压。根据其测量结果即可找出故障点，见表 1-1-33。表中符号"×"表示不需再测量。

表 1-1-33　电压测量法查找故障点

故障现象	0—2	0—3	1—4	故 障 点
按下 SB1 时，接触器 KM 不吸合	0	×	×	FR 常闭触头接触不良
	380V	0	×	SB2 常闭触头接触不良
	380V	380V	0	KM 线圈断路
	380V	380V	380V	SB1 接触不良

　　2）电阻测量法。测量检查时，首先把万用表的转换开关置于倍率适当的电阻挡位上（一般选"$R \times 100$"以上的挡位），然后按如图 1-1-35 所示的方法进行测量。

　　接通电源，若按下起动按钮 SB1 时，接触器 KM 不吸合，则说明控制电路有故障。

　　检测时，首先切断电路的电源（这点与电压测量法不同），用万用表依次测量出 1—2、1—3、0—4 间的电阻值。根据其测量结果可找出故障点，见表 1-1-34。

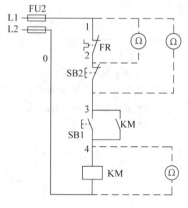

图 1-1-35　电阻测量法

　　3. 接触器自锁控制电路的故障检修（见表 1-1-35）

表 1-1-34　电阻测量法查找故障点

故障现象	1—2	1—3	0—4	故 障 点
按下 SB1 时，KM 不吸合	∞	×	×	FR 常闭触头接触不良
	0	∞	×	SB2 常闭触头接触不良
	0	0	∞	KM 线圈断路
	0	0	R	SB1 接触不良

注：R 为接触器 KM 线圈的电阻值。

表 1-1-35　接触器自锁控制电路的故障检修

故障现象	原 因 分 析	检 查 方 法
按下按钮 SB1,接触器 KM 不吸合	1. 电源电路故障 [可能故障点]电源开关 QF 接触不良或损坏 2. 控制电路故障 [可能故障点] 1) 熔断器 FU2 熔断 2) 热继电器 FR 触头接触不良或动作后未复位 3) 停止按钮 SB2 常闭触头、起动按钮 SB1 常开触头接触不良 4) 接触器线圈断线或损坏	电源电路检查:参照点动电路 控制电路检查:参照点动电路 热继电器故障时应检查电动机是否过载
接触器 KM 不自锁	[可能故障点] 1. 接触器辅助常开触头接触不良 2. 自锁回路断线	自锁回路检查 [方法:电阻测量法] 断开电源,用万用表的电阻挡,将一支表笔固定在 SB2 的下端头,按下 KM 的触头架,另一支表笔逐点顺序检查通路情况,当检查到电路不通的情况时,则故障在该点与上一点之间
按下停止按钮 SB2,接触器不释放	[可能故障点] 1. 停止按钮 SB2 触头焊住或卡住 2. 接触器 KM 已断电,但可动部分被卡住 3. 接触器铁心接触面上有油污,上下粘住 4. 接触器主触头烧焊住	[方法:电阻测量法] 停止按钮 SB2 检查:断开电源,用万用表的电阻挡,将两支表笔固定在 SB2 的上、下端头,按下 SB2,检查通断情况 接触器主触头检查:断开电源,用万用表的电阻挡,将两支表笔分别固定在 KM 的上、下端头,检查通断情况
接触器吸合后响声较大	[可能故障点] 1. 电源电压过低 2. 接触器铁心接触面有异物,使铁心接触不严密 3. 接触器铁心的短路环断裂环	[方法:测量电压法] 用万用表交流电压"500V"挡测量 FU2 的电压,观察是否正常。电压正常,则接触器故障,检修方法参看任务 2
控制电路正常,电动机不能起动并有"嗡嗡"声	[可能故障点] 1. 电源缺相 2. 电动机定子绕组断线或绕组匝间短路 3. 定子、转子气隙中灰尘、油泥过多,将转子包住 4. 接触器主触头接触不良,使电动机单相运行 5. 轴承损坏、转子扫膛	主电路的检查方法参看任务 2 [电动机的检查] 1. 用钳形电流表测量电动机三相电流是否平衡 2. 断开 QS,可用万用表电阻挡测量绕组是否断路
电动机加负载后转速明显下降	[可能故障点] 1. 电动机运行中电路断一相 2. 转子笼条断裂	电动机运行中电路是否断一相点,可用钳形电流表测量电动机三相电流是否平衡

检查评议

检查见表 1-1-13。

问题及防治

1. 控制电路中 3# 自锁线接在 KM 常闭辅助触头上，造成按钮短路。

防治：提醒学生看清楚触头的开闭，不清楚的用万用表辅助判别。

2. 接线中，触头的上下接线没有对上，接错位。

防治：加强细心教育。

扩展知识

【JL 系列电子热继电器简介】

JL 系列电子热继电器是以金属电阻电压效应原理实现电动机各种保护的，区别于双金属片式热继电器的金属电阻热效应原理。

优点：

1）体积小，方便实现与双金属片式热继电器的互换。

2）不存在双金属片式热继电器容易出现热疲劳及技术参数难以恢复初始状态的现象，保护参数稳定，重复性好。

3）具有多种保护功能与寿命长等多种优点。

特点：

1）无需外接工作电源，节能环保（较被淘汰的热继电器节能98%）。

2）保护功能全面，动作准确，安全可靠，使用寿命长。

3）电流整定由刻度盘和发光管双重指示，整定精度高，调整方便。

4）安装尺寸与 JR 系列热继电器（国家明令淘汰）相同，安装方便。

5）无需改变原有的电动机控制系统，就能直接替换热继电器。

6）单个产品的电流可调整范围宽、配套性好。

常见电子热继电器的外形如图 1-1-36 所示。

图 1-1-36　电子热继电器的外形

任务4　三相异步电动机连续点动混合正转控制电路与多地控制电路的安装与维修

知识目标

1. 正确理解三相异步电动机连续点动混合正转控制电路的工作原理。
2. 正确理解三相异步电动机多地控制电路的工作原理。

能力目标

1. 会按照工艺要求正确安装三相异步电动机连续点动混合正转控制与多地控制电路。
2. 掌握板前明线布线方法。
3. 能根据故障现象，检修三相异步电动机连续点动与多地控制电路。

 任务描述 （见表1-1-36）

表1-1-36　任 务 描 述

工 作 任 务	要　　　求
1. 三相异步电动连续点动混合正转控制与多地控制电路的安装	1. 正确绘制三相异步电动机连续点动混合正转控制与多地控制电路元器件布置图和接线图 2. 元器件安装要正确、牢固 3. 安装布线要符合工艺要求 4. 通电试车时要严格遵守安全规程
2. 三相异步电动连续点动混合正转控制与多地控制电路的故障检修	1. 理解电路的工作原理,掌握分析故障的方法 2. 带电检测故障电路时要严格遵守安全规程 3. 维修过程要符合工艺要求

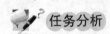 **任务分析**

一、绘制、识读电路图的原则

对于较复杂的电路，将电气装置和元器件的实际图形都画出来非常麻烦，此时可将这些电气装置和元器件用国家标准规定的电气图形符号表示出来，并在它们的旁边标上电器的文字符号，画出电路图来分析它们的作用、电路的构成和工作原理等。

1. 电路图

电路图是根据生产机械运动形式对电气控制系统的要求，采用国家统一规定的电气图形符号和文字符号，按照电气设备和电器的工作顺序排列，详细表示电路、设备或成套装置的全部基本组成和连接关系，但不涉及元器件的结构尺寸、材料选用、安装位置和实际配线方法的一种简图。

电路图能充分表达电气设备和电器的用途、作用和电路的工作原理，是电气电路安装、调试和维修的理论依据。

2. 绘制、识读电路图应遵循的原则

1）电路图一般分电源电路、主电路和辅助电路 3 部分绘制。

①电源电路一般画成水平线，三相交流电源相序 L1、L2、L3 自上而下依次画出，若有中性线 N 和保护地线 PE，则依次画在相线之下。直流电源的"＋"端在上画出，"－"端在下画出。电源开关要水平画出。

②主电路是指受电的动力装置及控制、保护电器的支路等，是电源向负载提供电能的电路，它是由主熔断器、接触器的主触头、热继电器的热元件以及电动机等组成的。主电路通过的是电动机的工作电流，电流比较大，因此一般在图样上用粗实线表示，绘于电路图的左侧并垂直于电源电路。

③辅助电路一般包括控制主电路工作状态的控制电路、显示主电路工作状态的指示电路、提供机床设备局部照明的照明电路等。一般由主令电器的触头、接触器的线圈及辅助触头、继电器的线圈及触头、仪表、指示灯和照明灯等组成。通常辅助电路通过的电流较小，一般不超过 5A。辅助电路要跨接在两相电源之间，一般按照控制电路、指示电路和照明电路的顺序，用细实线依次垂直画在主电路的右侧，并且耗能元件（如接触器和继电器的线圈、指示灯、照明灯等）要画在电路图的下方，与下边电源线相连，而电器的触头要画在耗能元件与上边电源线之间。为读图方便，一般应按照自左至右、自上而下的排列来表示操作顺序。

2）电路图中，元器件不画实际的外形，而是采用国家统一规定的电气图形符号表示。

同一电器的各元器件不按它们的实际位置画在一起，而是按其在电路中所起的作用分画在不同的电路中，但它们的动作却是相互关联的，必须用同一文字符号标注。若同一电路图中，相同的电器较多时，需要在元器件文字符号后面加注不同的数字以示区别。各电器的触头位置都按电路未通电或电器未受外力作用时的常态位置画出，分析原理时应从触头的常态位置出发。

3）电路图采用电路编号法，即对电路中的各个接点用字母或数字编号。

①主电路在电源开关的出线端按相序依次编号为 U11、V11、W11。然后按从上至下、从左至右的顺序，每经过一个元器件后，编号要递增，如 U12、V12、W12；U13、V13、W13 等。单台三相交流电动机（或设备）的 3 根引出线，按相序依次编号为 U、V、W。对于多台电动机引出线的编号，为了不致引起误解和混淆，可在字母前用不同的数字加以区别，如 1U、1V、1W；2U、2V、2W 等。

②辅助电路编号按"等电位"原则，按从上至下、从左至右的顺序用数字依次编号，每经过一个元器件后，编号要依次递增。控制电路编号的起始数字必须是 1，其他辅助电路编号的起始数字依次递增 100，如照明电路编号从 101 开始；指示电路编号从 201 开始等。

在电气图中，导线、电缆线、信号通路及元器件、设备的引线均称为连接线。绘制电气图时，连接线一般应采用实线，无线电信号通路采用虚线，并且应尽量减少不必要的连接线，避免线条交叉和弯折。对有直接电联系的交叉导线的连接点，要用小黑圆点表示；无直接电联系的交叉跨越导线则不画小黑圆点，如图 1-1-37 所示。

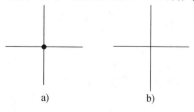

图 1-1-37 连接线的交叉连接与交叉跨越
a）交叉连接 b）交叉跨越

二、连续点动混合正转控制电路

生产实际中，常常需要对一台电动机的控制既要能点动控制，又要能自锁控制，在需要点动控制，电路实现点动控制功能；在正常运行时，又需要能保持连续运行的自锁控制。人们将这种电路称为异步电动机连续与点动混合正转控制电路。

常见的连续与点动混合正转控制电路有两种电路：一是手动开关控制的连续与点动混合正转控制电路；二是复合按钮控制的连续与点动混合正转控制电路。

图 1-1-38a 和图 1-1-38b 是两种不同的连续点动混合正转控制电路；它们的主电路相同；在控制电路中的自锁电路上有所不同。图 1-1-37a 是在自锁电路上加装手动开关来控制自锁电路的通和断的；而图 1-1-37b 则是采用复合按钮 SB3 来控制自锁电路的通和断的。

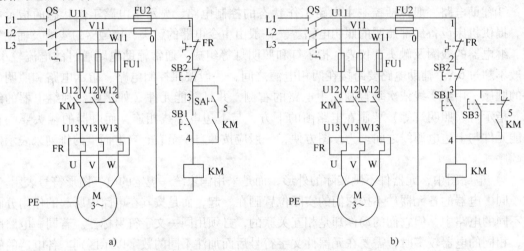

a)　　　　　　　　　　　　　　　　b)

图 1-1-38　两种不同的连续点动混合正转控制电路

a）手动开关控制的连续与点动混合正转控制电路　b）复合按钮控制的连续点动电路

1. 手动开关控制的连续与点动混合正转控制电路工作原理分析

手动开关控制的连续与点动混合正转控制电路如图 1-1-38a 所示，其工作原理如下：

（1）点动控制（SA 打开）

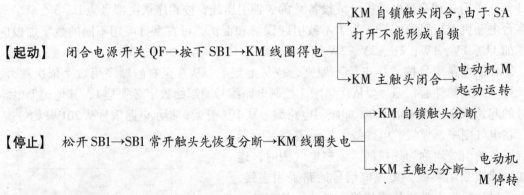

【起动】　闭合电源开关 QF→按下 SB1→KM 线圈得电┬→KM 自锁触头闭合，由于 SA 打开不能形成自锁
　　　　　　　　　　　　　　　　　　　　　　　　└→KM 主触头闭合→电动机 M 起动运转

【停止】　松开 SB1→SB1 常开触头先恢复分断→KM 线圈失电┬→KM 自锁触头分断
　　　　　　　　　　　　　　　　　　　　　　　　　　　　└→KM 主触头分断→电动机 M 停转

（2）连续控制（SA 闭合）

【起动】　闭合电源开关 QF→按下 SB1→KM 线圈得电┬→SA 闭合 KM 自锁触头闭合自锁
　　　　　　　　　　　　　　　　　　　　　　　　└→KM 主触头闭合┘→电动机 M 起动连续运转

【停止】　按下 SB2→KM 线圈得电

→KM 自锁触头分断,解除自锁

→KM 主触头分断

→电动机 M 失电停转

2. 复合按钮控制的连续与点动混合正转控制电路工作原理分析

复合按钮控制的连续与点动混合正转控制电路如图 1-1-38b 所示,其工作原理如下:

(1) 连续控制

【起动】　按下 SB1→KM 线圈得电

→KM 自锁触头闭合自锁

→KM 主触头闭合

→电动机 M 起动连续运转

【停止】　按下 SB2→KM 线圈失电

→KM 自锁触头分断,解除自锁

→KM 主触头分断

→电动机 M 失电停转

(2) 点动控制

【起动】　按下 SB3

→SB3 常闭触头先分断切断自锁电路

→SB3 常开触头后闭合→KM 线圈得电

→KM 自锁触头闭合

→KM 主触头闭合→电动机 M 起动运转

三、多地控制电路

> **想一想:** 在有些生产机械上,为了操作控制的方便,对一台电动机的控制方式上,可采用两个或两个以上的地点进行控制。

能在两地或两地以上的地点控制同一台电动机的控制方式,称为电动机的多地控制。要实现多地控制,起动按钮要并联接在一起;停止按钮要串联接在一起,这样就可以分别在甲、乙两地起动和停止同一台电动机,达到操作方便的目的。

图 1-1-39 是在三相异步电动机接触器自锁控制电路中加入一个停止按钮和一个起动按钮构成的两地控制。

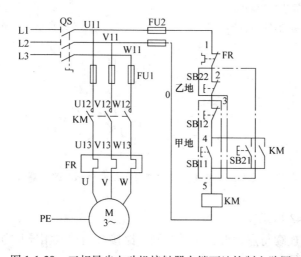

图 1-1-39　三相异步电动机接触器自锁两地控制电路图

工作原理分析如下：

甲地控制：

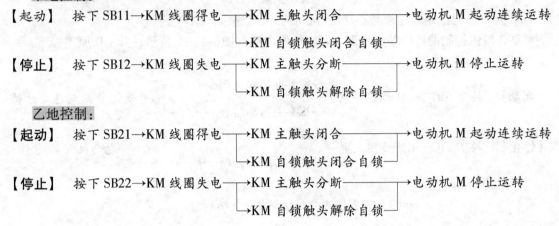

【起动】　按下 SB11→KM 线圈得电——→KM 主触头闭合————→电动机 M 起动连续运转
　　　　　　　　　　　　　　　　→KM 自锁触头闭合自锁

【停止】　按下 SB12→KM 线圈失电——→KM 主触头分断————→电动机 M 停止运转
　　　　　　　　　　　　　　　　→KM 自锁触头解除自锁

乙地控制：

【起动】　按下 SB21→KM 线圈得电——→KM 主触头闭合————→电动机 M 起动连续运转
　　　　　　　　　　　　　　　　→KM 自锁触头闭合自锁

【停止】　按下 SB22→KM 线圈失电——→KM 主触头分断————→电动机 M 停止运转
　　　　　　　　　　　　　　　　→KM 自锁触头解除自锁

任务准备

本次任务是安装手动开关控制的连续与点动混合正转控制电路和三相异步电动机接触器自锁两地控制电路。

一、分析绘制元器件布置图和接线图

1. 绘制元器件布置图

元器件布置图如图 1-1-40、图 1-1-41 和图 1-1-42 所示。

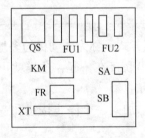

图 1-1-40　手动开关控制的
连续与点动元器件布置图

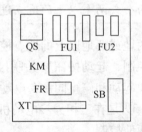

图 1-1-41　复合按钮控制的
连续点动电路元器件布置图

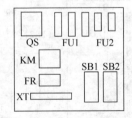

图 1-1-42　三相异步电动机接触器自锁两地控制电路元器件布置图

2. 绘制接线图

接线图如图 1-1-43 所示。

复合按钮控制的连续与点动混合正转控制电路接线图和三相异步电动机接触器自锁两地控制电路请读者自己绘制。

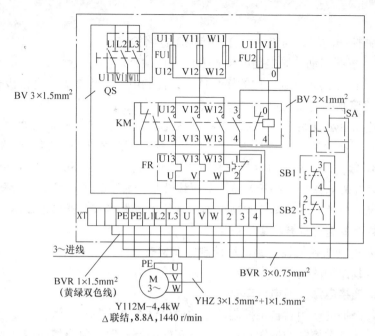

图 1-1-43　手动开关控制的连续与点动混合正转控制电路接线图

二、仪表、工具、耗材和器材准备

根据电路图，确定选用工具、仪表、耗材及器材，见表 1-1-37。

表 1-1-37　仪表、工具、耗材和器材明细

序号	名称	型号与规格	单位	数量	质检要求
1	三相四线电源	~3×380/220V，20A	处	1	1. 根据电动机规格检验选配的工具、仪表、器材等是否满足要求
2	三相电动机	Y112M—4，4kW，380V，△联结；或自定	台	1	
3	配线板	500mm×600mm×20mm	块	1	
4	组合开关	HZ10—25/3	个	1	
5	熔断器 FU1	RL1—60/25，380V，60A，熔体配25A	套	3	
6	熔断器 FU2	RL1—15/2	套	2	2. 检查其各元器件、耗材与表中的型号与规格是否一致
7	接触器 KM1	CJ10—20，线圈电压380V，20A（CJX2、B 系列等自定）	只	1	
8	热继电器	JR20—10	只	1	
9	按钮 SB1~SB3	LA10—3H，保护式，按钮数3	只	2	
10	手动开关	1TL1—2	只	1	3. 元器件外观应完整无损，附件、配件齐全
11	木螺钉	φ3mm×20mm；φ3mm×15mm	个	30	
12	平垫圈	φ4mm	个	30	
13	圆珠笔	自定	支	1	
14	主电路导线	BVR—1.5，1.5mm²（7×0.52mm）（黑色）	m	若干	4. 用万用表、绝缘电阻表检测元器件及电动机的技术数据是否符合要求
15	控制电路导线	BV—1.0，1.0mm²（7×0.43mm）	m	若干	
16	按钮线	BV—0.75，0.75mm²	m	若干	
17	接地线	BVR—1.5，1.5mm²（黄绿双色）	m	若干	
18	劳保用品	绝缘鞋、工作服等	套	1	
19	接线端子排	JX2—1015，500V，10A，15 节或配套自定	条	1	

任务实施

安装步骤与前面任务基本相同，本任务操作过程中需要重点说明以下几个方面。

一、自检

1. 手动开关控制的连续与点动混合正转控制电路检查

SA 打开时，按照点动控制电路的检查方法进行检查。

SA 闭合时，按照具有过载保护的接触器自锁控制电路的检查方法进行检查。

2. 复合按钮控制的连续与点动混合正转控制电路检查

控制电路的检查步骤如下：将控制电路与主电路断开，万用表应选用倍率适当的电阻档，并进行校零，以防发生短路故障。将两支表笔分别搭在 U11、V11 线端上，读数应为"∞"。按下 SB1 时，读数应为接触器线圈的直流电阻值。松开 SB1，按下 SB3 时，读数应为接触器线圈的直流电阻值。松开 SB3，手动按动接触器，使接触器触头吸合，读数应为接触器线圈的直流电阻值。然后断开控制电路，再检查主电路有无开路或短路现象，此时，可用手动来代替接触器通电进行检查。

3. 三相异步电动机接触器自锁两地控制电路检查

按照具有过载保护的接触器自锁控制电路的检查方法进行检查。

二、交验、连接电源、通电试车

与具有过载保护的接触器自锁控制电路的通电试车方法基本一致。

分别安装手动开关控制的连续与点动混合正转控制电路、复合按钮控制的连续与点动混合正转控制电路和三相异步电动机接触器自锁两地控制电路。两电路概况如图 1-1-44 和图 1-1-45 所示。

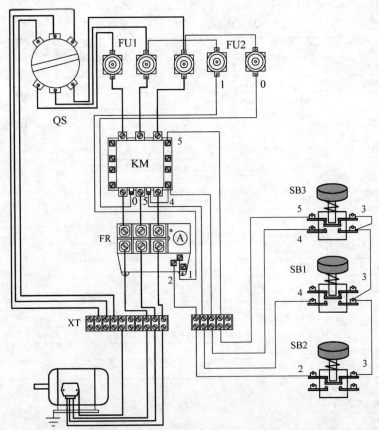

图 1-1-44　复合按钮控制的连续与点动混合正转控制电路概况

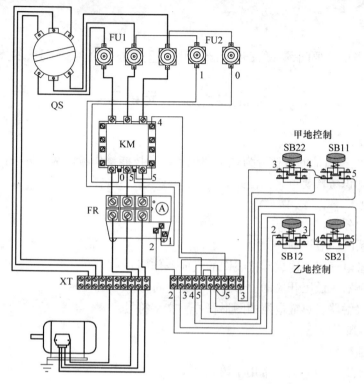

图 1-1-45　三相异步电动机接触器自锁两地控制电路概况

故障检修

1. 连续与点动混合正转控制电路故障检修，参照点动和自锁控制电路。
2. 三相异步电动机接触器自锁两地控制电路故障检修，见表 1-1-38。

表 1-1-38　电路故障的现象、原因及检查方法

故障现象	原因分析	检查方法
按 SB11 能正常起动，按 SB21 不能正常起动	右图所示点画线所圈的部分就是故障部分 可能故障点是： （1）4 号或 5 号线松脱或断线 （2）SB21 接触不良	断开电源后，打开按钮盖，用电阻测量法找出故障点
按 SB12 能正常停止，按 SB22 不能正常停止	右图所示虚线所圈的部分就是故障部分。可能故障是按钮 SB22 内短路	参见按钮故障检修

注：其他故障参见具有过载保护接触器自锁正转控制电路。

 检查评议

检查见表 1-1-13。

问题及防治

完成本次任务的主要问题一般都出在按钮中，重点在于3、4、5号线的连接。

考证要点及单元练习

一、考证要点

维修电工职业资格证的考核分为理论知识考核和技能操作考核两部分。

（一）理论知识考核要点

1. 识图知识

1）电气图的分类。

2）电气制图的一般规则。

3）机械设备电气图的构成和接线图的组成及作用。

4）低压熔断器、低压开关的图形符号和文字符号。

5）按钮、接触器、热继电器的图形符号和文字符号。

2. 低压电器知识

1）低压电器的概念。

2）常用低压电器的分类和常用术语。

3）低压熔断器、低压开关的基本结构、主要技术参数、选用依据及安装使用注意事项。

4）按钮、接触器、热继电器的基本结构、主要技术参数、选用依据及安装使用注意事项。

3. 电动机知识

常用交流电动机的种类和用途。

4. 电力拖动控制知识

1）三相异步电动机点动正转控制原理。

2）三相异步电动机接触器自锁正转控制原理。

3）三相异步电动机多地控制原理。

5. 电工测量技术

1）万用表的型号、规格、选择及使用与维护方法。

2）绝缘电阻表的型号、规格、选择及使用与维护方法。

3）钳形电流表的型号、规格、选择及使用与维护方法。

（二）技能操作考核要点

1. 常用电工工具、仪表的使用与维护

1）常用电工工具的使用。

2）万用表的使用与维护。

3）绝缘电阻表的使用与维护。

4）钳形电流表的使用与维护。

2. 电气控制电路安装接线

1）导线、元器件的选择。

2）电气控制电路的安装、板前明配线工艺。

3. 电路故障判断及修复

1）电动机不能起动的故障检修。

2）电动机点动的故障检修。

3）电动机不能按控制要求动作的故障检修。

4. 安全文明生产

1）劳动保护用品穿戴整齐。

2）工具仪表佩戴齐全。

3）遵守操作规程，讲文明礼貌。

4）操作完毕清理好现场。

二、单元练习

（一）选择题

1. 电气技术中文字符号由( )组成。

A. 基本文字符号和一般符号　　　　　　B. 一般符号和辅助文字符号

C. 一般符号和限定符号　　　　　　　　D. 基本文字符号和辅助文字符号

2. 同一电器的各元件在电路图和接线图中使用的图形符号、文字符号要( )。

A. 基本相同　　　B. 基本不同　　　C. 完全相同　　　D. 没有要求

3. 电路图中，各电器的触头位置都按电路的( )常态位置画出。

A. 通电　　　　　B. 未通电　　　　C. 受外力　　　　D. 工作

4. 电力拖动电气原理图的识读步骤的第一步是( )。

A. 看用电器　　　B. 看电源　　　　C. 看电气控制元器件　　D. 看辅助电器

5. 阅读电气安装图的主电路时，要按( )顺序。

A. 从下到上　　　B. 从上到下　　　C. 从左到右　　　　D. 从前到后

6. 维修电工以电气原理图、( )和平面布置图最为重要。

A. 配线方式图　　B. 安装接线图　　C. 接线方式图　　D. 组件位置图

7. 主电路的编号在电源开关的出线端按相序依次为( )。

A. U、V、W　　　B. U11、V11、W11　C. U1、V1、W1　　D. L1、L2、L3

8. 低压电器，因其用于电路电压为( )，故称为低压电器。

A. 交流 50Hz 或 60Hz，额定电压 1200V 及以下，直流额定电压 1500V 及以下

B. 交直流电压 1200V 及以上

C. 交直流电压 500V 及以下

D. 交直流电压 3000V 及以下

9. 熔断器的额定电流是指( )电流。

A. 熔体额定　　　　　　　　　　　　B. 熔管额定

C. 其本身的载流部分和接触部分发热所允许通过的

D. 保护电气设备的额定

10. 熔断器的额定电流应( )所装熔体的额定电流。

A. 大于　　　　　　B. 大于或等于　　　C. 小于　　　　　　D. 不大于

11. 熔断器在低压配电系统和电力拖动系统中主要起( )保护作用，因此熔断器属保护电器。

A. 轻度过载   B. 短路   C. 失电压   D. 欠电压

12. 电动机控制电路中，最常用的短路保护电器是（   ）。

A．熔断器   B. 断路器   C. 热继电器   D. 接触器

13. 欲控制功率为 3kW 三相异步电动机通断，若选脱扣器额定电流 $I_r = 6.5A$、型号为 DZ5—20/330 的断路器进行控制，（   ）安装熔断器作为短路保护。

A. 需要   B. 不需要   C. 可装也可不   D. 视环境确定是否

14. 螺旋式熔断器在电路中的正确装接方法是（   ）。

A. 电源线应接在熔断器上接线座，负载线应接在下接线座

B. 电源线应接在熔断器下接线座，负载线应接在上接线座

C. 没有固定规律，可随意连接

D. 电源线应接瓷座，负载线应接瓷帽

15. 选择绝缘电阻表的原则是（   ）。

A. 绝缘电阻表额定电压要大于被测设备工作电压

B. 一般选择 1000V 的绝缘电阻表

C. 选用准确度高、灵敏度高的绝缘电阻表，可装也可不装

D. 绝缘电阻表测量范围与被测绝缘电阻的范围相适应

16. 电工钳、电工刀、螺钉旋具属于（   ）。

A. 电工基本安全用具   B. 电工辅助安全用具

C. 电工基本工具   D. 一般防护安全用具

17. 按钮作为主令电器，当作为停止按钮时，其颜色应选（   ）色。

A. 绿   B. 黄   C. 白   D. 红

18. HK 系列开启式负荷开关可用于功率小于（   ）kW 的电动机控制电路中。

A. 5.5   B. 7.5   C. 10   D. 13

19. 断路器的脱扣器一般没有（   ）脱扣器。

A. 电流   B. 热   C. 电压   D. 漏电

20. （   ）是交流接触器发热的主要部件。

A. 线圈   B. 铁心   C. 触头   D. 短路环

21. 交流接触器的基本构造由（   ）组成。

A. 操作手柄、动触刀、静夹座、进线座、出线座和绝缘底板

B. 主触头、辅助触头、灭弧装置、脱扣装置、保护装置动作机构

C. 电磁机构、触头系统、灭弧装置、辅助部件

D. 电磁机构、触头系统、辅助部件、外壳

22. 交流接触器在检修时，发现短路环损坏，该接触器（   ）使用。

A. 能继续   B. 不能继续   C. 在额定电流下可以   D. 不影响

23. 交流接触器的铁心端面安装短路环的目的是（   ）。

A. 减缓铁心冲击   B. 减少铁磁损耗   C. 减少铁心振动   D. 增大铁心磁通

24. 当交流接触器线圈工作电压在（   ）% U_N 以下时，交流接触器动铁心应释放，主触头自动打开切断电路，起欠电压保护作用。

A. 85   B. 50   C. 30   D. 90

25. 接触器的额定电压是指(　　)的额定电压。

A. 电源 　　　　　　B. 线圈 　　　　　　C. 主触头 　　　　　　D. 负载

26. 交流接触器一般不采用(　　)灭弧装置。

A. 桥式结构双断口触头 　　　　　　　　B. 金属栅片式

C. 磁吹式 　　　　　　　　　　　　　　D. 窄缝式

27. 下列电器属于主令电器的是(　　)。

A. 刀开关 　　　　　　B. 接触器 　　　　　　C. 熔断器 　　　　　　D. 按钮

28. 按下按钮电动机就得电运转,松开按钮电动机就失电停转的控制方法,称为(　　)。

A. 点动控制 　　　　　B. 连续运转控制 　　C. 正反转控制 　　　D. 正转控制

29. 一般热继电器的热元件按电动机的额定电流来选择电流等级,其整定值为(　　)I_n。

A. 0.3 ~ 0.5 　　　　　B. 0.95 ~ 1.05 　　　C. 1.2 ~ 1.3 　　　　D. 1.3 ~ 1.4

30. 热继电器中的双金属片弯曲是由于(　　)。

A. 机械强度不同 　　　B. 热膨胀系数不同 　C. 温差不同 　　　　D. 受外力的作用

31. 三相交流异步电动机,应选低压电器(　　)作为过载保护。

A. 热继电器 　　　　　B. 过电流继电器 　　C. 熔断器 　　　　　D. 自动断路器

32. 热继电器在电动机控制电路中不能作(　　)。

A. 过载保护 　　　　　　　　　　　　　B. 短路保护

C. 断相保护 　　　　　　　　　　　　　D. 电流不平衡运行保护

33. 热继电器是利用电流(　　)来推动动作机构使触头系统闭合或分断的保护电器。

A. 热效应 　　　　　　B. 磁效应 　　　　　C. 机械效应 　　　　D. 化学效应

34. 热继电器的常闭触头串接在(　　)。

A. 控制电路中 　　　　B. 主电路中 　　　　C. 保护电路中 　　　D. 照明电路中

35. 对于三相笼型异步电动机的多地控制,需将多个起动按钮(　　),多个停止按钮
(　　),才能达到要求。

A. 串联 　　　　　　　B. 并联 　　　　　　C. 自锁 　　　　　　D. 混联

36. 使电动机在松开起动按钮后,也能保持连续运转的控制电路,是(　　)。

A. 点动控制电路 　　　　　　　　　　　B. 接触器自锁控制电路

C. 接触器互锁控制电路 　　　　　　　　D. 接触器联锁控制电路

37. 自锁是通过接触器自身的(　　)触头,使线圈保持得电,并与起动按钮并联起来。

A. 辅助常开 　　　　　B. 辅助常闭 　　　　C. 主触头 　　　　　D. 联锁

38. 接触器自锁控制电路,除接通或断开电路外,还具有(　　)功能。

A. 过载保护 　　　　　　　　　　　　　B. 短路保护

C. 失电压和欠电压保护 　　　　　　　　D. 零励磁保护

(二) 判断题

1. 同一张电气图只能选用一种图形形式,图形符号应基本一致。　　　　　　　(　　)

2. 安装接线图只表示电气元器件的安装位置、实际配线方式等,而不明确表示电路的
工作原理。　　　　　　　　　　　　　　　　　　　　　　　　　　　　　　(　　)

3. 分析电气图可按布局顺序从左到右、自上而下的逐级分析。　　　　　　　　(　　)

4. 低压断路器是一种控制电器。　　　　　　　　　　　　　　　　　　　　　(　　)

5. 熔断器熔体额定电流允许在超过熔断器额定电流下使用。 （　　）

6. 熔体的熔断时间与流过熔体的电流大小成反比。 （　　）

7. 安装控制电路时，对导线的颜色没有要求。 （　　）

8. 交流接触器的线圈电压过高或过低都会造成线圈过热。 （　　）

9. 交流接触器线圈一般做成薄而长的圆筒状，且不设骨架。 （　　）

10. 只要将热继电器的热元件串联在主电路中就能对电动机起到过载保护作用。（　　）

11. 热继电器的额定电流就是其触头的额定电流。 （　　）

（三）问答题

1. 什么叫做电力拖动？你能举出几个电力拖动的实例吗？

2. 什么是电器？什么是低压电器？你能举出几个低压电器的实例吗？

3. 低压电器是怎样分类的？

4. 在安装和使用熔断器时，应注意哪些内容？

5. 简述低压断路器的选用原则。

6. 简述接触器的工作原理及选用原则。

7. 什么是热继电器的整定电流？怎样调整？

8. 什么是电路图？如何辨别图中同一电器的不同元器件？

9. 简述电动机基本控制电路安装的一般步骤。

10. 在三相异步电动机接触器自锁正转控制电路中都设置了哪些保护？

11. 什么叫电动机多地控制？多地控制电路的接线特点是什么？

（四）操作练习题

1. 用绝缘电阻表测量三相异步电动机定子绕组相间绝缘电阻及对地绝缘电阻并将三相异步电动机联结成星形或三角形。

2. 用钳形电流表测量三相异步电动机的三相空载电流。

评分标准见表1-1-39。

表1-1-39　评 分 标 准

项目内容	练习要求	评分标准	配分	扣分	得分
测量准备	检查仪表是否完好	检查仪表方法不正确扣5分	10		
测量过程	测量过程准确无误	测量过程中，操作步骤每错1步扣10分	40		
测量结果	测量结果在允许误差范围之内	测量结果有较大误差或错误扣30分	30		
维护保养	对使用的仪表进行简单的维护保养	维护保养有误扣10分	10		
安全文明操作	1. 劳动保护用品穿戴整齐 2. 电工工具、万用表佩戴齐全 3. 遵守安全操作规程 4. 练习结束要清理现场	违反安全操作规程，每次扣5分	10		
备注		合计	100		

3. 交流接触器的识别、拆装、检修及校验。

评分标准见表1-1-40。

4. 三相异步电动机接触器自锁正转控制电路的安装接线与故障检修。

5. 三相异步电动机两地控制电路的安装接线与故障检修。

表 1-1-40　评 分 标 准

项目内容	练习要求	评分标准	配分	扣分	得分
交流接触器的识别	能正确写清接触器的型号、符号	写错或漏写型号、符号每只扣5分	20		
交流接触器的拆装	能正确拆装接触器	1. 拆装方法不正确或不会拆装扣20分 2. 丢失或漏装零件每件扣10分	20		
交流接触器的检修	能对交流接触器出现的问题进行正确的检修	检修方法不正确扣15分	30		
交流接触器的校验	接触器动作灵活,无卡阻现象,无振动和噪声,无过热现象,触头压力符合参数要求	1. 通电时接触器动作有卡阻、有振动和噪声每处扣10分 2. 校验方法不正确扣20分	20		
安全文明操作	1. 劳动保护用品穿戴整齐 2. 电工工具、万用表佩戴齐全 3. 遵守安全操作规程 4. 练习结束要清理现场	违反安全操作规程,每次扣5分	10		
备注		合计	100		

6. 三相异步电动机点动与连续运行控制电路的安装接线与故障检修（见图 1-1-46）。

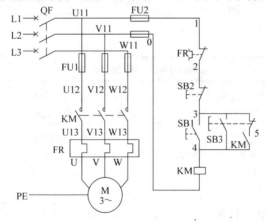

图 1-1-46　三相异步电动机点动与连续运行控制电路

【练习要求】

1. 按图正确使用工具和仪表进行熟练的安装接线。安装接线采用板前明配线。

2. 按钮盒不固定在板上,电源和电动机配线、按钮接线要接到端子排上,要注明引出端子的标号。

3. 在安装接线完成后,经教师通电检查合格者,在这个电路板上,人为设置隐蔽故障3处,其中主电路1处,控制电路2处（可分3次设置）。

4. 操作中注意安全文明操作。

操作练习题安装接线评分标准见表 1-1-41。

操作练习题故障检修评分标准见表 1-1-42。

表 1-1-41 评 分 标 准

项目内容	练习要求	评分标准	配分	扣分	得分
装前检查	认真检查电动机质量和所用低压元器件质量	1. 电动机质量漏检扣 2 分 2. 元器件漏检或错检，每个扣 1 分	5		
元器件安装	1. 按图样要求，正确利用工具和仪表，熟练地安装元器件 2. 元器件布置要合理，安装要准确紧固	1. 不按布置图安装扣 15 分 2. 元器件安装不牢固，每只扣 4 分 3. 元器件安装不整齐、不匀称、不合理，每只扣 3 分 4. 损坏元器件扣 15 分	15		
布线	1. 接线要求美观紧固、横平竖直、无交叉 2. 接点无松动、露铜过长、反圈、压绝缘层 3. 不损伤导线绝缘层或线芯 4. 接好接地线	1. 不按电路图接线，扣 20 分 2. 布线不符合要求，每根扣 3 分 3. 接点松动、露铜过长、反圈等，每个扣 1 分 4. 损伤导线绝缘层或线芯，每根扣 5 分 5. 漏接地线扣 10 分	30		
通电试车	主电路、控制电路熔体配置得当，在保证人身安全的前提下，通电试车成功	1. 熔体规格选择不当扣 5 分 2. 第一次试车不成功扣 10 分 3. 第二次试车不成功扣 20 分	40		
安全文明操作	1. 劳动保护用品穿戴整齐 2. 电工工具、万用表佩戴齐全 3. 遵守安全操作规程 4. 练习结束要清理现场	违反安全操作规程，每次扣 5 分	10		
备注		合计	100		

表 1-1-42 评 分 标 准

项目内容	练习要求	评分标准	配分	扣分	得分
调查研究	对每个故障现象进行调查研究	排除故障前不进行调查研究，扣 5 分	10		
故障分析	在电气控制电路上分析故障可能的原因，思路清晰、正确	1. 错标或标不出故障范围，每个故障点扣 10 分 2. 不能标出最小的故障范围，每个故障点扣 5 分	20		
检修方法及过程	1. 工具和仪表使用正确 2. 检修方法步骤正确	1. 工具和仪表使用不正确，每次扣 5 分 2. 检修方法步骤不正确，每次扣 10 分	30		
故障排除	找出故障点并排除故障	1. 每少查出一次故障点，扣 5 分 2. 每少排除一次故障点，扣 5 分	30		
其他	操作有误，要从总分中扣除	排除故障时产生新的故障后，不能自行修复，每处扣 10 分，已经修复，每处扣 5 分			
安全文明操作	1. 劳动保护用品穿戴整齐 2. 电工工具、万用表佩戴齐全 3. 遵守安全操作规程 4. 练习结束要清理现场	违反安全操作规程，每次扣 5 分	10		
备注		合计	100		

单元2 三相异步电动机正反转控制电路的安装与维修

在生产实践中,有许多生产机械,对电动机不仅需要正转控制,同时还需要反转控制,单元1中的正转控制电路只能使电动机朝一个方向旋转,带动生产机械的运动部件朝一个方向运动。要满足生产机械运动部件能向正、反两个方向运动,就要求电动机能实现正、反转控制。本单元将对三相异步电动机正反转控制电路进行讨论。

任务1 倒顺开关控制正反转控制电路的安装与维修

知识目标

1. 正确识别、选用、安装、使用倒顺开关,熟悉它的功能、基本结构、工作原理及型号含义,熟记它的图形符号和文字符号。
2. 正确绘制和识读倒顺开关正反转控制电路的电路图、布置图和接线图。

能力目标

1. 正确安装倒顺开关正反转控制电路。
2. 能根据故障现象,对倒顺开关正反转控制电路进行检修。

 任务描述 (见表1-2-1)

表1-2-1 任 务 描 述

工作任务	要 求
1. 倒顺开关控制正反转控制电路的安装	1. 正确绘制元器件布置图和接线图 2. 倒顺开关安装要正确、牢固 3. 安装布线要符合工艺要求 4. 通电试车时要严格遵守安全规程
2. 倒顺开关控制正反转控制电路故障检修	1. 理解电路的工作原理,掌握分析故障的方法 2. 带电检测故障电路时要严格遵守安全规程 3. 维修过程要符合工艺要求

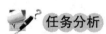 **任务分析**

人们知道,当改变通入三相异步电动机定子绕组的三相电源相序,即把接入三相异步电动机三相电源进线中的任意两相对调接线时,电动机就可以反转。生产实际中,人们为了方便控制三相电源相序的改变,专门设计出一种低压开关,用来改变三相电源的相序,这种低压开关就叫倒顺开关。如X62W型万能铣床主轴电动机的正反转控制就是采用倒顺开关来实现的。

 相关知识

一、倒顺开关

倒顺开关是组合开关的一种,也称为可逆转换开关,是专为控制小功率三相异步电动机的正反转而设计生产的。倒顺开关的外形、结构、符号和型号含义如图1-2-1所示。开关的手柄有"倒"、"停"、"顺"3个位置，手柄只能从"停"的位置左转45°或右转45°。

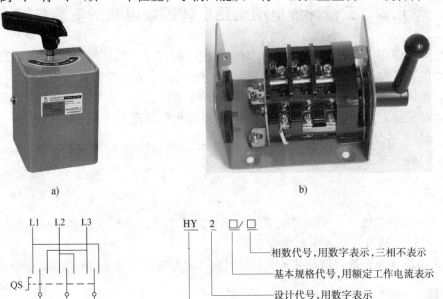

图 1-2-1　倒顺开关

a) 外形　b) 结构　c) 图形符号　d) 型号含义

HY2 系列倒顺开关的技术参数见表 1-2-2，接线如图 1-2-2 所示。

表 1-2-2　HY2 系列倒顺开关的技术参数

型号	约定发热电流/A	额定工作电流/A	额定控制功率/kW		机械寿命/万次
			380V	220V	
HY2—15	15	7	3	1.8	10
HY2—30	30	12	5.5	3	
HY2—60	60	30	10	5.5	

二、原理分析

倒顺开关控制电动机正反转的电路如图 1-2-3 所示，工作原理见表 1-2-3。

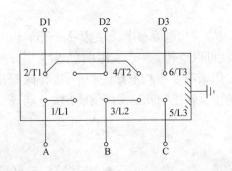

图 1-2-2　HY2 系列倒顺开关接线图

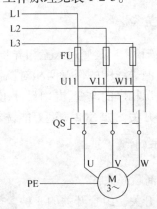

图 1-2-3　倒顺开关正反转控制电路

表 1-2-3　工　作　原　理

手柄位置	QS 状态	电路状态	电动机状态
停	QS 的动、静触头不接触	电路不通	电动机不转
顺	QS 的动触头和左边的静触头相接触	电路按 L1—U，L2—V，L3—W 接通	电动机正转
倒	QS 的动触头和右边的静触头相接触	电路按 L1—W，L2—V，L3—U 接通	电动机反转

　　倒顺开关正反转控制电路虽然所用电器较少，电路比较简单，但它是一种手动控制电路，在频繁换向时，操作人员劳动强度大，操作安全性差，所以这种电路一般用于控制额定电流 10A、功率在 3kW 及以下的小功率电动机。

 任务准备

一、分析绘制元器件布置图

　　由于倒顺开关安装在控制面板上，配电盘中只有熔断器，电路简单，布置图和接线图可以不用绘制。

二、仪表、工具、耗材和器材准备

　　根据倒顺开关正反转控制电路的电路图，选用工具、仪表、耗材及器材，见表 1-2-4。

表 1-2-4　工具、仪表、耗材及器材明细

序号	名称	型号与规格	单位	数量	质检要求
1	三相四线电源	~3×380/220V，20A	处	1	
2	三相电动机	Y112M—4，4kW，380V，△联结；或自定	台	1	1. 根据电动机规格检验选配的工具、仪表、器材等是否满足要求
3	配线板	500 mm×600 mm×20 mm	块	1	
4	倒顺开关	HY2—30	个	1	
5	熔断器 FU1	RL1—60/25，380V，60A，熔体配 25A	套	3	2. 检查其各元器件、耗材与表中的型号与规格是否一致
6	木螺钉	ϕ3mm×20mm；ϕ3mm×15mm	个	30	
7	平垫圈	ϕ4mm	个	30	
8	圆珠笔	自定	支	1	3. 元器件外观应完整无损，附件、配件齐全
9	主电路导线	BVR—1.5，1.5mm² （7×0.52mm）（黑色）	m	若干	
10	接地线	BVR—1.5，1.5mm² （黄绿双色）	m	若干	4. 用万用表、绝缘电阻表检测元器件及电动机的技术数据是否符合要求
11	劳保用品	绝缘鞋、工作服等	套	1	
12	接线端子排	JX2—1015，500V，10A，15 节或配套自定	条	1	

三、倒顺开关安装操作要求

　　1）电动机和倒顺开关的金属外壳等必须可靠接地，且必须将接地线接到倒顺开关指定的接地螺钉上，切忌接在开关的罩壳上。

　　2）倒顺开关的进出线接线切忌接错。接线时，应看清开关线端标记，保证标记为 L1、L2、L3 的接电源，标记为 U、V、W 的接电动机。否则，难免造成两相电源短路。

3）倒顺开关的操作顺序要正确。

4）作为临时性装置安装时，可移动的引线必须完整无损，不得有接头，引线的长度一般不超过2m。

> **提醒** 若作为临时性装置安装，如将倒顺开关安装在墙上（属于半移动形式）时，接到电动机的引线可采用 BVR1.5mm²（黑色）塑铜线或 YHZ4×1.5mm² 橡皮电缆线，并采用金属软管保护；若将开关与电动机一起安装在同一金属结构件或支架上（属移动形式）时，开关的电源进线必须采用四脚插头和插座连接，并在插座前装熔断器或再加装隔离开关。

任务实施

安装步骤与前面任务基本相同，本任务操作过程中需要重点说明下面几个问题。

1. 自检

1）按电路图或接线图从电源端开始，逐段核对接线及接线端子处线号是否正确，有无漏接、错接之处；检查导线接点是否符合要求，压接是否牢固；同时注意接点接触应良好，以避免带负载运转时产生闪弧现象。

2）用万用表检查电路的通断情况 万用表选用倍率适当的电阻档，并进行校零。

①倒顺开关位于中间"停"的位置。将两支表笔分别搭在 U、L1，V、L2，W、L3 线端上，读数应为"∞"。

②倒顺开关手柄位于"顺"的位置。将两支表笔分别搭在 U、L1，V、L2，W、L3 线端上，读数应为"0"。

③倒顺开关手柄位于"倒"的位置。将两支表笔分别搭在 U、L3，V、L2，W、L1 线端上，读数应为"0"。

3）用绝缘电阻表检查电路的绝缘电阻的阻值应不得小于 1MΩ。

图 1-2-4　倒顺开关接线

2. 通电试车

通电试车前，必须征得教师的同意，并由指导教师接通三相电源 L1、L2、L3，同时在现场监护。将倒顺开关转在"停"的位置上，学生合上电源开关 QF 后，用验电器检查熔断器出线端，氖管亮说明电源接通。

断开 QF，接好电动机接线，做好立即停车的准备，合上 QF 进行以下几项试验。

1）将倒顺开关转到"顺"的位置上，检查倒顺开关的动作是否灵活，有无卡阻及噪声过大等现象，电动机正转运行情况是否正常等。

2）将倒顺开关转到"停"的位置上，电动机是否能正常停转。

3）将倒顺开关转到"倒"的位置上，电动机反转运行情况是否正常。

观察过程中，若发现有异常现象，应立即停车，不得对电路接线是否正确进行带电检查。当电动机运转平稳后，用钳形电流表测量三相电流是否平衡。

故障排除

倒顺开关正反转控制电路常见故障分析及检查方法见表1-2-5。

表1-2-5 倒顺开关正反转控制电路常见故障分析及检查方法

故障现象	原因分析	检查方法
倒顺开关转到"倒"和"顺"位置上，电动机都不起动或电动机断相	可能导致电动机不起动或电动机断相故障点有 1. 熔断器熔体熔断 2. 倒顺开关操作失控 3. 倒顺开关动、静触头接触不良 4. 电动机故障（绕组断路） 5. 连接导线断路	先查看有没有装熔丝，再查看熔丝的小红点有没有脱落，脱落了说明熔丝熔断，若没有脱落，检查熔断器的连接导线是否有松脱、断裂。若没有装熔丝，再用验电器检查熔断器FU的上、下端头是否有电；若有电，断开电源，拆掉电动机，用万用表的电阻档检查倒顺开关的好坏，分别将倒顺开关转到"顺"和"倒"的位置，万用表的两支表笔分别连在L1和U、L2和V、L3和W或L1和W、L2和V、L3和U上检查通断情况，若不通，说明倒顺开关操作失控或倒顺开关动、静触头接触不良；若导通正常，则是电动机故障
电动机正转正常反转不起动或断相或反转正常正转不起动或断相	电动机有一个方向正常，说明电源、熔断器、电动机是好的，因此可能故障是 1. 倒顺开关操作失控 2. 倒顺开关动、静触头接触不良	断开电源，拆下倒顺开关，检查其内部结构是否有较严重的机械损坏、能否修复，若损坏较严重则更换，否则，进行修复

 检查评议

检查评议表参见表1-1-13。

 问题及防治

倒顺开关的接线要看清楚接线端子，L1、L2、L3及U、V、W不是一定按顺序排列在倒顺开关两边，可能有一边接线端子是L1、L2、W，另一边是U、V、L3排列的，接错会造成短路故障。

任务2 接触器联锁正反转控制电路的安装与维修

知识目标

1. 正确理解三相异步电动机接触器联锁正反转控制的工作原理。
2. 能正确绘制三相异步电动机接触器联锁正反转控制电路的接线图和布置图。
3. 初步掌握故障的分析方法。

能力目标

1. 会按照工艺要求正确安装接触器联锁正反转控制电路。
2. 掌握板前明线布线方法。
3. 能根据故障现象，检修三相异步电动接触器联锁正反转控制电路。

任务描述（见表1-2-6）

表1-2-6 任务描述

工作任务	要 求
1. 接触器联锁正反转控制电路的安装	1. 正确绘制接触器联锁正反转控制电路的元器件布置图和接线图 2. 元器件安装要正确、牢固；安装布线要符合工艺要求 3. 通电试车时要严格遵守安全规程
2. 接触器联锁正反转控制电路故障维修	1. 理解接触器联锁正反转控制电路的工作原理，掌握分析故障的方法 2. 带电检测故障电路时要严格遵守安全规程 3. 维修过程要符合工艺要求

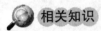 **任务分析**

由于倒顺开关正反转控制是手动控制，其局限性较大；因此，在现有的大量设备中，是通过利用接触器切换主电路的。在主电路中，两个接触器的主触头所接通的电源相序不同，KM1 按 L1—L2—L3 的相序接线，KM2 则按 L3—L2—L1 的相序接线，通过控制 KM1 或 KM2 的接通，达到改变三相异步电动机定子绕组的三相电源相序，来实现正反转控制。

相关知识

一、低压断路器

（1）低压断路器的结构、符号

几款低压断路器的外形如图1-2-5 所示。

图1-2-5 低压断路器的外形

a) DZ5 系列塑壳式 b) DZ15 系列塑壳式 c) NH2-100 隔离开关

d) DW15 系列万能式 e) DW16 系列万能式 f) DZL18 剩余电流断路器

DZ5 系列低压断路器的结构如图 1-2-6a 所示。它主要由触头系统、灭弧装置、操作机构、热脱扣器、电磁脱扣器及绝缘外壳等部分组成。其图形符号如图 1-2-6b 所示。

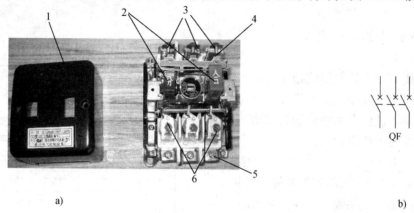

图 1-2-6　DZ5 系列低压断路器的结构和图形符号

a）结构　b）图形符号

1—绝缘外壳　2—按钮　3—热脱扣器　4—触头系统　5—接线柱　6—电磁脱扣器

DZ5 系列低压断路器的型号及含义如下：

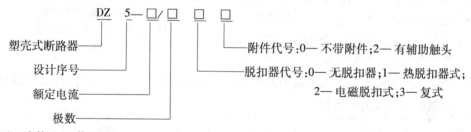

（2）功能和工作原理

1）低压断路器的功能及分类　低压断路器简称断路器。它集控制和多种保护功能于一体，在电路工作正常时，它作为电源开关不频繁地接通和分断电路；当电路中发生短路、过载和失电压等故障时，它能自动跳闸切断故障电路，保护电路和电气设备。

低压断路器具有操作安全、安装使用方便、工作可靠、动作值可调、分断能力较高、兼做多种保护、动作后不需要更换元器件等优点，因此得到广泛应用。其分类见表 1-2-7。

表 1-2-7　低压断路器的分类

分类方法	常见形式	分类方法	常见形式
按结构型式	1. 塑壳式（又称为装置式） 2. 万能式（又称为框架式） 3. 限流式 4. 直流快速式 5. 灭磁式 6. 漏电保护式	按极数	1. 单极式 2. 二极式 3. 三极式 4. 四极式
		按安装方式	1. 固定式 2. 插入式 3. 抽屉式
按操作方式	1. 人力操作式 2. 动力操作式 3. 储能操作式	按断路器在电路中的用途	1. 配电用断路器 2. 电动机保护用断路器 3. 其他负载（如照明）用断路器

通常采用按结构型式划分，几种塑壳式和万能式低压断路器的外形如图 1-2-6 所示。在电力拖动系统中常用的是 DZ 系列塑壳式低压断路器，下面以 DZ5—20 型低压断路器为例介绍。

2）低压断路器的工作原理，如图 1-2-7 所示。

按下接通按钮时，外力使锁扣克服反作用弹簧的力，将固定在锁扣上面的静触头与动触头闭合，并由锁扣锁住搭扣使静触头与动触头保持闭合，开关处于接通状态。

当电路发生过载时，过载电流流过热元件，电流的热效应使双金属片受热向上弯曲，通过杠杆推动搭扣与锁扣脱扣，在弹簧力的作用下，动、静触头分断，切断电路，完成过电流保护。

当电路发生短路故障时，短路电流使电磁脱扣器产生很大的磁力吸引衔铁，衔铁撞击杠杆推动搭扣与锁扣脱扣，切断电路，完成短路保护。一般电磁脱扣的整定电流，低压断路器出厂时定为 $10I_N$（I_N 为断路器的额定电流）。

当电路欠电压时，欠电压脱扣器上产生的电磁力小于拉力弹簧上的力，在弹簧力的作用下，衔铁松脱，衔铁撞击杠杆推动搭扣与锁扣脱扣，切断电路，完成欠电压保护。

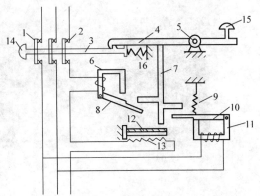

图 1-2-7　低压断路器的工作原理

1—动触头　2—静触头　3—锁扣　4—搭钩
5—转轴座　6—电磁脱扣器　7—杠杆
8—电磁脱扣器衔铁　9—拉力弹簧
10—欠电压脱扣器衔铁　11—欠电压
脱扣器　12—双金属片　13—热元件
14—接通按钮　15—停止按钮
16—压力弹簧

> **提醒**　DZ5 系列低压断路器适用于交流 50Hz、额定电压 380V、额定电流至 50A 的电路中，保护电动机用断路器用于电动机的短路和过载保护；配电用断路器在配电网络中用来分配电能和作为电路及电源设备的短路和过载保护之用；也可分别作为电动机不频繁起动及电路的不频繁转换之用。

（3）低压断路器的选用

1）低压断路器的额定电压和额定电流应不小于电路、设备的正常工作电压和工作电流。

2）热脱扣器的整定电流应等于所控制负载的额定电流。

3）电磁脱扣器的瞬时脱扣整定电流应大于负载电路正常工作时的峰值电流。用于控制电动机的断路器，其瞬时脱扣整定电流可按下式选取：

$$I_z \geqslant KI_{st}$$

式中　K——安全系数，可取 1.5~1.7；

　　　I_{st}——电动机的起动电流。

4）欠电压脱扣器的额定电压应等于电路的额定电压。

5）断路器的极限通断能力应不小于电路的最大短路电流。

DZ5—20 型低压断路器的技术数据见表 1-2-8。

表 1-2-8 DZ5—20 型低压断路器的技术数据

型 号	额定电压 /V	主触头额定 电流/A	极数	脱扣器 形式	热脱扣器额定电流 （括号内为整定 电流调节范围）/A	电磁脱扣器瞬时 动作整定值/A
DZ5—20/330 DZ5—20/230	AC380 DC220	20	3 2	复式	0.15(0.10~0.15) 0.20(0.15~0.20) 0.30(0.20~0.30) 0.45(0.30~0.45)	为电磁脱扣器额定电流 的 8~12 倍(出厂时整定 于 10 倍)
DZ5—20/320 DZ5—20/220	AC380 DC220	20	3 2	电磁式	0.65(0.45~0.65) 1(0.65~1) 1.5(1~1.5) 2(1.5~2) 3(2~3)	
DZ5—20/310 DZ5—20/210	AC380 DC220	20	3 2	热脱扣 器式	4.5(3~4.5) 6.5(4.5~6.5) 10(6.5~10) 15(10~15) 20(15~20)	
DZ5—20/300 DZ5—20/200	AC380 DC220	20	3 2	无脱扣器式		

二、三相异步电动接触器联锁正反转控制电路工作原理

实现对图 1-2-8 中 KM1、KM2 的控制电路有图 1-2-9、图 1-2-10、图 1-2-11。图 1-2-9 相当于两个并联的接触器自锁控制电路，SB1 和 SB3 控制 KM1 按 L1—L2—L3 相序接线的通断，来实现电动机的正转控制；SB2 和 SB4 控制 KM2 按 L3—L2—L1 相序接线的通断，来实现电动机的反转控制；工作原理与接触器自锁控制电路的原理基本相同。

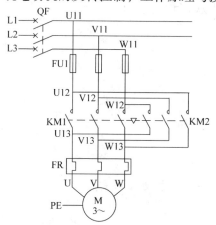

图 1-2-8 接触器切换定子绕组
三相电源相序电路

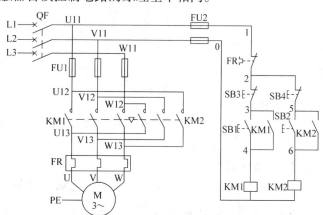

图 1-2-9 接触器自锁正反转控制电路

图 1-2-10 与图 1-2-9 基本相同，SB3 是 KM1 和 KM2 共同的停止按钮，即按下 SB3，无论是正转还是反转都停止。图 1-2-10 与图 1-2-9 相比，省一个停止按钮，控制效果相同。

以上两个电路都有相同的问题，即当正转时，错按反转起动按钮，或反转时，错按正转起动按钮，KM1 和 KM2 都得电吸合，发生相间短路事故。因此，图 1-2-9 与图 1-2-10 电路在现实中没有应用。

为了避免两个接触器 KM1 和 KM2 同时得电动作发生相间短路事故，就在正、反转控制电路中分别串接了对方接触器的一对辅助常闭触头，如图 1-2-11 所示。工作过程如下分析：

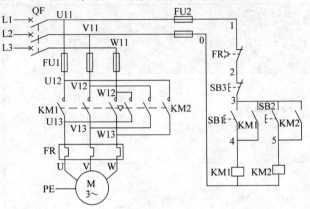

图 1-2-10　接触器自锁正反转控制电路

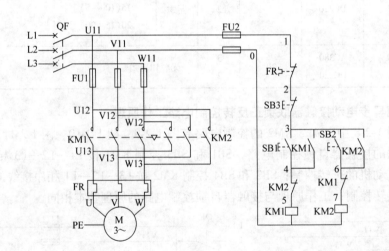

图 1-2-11　接触器联锁正反转控制电路

1. 正转控制

按下 SB1→KM1 线圈得电
→KM1 主触头闭合────→电动机 M 起动运转
→自锁触头闭合自锁
→KM1 联锁触头(6-7) 分断,对 KM2 联锁

2. 停止控制

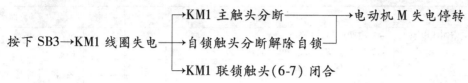

按下 SB3→KM1 线圈失电 → KM1 主触头分断 → 电动机 M 失电停转
　　　　　　　　　　　　→ 自锁触头分断解除自锁
　　　　　　　　　　　　→ KM1 联锁触头(6-7)闭合

3. 反转控制

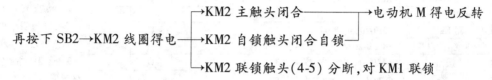

再按下 SB2→KM2 线圈得电 → KM2 主触头闭合 → 电动机 M 得电反转
　　　　　　　　　　　　→ KM2 自锁触头闭合自锁
　　　　　　　　　　　　→ KM2 联锁触头(4-5)分断,对 KM1 联锁

当一个接触器得电动作时,通过其辅助常闭触头使另一个接触器不能得电动作,接触器之间这种相互制约的作用叫做接触器联锁(或互锁)。实现联锁作用的辅助常闭触头称为联锁触头(或互锁触头),联锁符号用"▽"表示。

任务准备

(一)分析绘制元器件布置图和接线图

1. 绘制元器件布置图(见图 1-2-12)

2. 绘制接线图(见图 1-2-13)

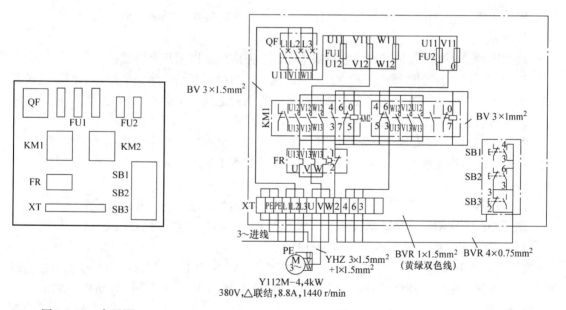

图 1-2-12　布置图　　　　　　　　　　图 1-2-13　接线图

(二)仪表、工具、耗材和器材准备

根据电路图,选用工具、仪表、耗材及器材,见表 1-2-9。

表 1-2-9 工具、仪表、耗材及器材明细

序号	名称	型号与规格	单位	数量	质检要求
1	三相四线电源	~3×380/220V，20A	处	1	1. 根据电动机规格检验选配的工具、仪表、器材等是否满足要求
2	三相电动机	Y112M-4，4kW，380V，△联结；或自定	台	1	
3	配线板	500mm×600mm×20mm	块	1	
4	组合开关	HZ10-25/3	个	1	
5	熔断器 FU1	RL1-60/25，380V，60A，熔体配25A	套	3	
6	熔断器 FU2	RL1-15/2，380V，15A，熔体配2A	套	2	2. 检查其各元器件、耗材与表中的型号与规格是否一致
7	接触器 KM1、KM2	CJ10-20，线圈电压380V，20A	只	2	
8	热继电器 FR	JR16B-20/3，三极、20A、整定电流8.8A	只	1	
9	按钮	LA10-3H，保护式、按钮数3	只	2	3. 元器件外观应完整无损，附件、配件齐全
10	木螺钉	$\phi3\text{mm}\times20\text{mm}$；$\phi3\text{mm}\times15\text{mm}$	个	30	
11	平垫圈	$\phi4\text{mm}$	个	30	
12	圆珠笔	自定	支	1	4. 用万用表、绝缘电阻表检测元器件及电动机的技术数据是否符合要求
13	主电路导线	BVR-1.5，1.5mm^2（$7\times0.52\text{mm}$）（黑色）	m	若干	
14	控制电路导线	BV-1.0，1.0mm^2（$7\times0.43\text{mm}$）	m	若干	
15	按钮线	BV-0.75，0.75mm^2	m	若干	
16	接地线	BVR-1.5，1.5mm^2（黄绿双色）	m	若干	
17	行线槽	18mm×25mm	m	若干	
18	编码套管	自定	m	若干	
19	劳保用品	绝缘鞋、工作服等	套	1	

 任务实施

安装步骤与前面任务基本相同，本任务操作过程中需要重点说明的是：

1. 布线

接线的顺序、要求与单向起动电路基本相同，并应注意以下几个问题：

1）主电路从 QF 到接线端子板 XT 之间走线方式与单向起动电路完全相同。两只接触器主触头端子之间的连线可以直接在主触头高度的平面内走线，不必向下贴近安装底板，以减少导线的弯折。

2）做辅助电路接线时，可先接好两只接触器的自锁电路，核查无误后再做联锁电路。这两部分电路应反复核对，不可接错。接线示意图如图 1-2-14 所示。

2. 自检

用万用表检查电路的通断情况。万用表选用倍率适当的电阻挡，并进行校零。

断开 QF 摘下 KM1、KM2 的灭弧罩，用万用表"$R\times1$"挡测量检查以下各项：

（1）检查主电路 断开 FU2 以切除辅助电路。

1）检查各相通路。两支表笔分别接 U11—V11、V11—W11 和 W11—U11 端子测量相间电阻值。未操作前测得断路；分别按下 KM1、KM2 的触头架，均应测得电动机一相绕组的直流电阻值。

2）检查电源换相通路。两支表笔分别接 U11 端子和接线端子板上的 U 端子，按下 KM1 的触头架时应测得 $R\to0$。松开 KM1 而按下 KM2 触头架时，应测得电动机一相绕组的电阻值。用同样的方法测量 W11—W 之间通路。

（2）检查辅助电路 拆下电动机接线，接通 FU2 将万用表笔接于 QF 下端 U11、V11 端子做以下几项检查。

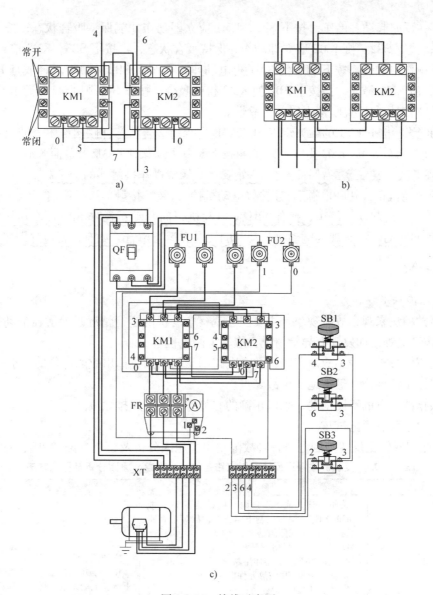

图 1-2-14　接线示意图

a）自锁、联锁电路接线　b）主电路接线　c）整体接线图

1）检查正反转起动及停车控制。操作按钮前应测得断路；分别按下 SB1 和 SB2 时，各应测得 KM1 和 KM2 的线圈电阻值；如同时再按下 SB3，万用表应显示线路由通而断。

2）检查自锁电路。分别按下 KM1 及 KM2 触头架，应分别测得 KM1、KM2 的线圈电阻值。

3）检查联锁电路。按下 SB1（或 KM1 触头架），测得 KM1 线圈电阻值后，再同时轻轻按下 KM2 触头架使常闭触头分断，万用表应显示电路由通而断；用同样方法检查 KM1 对 KM2 的联锁作用。

4）按前两节所述的方法检查 FR 的过载保护作用，然后使 FR 触头复位。

3. 通电试车

做好准备工作，在指导教师监护下试车。

（1）空操作试验　合上 QF，做以下几项试验：

1）正、反向起动、停车。按下 SB1，KM1 应立即动作并能保持吸合状态；按下 SB3 使 KM1 释放；按下 SB2，则 KM2 应立即动作并保持吸合状态；再按下 SB3，KM2 应释放。

2）联锁作用试验。按下 SB1 使 KM1 得电动作；再按下 SB2，KM1 不释放且 KM2 不动作；按 SB3 使 KM1 释放，再按下 SB2 使 KM2 得电吸合；按下 SB1 则 KM2 不释放且 KM1 不动作。反复操作几次检查联锁电路的可靠性。

3）用绝缘棒按下 KM1 的触头架，KM1 应得电并保持吸合状态；再用绝缘棒缓慢地按下 KM2 触头架，KM1 应释放，随后 KM2 得电再吸合；再按下 KM1 触头架，则 KM2 释放而 KM1 吸合。

做此项试验时应注意：为保证安全，一定要用绝缘棒操作接触器的触头器。

（2）带负荷试车　切断电源后，连接好电动机接线，装好接触器灭弧罩，合上 QF 停车。

试验正、反向起动、停车、操作 SB1 使电动机正向起动；操作 SB1 停车后再操作 SB3 使电动机反向起动。注意观察电动机起动时的转向和运行声音，如有异常应立即停车检查。

故障排除

1. 故障检修步骤和方法

1）用试验法来观察故障现象。主要注意观察电动机的运行情况、接触器的动作情况和电路的工作情况等，如发现有异常情况，应马上断电检查。

2）用逻辑分析法缩小故障范围，并在电路图上用点画线标出故障部位的最小范围。

3）用测量法准确、迅速地找出故障点。

4）根据故障点的不同情况，采取正确的修复方法，迅速排除故障。

5）排除故障后通电试车。

2. 接触器联锁正反转控制电路各种故障现象、原因分析及检查方法（见表 1-2-10）

表 1-2-10　接触器联锁正反转控制电路各种故障现象、原因分析及检查方法

故障现象	原因分析	检查方法
按下 SB1（或 SB2）时，接触器 KM1（或 KM2）动作，但电动机均不能起动，且有"嗡嗡"声	按下 SB1（或 SB2）时，接触器 KM1（或 KM2）动作，说明控制电路正常，故障应在主电路上，其可能原因是 1. 电源 W 相断相 2. 熔断器 FU1 有熔体熔断 3. 热继电器 FR 的热元件损坏 4. 主触头接触不良 5. 主电路各连接点接触不良或连接导线断路 6. 电动机故障 U11 V11 W11 FU1 U12 V12 W12 KM1　KM2 U13 V13 W13 FR U V W PE M 3~	立即按下停止按钮 1. 用验电器检查电源开关 W 相的上、下端，上端无电，则电源断相；上端有电，下端无电，则开关故障 2. 电源下端有电，用验电器检查接触器 KM1、KM2 的上接线桩看是否有电，若某相无电，则用验电器从该点开始逐点向上检查，故障点在有电与无电之间 3. 接触器主触头的上端头都有电，则断开电源，拔掉熔断器熔芯，用万用表电阻挡检查，其中一支表笔固定在接触器 KM1（或 KM2）主触头某相上端头，按下触头架，另一支表笔交替测量另外两相，进行两两间逐相检测通路情况，对其他两相都不通的相是故障相。然后再对故障相逐点检查，找出故障点

（续）

故障现象	原因分析	检查方法
正转控制正常，反转时接触器 KM2 不动作，电动机不起动	正转控制正常，说明电源电路、熔断器 FU1 和 FU2、热继电器 FR、停止按钮 SB3 及电动机 M 均正常，其故障可能在反转控制电路 3—SB2—6—KM1—7—KM2—0 上 3 — SB2 — 6 — KM1 — 7 — KM2 — 0	1. 用验电器依次检查反转控制电路上反转起动按钮 SB2、联锁触头 KM1 和接触器 KM2 线圈的上、下接线桩，根据是否有电找出故障点 2. 断开电源后，用电阻测量法找出反转控制电路 3—SB2—6—KM1—7—KM2—0 上的故障点
正转控制正常，反转断相	正转正常，反转断相，说明电源电路、控制电路、熔断器、热继电器及电动机均正常，故障可能原因是反转接触器 KM2 主触头的某一相接触不良或其连接导线松脱或断路 U12 V12 W12 — KM2 U13 V13 W13	用验电器检查反转接触器 KM2 主触头的上接线桩是否有电，若某点无电，则该相连接导线断路；都有电，则断开电源，按下 KM2 的触头架，用万用表的电阻挡分别测量每对主触头的通断情况，不通者即为故障点；若全部导通，再检查 KM2 主触头下接线桩连接导线的通断情况，直至找出故障点
按下 SB1（或 SB2）时，接触器 KM1（或 KM2）都不动作，电动机均不起动	接触器 KM1（或 KM2）都不动作，其可能原因是 1. 电源电路故障 2. 熔断器 FU2 熔体熔断 3. 热继电器 FR 的常闭触头接触不良 4. 停止按钮 SB3 接触不良 5. 0 号线出现断路 L1 L2 L3 — QF — FU2 — 1 — FR — 2 — SB3 — 3 — 0	1. 用电压测量法或验电器法查找电源电路和熔断器 FU2 的故障点 2. 用电阻测量法或验电器法查找控制电路公共部分的故障点
按下 SB1 时，电动机正常运转，松开 SB1 后，电动机停转	由故障现象可判断故障点应在正转控制电路的自锁电路上 1. 接触器 KM1 的自锁触头接触不良 2. KM1 的自锁回路断路 3 — KM1 — 4	断开电源，将万用表置于倍率适当的电阻挡，将一支表笔固定在 SB3 的接线桩 3，按下 KM1 的触头架，另一支表笔依次逐点检查自锁回路的通断情况，当检查到使电路不通的点时，则故障点在该点与上一点之间

（续）

故障现象	原因分析	检查方法
按下 SB1 时，电动机正常运转，但按下停止按钮 SB3 后，电动机不停转	按下 SB3 后，电动机不停转的可能原因是 1. 停止按钮 SB3 常闭触头焊住或卡住 2. 接触器 KM1 已断电，但其可动部分被卡住 3. 接触器 KM1 铁心接触面上有油污，其上、下铁心被粘住 4. 接触器 KM1 主触头熔焊 2 U12 V12 W12 SB3 E-7 KM1 \ \ \ 3 U13 V13 W13	1. 停止按钮 SB3 的检查。断开电源，将万用表置于倍率适当的电阻挡，把两支表笔固定在 SB3 的 2、3 接线桩，检查通断情况 2. 接触器 KM1 主触头检查断开电源，将万用表置于倍率适当的电阻挡，把两支表笔分别固定在 KM1 主触头的上、下接线桩，检查通断情况
按下 SB1（或 SB2）时，电动机都有"嗡嗡"声，均不能正常起动	根据故障现象判断故障范围可能在电源电路和主电路上出现了断相故障	参照单元 1 任务 3 介绍的方法检查

检查评议

检查评议表参见表 1-1-13。

问题及防治

1）接触器联锁触头接线必须正确，否则将会造成主电路中两相电源短路事故。

2）通电试车时，应先合上 QF，再按下 SB1（或 SB2）及 SB3，看控制是否正常，并在按下 SB1 后再按下 SB2，观察有无联锁作用。

扩展知识

【按钮联锁正反转控制电路】

在接触器联锁正反转控制电路，其优点是安全可靠，缺点是操作不便。当电动机从正转变为反转时，必须先按下停止按钮后，才能按反转起动按钮，否则由于接触器的联锁作用，不能实现反转。为克服接触器联锁正反转控制电路操作不便的不足，可把正转按钮 SB1 和反转按钮 SB2 换成两个复合按钮，并使两个复合按钮的常闭触头代替接触器的联锁触头，这就构成了按钮联锁的正反转控制电路，如图 1-2-15 所示。

按钮联锁正反转控制电路的工作原理与接触器联锁的正反转控制电路的工作原理基本相同，只是当电动机从正转变为反转时，直接按 SB2 即可，不必先按 SB3。因为当按下 SB2 时，串接在正转控制电路中的 SB2 的常闭触头先分断，使正转接触器 KM1 先失电，KM1 主触头和自锁触头分断，电动机失电。SB2 的常闭触头分断后，SB2 的常开触头才随后闭合，接通反转控制电路，电动机 M 反转。这样既保证了 KM1 和 KM2 的线圈不会同时得电，又可在不按停止按钮的情况下进行正反转转换。

按钮联锁正反转控制电路与接触器联锁正反转控制电路相比，操作更加方便，但是，缺点是容易产生电源两相短路故障。如当正转接触器 KM1 发生主触头熔焊或被杂物卡住时，即使 KM1 线圈失电，主触头也分断不了，若按下 SB2，KM2 得电动作，触头闭合，将造成

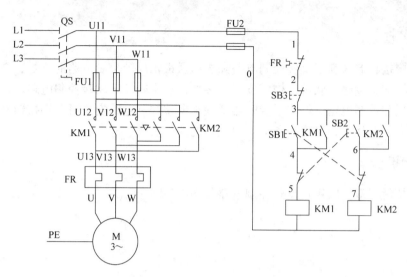

图 1-2-15 按钮联锁正反转控制电路

电源两相短路故障的发生。由于按钮联锁正反转控制电路存在安全隐患，所以在实际工作中不采用。

任务3 按钮、接触器双重联锁正反转控制电路的安装与维修

知识目标

1. 正确理解三相异步电动机按钮、接触器双重联锁正反转控制电路的工作原理。
2. 能正确绘制三相异步电动机按钮、接触器双重联锁正反转控制电路的接线图。
3. 掌握按钮、接触器双重联锁正反转控制电路故障的分析方法。

能力目标

1. 会按照工艺要求正确安装按钮、接触器双重联锁正反转控制电路。
2. 熟练掌握板前明线布线方法。
3. 熟练使用万用表检修按钮、接触器双重联锁正反转控制电路。

 任务描述 （见表 1-2-11）

表 1-2-11 任 务 描 述

工作任务	要　　求
1. 按钮、接触器双重联锁正反转控制电路的安装	1. 正确绘制按钮、接触器双重联锁正反转控制电路元器件布置图和接线图 2. 元器件安装要正确、牢固，安装布线要符合工艺要求 3. 通电试车时要严格遵守安全规程
2. 按钮、接触器双重联锁正反转控制电路故障维修	1. 理解双重联锁正反转控制电路的工作原理，掌握分析故障的方法 2. 带电检测故障电路时要严格遵守安全规程 3. 维修过程要符合工艺要求

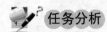 任务分析

　　为了克服接触器联锁正反转控制电路和按钮联锁正反转控制电路的不足，在按钮联锁的基础上，又增加了接触器联锁，构成按钮、接触器双重联锁正反转控制电路。按钮、接触器双重联锁正反转控制电路，保留了接触器联锁正反转控制电路安全可靠和按钮联锁正反转控制电路操作方便的优点，又克服了上述两电路的缺点。

　　相关知识

　　按钮、接触器双重联锁正反转控制电路如图 1-2-16 所示。

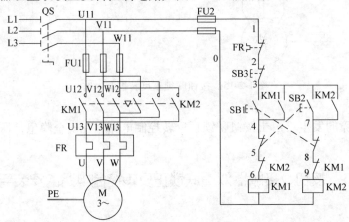

图 1-2-16　按钮、接触器双重联锁正反转控制电路

电路的工作原理如下：

1. 正转控制

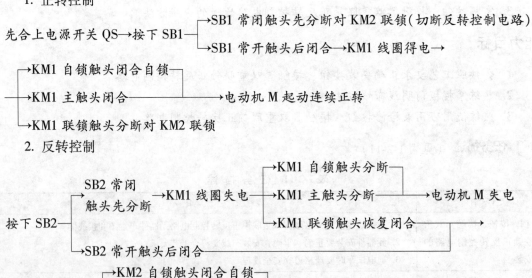

3. 停止控制

按下 SB3→整个控制电路失电──┬─→自锁触头复位
　　　　　　　　　　　　　　├─→主触头分断→电动机 M 失电停转
　　　　　　　　　　　　　　└─→联锁触头复位

该电路具有接触器联锁和按钮联锁电路的优点，操作方便，工作安全可靠，在生产实际中有广泛的应用。

任务准备

一、分析绘制元器件布置图和接线图

1. 绘制元器件布置

与接触器联锁相同。

2. 绘制接线图（见图 1-2-17）

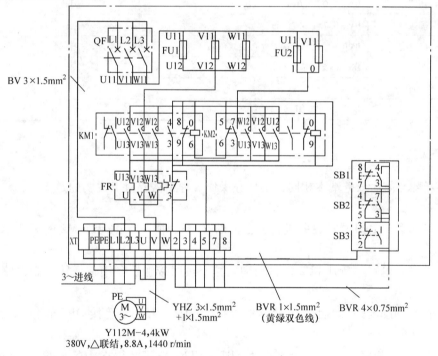

图 1-2-17　接线图

二、仪表、工具、耗材和器材准备

根据电路图，选用工具、仪表、耗材及器材，见表 1-2-12。

表 1-2-12　工具、仪表、耗材及器材明细

序号	名称	型号与规格	单位	数量	质检要求
1	三相四线电源	~3×380/220V、20A	处	1	1. 根据电动机规格检验选配的工具、仪表、器材等是否满足要求
2	三相电动机	Y112M—4，4kW、380V、△联结；或自定	台	1	
3	配线板	500mm×600mm×20mm	块	1	

（续）

序号	名称	型号与规格	单位	数量	质检要求
4	断路器 QF	DZ5—20/330	个	1	2．检查其各元器件、耗材与表中的型号与规格是否一致
5	熔断器 FU1	RL1—60/25，380V，60A，熔体配 25A	套	3	
6	熔断器 FU2	RL1—15/2，380V，15A，熔体配 2A	套	2	3．元器件外观应完整无损，附件、配件齐全
7	接触器 KM1、KM2	CJ10—20，线圈电压 380V，20A	只	2	
8	热继电器 FR	JR16B—20/3，三极、20A、整定电流 8.8A	只	1	
9	按钮	LA10—3H，保护式、按钮数 3	只	2	4．用万用表、绝缘电阻表检测元器件及电动机的技术数据是否符合要求
10	木螺钉	$\phi3mm \times 20mm$；$\phi3mm \times 15mm$	个	30	
11	平垫圈	$\phi4mm$	个	30	
12	圆珠笔	自定	支	1	
13	主电路导线	BVR—1.5，$1.5mm^2$（$7 \times 0.52mm$）（黑色）	m	若干	
14	控制电路导线	BV—1.0，$1.0mm^2$（$7 \times 0.43mm$）	m	若干	
15	按钮线	BV—0.75，$0.75mm^2$	m	若干	
16	接地线	BVR—1.5，$1.5mm^2$（黄绿双色）	m	若干	
17	行线槽	$18mm \times 25mm$	m	若干	
18	编码套管	自定	m	若干	
19	劳保用品	绝缘鞋、工作服等	套	1	

任务实施

安装步骤与前面任务基本相同，本任务操作过程中需要重点说明的是：

1．自检

万用表选用"$R \times 1$"挡，并进行校零。断开 QF，摘下 KM1 和 KM2 的灭弧罩，做以下几项检查。

（1）检查主电路 断开 FU2 切除辅助电路，按照接触器联锁正反转控制电路的要求检查主电路。

（2）检查辅助电路 拆下电动机接线，接通 FU2。万用表笔接 QF 下端的 L11、L31 端子，做以下几项检查。

1）检查起动和停车控制。分别按下 SB1、SB2，各应测得 KM1、KM2 的线圈电阻值；在操作 SB1 和 SB2 的同时按下 SB3，万用表应显示电路由通而断。

2）检查自保电路。分别按下 KM1、KM2 的触头架，各应测得 KM1、KM2 的线圈电阻值；如操作的同时按下 SB3，万用表应显示电路由通而断。如果测量时发现异常，则重点检查接触器自锁触头上下端子的连线。容易接错处是：将 KM1 的自锁线错接到 KM2 的自锁触头上；将常闭触头用做自锁触头等，应根据异常现象分析、检查。

3）检查按钮联锁。按下 SB1 测得 KM1 线圈电阻值后，再同时按下 SB2，万用表显示电路由通而断；同样，先按下 SB2 再同时按下 SB1，也应测得电路由通而断。发现异常时，应重点检查按钮盒内 SB1、SB2 和 SB3 之间接线；检查按钮盒引出护套线与接线端子板 XT 的连接是否正确，发现错误予以纠正。

4）检查辅助触头联锁电路。按下 KM1 触头架测得 KM1 线圈电阻值后，再同时按下 KM2 触头架，万用表应显示电路由通而断；同样，先按下 KM2 触头架再同时按下 KM1 触头架，也应测得电路由通而断。如发现异常，应重点检查接触器常闭触头与相反转向接触器线圈端子之间的连线。常见的错误接线是：将常开触头错当做联锁触头、将接触器的联锁线错接到同一接触器的线圈端子上等，应对照原理图、接线图认真核查排除错接。

2. 通电试车

（1）空操作试验　合上 QF 做以下试验：

1）检查正反向起动、自锁电路和按钮联锁电路。交替按下 SB1、SB2，观察 KM1 和 KM2 受其控制的动作情况，细听它们运行的声音，观察按钮联锁作用是否可靠。

2）检查辅助触头联锁动作。用绝缘棒按下 KM1 触头架，当其自锁触头闭合时，KM1 线圈立即得电，触头保持闭合；再用绝缘棒轻轻按下 KM2 触头架，使其联锁触头分断，则 KM1 应立即释放；继续将 KM2 的触头架按到底，则 KM2 得电动作。再用同样的办法检查 KM1 对 KM2 的联锁作用。反复操作几次，以观察电路联锁作用的可靠性。

（2）带负荷试车　断开 QF，接好电动机接线，再合上 QF，先操作 SB1 起动电动机，待电动机达到额定转速后，再操作 SB2，注意观察电动机转向是否改变。交替操作 SB1 和 SB2 的次数不可太多，动作应慢，防止电动机过载。接线示意图如图 1-2-18 所示。

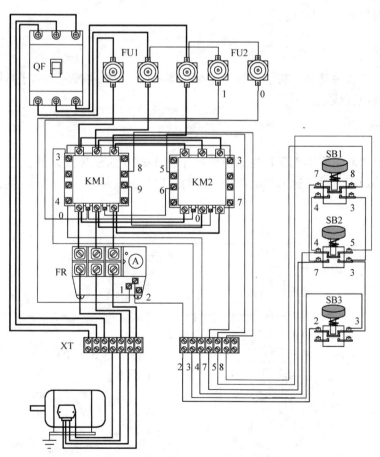

图 1-2-18　按钮、接触器双重联锁控制电路接线示意图

故障排除

电路故障与前两节所述接触器联锁电路常见故障基本相同，分析、检查及处理方法请参照前两节内容。不同处参见表 1-2-13。

表 1-2-13　电路故障分析、检查及处理方法

故障现象	原因分析	检查方法
正转正常，按反向按钮 SB2，KM1 能释放，但 KM2 不吸合，电动机不能反转	可能故障是 1. 接触器 KM1 辅助常闭触头接触不良或断线 2. 反向按钮 SB2 常开触头接触不良 3. 正向按钮 SB1 常闭触头接触不良 4. 接触器 KM2 线圈断路 5. 接触器 KM2 触头卡阻 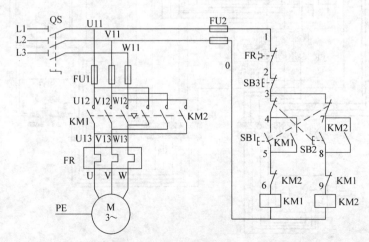	按下 SB2，用验电器依次测量 SB2 常开的上下端头，SB1 常闭的上下端头，KM1 常闭的上下端头故障点在有电和无电之间。若上述正常，断开电源，用万用表的电阻挡测量接触器 KM2 线圈的上下端头，检查其通断情况。若线圈也正常，则是接触器触头卡阻

注：其他故障分析方法参见与接触器联锁。

 检查评议

检查评议表参见表 1-1-13。

问题及防治

按钮内的接线较为复杂，初学者易错；安装练习时，可先将按钮和端子排的线接好检查无误后，再接其他连线。

扩展知识

按钮、接触器双重联锁正反转控制电路除了图 1-2-16 所示形式以外，还有图 1-2-19 所示形式。从工作原理上看，这两种电路是一样的，但是，安装过程是有所不同的。读者可以自行安装比较。

图 1-2-19　按钮、接触器双重联锁正反转控制电路

【几种正反转电路】

1. 正反转点动与连续控制电路（见图1-2-20）

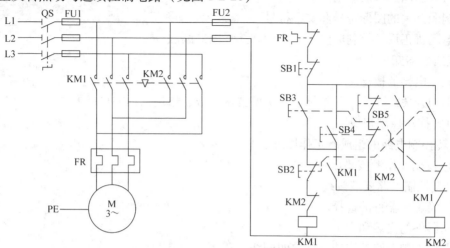

图1-2-20 正反转点动与连续控制电路

2. 双重联锁正反转两地控制电路（见图1-2-21）

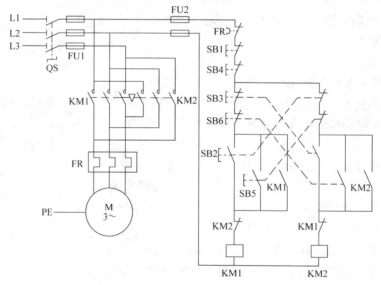

图1-2-21 双重联锁正反转两地控制电路

读者有兴趣可自行分析工作原理。

考证要点及单元练习

一、考证要点

维修电工职业资格证的考核分为理论知识考核和技能操作考核两部分。

（一）理论知识考核要点

1. 识图知识

1）电气制图的一般规则。

2）倒顺开关的图形符号和文字符号。

3）电动机正反转控制电路图的识读和接线图的画法。

2. 低压电器知识

1）低压电器的概念。

2）倒顺开关的作用、基本结构、主要技术参数、选用依据和检修方法。

3. 电力拖动控制知识

正反转控制电路的组成和工作原理。

（二）技能操作考核要点

1. 电气控制电路安装接线。

1）导线、元器件的选择。

2）元器件的安装和固定。

3）电气控制电路的安装、板前明配线工艺。

2. 电路故障判断及修复

1）电动机正转和反转都不能起动的故障检修。

2）电动机正转（或反转）点动的故障检修。

3）电动机只能正转（或反转）运行的故障检修。

二、单元练习

（一）选择题

1. 三相交流异步电动机旋转方向由（   ）决定。

A. 电动势方向　　　　B. 电流方向　　　　　C. 频率　　　　　　　D. 旋转磁场方向

2. 三相异步电动机的正反转控制关键是改变（   ）。

A. 电源电压　　　　　B. 电源相序　　　　　C. 电源电流　　　　　D. 负载大小

3. 要使三相异步电动机反转，只要（   ）就能完成。

A. 降低电压　　　　　　　　　　　　　　B. 降低电流

C. 将任意两根电源线对调　　　　　　　　D. 降低电路功率

4. 实现三相异步电动机的正反转是（   ）。

A. 正转接触器的常闭触头和反转接触器的常闭触头联锁

B. 正转接触器的常开触头和反转接触器的常开触头联锁

C. 正转接触器的常闭触头和反转接触器的常开触头联锁

D. 正转接触器的常开触头和反转接触器的常闭触头联锁

5. 正反转控制电路，在实际工作中最常用、最可靠的是（   ）。

A. 倒顺开关　　　　　　　　　　　　　　B. 接触器联锁

C. 按钮联锁　　　　　　　　　　　　　　D. 按钮、接触器双重联锁

6. 在操作按钮联锁或按钮、接触器双重联锁的正反转控制电路时，要使电动机从正转转为反转，正确的操作方法是（   ）。

A. 可直接按下反转起动按钮

B. 可直接按下正转起动按钮

C. 必须先按下停止按钮，再按下反转起动按钮

D. 必须先按下停止按钮，再按下正转起动按钮

7. 按复合按钮时，（　　）。

A. 常开先闭合，常闭后断开　　　　　B. 常闭先断开，常开后闭合

C. 常开、常闭同时动作　　　　　　　D. 常闭动作，常开不动作

8. 接触器衔铁振动或噪声过大的原因有（　　　）。

A. 短路环损坏或脱落　　　　　　　　B. 衔铁歪斜或铁心端面有锈蚀油污

C. 电源电压偏低　　　　　　　　　　D. 以上都是

（二）判断题

1. 在接触器联锁的正反转控制电路中，正、反转接触器有时可以同时闭合。　　（　　）

2. 为了保证三相异步电动机实现反转，正、反转接触器的主触头必须按相同的顺序并接后串联到主电路中。　　（　　）

3. 接触器、按钮双重联锁正反转控制电路的优点是工作安全可靠，操作方便。（　　）

4. 在接触器正反转的控制电路中，若正转接触器和反转接触器同时通电会发生两相电源短路。　　（　　）

5. 当一个接触器得电动作时，通过其辅助常开辅助触头使另一个接触器不能得电动作，叫做联锁。　　（　　）

6. 只有改变三相电源中的 U—W 相，才能使电动机反转。　　（　　）

（三）问答题

1. 何时采用倒顺开关控制的正反转控制电路？使用它有什么优缺点？

2. 什么叫联锁控制？在三相异步电动机正反转控制电路中为什么必须有联锁控制？

3. 简述接触器、按钮双重联锁正反转控制电路的工作原理。

4. 分析三相异步电动机接触器联锁的正反转控制电路中，按下正、反转起动按钮后，电动机不起动的原因。

（四）操作练习题

1. 三相异步电动机接触器联锁正反转控制电路的安装接线与故障检修。

2. 三相异步电动机按钮、接触器双重联锁正反转控制电路的安装接线与故障检修。

3. 画出两地控制三相异步电动机接触器联锁的正反转控制电路并完成安装接线。

【练习要求】

1. 按图正确使用工具和仪表进行熟练的安装接线。

2. 按钮盒不固定在板上，电源和电动机配线、按钮接线要接到端子排上，要注明引出端子的标号。

3. 在安装接线完成后，经教师通电检查合格者，在这个电路板上，人为设置隐蔽故障3处，其中主电路1处，控制电路2处（可分3次设置）。

4. 操作中注意安全文明操作。

操作练习题安装接线评分标准见表1-1-41。

操作练习题故障检修评分标准见表1-1-42。

单元3 三相异步电动机位置控制与顺序控制电路的安装与维修

在生产过程中，一些生产机械运动部件的行程或位置要受到限制，如若仅仅依靠设备的操作人员进行控制，一是劳动强度大，另外生产的安全性也不能得到保证。如在 M7475B 型平面磨床工作台的左右移动和磨头上升控制中设有位置控制，还有像万能铣床、镗床、桥式起重机及各种自动或半自动控制机床设备中也用到这种控制。这种利用生产机械运动部件上的挡铁与行程开关碰撞，使其触头动作，来接通或断开电路，以实现对生产机械运动部件的位置或行程的自动控制，称为位置控制，又称为行程控制或限位控制。

还有一些设备，如 B2012A 型刨床工作台要求在一定行程内自动往返循环运动，X62W 型铣床工作台在纵向进给中自动循环工作，以便实现对工件的连续加工，提高生产效率。这就需要电气控制电路能对电动机实现自动换接正反转控制。而这种利用机械运动触碰行程开关实现电动机自动换接正反转控制的电路，就是电动机自动循环控制电路。

在上述的设备中有多台电动机，这些电动机运行、停止之间存在一定的制约关系，维持这种关系的控制即为顺序控制。本单元主要介绍位置控制、自动循环控制和顺序控制。

任务1 三相异步电动机位置控制电路的安装与维修

知识目标

1. 正确识别、选用、安装和使用行程开关，熟悉它的功能、基本结构、工作原理及型号含义，熟记它的图形符号和文字符号。
2. 正确理解三相异步电动机位置控制电路的工作原理。

能力目标

1. 能按照工艺要求正确安装位置控制电路。
2. 掌握板前线槽布线工艺要求。
3. 熟练使用仪表检修位置控制电路。

 任务描述（见表 1-3-1）

表 1-3-1 任 务 描 述

工作任务	要 求
1. 三相异步电动机位置控制电路的安装	1. 正确绘制位置控制电路的元器件布置图和接线图 2. 行程开关等元器件安装要正确、牢固 3. 安装布线要符合板前线槽工艺要求 4. 通电试车时要严格遵守安全规程
2. 三相异步电动机位置控制电路的维修	1. 理解电路的工作原理，掌握分析故障的方法 2. 带电检测故障电路时要严格遵守安全规程 3. 维修过程要符合工艺要求

任务分析

对生产机械运动部件的行程或位置限制，即对拖动生产机械运动部件的电动机进行控制，当运动部件到达设定位置或行程后，电路能自动停止电动机的运行。

这种利用生产机械运动部件上的挡铁与行程开关碰撞，使其触头动作，来接通或断开电路，以实现对生产机械运动部件的位置或行程的自动控制，称为位置控制，又称为行程控制或限位控制。

而实现这种控制要求所依靠的主要电器是行程开关或接近开关。

相关知识

一、行程开关

行程开关是一种利用生产机械某些运动部件的碰撞来发出控制指令的主令电器，主要用于控制生产机械的运动方向、速度、行程大小或位置，是一种自动控制电器。

行程开关的作用原理与按钮相同，区别在于它不是靠手指的按压使其触头动作，而是利用生产机械运动部件的碰压使其触头动作，从而将机械信号转变为电信号，使运动机械按一定的位置或行程实现自动停止、反向运动、变速运动或自动往返运动等。

1. 行程开关的结构原理、符号及型号含义

机床中常用的行程开关有 LX19 和 JLXK1 等系列，各系列行程开关的基本结构大体相同，都是由操动机构、触头系统和外壳组成的，如图 1-3-1a 所示，行程开关在电路图中的图形符号如图 1-3-1b 所示。

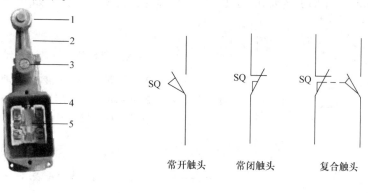

a) b)

图 1-3-1 行程开关的结构和符号

a）结构 b）图形符号

1—滚轮 2—杠杆 3—转轴 4—撞块 5—微动开关

（1）动作原理 当运动机械的挡铁撞到行程开关的滚轮上时，传动杠杆边同转轴一起转动，使滚轮撞动撞块，当撞块被压到一定位置时，推动微动开关快速动作，其常闭触头断开、常开触头闭合；滚轮上的挡铁移开后，复位弹簧就使行程开关各部分复位。这种单轮旋转式行程开关能自动复位，还有一种直动式（按钮式）也是依靠复位弹簧复位的。双轮旋转式行程开关不能自动复位，依靠运动机械反向移动时，挡铁碰因另一侧滚轮时将其复位。

几种行程开关外形如图 1-3-2 所示。

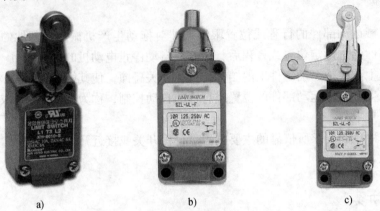

a)　　　　　　　　　　b)　　　　　　　　　c)

图 1-3-2　行程开关的外形

a) 单轮旋转式　b) 直动式（按钮式）　c) 双轮旋转式

　　行程开关一般都具有快速换接动作机构，它的触头瞬时动作，这样可以保证动作的可靠性和准确性，还可以减少电弧对触头的烧灼。

　　行程开关的触头类型有一常开一常闭、一常开二常闭、二常开一常闭、二常开二常闭等形式。动作方式可分为瞬动、蠕动和交叉从动式 3 种。动作后的复位方式有自动复位和非自动复位两种。

　　（2）型号含义　LX19 系列和 JLXK1 系列行程开关的型号及含义如下：

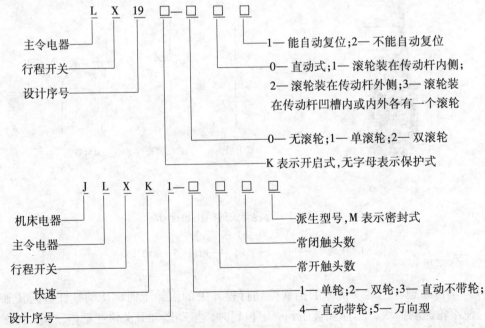

　　2. 行程开关的选用

　　行程开关的主要参数有型式、工作行程、额定电压及触头的电流容量，在产品说明书中都有详细说明，主要根据动作要求、安装位置及触头数量选择。LX19 和 JLXK1 系列行程开关的主要技术数据见表1-3-2。

表 1-3-2 LX19 和 JLXK1 系列行程开关的主要技术数据

型 号	额定电压和额定电流	结构特点	触头对数 常开	触头对数 常闭	工作行程	超行程	触头转换时间
LX19		元件	1	1	3mm	1mm	
LX19—111		单轮，滚轮装在传动杆内侧，能自动复位	1	1	≈30°	≈20°	
LX19—121		单轮，滚轮装在传动杆外侧，能自动复位	1	1	≈30°	≈20°	
LX19—131		单轮，滚轮装在传动杆凹槽内，能自动复位	1	1	≈30°	≈20°	
LX19—212	380V 5A	双轮，滚轮装在U形传动杆内侧，不能自动复位	1	1	≈30°	≈15°	≤0.04s
LX19—222		双轮，滚轮装在U形传动杆外侧，不能自动复位	1	1	≈30°	≈15°	
LX19—232		双轮，滚轮装在U形传动杆内外侧各一个，不能自动复位	1	1	≈30°	≈15°	
LX19—001		无滚轮，仅有径向传动杆，能自动复位	1	1	<4mm	3mm	
JLXK1—111		单轮防护式	1	1	12~15°	≤30°	
JLXK1—211	500V 5A	双轮防护式	1	1	≈45°	≤45°	
JLXK1—311		直动防护式	1	1	1~3mm	2~4mm	
JLXK1—411		直动滚轮防护式	1	1	1~3mm	2~4mm	

在本次任务中，对行程开关的要求是起停止作用，因此，查表可选择 LX19—111 或 JLXK1—111。行程开关的控制机构是机械的，工作中需要与工作机械进行频繁的接触，如果在室外或环境较差的地方较容易损坏，如在户外工作门吊上的吊钩上行程限位控制，其行程开关在日晒雨淋的环境中容易损坏，往往行程开关的损坏又会伴随着一些设备事故的发生。随着技术的发展，在这些场合使用的行程开关，逐步被一种不需要接触、密封较好的接近开关取代。

二、工作原理分析

图 1-3-3 所示是工厂车间里的行车常采用的位置控制电路。

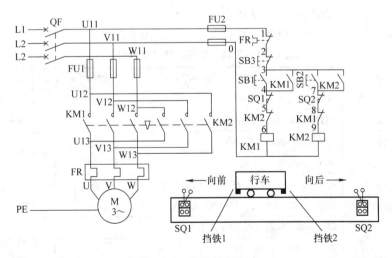

图 1-3-3 位置控制电路

图的右下角是行车运动示意图，在行车运行路线的两终点处各安装一个行程开关 SQ1 和 SQ2，它们的常闭触头分别串接在正转控制电路和反转控制电路中。当安装在行车前后的挡铁 1 或挡铁 2 撞击行程开关的滚轮时，行程开关的常闭触头分断，切断控制电路，使行车自动停止。

图 1-3-1 所示电路的工作原理如下：

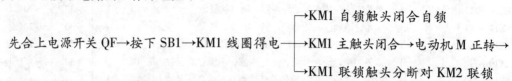

先合上电源开关 QF→按下 SB1→KM1 线圈得电──┬→KM1 自锁触头闭合自锁
                   ├→KM1 主触头闭合→电动机 M 正转→
                   └→KM1 联锁触头分断对 KM2 联锁

→工作台左移→至限定位置挡铁 1 撞击 SQ1→SQ1 常闭点断开→KM1 线圈失电→
 ┬→KM1 自锁触头分断解除自锁
 ├→KM1 主触头复位断开────────→电动机 M 停转
 └→KM1 联锁触头分闭合解除对 KM2 联锁

按下 SB2→KM2 线圈得电──┬→KM2 自锁触头闭合自锁
         ├→KM2 主触头闭合────→电动机 M 反转→
         └→KM2 联锁触头分断对 KM2 联锁

→工作台右移→至限定位置,挡铁 1 撞击 SQ2→SQ2 常闭点断开→KM2 线圈失电→
 ┬→KM2 自锁触头分断解除自锁
 ├→KM2 主触头复位断开────→电动机 M 停转
 └→KM2 联锁触头分闭合解除对 KM1 联锁

在按下 SB1（SB2）后，按下 SB3→整个控制电路失电→KM1（或 KM2）主触头分断→
→电动机 M 失电停转

任务准备

一、仪表、工具、耗材和器材准备

根据电路图，选用工具、仪表、耗材及器材，见表 1-3-3。

表 1-3-3 工具、仪表、耗材及器材明细

序号	名称	型号与规格	单位	数量	质检要求
1	三相四线电源	~3×380/220V，20A	处	1	1. 根据电动机规格检验选配的工具、仪表、器材等是否满足要求
2	三相电动机	Y112M—4，4kW，380V，△联结；或自定	台	1	
3	配线板	500mm×600mm×20mm	块	1	
4	断路器 QF	DZ5—20/330	个	1	2. 检查其各元器件、耗材与表中的型号与规格是否一致
5	熔断器 FU1	RL1—60/25，380V，60A，熔体配 25A	套	3	
6	熔断器 FU2	RL1—15/2，380V，15A，熔体配 2A	套	2	
7	接触器 KM1，KM2	CJ10—20，线圈电压 380V，20A	只	2	3. 元器件外观应完整无损，附件、配件齐全
8	热继电器 FR	JR16—20/3，三极、20A、整定电流 8.8A	只	1	
9	按钮	LA10—3H，保护式、按钮数 3	只	2	

（续）

序号	名称	型号与规格	单位	数量	质检要求
10	位置开关	JLXK1—111，单轮旋转式	只	2	4. 用万用表、绝缘电阻表检测元器件及电动机的技术数据是否符合要求
11	木螺钉	$\phi3\text{mm}\times20\text{mm}$；$\phi3\text{mm}\times15\text{mm}$	个	30	
12	平垫圈	$\phi4\text{mm}$	个	30	
13	圆珠笔	自定	支	1	
14	主电路导线	BVR—1.5，1.5mm^2（$7\times0.52\text{mm}$）（黑色）	m	若干	
15	控制电路导线	BVR—1.0，1.0mm^2（$7\times0.43\text{mm}$）	m	若干	
16	按钮线	BVR—0.75，0.75mm^2	m	若干	
17	接地线	BVR—1.5，1.5mm^2（黄绿双色）	m	若干	
18	行线槽	$18\text{mm}\times25\text{mm}$	m	若干	
19	编码套管	自定	m	若干	
20	劳保用品	绝缘鞋、工作服等	套	1	

二、板前线槽布线工艺要求

1. 走线槽安装的工艺要求

安装走线槽时，应做到横平竖直、排列整齐匀称、安装牢固和便于走线等。

2. 板前线槽配线的工艺要求

1）所有导线的截面积在不小于 0.5mm^2 时，必须采用软线。考虑到机械强度的原因，所用导线的最小截面积，在控制箱外为 1mm^2，在控制箱内为 0.75mm^2。但对控制箱内通过很小电流的电路连线，如电子逻辑电路，可用 0.2mm^2 截面积的导线，并且可以采用硬线，但只能用于不移动又无振动的场合。

2）布线时，严禁损伤线芯和导线绝缘。

3）各元器件接线端子引出导线的走向，以元器件的水平中心线为界限，在水平中心线以上接线端子引出的导线，必须进入元器件上面的走线槽；在水平中心线以下接线端子引出的导线，必须进入元器件下面的走线槽。任何导线都不允许从水平方向进入走线槽内。

4）各元器件接线端子上引出或引入的导线，除间距很小和元器件机械强度很差允许直接架空敷设外，其他导线必须经过走线槽进行连接。

5）进入走线槽内的导线要完全置于走线槽内，并应尽可能避免交叉，装线不要超过其容量的70%，以便于能盖上线槽盖和以后的装配及维修。

6）各元器件与走线槽之间的外露导线，应走线合理，并尽可能做到横平竖直，变换走向要垂直。同一个元器件上位置一致的端子和同型号元器件中位置一致的端子上，引出或引入的导线，要敷设在同一平面上，并应做到高低一致或前后一致，不得交叉。

7）所有接线端子、导线线头上，都应套有与电路图上相应接点线号一致的编码套管，并按线号进行连接，连接必须牢靠，不得松动。

8）在任何情况下，接线端子都必须与导线截面积和材料性质相适应。当接线端子不适合连接软线或较小截面积的软线时，可以在导线端头穿上针形或叉形轧头并压紧。

9）一般一个接线端子只能连接一根导线，如果采用专门设计的端子，可以连接两根或多根导线，但导线的连接必须采用公认的、在工艺上成熟的各种方式，如夹紧、压接、焊接、绕接等，并应严格按照连接工艺的工序要求进行。

任务实施

安装步骤与前面任务基本相同，本任务操作过程中需要重点说明的是：

1. 空操作试验

合上电源开关 QF，按照双重联锁的正反转控制电路的试验步骤检查各控制、保护环节的动作。试验结果一切正常后，再操作按下 SB1 使 KM1 得电动作，然后用绝缘棒按下 SQ1 的滚轮，使其触头分断，则 KM1 应失电释放。用同样的方法检查 SQ2 对 KM2 的控制作用。反复操作几次，检查限位控制电路动作的可靠性。

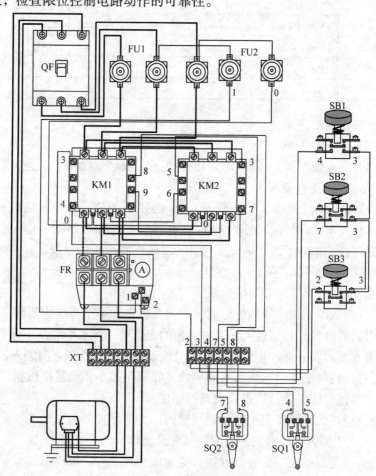

图 1-3-4　接线示例图

2. 带负荷试车

断开 QF，接好电动机接线，上好接触器的灭弧罩。合上刀开关 QF，做好立即停车的准备，做下述几项试验。

1）检查电动机转向。按下 SB1，电动机起动拖带设备上的运动部件开始移动，如移动方向为正方向（指向阳）则符合要求；如果运动部件向反方向移动，则应立即断电停车。否则限位控制电路不起作用，运动部件越过规定位置后继续移动，可能造成机械故障。将

QF 上端子处的任意两相电源线交换后，再接通电源试车。电动机的转向符合要求后，操作 SB2 使电动机拖带部件反向运动，检查 KM2 的改换相序作用。

2）检查行程开关的限位控制作用。做好停车的准备，起动电动机拖带设备正向运动，当部件移动到规定位置附近时，要注意观察挡块与行程开关 SQ1 滚轮的相对位置。SQ1 被挡块操作后，电动机应立即停车。按动反向起动按钮（SB2）时，电动机应能反向拖带部件返回。如挡块过高、过低或行程开关动作后不能控制电动机等异常情况，应立即断电停车进行检查。

3）反复操作几次，观察电路的动作和限位控制动作的可靠性。在部件的运动中可以随时操作按钮改变电动机的转向，以检查按钮的控制作用。

 **故障排除**

1. 行程开关的常见故障及处理方法（见表 1-3-4）

表 1-3-4　行程开关的常见故障及处理方法

故障现象	可能的原因	处理方法
挡铁碰撞行程开关后，触头不动作	1. 安装位置不准确 2. 触头接触不良或连线松脱 3. 触头弹簧失效	1. 调节安装位置 2. 清洗触头或紧固连线 3. 更换弹簧
杠杆已经偏转，或无外界机械力作用，但触头不复位	1. 复位弹簧失效 2. 内部撞块卡阻 3. 调节螺钉太长，顶住开关按钮	1. 更换弹簧 2. 清扫内部杂物 3. 检查调节螺钉

2. 电路常见的故障维修

电路常见的故障与双重联锁正反转控制电路类似。限位控制部分故障主要有挡块、行程开关的固定螺钉松动造成动作失灵等，见表 1-3-5。

表 1-3-5　线路故障的现象、原因及检查方法

故障现象	原因分析	检查方法
挡铁碰到 SQ1 后电动机不能停止	可能故障点：行程开关不动作 行程开关不动作多为行程开关未压合，行程开关固定螺钉松动，使传动机构松动或发生位移，行程开关被撞坏，机构动作失灵，杂质进入开关内部，使机械被卡住等原因造成的	1. 外观检查行程开关固定螺钉是否松动；按压并放开行程开关，查看行程开关机构动作是否失灵 2. 断开电源，用万用表的电阻挡，将两支表笔连接在 SQ1 的两端，按压并放开行程开关，检查通断情况
挡铁碰到 SQ1 电动机停止后，按 SB2 电动机起动，挡铁碰到 SQ2 停止后，再按 SB1 电动机不起动	可能故障点：行程开关不复位 1. 行程开关不复位多为运动部件或撞块超行程太多，机械失灵、开关被撞块、杂质进入开关内部，使机械部分被卡住，开关复位弹簧失效，弹力不足使触头不能复位闭合等原因造成的 2. 触头表面不清洁、有油垢所造成的	1. 检查外观，是否因为运动部件或撞块超行程太多，造成行程开关机械损坏 2. 断开电源，打开行程开关检查触头表面是否清洁 3. 断开电源，用万用表的电阻挡，将两支表笔连接在 SQ1 的两端，检查通断情况

注：其他故障参见接触器联锁正反转控制电路。

检查评议

检查评议表参见表1-1-13。

 问题及防治

行程开关的安装与使用注意事项如下：

1）行程开关安装时，安装位置要准确，安装要牢固；滚轮的方向不能装反，挡铁与其碰撞的位置应符合控制电路的要求，并确保能可靠的与挡铁碰撞。

2）行程开关在使用中，要定期检查和保养，除去油垢及粉尘，清理触头，经常检查其动作示范灵活、可靠，及时排除故障。防止因行程开关触头接触不良或接线松脱产生误动作而导致设备和人身安全事故。

3）行程开关安装时要看清楚，注意常开和常闭触头不能接反了。

 扩展知识

接近开关又称为无触头行程开关。它能在一定距离内检测有无物体靠近。当物体接近到设定的距离时，就可以发出"动作"信号。接近开关的核心部分是"感辨头"，它对接近的物体有很高的感辨能力。选择合适的接近开关可以取代行程开关。

任务2　三相异步电动机自动循环控制电路的安装与维修

知识目标

正确理解三相异步电动机自动循环控制电路的工作原理。

能力目标

1. 能按照工艺要求正确安装维修自动循环控制电路。
2. 能按照板前线槽布线工艺要求布线。

 任务描述（见表1-3-6）

表1-3-6　任 务 描 述

工作任务	要　　　求
1. 三相异步电动机自动循环控制电路安装	1. 元器件安装要正确、牢固 2. 安装布线要符合工艺要求
2. 三相异步电动机自动循环控制电路故障维修	1. 理解电路的工作原理，掌握分析故障的方法 2. 带电检测故障电路时要严格遵守安全规程 3. 维修过程要符合工艺要求

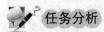 **任务分析**

在生产实际中，如B2012A型刨床工作台要求在一定行程内自动往返循环运动，X62W

型铣床工作台在纵向进给中自动循环工作,以便实现对工件的连续加工,提高生产效率。这就需要电气控制电路能对电动机实现自动换接正反转控制。而这种利用机械运动触碰行程开关实现电动机自动换接正反转控制的电路,就是电动机自动循环控制电路。

 相关知识

图 1-3-5 所示为工作台自动循环控制电路。从图中可以看出,为了使电动机的正反转控制与工作台的左右运动相配合,在控制电路中设置了 4 个行程开关 SQ1 ~ SQ4,并把它们安装在工作台需限位的地方。其中 SQ1、SQ2 被用来自动换接电动机正反转控制电路,实现工作台的自动往返行程控制;SQ3 和 SQ4 被用来做终端保护,以防止 SQ1、SQ2 失灵,工作台越过限定位置而造成事故。在工作台边的 T 形槽中装有两块挡铁,挡铁 1 只能和 SQ1、SQ3 相碰撞,挡铁 2 只能和 SQ2、SQ4 相碰撞。当工作台运动到所限位置时,挡铁碰撞行程开关,使其触头动作,自动换接电动机正反转控制电路,通过机械传动机构使工作台自动往返运动。工作台行程可通过移动挡铁位置来调节,拉开两块挡铁间的距离,行程就短,反之则长。

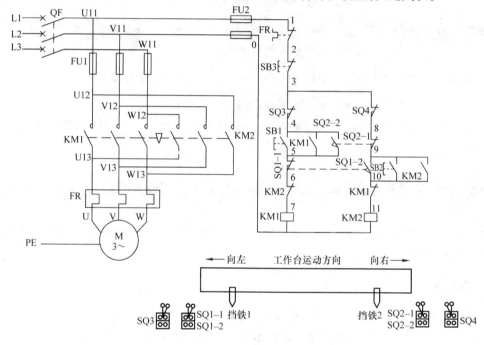

图 1-3-5　工作台自动循环控制电路

工作台自动循环控制电路工作原理分析如下:

1. 自动往返运动

合上电源开关 QF→按下 SB1

→KM1 线圈得电　→KM1 自锁触头闭合自锁

　　　　　　　　→KM1 主触头闭合　　　→电动机 M 正转→

　　　　　　　　→KM1 联锁触头分断对 KM2 联锁

——→工作台左移——→至限定位置挡铁 1 撞击 SQ1——→

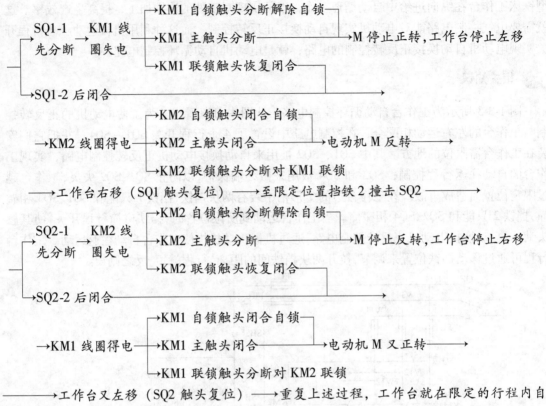

————→工作台又左移（SQ2 触头复位）————→重复上述过程，工作台就在限定的行程内自动往返运动

2. 停止

按下 SB3 ————→整个控制电路失电————→KM1（或 KM2）主触头分断————→电动机 M 失电停转

这里 SB1、SB2 分别作为正转起动按钮和反转起动按钮，若起动时工作台在左端，则应按下 SB2 进行起动。

任务准备

根据电路图，选用工具、仪表、耗材及器材，见表 1-3-7。

表 1-3-7 工具、仪表、耗材及器材明细

序号	名称	型号与规格	单位	数量	质检要求
1	三相四线电源	~3×380/220V，20A	处	1	1. 根据电动机规格检验选配的工具、仪表、器材等是否满足要求 2. 检查其各元器件、耗材与表中的型号与规格是否一致 3. 元器件外观应完整无损，附件、配件齐全
2	三相电动机	Y112M—4，4kW，380V，△联结；或自定	台	1	
3	配线板	500mm×600mm×20mm	块	1	
4	断路器 QF	DZ5—20/330	个	1	
5	熔断器 FU1	RL1—60/25，380V，60A，熔体配 25A	套	3	
6	熔断器 FU2	RL1—15/2，380V，15A，熔体配 2A	套	2	
7	接触器 KM1、KM2	CJ10—20，线圈电压 380V，20A	只	2	
8	热继电器 FR	JR16—20/3，三极、20A、整定电流 8.8A	只	1	

（续）

序号	名称	型号与规格	单位	数量	质检要求
9	按钮	LA10—3H，保护式、按钮数 3	只	2	4. 用万用表、绝缘电阻表检测元器件及电动机的技术数据是否符合要求
10	位置开关	JLXK1—111，单轮旋转式	只	2	
11	木螺钉	$\phi 3mm \times 20mm$；$\phi 3mm \times 15mm$	个	30	
12	平垫圈	$\phi 4mm$	个	30	
13	圆珠笔	自定	支	1	
14	主电路导线	BVR—1.5，$1.5mm^2$（$7 \times 0.52mm$）（黑色）	m	若干	
15	控制电路导线	BVR—1.0，$1.0mm^2$（$7 \times 0.43mm$）	m	若干	
16	按钮线	BVR—0.75，$0.75mm^2$	m	若干	
17	接地线	BVR—1.5，$1.5mm^2$（黄绿双色）	m	若干	
18	行线槽	$18mm \times 25mm$	m	若干	
19	编码套管	自定	m	若干	
20	劳保用品	绝缘鞋、工作服等	套	1	

 任务实施

安装步骤与前面任务基本相同，本任务操作过程中需要重点说明的是：

1. 自检

断开 QF，按正反转控制电路的步骤、方法检查主电路；拆下电动机接线，按辅助触头联锁正反向控制电路的步骤、方法检查辅助电路的正反向起动控制作用、自保及联锁作用。以上各项正常无误再做下述各项检查。

（1）检查正向行程控制　按下 SB1 不要放开，应测得 KM1 线圈电阻值，再轻轻按下 SQ1 的滚轮，使其常闭触头分断，万用表应显示电路由通而断；将 SQ1 的滚轮按到底，则应测得 KM2 线圈的电阻值。

（2）检查反向行程控制　按下 SB2 不放，应测得 KM2 线圈的电阻值；再轻轻按下 SB2 的滚轮，使其常闭触头分断，万用表应显示电路由通而断；将 SB2 的滚轮按到底，则应测得 KM1 线圈的电阻值。

（3）检查正、反向限位控制　按下 SB2 测得 KM1 线圈的直流电阻值后，再按下 SB3 的滚轮，也应测出电路由通而断。

（4）检查行程开关的联锁作用　同时按下 SQ1 和 SQ2 的滚轮，测量结果应为断路。

2. 通电试车

（1）空操作试验　检查 SB1、SB2 及 SB3 对 KM1、KM2 的起动及停止控制作用，检查接触器的自锁、联锁电路的作用。反复操作几次检查电路动作的可靠性。上述各项操作试验正常后，再做以下检查。

1）行程控制试验：按下 SB1 使 KM1 得电动作后，用绝缘棒轻按 SQ1 滚轮，使其常闭触头分断，KM1 应释放，将 SQ1 滚轮继续按到底，则 KM2 得电动作；再用绝缘棒缓慢按下 SQ2 滚轮，则应先后看到 KM2 释放、KM1 得电动作（总之，SQ1 及 SQ2 对电路的控制作用与正反转控制电路中的 SB1 及 SB2 类似）。反复试验几次以后检查行程控制动作的可靠性。

2）限位保护试验：按下 SB1 使 KM1 得电动作后，用绝缘棒按下 SQ3 滚轮，KM1 应失电释放；再按下 SB2 使 KM2 得电动作，按下 SB4 滚轮，KM2 应失电释放。反复试验几次，检查限位保护动作的可靠性。

（2）带负荷试车　断开 QF，接好电动机接线，装好接触器的灭弧罩，做好立即停车的准备，合上 QF 进行以下几项试验。

1）检查电动机转动方向：操作 SB1 起动电动机，若所拖动的部件向 SQ1 的方向移动，则电动机转向符合要求。如果电动机转向不符合要求，应断电后将 QF 下端的电源相线任意两根交换位置后接好，重新试车检查电动机转向。

2）正反向控制试验：交替操作 SB1、SB3 和 SB2、SB3，检查电动机转向是否受控制。

3）行程控制试验：做好立即停车的准备。起动电动机，观察设备上的运动部件在正、反两个方向的规定位置之间往返的情况，试验行程开关及电路动作的可靠性。如果部件到达行程开关，挡铁已将开关滚轮压下而电动机不能停车，应立即断电停车进行检查。重点检查这个方向上的行程开关的接线、触头及有关接触器的触头动作，排除故障后重新试车。

4）限位控制试验：起动电动机，在设备运行中用绝缘棒按压该方向上的限位保护行程开关，电动机应断电停车。否则应检查限位行程开关的接线及其触头动作情况，排除故障后重新试车。

故障排除（见表 1-3-8）

表 1-3-8　线路故障的现象、原因及检查方法

故障现象	原因分析	检查方法
挡铁 1 碰到 SQ1 就停车，工作台左右运动不往返	可能故障点：SQ1 的开关损坏，SQ1-2 不能闭合；接触器 KM1 的常闭触头接触不良，或者是接触器 KM2 线圈或机械部分有故障	断开电源，按下 SQ1，用万用表的电阻挡，一支表笔固定在 SB3 的下端头，另一支表笔依次检查 SQ4、SQ2-1、SQ1-2、KM1、KM2 上下端头的通断情况
挡铁 1 一直碰到 SQ3 才停车，工作台左右运动不往返	可能故障点：SQ1 安装位置不对，或使用时其位置移位，挡铁碰不到位置开关的滚轮；SQ1-1 的开关损坏，不能分断；SQ1-2 不能闭合	1. 检查 SQ1 安装位置，检查挡铁是否能碰到 SQ1 2. 断开电源，按下 SQ1，用万用表的电阻挡检查 SQ1-2 的上下端头的通断情况

（续）

故障现象	原因分析	检查方法
工作台刚开始返回工作台就停车	可能故障点： 1. 接触器辅助常开触头接触不良 2. 自锁回路断线 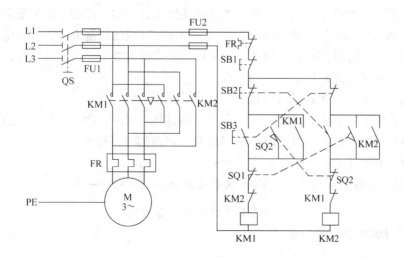	参照接触器联锁正反转电路故障检查方法

注：其他故障参见接触器联锁正反转控制电路。

 检查评议

检查评议表参见表 1-1-13。

 问题及防治

SQ1 和 SQ2 的作用是行程控制，而 SQ3 和 SQ4 的作用是限位控制，这两组开关不可装反，否则会引起错误动作。

 扩展知识

按钮、接触器双重联锁自动循环控制电路如图 1-3-6 所示。

读者有兴趣可自行分析工作原理。

图 1-3-6 按钮、接触器双重联锁自动循环控制电路

任务 3 三相异步电动机顺序控制电路的安装与维修

知识目标

1. 正确理解三相异步电动机顺序控制电路的工作原理。
2. 能正确绘制布置图和接线图。

能力目标

1. 能按照工艺要求正确安装三相异步电动机顺序控制电路。
2. 掌握板前明线布线方法。
3. 能根据故障现象，检修三相异步电动机点动控制电路。

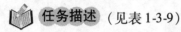 **任务描述**（见表 1-3-9）

表 1-3-9 任务描述

工作任务	要求
1. 三相异步电动机顺序控制电路的安装	1. 正确绘制三相异步电动机顺序控制电路元器件布置图和接线图 2. 元器件安装要正确、牢固 3. 安装布线要符合工艺要求 4. 通电试车时要严格遵守安全规程
2. 三相异步电动机顺序控制电路的故障检修	1. 理解电路的工作原理，掌握分析故障的方法 2. 带电检测故障电路时要严格遵守安全规程 3. 维修过程要符合工艺要求

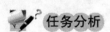 **任务分析**

在生产实际中，有些生产机械上有多台电动机，而每一台电动机的工作任务又是不同的，有时需要按一定的顺序起动或停止，才能保证操作过程的合理和工作的安全可靠。这种要求几台电动机的起动和停止必须按一定的先后顺序来完成的控制方式，称为电动机的顺序控制。能实现这种顺序控制的方法很多，常见的主要有两大类：一类是通过控制主电路上的控制来实现；另一类是通过控制电路来实现。

一、通过主电路控制实现的顺序控制

图 1-3-7 是通过主电路控制实现的顺序控制电路图。从图中可以看出，主电路中，M2 接在 KM1 主触头的下端头，KM1 不闭合，M2 是不可能得电运行的。

工作原理分析如下：先合上电源开关 QS。

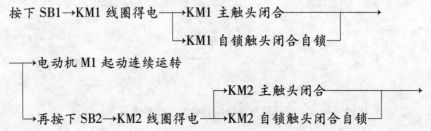

──电动机 M2 起动连续运转

按下 SB3 ──→控制电路失电──→KM1、KM2 主触头分断──→M1、M2 同时停转

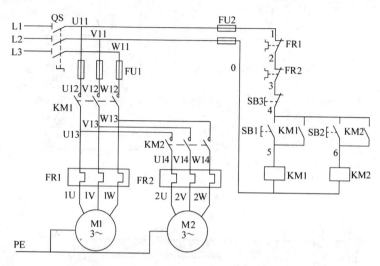

图 1-3-7 主电路实现顺序控制电路

二、通过控制电路实现的顺序控制

图 1-3-8 是通过控制电路实现的顺序控制电路。

图 1-3-8a 所示电路的工作原理分析如下:

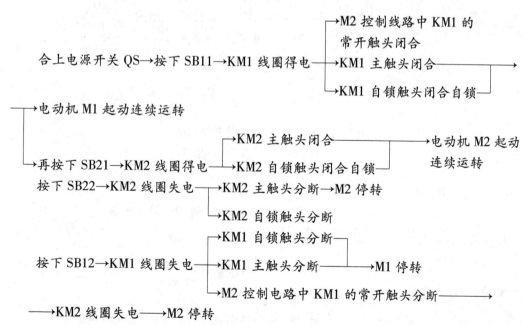

──→KM2 线圈失电──→M2 停转

图 1-3-8b 所示控制电路,是在图 1-3-8a 所示电路中的 SB12 的两端并接了接触器 KM2 的辅助常开触头,从而实现了 M1 起动后,M2 才能起动;而 M2 停止后,M1 才能停止的控制要求,即 M1、M2 是顺序起动,逆序停止。

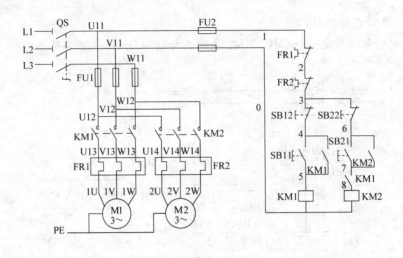

a)

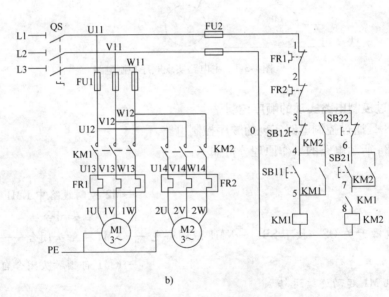

b)

图 1-3-8　控制电路实现顺序控制电路

a) 顺序起动控制　b) 顺序起动逆序停止

先合上电源开关 QS。

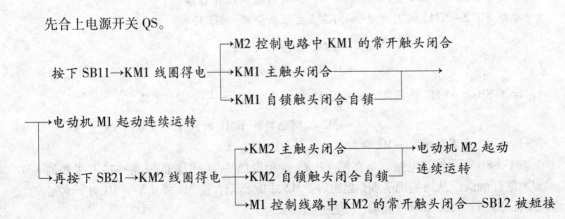

按下 SB12 →由于 KM2 的辅助触头将其短接，SB12 不起作用→M1、M2 正常运转

→KM2 自锁触头闭分断

按下 SB22→KM2 线圈失电——→KM2 主触头分断————→M2 停转

→短接 SB12 KM2 触头分断→再按下 SB12→

→线圈 KM1 失电→KM1 主触头分断→M1 停转

任务准备

安装顺序起动逆序停止控制电路。

一、分析绘制元器件布置图和接线图

1. 绘制元器件布置图（见图 1-3-9）

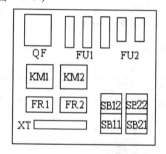

图1-3-9　元器件布置图

2. 绘制接线图（见图 1-3-10）

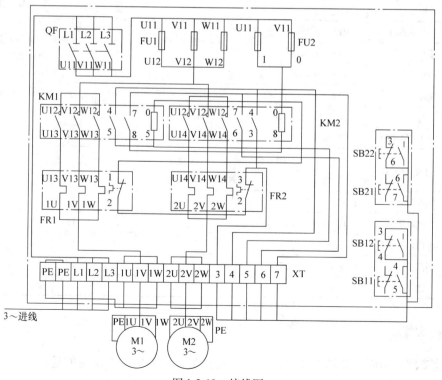

图1-3-10　接线图

二、仪表、工具、耗材和器材准备

根据电路图，确定选用工具、仪表、耗材及器材，见表1-3-10。

表1-3-10　仪表、工具、耗材和器材明细

序号	名称	型号与规格	单位	数量	质检要求
1	三相四线电源	~3×380/220V，20A	处	1	
2	单相交流电源	~220V，36V，5A	处	1	
3	三相电动机	Y112M—6，2.2kW，380V，丫联结；或自定	台	1	
4	三相电动机	Y132M—4，7.5kW，380V，△联结；或自定	台	1	
5	配线板	500mm×450mm×20mm	块	1	
6	断路器	DZ5—20/330	个	1	
7	交流接触器	CJ10—10，线圈电压380V或自定 CJ10—20，线圈电压380V或自定	只	2	
8	热继电器	JR16B-20/3D或自定，整定电流按电动机功率选定	只	2	1. 根据电动机规格检验选配的工具、仪表、器材等是否满足要求
9	熔断器及熔芯配套	RL1—60/20 A	套	3	2. 检查其各元器件、耗材与表中的型号与规格是否一致
10	熔断器及熔芯配套	RL1—15/4 A	套	2	
11	三联按钮	LA10—3H或LA4—3H	个	2	3. 元器件外观应完整无损，附件、配件齐全
12	接线端子排	JX2—1015，500V，10A，15节	条	1	
13	木螺钉	ϕ3mm×20mm或ϕ3mm×15mm	个	30	4. 用万用表、绝缘电阻表检测元器件及电动机的技术数据是否符合要求
14	平垫圈	ϕ4mm	个	30	
15	圆珠笔	自定	支	1	
16	塑料软铜线	BVR—2.5mm²，颜色自定	m	20	
17	塑料软铜线	BVR—1.5mm²，颜色自定	m	20	
18	塑料软铜线	BVR—0.75mm²，颜色自定	m	5	
19	别径压端子	UT2.5—4，UT1—4	个	20	
20	行线槽	TC3025，长34cm，两边打ϕ3.5mm孔	条	5	
21	异型塑料管	ϕ3.5mm	m	0.3	
22	电工通用工具	验电器、钢丝钳、螺钉旋具（一字形和十字形）、电工刀、尖嘴钳、活扳手、剥线钳等	套	1	
23	万用表	自定	块	1	
24	绝缘电阻表	500V，0~200MΩ	台	1	
25	钳形电流表	0~50A	块	1	
26	劳保用品	绝缘鞋、工作服等	套	1	
27	演草纸	A4、B5或自定			

任务实施

安装步骤与前面任务基本相同，本任务操作过程中需要重点说明的是：

一、自检

用万用表检查电路的通断情况。万用表选用倍率适当的电阻挡，并进行校零。

断开 QF，按接触器自锁控制电路的步骤、方法检查主电路；正常无误再做下述各项检查。

（1）检查 M1 起动控制　万用表两支表笔置于 FU2 的下端头，按下 SB11 不要放开，应测得 KM1 线圈电阻值，再按下 SB12，万用表应显示电路由通而断。

（2）检查 M2 起动控制　万用表两支表笔置于 FU2 的下端头，按下 SB21，万用表应显示电路是断开的；再按下 KM1 的触头架和 SB12 不要放开，应测得 KM2 线圈电阻值；同时再按下 SB22，万用表应显示电路由通而断；松开 SB22 后，再放开 KM1 的触头架，万用表应显示电路由通而断。

（3）M1、M2 自锁检查　万用表两支表笔置于 FU2 的下端头，按下 KM1 的触头架，应测得 KM1 线圈电阻值；再按下 KM2 的触头架，阻值减半（KM1、KM2 线圈并联）。

二、通电试车

通电试车前，必须征得教师的同意，并在指导教师监护下，接通三相电源 L1、L2、L3。学生合上电源开关 QF 后，用验电器检查熔断器出线端，氖管亮说明电源接通。

断开 QF，接好电动机接线，装好接触器的灭弧罩，做好立即停车的准备，合上 QF 进行以下几项试验。

检查 SB11、SB22 及 SB21、SB22 对 KM1、KM2 的顺序起动及逆向停止控制作用，检查接触器的自锁、联锁电路的作用。反复操作几次检查电路动作的可靠性。接线示意图如图 1-3-11 所示。

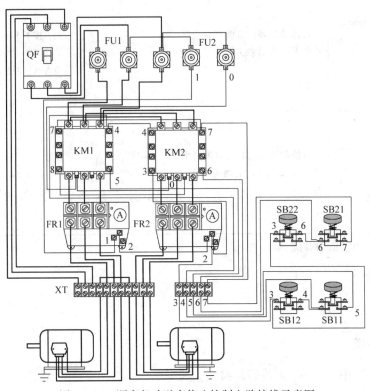

图 1-3-11　顺序起动逆序停止控制电路接线示意图

故障检修（见表 1-3-11）

表 1-3-11　线路故障的现象、原因及检查方法

故障现象	原因分析	检查方法
在 M1 顺利起动后，M2 不能起动	1. 按 SB21 后 KM2 不动作。 可能故障是 （1）SB22 接触不良 （2）6# 线断路 （3）SB21 接触不良 （4）7# 线断路 （5）KM1 常开触头接触不良 （6）8# 线断路 （7）KM2 线圈断路	1. 按 SB21 后 KM2 不动作的检查方法是：按下 SB21 后，用验电器逐点测量 SB22、SB21、KM1、KM2 的上下端头，故障点在有电点与无电点之间
	2. 按 SB21 后 KM2 动作，但电动机不能起动。可能故障是 （1）KM2 主触头故障 （2）FR2 热元件故障 （3）连接导线断路故障 （4）M2 电动机故障	2. 按 SB21 后 KM2 动作，但电动机不能起动的检查方法如同自锁控制电路中的主电路检查方法
在 M1 没有起动的情况下，按 SB22，M2 起动	可能故障是：右图点画线框中的 KM1 常开触头短接	断开电源，万用表位于电阻挡，按下 KM1 的触头架，两支表笔接 KM1 常开触头的上下端头，检查其通断情况
在 M1、M2 两台电动机起动后，按 SB12，两台电动机同时停止，即没有逆向停止控制	可能故障是：右图点画线框中的 KM2 常开辅助触头接触不良	断开电源，万用表位于电阻挡，按下 SB12，其余检查方法与自锁控制回路的检查方法一致

注：其他检查方法参见前面内容。

 检查评议

检查参见表 1-1-13。

 问题及防治

1. 图 1-3-8b 中，3、4、7# 线容易接错。

主要原因是，连接的线较多，易漏线。注意各端头之间的就近连接。

2. 串接在 M2 控制电路中 KM1 的常开触头容易接错。

KM1 的常开触头容易错接到 M1 控制电路中。

扩展知识

几种 3 台电动机顺序控制电路如图 1-3-12 所示。

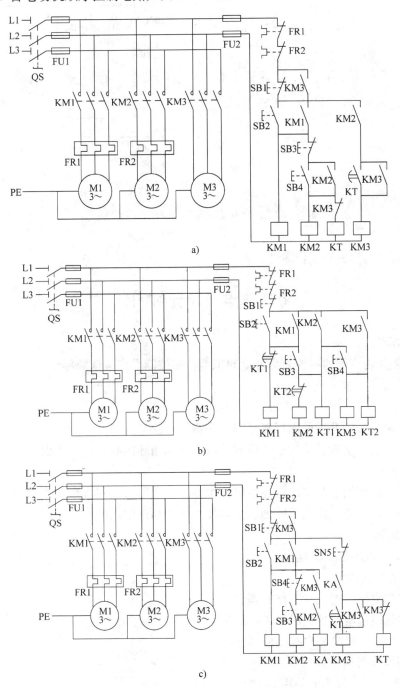

图 1-3-12　3 台电动机顺序控制电路

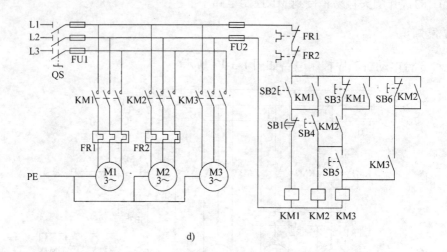

d)

图 1-3-12　3 台电动机顺序控制电路（续）

读者有兴趣可自行分析工作原理。

考证要点及单元练习

一、考证要点

维修电工职业资格证的考核分为理论知识考核和技能操作考核两部分。

（一）理论知识考核要点

1. 识图知识

1）行程开关、接近开关的图形符号和文字符号。

2）由行程开关、接近开关构成的位置控制、自动循环控制电路图的识读。

2. 低压电器知识

1）行程开关的作用、基本结构、主要技术参数、选用依据和检修方法。

2）接近开关的种类、作用、原理、主要技术参数和选用依据。

3. 电动机知识

常用交流电动机的工作原理。

4. 电力拖动控制知识

1）位置控制电路的组成和工作原理。

2）自动往返控制电路的组成和工作原理。

3）三相异步电动机的顺序控制原理。

（二）技能操作考核要点

1. 常用电工工具、仪表的使用与维护

1）常用电工工具的使用。

2）万用表的使用与维护。

3）绝缘电阻表的使用与维护。

4）钳形电流表的使用与维护。

2. 电气控制电路安装接线

1）导线、元器件的选择

2）电气控制电路的安装和接线工艺。

3. 电路故障判断及修复

1）电动机不能起动的故障检修。

2）电动机点动的故障检修。

3）电动机不能实现自动往返的故障检修。

4. 安全文明生产

1）劳动保护用品穿戴整齐。

2）工具仪表佩戴齐全。

3）遵守操作规程，讲文明礼貌。

4）操作完毕清理好现场。

二、单元练习

（一）选择题

1. 生产机械的位置控制是利用生产机械运动部件上的挡铁与（　　　）的相互作用而实现的。

A. 位置开关　　　　B. 挡位开关　　　　C. 转换开关　　　　D. 联锁按钮

2. 下列型号属于主令电器的是（　　　）。

A. CJ10—40/3　　　B. RL1—15/2　　　C. JLXK1—211　　　D. DZ10—100/330

3. 行程开关是一种将（　　　）转换为电信号的自动控制电器。

A. 机械信号　　　　B. 弱电信号　　　　C. 光信号　　　　D. 热能信号

4. 工厂车间的行车需要位置控制，行车两头的终点处各安装一个位置开关，这两个位置开关要分别（　　　）在正转和反转控制电路中。

A. 串联　　　　　　B. 并联　　　　　　C. 混联　　　　　　D. 短接

5. 自动往返控制电路需要对电动机实现自动转换的（　　　）控制才能达到要求。

A. 自锁　　　　　　B. 点动　　　　　　C. 联锁　　　　　　D. 正反转

6. 晶体管无触头开关的应用范围比普通位置开关更（　　　）。

A. 窄　　　　　　　B. 广　　　　　　　C. 接近　　　　　　D. 极小

7. 完成工作台自动往返行程控制要求的主要元器件是（　　　）。

A. 行程开关　　　　B. 接触器　　　　　C. 按钮　　　　　　D. 组合开关

8. 检测各种金属，应选用（　　　）型的接近开关。

A. 超声波　　　　　　　　　　　　　　B. 永磁型及磁敏元器件

C. 高频振荡　　　　　　　　　　　　　D. 光电

9. 要求几台电动机的起动或停止必须按一定的先后顺序来完成的控制方式，称为电动机的（　　　）。

A. 顺序控制　　　　B. 异地控制　　　　C. 多地控制　　　　D. 自锁控制

10. 顺序控制可通过（　　）来实现。

A. 主电路　　　　　B. 辅助电路　　　　C. 控制电路　　　　D. 主电路和控制电路

11. 两台电动机 M1 与 M2 为顺序起动逆序停止，当停止时，（　　）。

A. M1 先停，M2 后停　　　　　　　B. M2 先停，M1 后停

C. M1 与 M2 同时停　　　　　　　　D. M1 停，M2 不停

（二）判断题

1. 行程开关是一种将机械信号转换为电信号，以控制运动部件的位置和行程的自动电器。（　　）

2. 接近开关功能用途除行程控制和限位保护外，还可检测金属的存在、高速计数、测速、定位、变换运动方向、检测零件尺寸、液面控制及用做无触头按钮等。（　　）

3. 接近开关是晶体管有触头开关。（　　）

4. 限位开关主要用于电源的引入。（　　）

5. 顺序控制必须按一定的先后顺序并通过控制电路来控制几台电动机的起停。（　　）

（三）问答题

1. 什么是位置控制？位置开关有哪些特点？

2. 简述三相异步电动机自动循环控制电路的工作原理。

3. 分析工作台自动往返行程控制电路中，工作台起动后运行到往返位置时，自动停车的原因。

4. 工作台自动往返行程控制电路中，4 个行程开关在电路中的作用是什么？

5. 什么是顺序控制？你能举出几个顺序控制的实例吗？

（四）操作练习题

1. 三相异步电动机位置控制电路的安装接线与故障检修。

2. 三相异步电动机自动循环控制电路的安装接线与故障检修。

【练习要求】

1. 按图正确使用工具和仪表进行熟练的安装接线。

2. 按钮盒不固定在板上，电源和电动机配线、按钮接线要接到端子排上，要注明引出端子的标号。行程开关必须牢固安装在板上合适的位置。

3. 在安装接线完成后，经教师通电检查合格者，在这个电路板上，人为设置隐蔽故障 3 处，其中主电路 1 处，控制电路 2 处（可分 3 次设置）。

4. 操作中注意安全文明操作。

操作练习题安装接线评分标准见表 1-1-41。

操作练习题故障检修评分标准见表 1-1-42。

单元4　三相异步电动机软起动控制电路的安装与维修

前面介绍的各种三相异步电动机控制电路中，电动机在起动时，加在电动机绕组上的电压为电动机的额定电压，人们将这种电动机的起动方式称为全压起动，也称为直接起动。全压起动的优点是所用电气设备少，电路简单，维修量较小。但全压起动时的起动电流较大，一般为额定电流的 4 ~ 7 倍。在电源变压器容量不够大，而电动机功率较大的情况下，全压

起动将导致电源变压器输出电压下降，不仅减小电动机本身的起动转矩，而且会影响同一供电线路中其他电气设备的正常工作。因此，较大功率的电动机起动时，需要采用软起动。

三相异步电动机软起动通过采用减压、补偿或变频等技术手段，实现电动机及机械负载的平滑起动，减少起动电流对电网的影响程度，使电网和机械系统得以保护。在电动机定子回路，通过串入有限流作用的电力器件实现软起动，叫做减压或限流软起动。

软起动可分为有级和无级两类，有级软起动常见的主要有3种：定子绕组串接电阻减压软起动、自耦变压器减压软起动和丫—△减压软起动等；无级软起动常见的主要有3种：以电解液限流的液阻软起动、以晶闸管为限流器件的晶闸管软起动和以磁饱和电抗器为限流器件的磁控软起动。

有级软起动又称为减压起动。减压起动是指利用起动设备将电压适当降低后，加到电动机的定子绕组上进行起动，待电动机起动运转后，再使其电压恢复到额定电压正常运转。

在什么情况下需要进行三相异步电动机减压起动呢？通常规定为：电源容量在180kV·A以上，电动机功率在7kW以下的三相异步电动机可采用全压起动。否则，需要进行减压起动。对于判断一台电动机能否直接起动，也可通过经验公式来确定：

$$\frac{I_{st}}{I_N} \leq \frac{3}{4} + \frac{S}{4P}$$

式中　I_{st}——电动机的全压起动电流（A）；

　　　I_N——电动机的额定电流（A）；

　　　S——电源变压器容量（kV·A）；

　　　P——电动机功率（kW）。

凡不满足直接起动条件的，均需采用软起动。

由电动机的工作原理可知，电动机的电流随电压的降低而减小，所以减压起动达到了减小起动电流之目的。但是，由于电动机转矩与电压的二次方成正比，所以减压起动也将导致电动机的起动转矩大为降低。因此，减压起动需要在空载或轻载下起动。

任务1　定子绕组串接电阻减压起动控制电路的安装与维修

知识目标

1. 正确识别、选用、安装、使用时间继电器和起动电阻器，熟悉它的功能、基本结构、工作原理及型号含义，熟记它的图形符号和文字符号。

2. 正确理解三相异步电动机定子绕组串接电阻减压起动控制电路的工作原理。

能力目标

1. 能按照工艺要求正确安装三相异步电动机定子绕组串接电阻减压起动控制电路。

2. 掌握定子绕组串接电阻减压起动控制电路的故障维修。

任务描述（见表1-4-1）

表 1-4-1　任 务 描 述

工作任务	要　　求
1. 定子绕组串接电阻减压起动控制电路的安装	1. 时间继电器和起动电阻器安装要正确、牢固 2. 时间继电器的整定要合理 3. 安装布线要符合工艺要求 4. 通电试车时要严格遵守安全规程
2. 定子绕组串接电阻减压起动控制电路的故障维修	1. 理解电路的工作原理，掌握分析故障的方法 2. 带电检测故障电路时要严格遵守安全规程 3. 维修过程要符合工艺要求

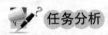 **任务分析**

定子绕组串接电阻减压起动是指在电动机起动时，把电阻串接在电动机定子绕组与电源之间，通过电阻的分压作用来降低定子绕组上的起动电压，待电动机起动后，再将电阻短接，使电动机在额定电压下正常进行。要实现定子绕组串接电阻减压起动，常见的控制电路有手动控制、按钮与接触器控制和时间继电器自动控制等几种形式。

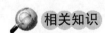 **相关知识**

一、时间继电器

在得到动作信号后，能按照一定的时间要求控制触头动作的继电器，称为时间继电器。

时间继电器的种类很多，常用的主要有电磁式、电动式、空气阻尼式、晶体管式和单片机控制式等类型。其中，电磁式时间继电器的结构简单，价格低廉，但体积和重量大，延时时间较短，且只能用于直流断电延时；电动式是利用同步微电机与特殊的电磁传动机械来产生延时的，延时精度高，延时可调范围大，但结构复杂，价格贵；空气阻尼式延时精度不高，体积大，已逐步被晶体管式取代；单片机控制式时间继电器，是为了适应工业自动化控制水平越来越高而生产的。如 DHC6 多制式时间继电器，采用单片机控制，LCD 显示，具有 9 种工作制式、正计时、倒计时任意设定、8 种延时时段，延时范围从 0.01s～999.9h 任意设定，键盘设定，设定完成之后可以锁定键盘，防止误操作。可以按要求任意选择控制模式，使控制电路最简单可靠。目前在电力拖动控制电路中，应用较多的是晶体管式时间继电器，图 1-4-1 所示是几款时间继电器的外形。

1. JS20 系列晶体管式时间继电器

晶体管式时间继电器也称为半导体时间继电器或电子式时间继电器，具有机械结构简单、延时范围宽、整定精度高、体积小、耐冲击和耐振动、消耗功率小、调整方便及寿命长等优点，所以发展迅速，已成为时间继电器的主流产品，应用越来越广。

晶体管式时间继电器按结构分为阻容式和数字式两类；按延时方式分为通电延时型、断电延时型及带瞬动触头的通电延时型。

JS20 系列晶体管时间继电器是全国推广的统一设计产品，适用于交流 50Hz、电压 380V 及以下或直流电压 220V 及以下的控制电路中作延时元件，按预定的时间接通或分断电路。它具有体积小、重量轻、精度高、寿命长和通用性强等优点。

（1）结构　JS20系列晶体管式时间继电器的外形如图1-4-1a所示，它具有保护外壳，其内部结构采用印刷电路组件。安装和接线采用专用的插接座，并配有带插脚标记的下标牌作接线指示，上标盘上还带有发光二极管作为动作指示。结构形式有外接式、装置式和面板式3种。外接式的整定电位器可通过插座用导线接到所需的控制板上；装置式具有带接线端子的胶木底座；面板式采用通用八大脚插座，可直接安装在控制台的面板上，另外还带有延时刻度和延时旋钮供整定延时时间用。JS20系列通电延时型时间继电器的接线示意图如图1-4-2a所示。

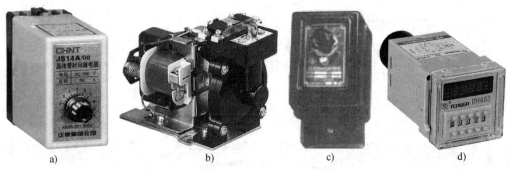

图1-4-1　时间继电器的外形

a）晶体管式　b）空气阻尼式　c）电动式　d）单片机控制式

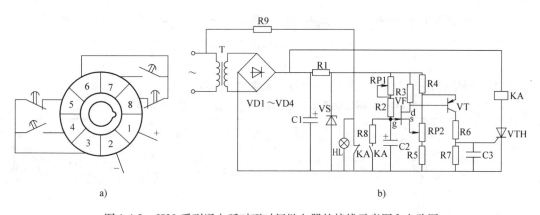

图1-4-2　JS20系列通电延时型时间继电器的接线示意图和电路图

a）接线示意图　b）电路图

（2）工作原理　JS20系列通电延时型时间继电器的电路图如图1-4-2b所示。它由电源、电容充放电电路、电压鉴别电路、输出电路和指示电路5部分组成。电源接通后，经整流滤波和稳压后的直流电，经过RP1和R2向电容C2充电。当场效应晶体管VF的栅源电压 U_{gs} 低于夹断电压 U_p 时，VF截止，因而VT、VTH也处于截止状态。随着充电的不断进行，电容C2的电位按指数规律上升，当满足 U_{gs} 高于 U_p 时，VF导通，VT、VTH也导通，继电器KA吸合，输出延时信号。同时电容C2通过R8和KA的常开触头放电，为下次动作做好准备。当切断电源时，继电器KA释放，电路恢复原始状态，等待下次动作。调节RP1和RP2即可调整延时时间。

（3）型号含义及技术数据　JS20系列晶体管式时间继电器的型号含义如下：

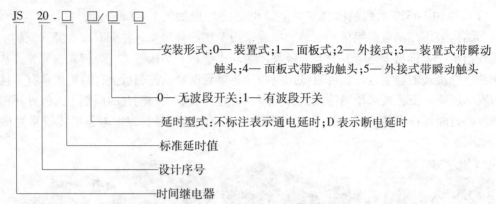

（4）时间继电器的图形符号　时间继电器在电路图中的图形符号如图1-4-3所示。

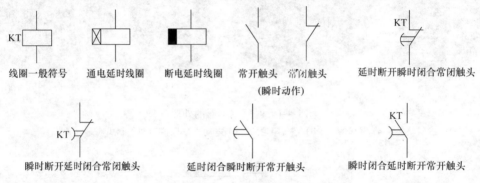

图1-4-3　时间继电器的图形符号

JS20系列晶体管式时间继电器的主要技术参数见表1-4-2。

表1-4-2　JS20系列晶体管式时间继电器的主要技术参数

型号	结构形式	延时整定元件位置	延时范围/s	延时触头对数				不延时触头对数		误差（%）		环境温度/℃	工作电压/V		功率消耗/W	机械寿命/万次
				通电延时		断电延时										
				常开	常闭	常开	常闭	常开	常闭	重复	综合		交流	直流		
JS20—□/00	装置式	内接		2	2											
JS20—□/01	面板式	内接		2	2	—	—	—	—							
JS20—□/02	装置式	外接	0.1~	2	2											
JS20—□/03	装置式	内接	300	1	1			1	1							
JS20—□/04	面板式	内接		1	1	—	—	1	1							
JS20—□/05	装置式	外接		1	1			1	1				36、			
JS20—□/10	装置式	内接		2	2							−10	110、	24、		
JS20—□/11	面板式	内接		2	2	—	—	—	—	±3	±10	~	127、	48、	≤5	1000
JS20—□/12	装置式	外接	0.1~	2	2							+40	220、	110		
JS20—□/13	装置式	内接	3600	1	1			1	1				380			
JS20—□/14	面板式	内接		1	1	—	—	1	1							
JS20—□/15	装置式	外接		1	1			1	1							
JS20—□D/00	装置式	内接				2	2									
JS20—□D/01	面板式	内接	0.1~ 180	—	—	2	2									
JS20—□D/02	装置式	外接				2	2									

（5）适用场合　当电磁式时间继电器不能满足要求时，当要求的延时精度较高时，以及控制回路相互协调需要无触头输出时，均可使用时间继电器。

2. 时间继电器的选用

1）根据系统的延时范围和精度选择时间继电器的类型和系列。目前电力拖动控制电路中，一般选用晶体管式时间继电器。

2）根据控制电路的要求选择时间继电器的延时方式（通电延时或断电延时）。同时，还必须考虑电路对瞬时动作触头的要求。

3）根据控制电路电压选择时间继电器吸引线圈的电压。

二、电阻器

电阻器是具有一定电阻值的元器件，电流通过时，在它上面将产生电压降。利用电阻器这一特性，可控制电动机的起动、制动及调速。用于控制电动机起动、制动及调速的电阻器与电子产品中的电阻器在用途上有较大的区别，电子产品中的用到的电阻器一般功率较小，发热量较低，一般不需要专门的散热设计；而用于控制电动机起动、制动及调速的电阻器的功率较大，一般为千瓦（kW）级，工作时发热量较大，需要有良好的散热性能，因此在外形结构上与电子产品中常用的电阻器有较大的差异。常用于控制电动机起动、制动及调速的电阻器有铸铁电阻器、板形（框架式）电阻器、铁铬合金电阻器和管形电阻器，其外形如图 1-4-4 所示。

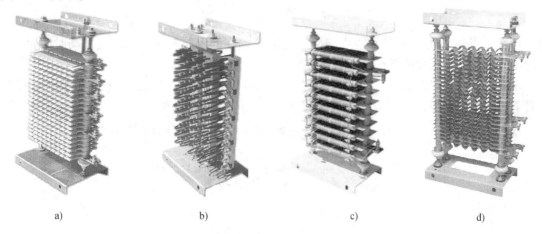

a)　　　　　　　　b)　　　　　　　　c)　　　　　　　　d)

图 1-4-4　常用电阻器的外形

a）ZX1 铸铁电阻器　b）ZX12 铁铬合金电阻器

c）ZX2 康铜电阻器　d）ZX9 铁铬铝合金电阻器

电阻器的用途与分类见表 1-4-3。

表 1-4-3　电阻器的用途与分类

类型	型号	结构及特点	适用场合	备 注
铸铁电阻器	ZX1	自浇铸或冲压成型的电阻片选装而成，取材方便，价格低廉，有良好的耐腐蚀性和较大的发热时间常数，但性脆易断，电阻值较小，温度系数较大，体积大而笨重	在交直流低压电路中，供电动机起动、调速、制动及放电等用	

（续）

类型	型号	结构及特点	适用场合	备　注
板形电阻器	ZX2	在板形瓷质绝缘件上绕制的线状（ZX—2型）或带状（ZX2—1型）康铜电阻元件，其特点是耐振动，具有较高的机械强度	同上，但较适用于要求耐振的场合	
铁铬铝合金电阻器	ZX9	由铁、铬、铝合金电阻带轧成波浪形式，电阻为敞开式，计算功率约为4.6kW	适用于大、中功率电动机的起动、制动和调速	技术数据与ZX1基本相同，因而可取而代之
	ZX15	由铁、铬、铝合金带制成螺旋式管状电阻元件（ZY型）装配而成，功率约为4.6kW		
管形电阻器	ZG11	在陶瓷管上绕单层镍铜或镍铬合金电阻丝，表面经高温处理涂珐琅质保护层，电阻丝两端用电焊法连接多股绞合软铜线或连接紫铜导片作为引出端头 可调式在珐琅表面开有使电阻丝裸露的窄槽，并装有供移动调节夹	适用于电压不超过500V的低压电气设备的电路中，供降低电压、电流用	

起动电阻 R 一般采用 ZX1、ZX2 系列铸铁电阻。铸铁电阻能够通过较大电流，功率大。起动电阻 R 可按下列近似公式确定：

$$R = 190 \times \frac{I_{st} - I'_{st}}{I_{st} I'_{st}}$$

电阻功率可用公式 $P = I^2 R$ 计算。由于起动电阻 R 仅在起动过程中接入，且起动时间很短，所以实际选用的电阻功率可比计算值减小至 $1/4 \sim 1/3$。

本次任务电动机的参数为 Y132M-4，7.5 kW、15A，380V、△联结，应选择起动电阻值的计算方法如下：

选取 $I_{st} = 6I_N = 6 \times 15A = 90A$，$I'_{st} = 2I_N = 2 \times 15A = 30A$，起动电阻阻值为

$$R = 190 \times \frac{I_{st} - I'_{st}}{I_{st} I'_{st}} = 190 \times \frac{90 - 30}{90 \times 30} \Omega \approx 4.22\Omega$$

起动电阻功率为

$$P = \frac{1}{3} I_N^2 R = \frac{1}{3} \times (15A)^2 \times 4.22\Omega = 316.5W$$

三、时间继电器自动控制定子绕组串接电阻减压起动控制电路的工作原理

图 1-4-5、图 1-4-6 是手动控制和按钮与接触器控制电路。

由于手动控制、按钮与接触器控制电路，电动机从减压起动到全压运行是由操作人员转换操作转换开关或按钮来实现的，工作既不方便也不可靠，一般很少采用，因此，本次任务对手动控制、按钮与接触器控制电路只进行简单的介绍，不进行实际的安装练习。

在 C650 型卧式车床的主轴电动机减压起动控制电路就采用如图 1-4-7 所示的时间继电器自动控制定子绕组串接电阻减压起动控制电路。

这个电路中，用接触器 KM2 的主触头代替图 1-4-5 所示电路中的开关 QS2 来短接电阻 R，用时间继电器 KT 来控制电动机从减压起动到全压运行的时间，从而实现了自动控制。

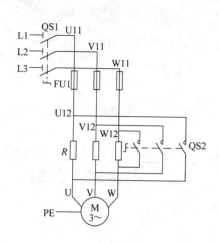

图 1-4-5　手动控制电路

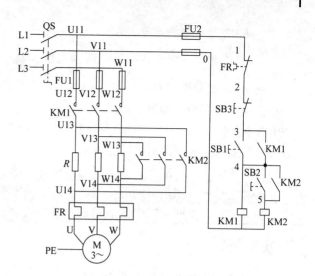

图 1-4-6　按钮与接触器控制电路

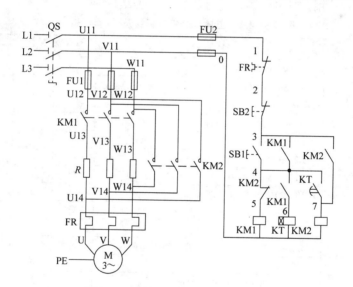

图 1-4-7　时间继电器自动控制定子
绕组串接电阻减压起动电路图

图 1-4-7 所示电路工作原理如下：

【减压起动】：

合上电源开关 QF →按下 SB1→ KM1 线圈得电 →

→KM1 自锁触头闭合自锁——→电动机 M 串电阻 R 减压起动
→KM1 主触头闭合——————↗
KM1 辅助常开触头闭合→KT 线圈得电——→

至转速上升到一定值时，KT 延时结束
——————→KT 常开触头闭合→KM2 线圈得电→

```
 ┌─→KM2 自锁触头闭合自锁─┐
 ├─→KM2 主触头闭合──────┴──→电阻 R 被短接→电动机 M 全压运转
 └─→KM2 辅助常闭触头分断→KM1、KT 线圈失电，其触头复位
```

停止时，按下 SB2 即可实现。

由以上分析可见，只要调整好时间继电器 KT 触头的动作时间，电动机由起动过程切换成运行过程就能准确可靠地自动完成。

串电阻减压起动的缺点是减小了电动机的起动转矩，同时起动时在电阻上功率消耗也较大。如果起动频繁，则电阻的温度很高，对于精密的机床会产生一定的影响，故目前这种减压起动的方法，在生产实际中的应用正在逐步减少。

任务准备

一、仪表、工具、耗材和器材准备

根据电路图，选用工具、仪表、耗材及器材，见表1-4-4。

表1-4-4　工具、仪表、耗材及器材明细

序号	名称	型号与规格	单位	数量	质检要求
1	三相四线电源	~3×380/220V、20A	处	1	
2	三相电动机	Y132S—4，5.5kW，380V，11.6A，△联结，1440r/min	台	1	
3	配线板	500mm×600mm×20mm	块	1	
4	断路器 QF	DZ5—20/330	个	1	
5	熔断器 FU1	RL1—60/25，380V，60A，熔体配25A	套	3	
6	熔断器 FU2	RL1—15/2，380V，15A，熔体配2A	套	2	1. 根据电动机规格检验选配的工具、仪表、器材等是否满足要求
7	接触器 KM1、KM2	CJ10—20，线圈电压380V，20A	只	2	
8	热继电器 FR	JR16B—20/3，三极，20A，整定电流8.8A	只	1	
9	按钮	LA10—3H，保护式，按钮数3	只	2	2. 检查其各元器件、耗材与表中的型号与规格是否一致
10	电阻器 R	ZX2—2/0.7/3，22.3A，7Ω，每片电阻0.7Ω	片	1	
11	时间继电器 KT	JS20 或 JS7—2A	只	1	
12	木螺钉	φ3mm×20mm；φ3mm×15mm	个	30	3. 元器件外观应完整无损，附件、配件齐全
13	平垫圈	φ4mm	个	30	
14	圆珠笔	自定	支	1	
15	主电路导线	BVR—1.5，1.5mm²（7×0.52mm）（黑色）	m	若干	4. 用万用表、绝缘电阻表检测元器件及电动机的技术数据是否符合要求
16	控制电路导线	BVR—1.0，1.0mm²（7×0.43mm）	m	若干	
17	按钮线	BVR—0.75，0.75mm²	m	若干	
18	接地线	BVR—1.5，1.5mm²（黄绿双色）	m	若干	
19	行线槽	18mm×25mm	m	若干	
20	编码套管	自定	m	若干	
21	电工通用工具	验电器、钢丝钳、螺钉旋具（一字形和十字形）、电工刀、尖嘴钳、活扳手、剥线钳等	套	1	
22	万用表	自定	块	1	
23	绝缘电阻表	型号自定，或500V、0~200MΩ	台	1	
24	钳形电流表	0~50A	块	1	
25	劳保用品	绝缘鞋、工作服等	套	1	

二、时间继电器和起动电阻的安装与使用要求

1. 时间继电器的安装与使用要求

1）时间继电器应按说明书规定的方向安装。无论是通电延时型还是断电延时型，都必须使继电器在断电后，释放时衔铁的运动方向垂直向下，其倾斜度不得超过5°。

2）时间继电器的整定值，应预先在不通电时整定好，并在试车时校正。

3）时间继电器金属底板上的接地螺钉必须与接地线可靠连接。

4）通电延时型和断电延时型可在整定时间内自行调换。

5）使用时，应经常清除灰尘及油污，否则延时误差将增大。

时间继电器的外形如图1-4-8所示。

a)   b)   c)

图1-4-8 时间继电器的外形

a）插接座 b）时间调节旋钮 c）插接柱

2. 起动电阻的安装与使用要求

1）电阻器要安装在箱体内，并且要考虑其产生的热量对其他电器的影响。若将电阻器置于箱外时，必须采取遮护或隔离措施，以防止发生触电事故。

2）若无起动变阻器时，也可用灯箱来进行模拟试验，但三相灯泡的规格必须相同并符合要求。

任务实施

安装步骤与前面任务基本相同，本任务操作过程中需要重点说明的是：

1. 自检

万用表选用倍率适当的电阻挡（$R \times 1$），并进行校零。断开QF，摘下接触器灭弧罩。

（1）主线路检测 将万用表笔跨接在QF下端子U11和U14处，应测得断路，按下KM1的触头架，应测得R的电阻值；放开KM1的触头架，再按下KM2的触头架，万用表显示通路。在V11、V14和W11、W14上重复进行。

（2）控制电路的检测 断开主电路，将万用表两支表笔跨接在QF下端子U11和V11处，应测得断路，按下SB1不放，应测得KM1线圈的电阻值。同时按下SB2，应测出辅助电路由通而断。放开SB1、SB2后，再按下KM2的触头架，应测得KM2线圈的电阻值。按下 KM1 的触头架，轻按 KM2 的触头架，应测得 KT 线圈的电阻值（若是晶体管式时间继电阻很大，可用导线将 0、6 之间短接，应为通路）。

2. 通电试车

（1）空操作试验　合上电源开关 QF，按下 SB1，使 KM1 线圈得电动作，几秒钟后，KM2 线圈得电动作，KM1 线圈失电触头复位。按下 SB2，控制电路失电，KM2 触头复位。

> **提醒**　时间继电器的控制时间不要设置的太长，一般为 5～10s。

（2）带负荷试车

1）断开 QF，接好电动机接线，断开时间继电器。合上刀开关 QF，作好立即停车的准备。

按下 SB1，电动机运行后，用万用表检查 U14、V14、W14 之间的电压是否小于 380V。若用灯箱来进行模拟试验，看灯箱是否正常发光。按下 SB2，主电路失电，电动机停转或灯箱停止发光。正常后在进行下一步。

2）断开 QF，接好电动机接线，连接好时间继电器，设定好动作时间。合上刀开关 QF，做好立即停车的准备。按下 SB1，KM1 线圈得电动作，电动机起动；几秒钟后，KM2 线圈得电动作，电动机正常运转。当电动机运转平稳后，用钳形电流表测量三相电流是否平衡。按下 SB2，电动机停转。

反复操作几次，观察电路动作的可靠性。

 故障排除

电路故障的现象、原因及检查方法见表 1-4-5。

表 1-4-5　电路故障的现象、原因及检查方法

故障现象	原因分析	检查方法
电动机不能起动	1. 从主电路分析 可能存在的故障有：熔断器 FU1 断路、接触器 KM1 主触头接触不良、减压起动电阻断路、热继电器 FR 主通路有断点、电动机 M 绕组有故障等 2. 从控制电路来分析 可能存在的故障有：1 号线至 2 号线热继电器 FR 常闭触头接触不良、2 导线至 3 导线按钮 SB2 常闭触头接触不良、SB1 按钮损坏、4 号线和 5 号线间的 KM2 常闭触头接触不好、KM1 线圈损坏等	1. 按下电动机 M 起动按钮 SB1，观察接触器 KM1 是否闭合。若接触器 KM1 闭合，则为主电路的问题，重点检查熔断器 FU1、接触器 KM1 的主触头、起动电阻器、热继电器、电动机 M 绕组等 2. 接触器 KM1 不闭合，则重点检查熔断器 FU2、1 号线至 2 号线间热继电器 FR 的常闭触头、2 号线至 3 号线间按钮 SB2 的常闭触头、4 号线和 5 号线间的 KM2 的常闭触头及接触器 KM1 线圈
电动机能起动，但不能转换成全压运转	电动机能起动，主电路中除 KM2 不能确定外，其余说明正常。控制电路中，可能存在的故障点有：4 号线和 6 号线间的 KM1 常开触头接触不好、KT 线圈损坏、4 号线和 7 号线间的 KT 延时闭合触头不能闭合、KM2 线圈损坏，见图中点画线所框部分	电动机起动后，观察时间继电器是否动作。没有动作，检查 4 号线和 6 号线间的 KM1 常开触头和时间继电器的好坏。时间继电器有动作，检查 4 号线和 7 号线间的 KT 延时闭合触头和 KM2 线圈

（续）

故障现象	原因分析	检查方法
电动机起动后，很快自动停转	1. 从主电路分析 可能存在的故障点有接触器 KM2 主触头接触不良 2. 从控制电路来分析 可能存在的故障点有 3 号线和 7 号线间的 KM2 常开触头接触不好，见图中点画线所框部分 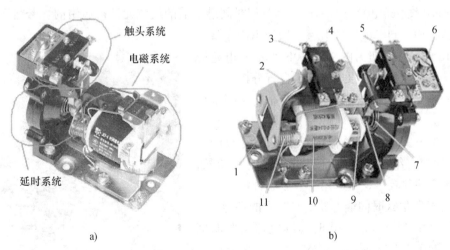	1. 接触器 KM2 主触头的检查参见前面的描述 2. 断开电源，用电阻法检查 3 号线和 7 号线及其间的 KM2 常开触头的接触是否良好

注：其他故障参见前面的处理方法描述。

 检查评议

检查评议表参见表 1-1-13。

 问题及防治

1. 时间继电器的整定需在通电前进行。
2. 电路检查时，晶体管式时间继电器线圈电阻可认为是无穷大。

 扩展知识

1. JS7—A 系列空气阻尼式时间继电器介绍

（1）结构和原理　空气阻尼式时间继电器又称为气囊式时间继电器，其外形和结构如图 1-4-9 所示，主要由电磁系统、延时机构和触头系统 3 部分组成，电磁系统为直动式双 E 形电磁铁，延时机构采用气囊式阻尼器，触头系统是借用 LX5 型微动开关，包括两对瞬时触头（1 常开 1 常闭）和两对延时触头（1 常开 1 常闭）。根据触头延时的特点，可分为通

图 1-4-9　JS7—A 系列空气阻尼式时间继电器
a）外形　b）结构
1—衔铁　2—弹簧片　3—瞬时触头　4—杠杆　5—延时触头　6—调节螺钉
7—宝塔形弹簧　8—活塞杆　9—推杆　10—线圈　11—反力弹簧

电延时动作型和断电延时复位型两种。

JS7—A系列空气阻尼式时间继电器是利用气囊中的空气通过小孔节流的原理来获得延时动作的，其结构原理示意图如图1-4-10所示。图1-4-10a是通电延时型时间继电器，当电磁系统的线圈通电时，微动开关SQ2的触头瞬时动作，而SQ1的触头由于气囊中空气阻尼的作用延时动作，其延时时间的长短取决于进气的快慢，可通过旋动调节螺钉13进行调节，延时范围有0.4~60s和0.4~180s两种。当线圈断电时，微动开关SQ1和SQ2的触头均瞬时复位。

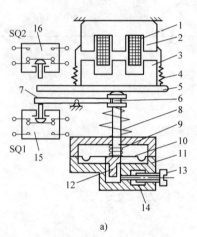
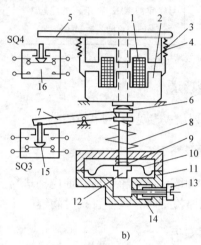

图1-4-10　JS7—A型时间继电器的结构原理

a）通电延时型　b）断电延时型

1—线圈　2—铁心　3—衔铁　4—反力弹簧　5—推板　6—活塞杆
7—杠杆　8—塔形弹簧　9—弱弹簧　10—橡胶膜　11—空气室
12—活塞　13—调节螺钉　14—进气孔　15、16—微动开关

JS7—A系列断电延时型和通电延时型时间继电器的组成元件是通用的。若将图1-4-10a中通电延时型时间继电器的电磁机构旋出固定螺钉后反转180°安装，即为图1-40-10b所示断电延时型时间继电器。其工作原理读者可自行分析。

（2）符号及型号含义　与晶体管式时间继电器一致。

空气阻尼式时间继电器的特点是延时范围大（0.4~180s），结构简单，价格低，使用寿命长，但整定精度往往较差，只适用于一般场合。

2. 空气阻尼式时间继电器延时时间的整定

JS7—A系列空气阻尼式时间继电器延时时间的整定，如图1-4-11所示。

安装JS7时间继电器时，依据电路图的要求首先检查时间继电器状态，如果发现是断电延时时间继电器，应将线圈部分转动180°，改为通电延时时

图1-4-11　JS7时间继电器
延时时间的整定

间继电器。无论是通电延时型还是断电延时型，都必须是时间继电器在断电之后，释放时衔铁的运动垂直向下，其倾斜度不得超过5°。时间继电器整定时间旋钮的分度值应正对安装人员，以便安装人员看清，容易调整。

3. 两种常见手动、自动串接电阻减压起动电路（见图1-4-12）

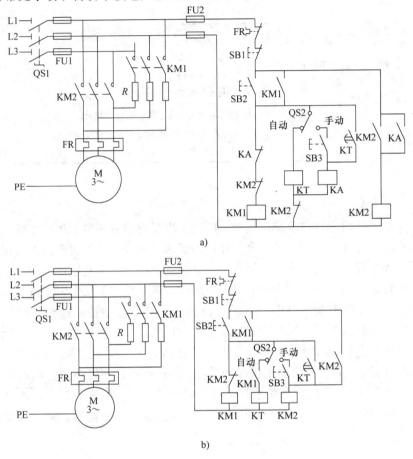

图1-4-12　手动、自动串接电阻减压起动电路

读者有兴趣可自行分析其工作原理。

任务2　自耦变压器（补偿器）减压起动控制电路的安装与维修

知识目标

1. 正确识别、选用、安装、使用中间继电器和自耦变压器，熟悉它的功能、基本结构、工作原理及型号含义，熟记它的图形符号和文字符号。

2. 正确理解三相异步电动机定子绕组串接自耦变压器减压起动控制电路的工作原理。

能力目标

1. 能按照工艺要求正确安装三相异步电动机定子绕组串接自耦变压器减压起动控制电

路。

2. 掌握定子绕组串接自耦变压器减压起动控制电路故障维修。

 任务描述（见表1-4-6）

表1-4-6 任 务 描 述

工作任务	要 求
1. 三相异步电动机定子绕组串接自耦变压器减压起动控制电路的安装	1. 自耦变压器安装要正确、牢固 2. 安装布线要符合工艺要求 3. 通电试车时要严格遵守安全规程
2. 三相异步电动机定子绕组串接自耦变压器减压起动控制电路的故障维修	1. 理解电路的工作原理，掌握分析故障的方法 2. 带电检测故障电路时要严格遵守安全规程 3. 维修过程要符合工艺要求

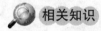 任务分析

任务1中定子绕组串接电阻减压起动，应用了串联电阻分压的原理，来降低电动机定子绕组上的电压。这种方法将使大量的电能在电动机起动过程中，通过电阻器转化为热能白白地消耗掉了。如果起动频繁，不仅电阻器上产生很高的温度，对精密机床的加工精度产生影响，而且，这种能量消耗也不利于环境保护。因此，定子绕组串接电阻减压起动的起动方式在生产中正在被逐步的淘汰。自耦变压器（补偿器）减压起动是在起动时利用自耦变压器降低定子绕组上的起动电压，达到限制起动电流的目的。完成起动后，再将自耦变压器切换掉，电动机直接与电源连接全压运行的方法。目前对于自耦减压起动已有系列产品应用。常见的有 QJD3、QJ10 系列手动自耦减压起动器和 XJ01 系列自动自耦减压起动箱。本书将做简单的介绍。由于 XJ01 系列自耦减压起动箱是定型产品，安装较为简单，因此，本次任务是要完成与 XJ01 相接近的时间继电器自动控制自耦变压器（补偿器）减压起动电路的安装与检修。

相关知识

一、中间继电器

1. 功能

中间继电器是用来增加控制电路中的信号数量或将信号放大的继电器。其输入信号是线圈的通电和断电，输出信号是触头的动作。由于触头的数量较多，所以当其他电器的触头数目或容量不够时，可借助中间继电器作中间转换用，来控制多个元件或回路。

2. 结构原理、符号及型号含义

中间继电器的结构及工作原理与接触器基本相同，因而中间继电器又称为接触器式继电器。但中间继电器的触头对数多，且没有主、辅触头之分，各对触头允许通过的电流大小相同，多数为5A。因此，对于工作电流小于5A的电气控制电路，可用中间继电器代替接触器来控制。

图 1-4-13a、b 所示为 JZ7 系列交流中间继电器的外形和结构，图形符号如图 1-4-13c 所示。

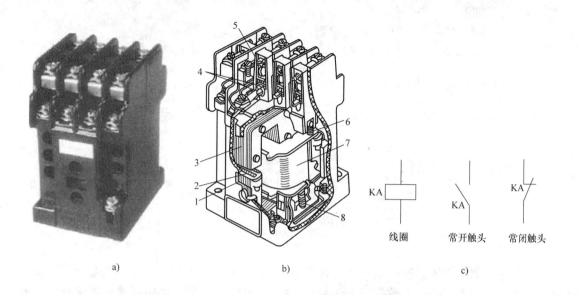

a)　　　　　　　　　b)　　　　　　　　　c)

图 1-4-13　中间继电器

a) JZ7 系列中间继电器外形　b) JZ7 系列中间继电器结构　c) 中间继电器图形符号

1—静铁心　2—短路环　3—衔铁　4—常开触头　5—常闭触头

6—反作用弹簧　7—线圈　8—缓冲弹簧

　　JZ14 系列中间继电器有交流操作和直流操作两种，采用螺管式电磁系统和双断点式桥式触头，其基本结构为交直流通用，只是交流铁心为平顶形，直流铁心与衔铁为圆锥形接触面，触头采用直列式分布，对数达 8 对，可按 6 常开、2 常闭，4 常开、4 常闭或 2 常开、6 常闭组合。该系列继电器带有透明外罩，可防止尘埃进入内部而影响工作的可靠性。常见中间继电器的外形如图 1-4-14 所示。

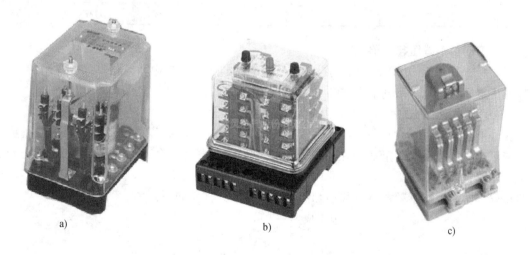

a)　　　　　　　　　b)　　　　　　　　　c)

图 1-4-14　几种常见的中间继电器的外形

a) DZ—15　b) JZ14 系列　c) ZJ6E 系列

型号含义如下：

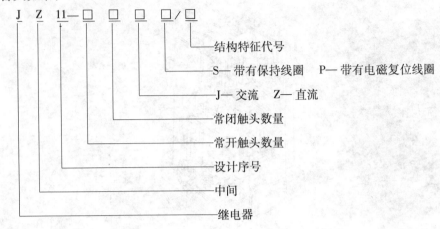

3. 选用

中间继电器主要依据被控制电路的电压等级、所需触头的数量、种类、容量等要求来选择。常用中间继电器的技术数据见表 1-4-7。中间继电器的安装、使用、常见故障及处理方法与接触器类似，可参看单元一的有关内容。

表 1-4-7　中间继电器的技术数据

型　　号	电压种类	触头电压/V	触头额定电流/A	触头组合		通电持续率（%）	吸引线圈电压/V	吸引线圈消耗功率	额定操作频率/（次/h）
				常开	常闭				
JZ7—44 JZ7—62 JZ7—80	交流	380	5	4 6 8	4 2 0	40	12、24、36、48、110、127、380、420、440、500	12V·A	1200
JZ14—□□J/□	交流	380	5	6 4 2	2 4 6	40	110、127、220、380	10V·A	2000
JZ14—□□Z/□	直流	220					24、48、110、220	7W	
JZ15—□□J/□	交流	380	10	6 4 2	2 4 6	40	36、127、220、380	11V·A	1200
JZ15—□□Z/□	直流	220					24、48、110、220	11W	

二、手动自耦减压起动器

图 1-4-15 所示为 QJD3 系列手动自耦减压起动器的外形、结构和电路。一般常用的手动自耦减压起动器有 QJ3 系列油浸式和 QJ10 系列空气式两种。

1. QJD3 系列油浸式手动自耦减压起动器

其外形如图 1-4-15a 所示，结构如图 1-4-15b 所示，主要由薄钢板制成的防护式外壳、自耦变压器、接触系统（触头浸在油中）、操作机构及保护系统等 5 个部分组成，具有过载和失电压保护功能。适用于一般工业用交流 50Hz 或 60Hz、电压 380V、功率为 10～75kW 三相笼型异步电动机作不频繁减压起动和停止。型号及其含义如下：

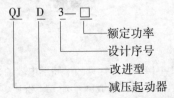

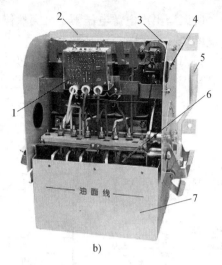

a)   b)

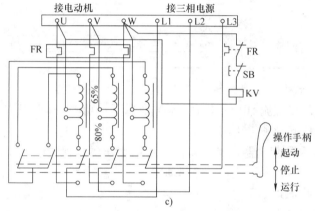

c)

图 1-4-15　QJD3 系列手动自耦减压起动器

a）外形图　b）结构图　c）电路图

1—热继电器　2—自耦变压器　3—欠电压保护装置
4—停止按钮　5—手柄　6—触头系统　7—油箱

QJD3 系列手动自耦减压起动器的电路如图 1-4-14c 所示，其动作原理如下：

当手柄扳到"停止"位置时，装在主轴上的动触头与上、下两排静触头都不接触，电动机处于断电停止状态。

当手柄向前推到"起动"位置时，装在主轴上的动触头与上面一排起动静触头接触，三相电源 L1、L2、L3 通过右边 3 个动、静触头接入自耦变压器，又经自耦变压器的 3 个 65%（或 80%）抽头接入电动机进行减压起动；左边两个动、静触头接触则把自耦变压器接成了星形。

当电动机的转速上升到一定值时，将手柄向后迅速扳到"运行"位置，使右边 3 个动触头与下面一排的 3 个运行静触头接触，这时，自耦变压器脱离，电动机与三相电源 L1、L2、L3 直接相接全压运行。

停止时，只要按下停止按钮 SB，失电压脱扣器 KV 线圈失电，衔铁下落释放，通过机械操动机构使起动器掉闸，手柄便自动回到"停止"位置，电动机断电停转。

由于热继电器 FR 的常闭触头、停止按钮 SB、失电压脱扣器线圈 KV 串接在 U、W 两相电源上，所以当出现电源电压不足、突然停电、电动机过载和停车时都能使起动器掉闸，电动机断电停转。

起动器根据额定电压和额定功率，以选定其触头额定电流及起动用自耦变压器等结合而分类，其技术数据见表1-4-8（对表中额定工作电流和热保护整定电流另有要求者除外）。

表1-4-8　QJD3系列手动自耦减压起动器技术数据

型　　号	额定工作电压 /V	控制的电动机功率 /kW	额定工作电流 /A	热保护额定电流 /A	最大起动时间 /s
QJD3—10		10	19	22	30
QJD3—14		14	26	32	
QJD3—17		17	33	45	
QJD3—20		20	37	45	40
QJD3—22	380	22	42	45	
QJD3—28		28	51	63	
QJD3—30		30	56	63	
QJD3—40		40	74	85	
QJD3—45		45	86	120	
QJD3—55		55	104	160	60
QJD3—75		75	125	160	

2. QJ10系列空气式手动自耦减压起动器

该系列起动器适用于交流50Hz、电压380V及以下、功率75kW及以下的三相笼型异步电动机，作不频繁减压起动和停止用。

在结构上，QJ10系列起动器也是由箱体、自耦变压器、保护装置、触头系统和手柄操动机构5部分组成。它的触头系统有一组起动触头、一组中性触头和一组运行触头，其电路如图1-4-16所示。动作原理如下：

当手柄扳到"停止"位置时，所有的动、静触头均断开，电动机处于断电停止状态；当手柄向前推到"起动"位置时，起动触头和中性触头同时闭合，三相电源经起动触头接入自耦变压器TM，又经自耦变压器的3个抽头接入电动机进行减压起动，中间触头则把自耦变压器接成了星形；当电动机的转速上升到一定值后，将手柄迅速扳到"运行"位置，起动触头和中性触头先同时断开，运行触头随后闭合，这时自耦变压器脱离，电动机与三相电源L1、L2、L3直接相接全压运行。停止时，按下SB即可。

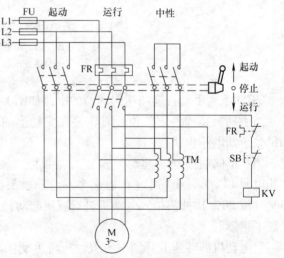

图1-4-16　QJ10系列空气式手动自耦减压起动器电路

3. XJ01系列自耦减压起动箱

XJ01系列自耦减压起动箱是我国生产的自耦变压器减压起动自动控制设备，广泛用于交流为50Hz、电压为380V、功率为14~300kW的三相笼型异步电动机的减压起动。XJ01系列自耦减压起动箱的外形及内部结构如图1-4-17a所示。

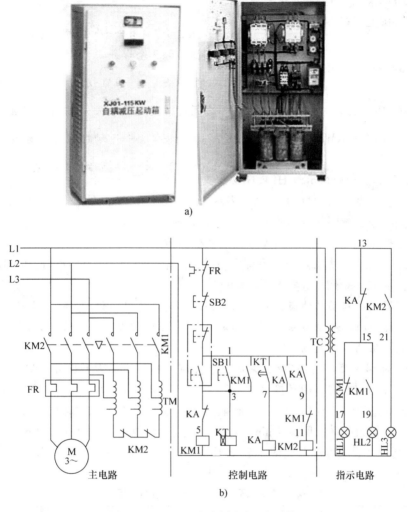

图 1-4-17　XJ01 系列自耦减压起动箱

a）外形及内部结构　b）电路

　　XJ01 系列自耦减压起动箱减压起动的电路如图 1-4-17b 所示。虚线框内的按钮是异地控制按钮。整个控制电路分为 3 部分：主电路、控制电路和指示电路。电路的工作原理如下：

（1）减压启动

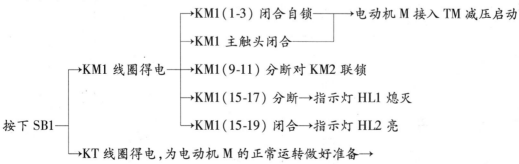

（2）全压运转

当 M 转速上升到一定值时，KT 延时结束
————————————————————————→KT(1-7) 闭合→KA 线圈得电→

→KA(3-5) 分断→KM1 线圈失电—┬→KM1 辅助触头全部复位

             └→KM1 主触头分断→TM 切除

→KA(1-7) 闭合自锁

           ┌→KM2 两对常闭辅助触头分断，解除 TM 的 丫 联结

→KA(1-9) 闭合→KM2 线圈得电—┼→KM2 主触头闭合→电动机 M 全压运转

           └→KM2(13-21) 闭合→指示灯 HL3 亮

→KA(13-15) 分断→指示灯 HL1、HL2 熄灭

由以上分析可见，指示灯 HL1 亮，表示电源有电，电动机处于停止状态；指示灯 HL2 亮，表示电动机处于减压起动状态；指示灯 HL3 亮，表示电动机处于全压运行状态。停止时，按下停止按钮 SB2，控制电路失电，电动机停转。

自耦变压器减压起动除自动式还有手动式，常见的有 QJ3 系列油浸式和 QJ10 系列空气式。QJ3 系列油浸式属于应淘汰产品。

自耦变压器减压起动的优点是：起动转矩和起动电流可以调节。缺点是设备庞大，成本较高。因此，这种减压起动方法适用于额定电压为 220/380V、联结方式为 △/丫、功率较大的三相异步电动机的减压起动。

对于功率为 14～75kW 的产品，采用自动控制方式；功率为 100～300kW 的产品，具有手动和自动两种控制方式，由转换开关进行切换。时间继电器为可调式，在 5～120s 内可以自由调节控制起动时间。自耦变压器备有额定电压 60% 和 80% 两档抽头。补偿器具有过载和失电压保护，最大起动时间为 2min（包括一次或连续数次起动时间的总和），若起动时间超过 2min，则起动后的冷却时间应不少于 4h 才能再次起动。由于是定型产品，安装相对容易。XJ01 系列自耦减压起动箱的主要技术数据见表 1-4-9。

表 1-4-9　XJ01 系列自耦减压起动箱的主要技术数据

型号	控制电动机功率/kW	最大工作电流/A	自耦变压器功率/kW	电流互感器电流比	热继电器整定电流参考值/A
XJ01—14	14	28	14		28
XJ01—20	20	40	20		40
XJ01—28	28	56	28		56
XJ01—40	40	80	40		80
XJ01—55	55	110	55		110
XJ01—75	75	142	75		142
XJ01—100	100	200	115	300/5	3.2
XJ01—115	115	230	115	300/5	3.8
XJ01—135	135	270	135	600/5	2.2
XJ01—190	190	370	190	600/5	3.1
XJ01—225	225	410	225	800/5	2.5
XJ01—260	260	475	260	800/5	3
XJ01—300	300	535	300	800/5	3.5

三、时间继电器自动控制自耦变压器（补偿器）减压起动电路

图 1-4-18 是时间继电器自动控制自耦变压器（补偿器）减压起动电路，其工作原理，读者可自行分析。

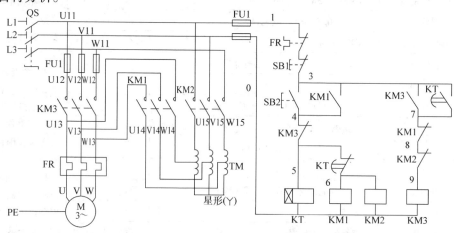

图 1-4-18　时间继电器自动控制补偿器减压起动电路

任务准备

一、仪表、工具、耗材和器材准备

根据电路图，选用工具、仪表、耗材及器材，见表 1-4-10。

表 1-4-10　工具、仪表、耗材及器材明细

序号	名称	型号与规格	单位	数量	质检要求
1	三相四线电源	~3×380/220V，20A	处	1	
2	单相交流电源	~220V 和 36V，5A	处	1	
3	三相电动机	Y112M—4，7.5kW，380V，△联结；或自定	台	1	1. 根据电动机规格检验选配的工具、仪表、器材等是否满足要求
4	配线板	500mm×600mm×20mm	块	1	
5	断路器 QF	DZ5—20/330	个	1	
6	交流接触器	CJ10—10，线圈电压 380V 或 CJ10—20，线圈电压 380V	只	3	2. 检查其各元器件、耗材与表中的型号与规格是否一致
7	热继电器	JR16—20/3，整定电流 10~16A	只	1	
8	时间继电器	JS7—4A，线圈电压 380V	只	1	
9	熔断器及熔芯配套	RL1—60/20	套	3	3. 元器件外观应完整无损，附件、配件齐全
10	熔断器及熔芯配套	RL1—15/4	套	2	
11	三联按钮	LA10—3H 或 LA4—3H	个	2	
12	接线端子排	JX2—1015，500V，10A，15 节或配套自定	条	1	4. 用万用表、绝缘电阻表检测元器件及电动机的技术数据是否符合要求
13	木螺钉	φ3mm×20mm；φ3mn×15mm	个	30	
14	平垫圈	φ4mm	个	30	
15	圆珠笔	自定	支	1	
16	塑料软铜线	BVR—2.5mm²，颜色自定	m	20	

（续）

序号	名称	型号与规格	单位	数量	质检要求
17	塑料软铜线	BVR—1.5mm²，颜色自定	m	20	1. 根据电动机规格检验选配的工具、仪表、器材等是否满足要求
18	塑料软铜线	BVR—0.75mm²，颜色自定	m	5	
19	别径压端子	UT2.5—4，UT1—4	个	20	
20	行线槽	TC3025，长34cm，两边打ϕ3.5mm孔	条	5	
21	异型塑料管	ϕ3mm	m	0.2	2. 检查其各元器件、耗材与表中的型号与规格是否一致
22	自耦变压器	GTZ（定制抽头电压65% U_N）	台	1	
23	电工通用工具	验电器、钢丝钳、螺钉旋具（一字形和十字形）、电工刀、尖嘴钳、活扳手、剥线钳等	套	1	3. 元器件外观应完整无损，附件、配件齐全
24	万用表	自定	块	1	4. 用万用表、绝缘电阻表检测元器件及电动机的技术数据是否符合要求
25	绝缘电阻表	型号自定，或500V、0~200MΩ	台	1	
26	钳形电流表	0~50A	块	1	
27	劳保用品	绝缘鞋、工作服等	套	1	

二、自耦变压器的安装要求

（1）自耦变压器要安装在箱体内，否则，应采取遮护或隔离措施，并在进、出线的端子上进行绝缘处理，以防止发生触电事故。

（2）若无自耦变压器时，可采用两组灯箱来分别代替电动机和自耦变压器进行模拟试验，但三相规格必须相同，如图1-4-19所示。

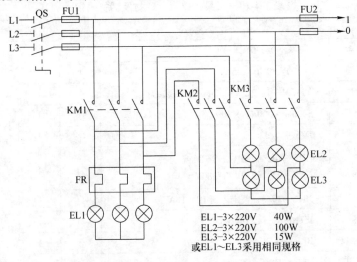

图1-4-19　用灯箱进行模拟试验电路

🔺 **任务实施**

安装步骤与前面任务基本相同，本任务操作过程中需要重点说明的是：

1. 检测

（1）主电路检测　将万用表两支表笔跨接在QF下端子U11和端子排U处，应测得断路，按下 KM3 的触头架，万用表显示通路，放开 KM3 的触头架，同时按下 KM1、KM2 的触头架，万用表显示通路。用相同的方法检查 V 和 V11、W 和 W11。

（2）控制电路的检测　断开主电路，将万用表笔跨接在 FU2 的下端头 1 和 2 处，按下 SB2 不放，若采用晶体管时间继电器，万用表显示 KM1 和 KM2 线圈的并联阻值（若 KM1 和 KM2 相同，则显示 KM1 线圈阻值的 1/2），按下 SB1，万用表显示断路；轻按 KM3 的触头架，万用表显示断路。放开 SB2，按下 KM1 的触头架，万用表显示 KM1 和 KM2 线圈的并联阻值。按下 KM3 的触头架不放，万用表显示 KM3 线圈的阻值；按下 SB1，万用表显示断路；按下 KM1 或 KM2 的触头架，万用表显示断路。

2. 通电试车

（1）空载操作试验　合上电源开关 QF，按下 SB2，KM1、KM2 线圈得电动作，几秒后，KM1、KM2 线圈失电，触头复位；同时 KM3 得电动作。按下 SB1，控制电路失电，KM3 触头复位。反复操作几次，观察电路的动作的可靠性。

提示：时间继电器的时间设定一般为 3～5s。

（2）带负荷试车　断开 QF，接好电动机接线，连接好时间继电器，设定好动作时间。合上刀开关 QF，做好立即停车的准备。

按下 SB1，电动机起动后，用万用表检查 U13、V13、W13 之间的电压是否小于 380V。若用灯箱来进行模拟试验，看灯箱是否正常发光。几秒后，KT 动作，同时 KM3 得电，电动机正常运行。按下 SB2，主电路失电，电动机停转或灯箱停止发光。正常后再进行下一步。若用灯箱来进行模拟试验，看灯箱 EL2、EL3 是否熄灭。反复操作几次，观察电路的动作的可靠性。

故障排除

以 XJ01 型自动起动补偿器控制电路为例，具体见表 1-4-11。

表 1-4-11　电路故障的现象、原因及检查方法

故障现象	原因分析	检查方法
电动机不能起动	1. 从主电路分析 可能存在的故障点有 （1）电源无电压或熔断器则熔断 （2）接触器 KM1 本身有故障 （3）电动机故障 （4）变压器电压抽头选得过低 2. 从控制电路来分析 可能存在的故障点有，热继电器触头 FR、SB1、SB2、KA 等触头接触不良	按下起动按钮，观察接触器 KM1 是否吸合，根据 KM1 的动作情况，按以下两种现象分析故障原因，接触器 KM1 不吸合：第一看电源指示灯亮不亮，不亮说明电源无电压或熔断器则熔断；第二看时间继电器是否吸合，不吸合且指示灯 1 亮，可能是热继电器触头 FR、SB1、SB2 等触头接触不良；第三是接触器 KM1 本身有故障。如果 KM1 动作，电动机不转但发出"嗡嗡"声：第一，电动机负载过大，机械部分故障，造成反转矩过大等；第二，传送带过紧或电压过低；第三，接触器 KM1 的主触头一相接触不良；第四，变压器电压抽头选的过低，或电动机本身故障

（续）

故障现象	原因分析	检查方法
自耦变压器发出"嗡嗡"声	变压器铁心松动、过载等；变压器线圈接地；电动机短路或其他原因使起动电流过大	断电后检查变压器铁心的压紧螺钉是否松动；用绝缘电阻表检查变压器绕组接地电阻；检查电动机
自耦变压器过热	1. 自耦变压器短路、接地 2. 起动时间过长或电路不能切换成全压运行 （1）时间继电器延时时间过长、线圈短路、机械受阻等原因造成不能吸合 （2）时间继电器 KT 的延时闭合常开触头不能闭合或接触不良 （3）中间继电器 KA 本身故障不能吸合 （4）起动次数过于频繁	当发现这种故障时，应立即停车，不然会将自耦变压器烧毁（因电动机起动时间很短，自耦变压器也是按短时通电设计的，只允许连续起动两次） 1. 断电后检查用绝缘电阻表检查变压器线圈接地电阻、匝间电阻 2. 切断主电路，通电检查时间继电器延时时间是否过长，触头是否动作和中间继电器 KA 是否动作
接触器 KM1 释放后电动机停转	可能故障点是 1. KM1 常闭触头接触不良，使接触器 KM2 无法通电 2. 中间继电器 KA 在 KM2 电路上的常开触头接触不良 3. 接触器 KM2 本身有故障不能吸合 4. 切换时间太快，其原因是 KT 整定时间太短，造成电动机起动状态还没结束，便转为工作状态 5. 较长时间的大电流通过热继电器的感温元件；热继电器辅助触头跳开，电动机停转	断电后检查 由于控制电路中使用了变压器，因此，在使用电阻法或校验灯法时，应注意变压器回路的影响 1. 使用电阻法或校验灯法检查中间继电器 KA 在 KM2 电路上的常开触头时，在按下 KA 的触头架时应同时按下 KM1 的触头架 2. 使用电阻法或校验灯法检查点画线框中的其他元器件时，按下 SB2 可以防止变压器回路的影响

注：其他故障参见前面的处理方法描述。

 检查评议

检查评议表参见表 1-1-13。

 问题及防治

1. 布线时要注意电路中 KM2 与 KM3 的相序不能接错，否则，会使电动机的转向在工作时与起动时相反。

2. 自耦变压器的金属外壳及时间继电器的金属底板必须可靠接地，并应将接地线接到它们指定的接地螺钉上。

 扩展知识

几种常见的手动自耦减压起动电路如图 1-4-20、图 1-4-21 所示。

读者有兴趣可自行分析其工作原理。

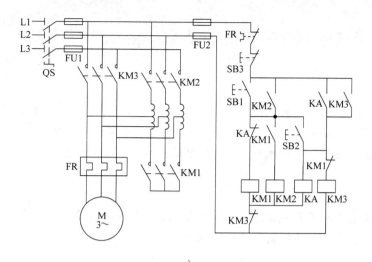

a)

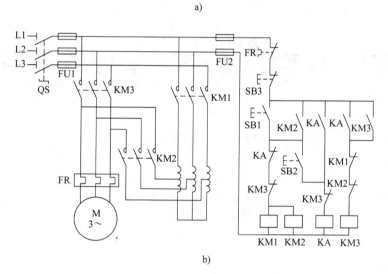

b)

图 1-4-20　手动自耦减压起动电路

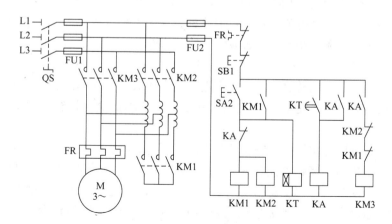

图 1-4-21　时间继电器控制自耦减压起动电路

任务3 Ｙ—△减压起动控制电路的安装与维修

知识目标

1. 正确识别、选用、安装、使用手动Ｙ—△起动器和空气阻尼式时间继电器，熟悉它的功能、基本结构、工作原理及型号含义，熟记它的图形符号和文字符号。

2. 正确理解三相异步电动机Ｙ—△减压起动控制电路的工作原理。

能力目标

1. 能按照工艺要求正确安装三相异步电动机Ｙ—△减压起动控制电路。

2. 掌握Ｙ—△减压起动控制电路故障维修。

 任务描述（见表1-4-12）

表1-4-12 任务描述

工作任务	要　　求
1. Ｙ—△减压起动控制电路的安装	1. 元器件安装要正确、牢固 2. 安装布线要符合工艺要求 3. 通电试车时要严格遵守安全规程
2. Ｙ—△减压起动控制电路的故障维修	1. 理解电路的工作原理，掌握分析故障的方法 2. 带电检测故障电路时要严格遵守安全规程 3. 维修过程要符合工艺要求

任务分析

任务2中自耦变压器（补偿器）减压起动是在起动时利用自耦变压器降低定子绕组上的起动电压，达到限制起动电流的目的。但这种方法缺点是设备庞大，成本较高。

在生产实际中，如M7475B型平面磨床上的砂轮电动机，由于功率较大，采用的是Ｙ—△减压起动；T610型镗床的主轴电动机也是采用的Ｙ—△减压起动。

Ｙ—△减压起动是指电动机起动时，把定子绕组接成Ｙ，以降低起动电压，限制起动电流。待电动机起动后，再将定子绕组改成△联结，使电动机全压运行。图1-4-22是三相定子绕组Ｙ/△联结图。

能完成Ｙ—△减压起动的控制电路，常见的主要有3种，一是利用手动Ｙ—△起动器起动控制电路；二是按钮、接触器控制Ｙ—△减压起动电路；三是时间继电器自动控制Ｙ—△减压起动。由于手动Ｙ—△起动器起动控制电路和按钮、接触器控制Ｙ—△减压起动电路的Ｙ—△转换是要通过人工操作来完成的，目前的生产机械中使用的较少，因此只做一般介绍。

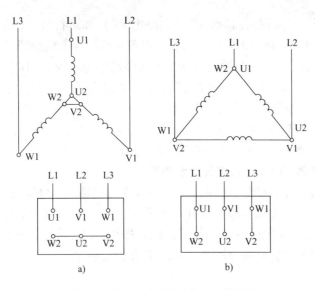

图 1-4-22　三相定子绕组丫/△联结图

a）丫联结　b）△联结

🔍 **相关知识**

电动机起动时，定子绕组接成丫，加在每相定子绕组上的起动电压只有△联结的 $1/\sqrt{3}$，起动电流为△联结的 $1/3$，起动转矩也只有△联结的 $1/3$。所以这种减压起动方法，只适用于轻载或空载下起动。凡是在正常运行时定子绕组作△联结的异步电动机，均可采用这种减压起动方法。

一、手动控制丫—△减压起动电路

手动控制丫—△减压起动控制电路中的关键低压电器是手动丫—△起动器。手动丫—△起动器有 QX1 和 QX2 系列，按控制电动机的功率分为 13kW 和 30kW 两种，起动器的正常操作频率为 30 次/h。其外形、接线图和触头分合图如图 1-4-23 所示。

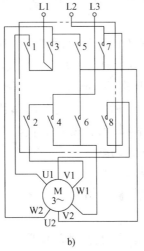

接点	手柄位置		
	起动丫	停止0	运行△
1	×		×
2	×		×
3			×
4			×
5	×		
6	×		
7			×
8	×		×

注：×—接通

图 1-4-23　手动丫—△起动器

a）外形　b）接线图　c）触头分合图

如图1-4-23所示，起动器有起动（丫）、停止（0）和运行（△）3个位置，当手柄扳到"0"位置时，8对触头都分断，电动机脱离电源停转；当手柄扳到"丫"位置时，1、2、5、6、8触头闭合接通，3、4、7触头分断，定子绕组的末端W2、U2、V2通过触头5和6接成丫，始端U1、V1、W1则分别通过触头1、8、2接入三相电源L1、L2、L3，电动机进行丫减压起动；当电动机转速上升并接近额定转速时，将手柄扳到"△"位置，这时1、2、3、4、7、8触头闭合，5、6触头分断，定子绕组按U1→触头1→触头3→W2、V1→触头8→触头7→U2，W1→触头2→触头4→V2接成△全压正常运转。

二、按钮、接触器控制丫—△减压起动电路

图1-4-24是通过按钮、接触器控制丫—△减压起动电路。该电路使用了3个接触器、一个热继电器和3个按钮。接触器KM作引入电源作用，接触器KM丫和KM△分别作丫起动用和△运行用，SB1是起动按钮，SB2是丫—△换接按钮，SB3是停止按钮，FU1作为主电路的短路保护，FU2作为控制电路的短路保护，FR作为过载保护。

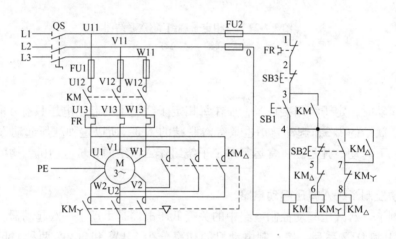

图1-4-24　按钮、接触器控制丫—△减压起动电路

电路的工作原理如下：合上电源开关QS，按下起动按钮SB1，接触器KM和KM丫线圈同时得电，KM丫主触头闭合，把电动机绕组接成丫，KM主触头闭合接通电动机电源，使电动机M接成丫减压起动。当电动机转速上升到一定值时，按下起动按钮SB2，SB2常闭触头先分断，切断KM丫线圈回路，SB2常开触头后闭合，使KM△线圈得电，电动机M被接成△运行，整个起动过程完成。当需要电动机停转时，按下停止按钮SB3即可。

三、时间继电器自动控制丫—△减压起动电路

1. 时间继电器自动控制丫—△减压起动电路

时间继电器自动控制丫—△减压起动电路如图1-4-25所示。

（1）电路工作原理　合上电源开关QS。

按下SB1，KM丫线圈得电，KM丫动合触头闭合，KM线圈得电，KM自锁触头闭合自锁，KM主触头闭合；KM丫线圈得电后，KM丫主触头闭合；电动机M接成丫减压起动；KM丫联锁触头分断对KM△的联锁；在KM丫线圈得电的同时，KT线圈得电，延时开始，当电动机M

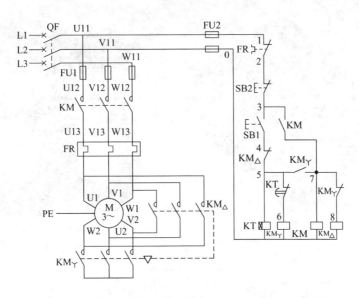

图 1-4-25　时间继电器自动控制丫—△减压起动控制电路

的转速上升到一定值时，KT 延时结束，KT 动触头分断，KM丫线圈失电，KM丫动触头分断；KM丫主触头分断，解除丫联结；KM丫联锁触头闭合，KM△线圈得电，KM△联锁触头分断对 KM丫的联锁；同时 KT 线圈失电，KT 动断触头瞬时闭合，KM△主触头闭合，电动机 M 接成 △全压运行。

停止时，按下 SB2 即可。

（2）特点　简便经济，容易控制，使用比较普遍，只要是正常运行，定子绕组△联结的电动机就都可以进行丫—△减压起动。

2．丫—△减压起动器

由于丫—△减压起动的广泛应用，时间继电器自动控制丫—△减压起动电路有两个系列定型产品，分别是 QX3、QX4 两个系列，称之为丫—△自动起动器，它们的主要技术数据见表 1-4-13。

表 1-4-13　丫—△自动起动器的主要技术数据

起动器型号	控制功率/kW			配用热元件的额定电流/A	延时调整范围/s
	220V	380V	500V		
QX3—13	7	13	13	11、16、22	4~16
QX3—30	17	30	30	32、45	4~16
QX4—17		17	13	15、19	11、13
QX4—30		30	22	25、34	15、17
QX4—55		55	44	45、61	20、24
QX4—75		75		85	30
QX4—125		125		100~160	14~60

QX3 型丫—△自动起动器外形、结构和电路如图 1-4-26 所示。这种起动器主要由 3 个接触器 KM、KM丫、KM△、一个热继电器 FR、一个通电延时型时间继电器 KT 和两个按钮组成。工作原理读者可自行分析。

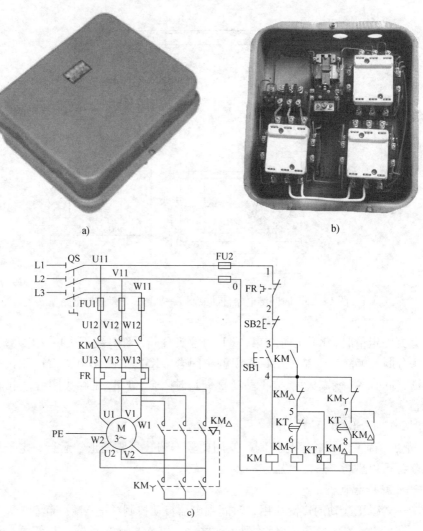

图 1-4-26　QX3 丫—△起动器

a）外形　b）结构　c）电路图

任务准备

根据电路图，选用工具、仪表、耗材及器材，具体见表1-4-14。

表 1-4-14　工具、仪表、耗材及器材明细

序号	名称	型号与规格	单位	数量	质检要求
1	三相四线电源	~3×380/220V，20A	处	1	1. 根据电动机规格检验选配的工具、仪表、器材等是否满足要求 2. 检查其各元器件、耗材与表中的型号与规格是否一致
2	单相交流电源	~220V 和 36V，5A	处	1	
3	三相电动机	Y112M—4，7.5kW，380V，△联结；或自定	台	1	
4	配线板	500mm×600mm×20mm	块	1	
5	断路器 QF	DZ5—20/330	个	1	
6	交流接触器	CJ10—20，线圈电压380V 或 CJX2、B 系列等自定	只	3	

（续）

序号	名称	型号与规格	单位	数量	质检要求
7	热继电器	JR16B—20/3，整定电流 10 ～ 16A，JRS2 或 T 系列	只	1	3. 元器件外观应完整无损，附件、配件齐全
8	时间继电器	JS7—2A，额定电压 380V 或 JS20、JZC45—30/1	只	1	4. 用万用表、绝缘电阻表检测元器件及电动机的技术数据是否符合要求
9	熔断器及熔芯配套	RL1—60/25	套	3	
10	熔断器及熔芯配套	RL1—15/2	套	2	
11	三联按钮	LA10—3H 或 LA4—3H	个	2	
12	接线端子排	JX2—1015，500V，10A，15 节或配套自定	条	1	
13	木螺钉	$\phi 3mm \times 20mm$；$\phi 3mm \times 15mm$	个	30	
14	平垫圈	$\phi 4mm$	个	30	
15	圆珠笔	自定	支	1	
16	塑料软铜线	BVR—2.5mm²，颜色自定	m	20	
17	塑料软铜线	BVR—1.5mm²，颜色自定	m	20	
18	塑料软铜线	BVR—0.75mm²，颜色自定	m	5	
19	别径压端子	UT2.5—4，UT1—4	个	20	
20	行线槽	TC3025，长 34 cm，两边打 $\phi 3.5mm$ 孔	条	5	
21	异型塑料管	$\phi 3mm$	m	0.2	
22	电工通用工具	验电器、钢丝钳、螺钉旋具（一字形和十字形）、电工刀、尖嘴钳、活扳手、剥线钳等	套	1	
23	万用表	自定	块	1	
24	绝缘电阻表	型号自定，或 500V，0 ～ 200MΩ	台	1	
25	钳形电流表	0 ～ 50A	块	1	
26	劳保用品	绝缘鞋、工作服等	套	1	

 任务实施

安装步骤与前面任务基本相同，本任务操作过程中需要重点说明的是：

【自检】

断开 QF，摘下接触器灭弧罩。

（1）主电路检测

1）将万用表两支表笔跨接在 QF 下端子 U11 和端子排 U1 处，应测得断路，按下 KM 的触头架，万用表显示通路，重复 V11—V1 和 W11—W2 之间的检测。

2）将万用表两支表笔跨接在 QF 下端子 U1 和端子排 W2 处，应测得断路，按下 KM△ 的触头架，万用表显示通路，重复 V1—U2 和 W1—V2 之间的检测。

3）将万用表两支表笔跨接在端子排 W2 和 U2 之间，应测得断路，按下 KM⋎ 的触头架，万用表显示通路，重复 W2—V2 和 U2—V2 之间的检测。

147

（2）控制电路检测（按使用晶体管时间继电器为例）

1）将万用表两支表笔跨接在 U11 和 V11 之间，应测得断路，按下 SB1 不放，应测 KM$_Y$ 的线圈电阻，同时按下 KM$_\triangle$ 的触头架，应测得断路，放开 KM$_\triangle$ 的触头架，按下 SB2，应测得断路。

2）放开 SB1，按下 KM 的触头架，同时轻按 KM$_Y$ 的触头架，应测 KM 的线圈电阻；放开 KM$_Y$ 的触头架，应测得 KM 和 KM$_\triangle$ 线圈电阻的并联值，按下 SB2，应测得断路。

电路概况如图 1-4-27、图 1-4-28 所示。

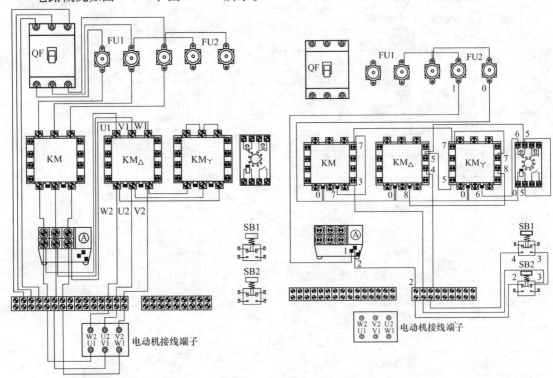

图 1-4-27　主电路接线图　　　　　　　图 1-4-28　控制电路接线图

故障排除

1. 空气阻尼时间继电器常见故障检修（见表 1-4-15）

表 1-4-15　空气阻尼时间继电器故障的现象、原因及检修方法

常见故障	原因及检修方法
延时触头不动作	1. 电磁铁线圈断线，万用表检测，更换线圈 2. 电源电压大大低于线圈的额定电压，调高电流电压或更换线圈 3. 连接触头不牢，重新连接
延时时间缩短	1. 空气阻尼式时间继电器气室装配不严、漏气，调换气室 2. 空气阻尼式时间继电器气室内橡胶薄膜损坏，更换橡皮膜
延时时间变长	空气阻尼式时间继电器气室有灰尘，使气道阻塞清洁或更换气室

2. 时间继电器自动控制　Y—△减压起动控制电路的故障检修（见表1-4-16）

表1-4-16　电路故障的现象、原因及检修方法

故障现象	原 因 分 析	检 查 方 法
电动机不能起动	这意味着电动机 M 不能接成Y起动 1. 从主电路来分析 熔断器 FU1 断路、接触器 KM、KMY 主触头接触不良、热继电器 FR 主通路有断点、电动机 M 绕组有故障 2. 从控制电路来分析 （1）1 号线至 2 号线热继电器 KH 常闭触头接触不良 （2）2 号导线至 3 号导线间的按钮 SB2 常闭触头接触不良 （3）4 号线至 5 号线接触器 KM△ 的常闭触头接触不良 （4）5 导线至 6 号线间的时间继电器 KT 延时断开瞬时闭合触头接触不良 （5）接触器 KM 及接触器 KMY 线圈损坏等	按下电动机 M 起动按钮 SB1，观察接触器 KM、KMY 是否闭合 1. 若接触器 KM、KMY 都闭合，则为主电路的问题，重点检查熔断器 FU1、接触器 KM 及 KMY 主触头、电动机 M 绕组等 2. 如果接触器 KM、KMY 均不闭合，则重点检查熔断器 FU2、1 号线至 2 号线间热继电器 FR 的常闭触头、2 号线至 3 号线间按钮 SB2 的常闭触头、5 号线至 6 号线间的时间继电器 KT 的延时断开瞬时闭合常闭触头等 3. 如接触器 KMY 闭合，KM 未闭合，则重点检查点 5 号导线至 7 号线间的接触器 KMY 常开触头及接触器 KM 线圈
电动机能Y起动但不能转换为△运行	1. 从主电路分析有接触器 KM△ 主触头闭合接触不良 2. 从控制电路来分析有 4 号线至 5 号线间接触器 KM△ 常闭触头接触不好、时间继电器 KT 线圈损坏、7 号线至 8 号导线间接触器 KMY 常闭触头接触不良、接触器 KM△ 线圈损坏等	按下起动按钮 SB1，电动机 M 在Y起动后，观察时间继电器 KT 是否闭合 1. 若时间继电器 KT 未闭合，重点检查时间继电器 KT 的线圈 2. 如果 KT 闭合，经过一定时间后，观察接触器 KMY 是否释放，KM△ 是否闭合 （1）如 KMY 未释放，则检查 5 号线与 6 号线间 KT 瞬时闭合延时断开触头（不能延时断开） （2）如 KMY 释放，观察 KM△ 是否吸合；如 KM△ 未闭合，则检查 7 号导线至 8 号导线接触器 KMY 常闭触头；若 KM△ 闭合，则检查 KM△ 主触头

注：其他故障参见前面的处理方法描述。

检查评议

检查评议表参见表1-1-13。

问题及防治

（1）用Y—△减压起动控制的电动机，必须有 6 个出线端子，且定子绕组在△联结时的额定电压等于三相电源的线电压。

（2）接线时，要保证电动机△联结的正确性，即接触器主触头闭合时，应保证定子绕组的 U1 与 W2、V1 与 U2、W1 与 V2 相连接。

（3）接触器 KM$_Y$ 的进线必须从三相定子绕组的末端引入，若误将其首端引入，则在 KM$_Y$ 吸合时，会产生三相电源短路事故。

扩展知识

几种常见的丫—△减压起动电路如图 1-4-29 所示。

读者有兴趣可自行分析其工作原理。

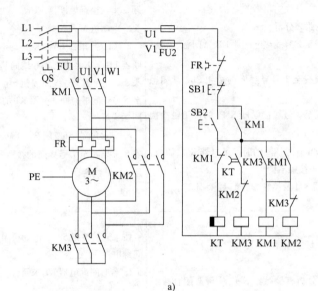

a)

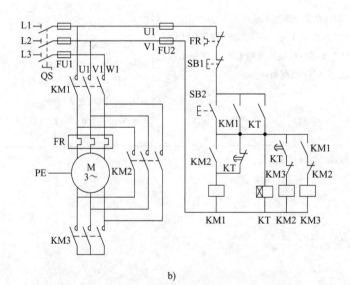

b)

图 1-4-29　几种常见的丫—△减压起动电路

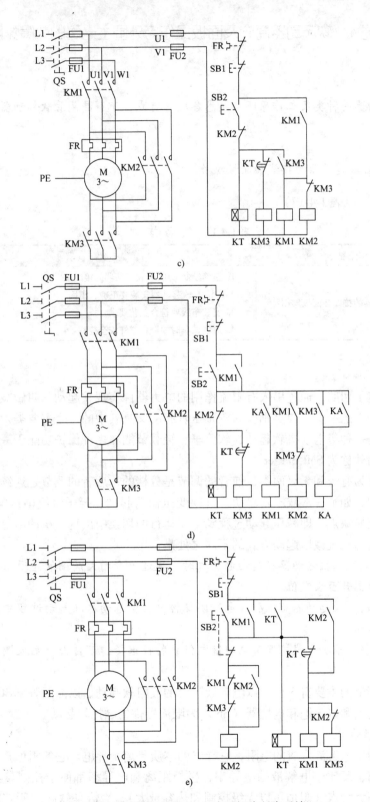

图 1-4-29 几种常见的丫—△减压起动电路（续）

任务4　软起动器简介及面板操作与外围主电路的故障排除

知识目标

了解软起动器的种类及工作原理，熟悉各类的特点，了解晶闸管软起动器的使用。

能力目标

掌握 CMC-L 软起动器的接线和面板操作。

 任务描述（见表 1-4-17）

表 1-4-17　任 务 描 述

工作任务	要　　求
CMC-L 软起动器的接线和面板操作	1. 正确绘制 CMC-L 软起动器的接线图 2. CMC-L 软起动器安装要正确、牢固 3. 安装布线要符合工艺要求 4. 通电试车时要严格遵守安全规程

任务分析

在电动机定子回路，通过串入有限流作用的电力器件实现软起动，叫做减压或限流软起动。它是软起动中的一个主要类别。高压减压软起动又是其中的一个重要类别。

软起动器是一种集电动机软起动、软停车、轻载节能和多种保护功能于一体的新颖电动机控制装置，国外称为 Soft Starter。

软起动可分为有级和无级两类，前者的调节是分档的；后者的调节是连续的。传统的软起动均是有级的，如Υ—△减压软起动、自耦变压器软起动、定子绕组串接电阻软起动等。有级方法存在明显缺点，即减压起动过程到全压运行的切换中出现二次冲击电流。

无级软起动与传统减压起动方式的不同之处是：

1）无冲击电流　软起动器在起动电动机时，通过逐渐增大晶闸管导通角，使电动机起动电流从零线性上升至设定值。

2）恒流起动　软起动器可以引入电流闭环控制，使电动机在起动过程中保持恒流，确保电动机平稳起动。

3）无级调整　根据负载情况及电网继电保护特性选择，可自由地无级调整至最佳的起动电流。

无级连续调节的主要有 3 种：以电解液限流的液阻软起动、以晶闸管（SCR）为限流器件的晶闸管软起动和以磁饱和电抗器（SR）为限流器件的磁控软起动。

1. 液阻软起动

液阻是一种由电解液形成的电阻，它导电的本质是离子导电。它的阻值正比于相对的两块电极板的距离，反比于电解液的电导率，极板距离和电导率都便于控制。液阻的热容量大。液阻的这两大特点（阻值可以无级控制和热容量大），恰恰是软起动所需要的。加上另一个十分重要的优势即低成本，使液阻软起动得到广泛的应用。

液阻软起动也有缺点：

1）液阻箱容积大，其根源在于阻性限流，减小容积引起温升加大。一次软起动后电解液通常会有 10～30℃ 的温升，使软起动的重复性差。

2）移动极板需要有一套伺服机构，它的移动速度较慢，难以实现起动方式的多样化。

3）液阻软起动需要维护，液箱中的水，需要定期补充。电极板长期浸泡于电解液中，表面会有一定的锈蚀，需要做表面处理（一般 2～3 年一次）。

4）液阻软起动装置不适合于置放在易结冰或颠簸的现场。

2. 晶闸管软起动

晶闸管软起动利用晶闸管移相控制原理，控制三相反并联晶闸管的导通角，使电动机输入电压从零以预设函数关系逐渐上升，直至起动结束，赋予电动机全电压。使被控电动机的输入电压按不同的要求而变化，从而实现不同的起动功能。可见，晶闸管软起动器实际上是一个晶闸管交流调压器，通过改变晶闸管的触发延迟角，就可调节晶闸管调压电路的输出电压。与液阻软起动相比，它的体积小、结构紧凑，几乎免维护，功能齐全，菜单丰富，起动重复性好，保护周全，这些都是液阻软起动难以望其项背的。

但是晶闸管软起动产品也有缺点，一是高压产品的价格太高，是液阻的 5～10 倍，二是晶闸管引起的高次谐波较严重，三是对于绕线转子异步机无所作为。

3. 磁控软起动

磁控软起动是从电抗器软起动衍生出来的。用三相电抗器串在电动机定子实现降压是两者的共同点。磁控软起动不同于电抗器软起动的主要点是其电抗值可控。总体说来，起动开始时电抗器的电抗值较大，在软起动过程中，通过反馈调节使电抗值逐渐减小，及至软起动完成后被旁路。

电抗值的变化是通过控制直流励磁电流，改变铁心的饱和度实现的，所以叫做磁控软起动。因为磁饱和电抗器的输出功率比控制功率大几十倍，它也可以称为"磁放大器"。由于它不具有零输入对应零输出的特点，所以，不建议采用"磁放大器"这一词。

磁饱和电抗器有 3 对交流绕组（每相一对）和三相共有的一个直流励磁绕组。在交流绕组里流过的是电动机定子电流，它必然会在直流励磁绕组上感应出电动势。后者会影响励磁回路的运行。用一对交流绕组的主要原因就是为了抵消这种影响。

显然，电抗值的调节是静止的、无接触的、非机械式的。这就为微电子技术的介入打开了大门。所以，在工作原理上，磁控软起动与晶闸管软起动是完全相同的。说磁控软起动能够实现软停止，能够具有晶闸管软起动所具有的几乎全部功能，就是这个原因。

高压磁饱和电抗器在原理和结构上与低压（380V）磁饱和电抗器没有本质区别，但是在某些方面采取了一些特殊处理。

磁饱和电抗器具有 0.1s 量级的惯性，这使得磁控软起动的快速性比晶闸管软起动慢一个数量级。对于电动机系统的大惯性来说，磁控软起动的惯性是不足为虑的。

有人说磁控软起动不产生高次谐波，这是错误的。只要饱和，就一定会有非线性，就一定会引起高次谐波。只是磁饱和电抗器产生的高次谐波会比工作于斩波状态的晶闸管要小一些。磁控软起动装置需要有相对较大功率的辅助电源，噪声较大则是其不足之处。

4. 变频调速装置

变频调速装置也是一种软起动装置，它是比较理想的一种，它可以在限流的同时保持高的起动转矩。价格贵是制约其推广应用的主要因素。人们购置变频调速装置一般都是着眼于调速，所以，常常不把它归类于软起动装置。

软起动器和变频器是两种完全不同用途的产品。变频器是用于需要调速的地方，其输出不但改变电压而且同时改变频率；软起动器实际上是个调压器，用于电动机起动时，输出只改变电压并没有改变频率。变频器具备所有软起动器功能，但它的价格比软起动器贵得多，结构也复杂得多。

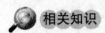

相关知识

1. 晶闸管软起动器的工作原理

CMC-L 电动机软起动器是一种将电力电子技术、微处理器和自动控制相结合的新型电动机起动、保护装置。它能无阶跃地平稳起动/停止电动机，避免因采用直接起动、Y—△起动、自耦减压起动等传统起动方式起动电动机而引起的机械与电气冲击等问题，并能有效地降低起动电流及配电容量，避免增容投资。其晶闸管串联装置如图 1-4-30 所示。

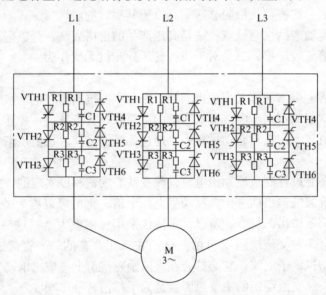

图 1-4-30　晶闸管串联装置原理图

图 1-4-30 中，点画线框内为 3 只串联的三相晶闸管功率串联装置；M 为软起动器的负载电动机，L1、L2、L3 分别为电网的三相交流输入。以 L1 相串联装置为例，VTH1～VTH6 为大功率晶闸管器件，它们每 3 个串联后再反并联组成单相功率串联装置，以实现软起动器对交流电的控制。这 6 只晶闸管选用同一厂家、同一型号、同一生产批次的产品，以减小其在生产过程中由于生产工艺的不同而产生的自身特性诸如伏安特性、反向恢复电荷、开关时间和临界电压上升率等的差异，影响均压。R1、R2、R3 为静态均压电阻，用以实现晶闸管的静态均压。静态均压电阻选用无感电阻，阻值约为晶闸管阻断状态等效阻值的 1/40，且功率留有足够大的余量。

2. 晶闸管软起动器的特点

（1）多种起动方式　限流软起动、斜坡限流起动、电压斜坡起动，最大程度地满足现场需求，实现最佳起动效果。

（2）高可靠性　高性能微处理器对控制系统中的信号进行数字化处理，避免了以往模拟电路的过多调整，从而获得极佳的准确性和执行速度。

（3）强大的抗干扰性　所有外部控制信号均采用光电隔离，并设置了不同的抗噪级别，适应在特殊的工业环境中使用。

（4）优化的结构　独特的紧凑结构设计，特别方便用户集成到已有系统中，为用户节约系统改造费用。

（5）电动机的保护　多种电动机保护功能（如过电流、输入/输出断相、晶闸管短路、过热保护等）确保电动机及软起动器在故障或误操作时不被损坏。

（6）维护简便　由4位数码显示组成的监控信号编码系统，24h监控系统设备的工作状况，同时提供快速故障诊断。

3. CMC-L电动机软起动器介绍

（1）软起动器铭牌说明（见图1-4-31）

图1-4-31　CMC-L电动机软起动器铭牌

（2）软起动器型号说明

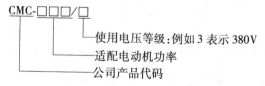

（3）软起动器编号说明

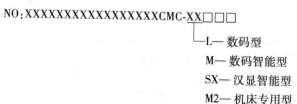

（4）使用条件（见表1-4-18）

表1-4-18　CMC-L电动机软起动器的使用条件

控制电源	AC110～220V，误差为＋15%
三相电源	AC380V、660V、1140V，误差为±30%
标称电流	15～1000A，共22种额定值
适用电动机	一般笼型异步电动机
起动斜坡方式	限流软起动、电压斜坡起动、电压斜坡＋限流起动
停车方式	自由停车、软停车
逻辑输入	阻抗1.8kΩ，电源＋15V
起动频度	可做频繁或不频繁起动，建议每小时起动不超过10次
保护功能	断相、过电流、短路、SCR保护、过热等
防护等级	IP00、IP20
冷却方式	自然冷却或强迫风冷
安装方式	壁挂式
环境条件	海拔超过2000m，应相应降低容量使用环境温度在－25～45℃之间相应湿度不超过95%（20±5℃）无易燃、易爆、腐蚀性气体，无导电尘埃，室内安装，通风良好，振动小于0.5g

任务准备

1. CMC-L软起动器基本接线原理图（见图1-4-32）。

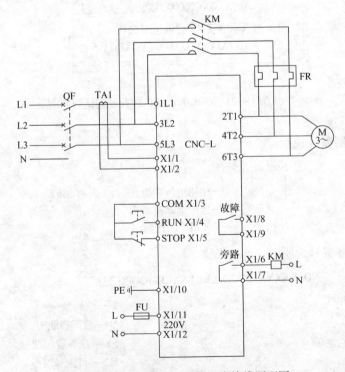

图1-4-32　CMC-L软起动器基本接线原理图

2. 接线示意图（见图1-4-33）

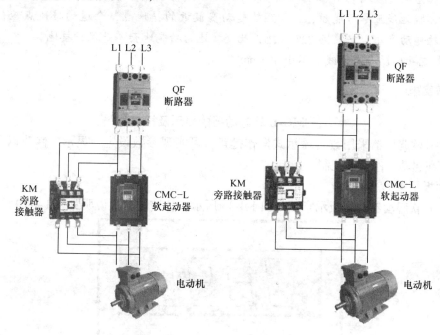

图1-4-33　接线示意图

3. CMC-L软起动器典型应用接线图（见图1-4-34）

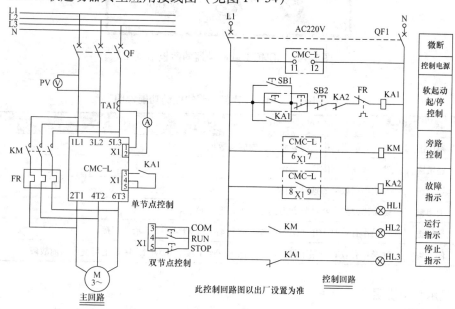

图1-4-34　CMC-L软起动器典型应用接线图

需要注意以下几个问题：

1）图1-4-34所示为单节点控制方式。节点闭合软起动器起动，节点打开软起动器停止。但要注意这种接线 LED 面板起动操作无效。端子 3、4、5 起停信号是一个无源节点。

2）PE 接地线应尽可能短，接于距软起动器最近的接地点，合适的接地点应位于安装板上紧靠软起动器处，安装板也应接地，此处接地为功能地而不是保护接地。

3）电流互感器二次侧线径不小于 2mm²。

⚠ 任务实施

【CMC-L 软起动器的显示及操作】

CMC-L 软起动器采用数码显示式操作键盘，可实现参数设定、显示、修改以及故障显示、复位和起动、停机等控制。

1. 面板示意图

CMC-L 软起动器的面板示意图如图 1-4-35 所示。各按键功能说明见表 1-4-19。

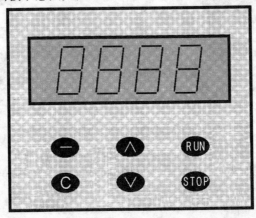

图 1-4-35　CMC-L 软起动器的面板示意图

表 1-4-19　CMC-L 软起动器的按键功能说明

符号	名称	功　能　说　明
—	确认键	进入菜单项，确认需要修改数据的参数项
∧	递增键	参数项或数据的递增操作
∨	递减键	参数项或数据的递减操作
C	退出键	确认修改的参数数据并退出参数项，退出参数菜单
RUN	运行键	键操作有效时，用于运行操作，并且端子排 X1 的 3、5 端子短接
STOP	停止键	键操作有效时，用于停止操作，故障状态下按下 STOP 键 4s 以上可复位当前故障

2. 显示状态说明

显示状态说明见表 1-4-20。

表 1-4-20　CMC-L 软起动器的显示状态说明

序号	显示符号	状态说明	备　注
1	５┌ОР	停止状态	设备处于停止状态

（续）

序号	显示符号	状态说明	备　注
2	P020	编程状态	此时可阅览和设定参数
3	AUA?	运行状态 1	设备处于软起动过程状态
4	AUA¯	运行状态 2	设备处于全压工作状态
5	AUA⌐	运行状态 3	设备处于软停车状态
6	Err1	故障状态	设备处于故障状态

3. 键盘操作及参数说明

（1）键盘操作　当软起动器通电后，即进入起动准备状态，键盘显示 **STOP**，此时按一键进入编程状态。编程状态下软起动可进行以下两种操作：参数阅览和参数设定，当显示参数前两位处于闪烁状态时是参数阅览状态，后两位处于闪烁状态时是参数设定状态。

参数阅览状态时，按 ∧ 或 ∨ 键进行参数阅览；按一键进入参数设定状态，按 ∧ 或 ∨ 键进行参数设定及修改。按 C 键退出本级菜单并返回上一级。

（2）参数设定及操作说明　参数显示有 4 位，前两位是参数项，后两位是参数值。参数设定及操作说明见表 1-4-21。

表 1-4-21　参数设定及操作说明

序号	显示	参数说明	操作说明	出厂值
1	F020	起始电压 （10%～70%）U_e 16 级可调　设为 99% 时为全压起动	参数设定状态下，按 ∧ 或 ∨ 键可修改起动电压大小	20%
2	P110	起动时间 0～60s　16 级可调选择 0s 为电流限幅软起动	参数设定状态下，按 ∧ 或 ∨ 键可修改起动时间	10
3	P200	停车时间 0～60s　16 级可调选择 0s 为自由停车	参数设定状态下，按 ∧ 或 ∨ 键可修改停车时间	0
4	P330	电流限幅倍数 （1.5～5）I_e　16 级可调	参数设定状态下，按 ∧ 或 ∨ 键修改起动电流限幅倍数	3
5	P415	运行过电流保护 （1.5～5）I_e　8 级可调	参数设定状态下，按 ∧ 或 ∨ 键修改运行过流保护值	1.5

（续）

序号	显示	参数说明	操作说明	出厂值
6	P500	未定义参数		
7	P6 2	控制选择 0—接线端子控制 1—操作键盘控制 2—键盘、端子同时控制	参数设定状态下，按∧或∨键选择控制方式	2
8	P7 0	SCR 保护选择 0—允许 SCR 保护 1—禁止 SCR 保护	参数设定状态下，按∧或∨键选择是否用晶闸管保护	0
9	P800	双斜坡起动 0—双斜坡起动无效 非0—双斜坡起动有效 设定值为第一次起动时间（范围：0~60s）	参数设定状态下，按∧或∨键选择是否双斜坡起动	0

注：在停止状态下参数设定有效。

故障排除

1. 故障分析

当软起动器保护功能动作时，软起动器立即停机，显示屏显示当前故障。用户可根据故障内容进行故障分析。显示 Err3 表示机器处于故障状态，后缀数字表示故障号，见表1-4-22。

表1-4-22　CMC-L 软起动器故障码分析

显示	状态说明	排除方法
STOP	软起动器待机状态	1. 检查旁路接触器是否卡在闭合位置上 2. 检查各晶闸管是否击穿或损坏
	给出起动信号电动机无反应	1. 检查端子3、4、5是否接通 2. 检查控制电路连接是否正确，控制开关是否正常 3. 检查控制电源是否过低
无显示		1. 检查端子11和12是否接通 2. 检查控制电源是否正常
Err1	电动机起动时断相	检查三相电源各相电压，判断是否断相并予以排除
Err2	晶闸管温度	1. 检查软起动器安装环境是否通风良好且垂直安装 2. 软起动器是否被阳光直射 3. 检查散热器是否过热或过热保护开关是否被断开 4. 降低起动频次 5. 控制电源是否过低

（续）

显示	状态说明	排 除 方 法
$Err3$	起动失败故障	1. 逐一检查各项工作参数设定值，核实设置的参数值与电动机实际参数是否匹配 2. 起动失败（80s 未完成起动）检查限流倍数是否设定过小或核对互感器电流比正确性
$Err4$	软起动器输入与输出端短路	1. 检查旁路接触器是否卡在闭合位置上 2. 检查晶闸管是否击穿或损坏
	电动机连接线开路 （P7 设置为 0）	1. 检查软起动器输出端与电动机是否正确且可靠的连接 2. 判断电动机内部是否开路 3. 检查晶闸管是否击穿或损坏 4. 检查进线是否断相
$Err5$	限电流功能失效	1. 检查电流互感器是否接到端子 1、2 上 2. 查看限电流保护设置是否正确 3. 电流互感器电流变化是否与电动机相匹配
	电动机运行过电流	1. 检查软起动器输出端连接是否有短路现象 2. 电动机过载或者短路 3. 检查电动机电路是否断相 4. 电流互感器电流变化是否与电动机相匹配

2. 故障排除

故障具有记忆性，故在故障排除后，通过按键 STOP（长按 4s 以上）进行复位，使软起动器恢复到起动准备状态。

3. 熟悉 CMC-L 软起动器的日常维护

（1）灰尘　如果灰尘太多，将降低软起动器的绝缘等级，可能使软起动器不能正常工作。

1）用清洁干燥毛刷轻轻刷去灰尘。

2）用压缩空气吹去灰尘。

（2）结露　如果结露，将降低软起动器的绝缘等级，可能使软起动器不能正常工作。

1）用电吹风或电炉吹干。

2）配电间去湿。

（3）检查

1）定期检查元器件是否完好，是否能够正常工作。

2）检查软起动器的冷却通道，确保不被脏物和灰尘堵塞。

考证要点及单元练习

一、考证要点

维修电工职业资格证的考核分为理论知识考核和技能操作考核两部分。

（一）理论知识考核要点

1. 识图知识

1）电阻器的图形符号和文字符号。

2）时间继电器的图形符号和文字符号。

3）自耦变压器的图形符号和文字符号。

4）定子绕组串接电阻减压起动控制电路图的识读。

5）由自耦变压器构成的电气控制电路图的识读。

6）由时间继电器构成的丫—△减压起动控制电路图的识读。

2. 低压电器知识

1）电阻器的种类、作用，安装使用注意事项。

2）时间继电器的基本结构、主要技术参数、选用依据及安装使用注意事项。

3）自耦变压器减压起动器的结构、选用依据及安装使用注意事项。

3. 电动机知识

常用交流电动机的工作原理。

4. 电力拖动控制知识

1）定子绕组串接电阻减压起动控制电路的原理。

2）自耦变压器（补偿器）减压起动控制电路的原理。

3）丫—△减压起动控制电路原理。

4）软起动器简介及面板操作与外围主电路排除故障。

（二）技能操作考核要点

1. 常用电工工具、仪表的使用与维护

1）常用电工工具的使用。

2）万用表的使用与维护。

3）绝缘电阻表的使用与维护。

4）钳形电流表的使用与维护。

2. 电气控制电路的安装接线

1）导线、元器件的选择。

2）电气控制电路的安装、槽板配线工艺。

3. 电路故障判断及修复

1）电动机不能减压起动的故障检修。

2）电动机不能全压运行故障检修。

3）电动机不能按要求动作的故障检修。

4. 安全文明生产

1）劳动保护用品穿戴整齐。

2）工具仪表佩戴齐全。

3）遵守操作规程，讲文明礼貌。

4）操作完毕清理好现场。

二、单元练习

（一）选择题

1. 三相笼型异步电动机直接起动电流较大，一般可达额定电流的（　　）倍。

A. 2～3　　　　　B. 3～4　　　　　C. 4～7　　　　　D. 10

2. 自耦变压器减压起动方法一般用于（　　）的三相笼型异步电动机。

A. 功率较大　　　B. 功率较小　　　C. 功率很小　　　D. 各种功率

3. 电动机采用减压起动的目的是（　　）。

A. 减小损耗　　　B. 节省电能　　　C. 节省时间　　　D. 减小起动电流

4. 为了使三相交流异步电动机能采用丫—△减压起动，电动机在正常运行时必须是（　　）。

A. 丫联结　　　　B. △联结　　　　C. 丫/△联结　　　D. 延边△联结

5. 晶体管式时间继电器比气囊式时间继电器寿命长、调节方便、耐冲击 3 项性能上（　　）。

A. 差　　　　　　B. 良　　　　　　C. 优　　　　　　D. 因使用场合不同而异

6. 通电延时型的时间继电器，它的动作情况为（　　）。

A. 线圈通电时延时触头延时动作，断电时延时触头瞬时动作

B. 线圈通电时延时触头瞬时动作，断电时延时触头延时动作

C. 线圈通电时延时触头不动作，断电时延时触头动作

D. 线圈通电时瞬动触头不动作，断电时延时触头延时动作

7. 丫—△减压起动控制电路中，接触器 $KM_\curlyvee$ 的进线必须从三相定子绕组的末端引入，若将其从首段引入，则在 $KM_\curlyvee$ 吸合时，会出现三相电源（　　）事故。

A. 开路　　　　　B. 漏电　　　　　C. 过载　　　　　D. 短路

8. 丫—△减压起动控制接线时，要保证电动机△联结的正确性，即接触器主触头闭合时，应保证定子绕组（　　）。

A. U1 与 U2、V1 与 V2、W1 与 W2 相连

B. U1 与 V2、V1 与 W2、W1 与 U2 相连

C. U1 与 W2、V1 与 U2、W1 与 V2 相连

D. U1 与 W1、V1 与 V2、U2 与 W2 相连

9. 丫—△减压起动的起动转矩为直接起动转矩的（　　）倍。

A. 2　　　　　　　B. 1/2　　　　　C. 3　　　　　　　D. 1/3

（二）判断题

1. 直接起动的优点是电气设备少，电路简单，维修量小。　　　　　　（　　）

2. 串电阻减压起动不能频繁起动电动机，否则电阻温度很高，对于精密的机床会产生一定的影响。　　　　　　　　　　　　　　　　　　　　　　　　　　（　　）

3. 电源变压器容量在 180kV·A，电动机功率在 7kW 以下的三相异步电动机可直接起动。　　　　　　　　　　　　　　　　　　　　　　　　　　　　　　　　（　　）

4. 三相笼型异步电动机直接起动时，其起动转矩为额定转矩的 3 倍。　（　　）

5. 电动机减压起动的目的是为了节省电源能量。　　　　　　　　　　（　　）

6. 自耦变压器减压起动是指电动机起动时，利用自耦变压器来降低加在电动机定子绕组上的起动电压。　　　　　　　　　　　　　　　　　　　　　　　　（　　）

7. 晶体管式时间继电器也称半导体时间继电器或称为电子式时间继电器，是自动控制系统的重要元器件。　　　　　　　　　　　　　　　　　　　　　　　（　　）

8. 三相笼型异步电动机都可以用丫—△减压起动大功率丫联结的电动机也可采用丫—△减压起动。 （　　）

9. 晶体管式时间继电器按只有通电延时型。 （　　）

10. 软起动可以使得电动机在整个起动过程中平稳加速，无机械冲击。 （　　）

（三）问答题

1. 为什么三相笼型异步电动机要采用减压起动？常见的减压起动方法有几种？

2. 三相异步电动机采用定子绕组串接电阻减压起动有什么缺点？

3. 三相异步电动机采用自耦变压器减压起动有什么优缺点？

4. 三相异步电动机丫—△减压起动有什么特点？叙述其工作原理。

5. 电动机的软起动有什么特点？

（四）操作练习题

1. 三相异步电动机定子绕组串接电阻减压起动控制电路的安装接与故障检修。

2. 自耦变压器减压起动控制电路的安装接线与故障检修。

3. 三相笼型异步电动机丫—△减压起动控制电路的安装接线与故障检修。

【练习要求】

1. 按图正确使用工具和仪表进行熟练的安装接线。安装接线采用槽板配线。

2. 按钮盒不固定在板上，电源和电动机配线、按钮接线要接到端子排上，要注明引出端子的标号。

3. 注意电动机的接线。

4. 在安装接线完成后，经教师通电检查合格者，在这个电路板上，人为设置隐蔽故障 3 处，其中主电路 1 处，控制电路 2 处（可分 3 次设置）。

5. 操作中注意安全文明操作。

操作练习题安装接线评分标准见表 1-1-41。

操作练习题故障检修评分标准见表 1-1-42。

单元 5　三相异步电动机制动控制电路的安装与维修

生产机械在电动机的拖动下运转，当电动机失电后，由于惯性作用电动机不可能立即停下来，而会继续转动一段时间才会完全停下来。这种现象一是会使生产机械的工作效率变低，二是对于某些生产机械是不适宜的。为了能使电动机迅速停转，满足生产机械的这种要求，就需要对电动机进行制动。

所谓制动，就是给电动机一个与转动方向相反的转矩使它迅速停转（或限制其转速）。制动的方法一般有两类：机械制动和电力制动。

任务 1　机械制动——电磁制动器断电（通电）制动控制电路的安装与维修

知识目标

1. 正确识别、选用、安装、使用电磁制动器，熟悉它的功能、基本结构、工作原理及型号含义，熟记它的图形符号和文字符号。

2. 正确理解三相异步电动机磁制动器断电（通电）制动控制电路的工作原理。

能力目标

1. 掌握电磁制动器的安装与调试。
2. 掌握电磁制动器断电制动控制电路的故障维修方法。

 任务描述（见表1-5-1）

表1-5-1　任 务 描 述

工作任务	要　　求
1. 电磁制动器断电制动控制电路的安装	1. 正确安装调试好电磁制动器 2. 安装布线要符合工艺要求 3. 通电试车时要严格遵守安全规程
2. 电磁制动器断电制动控制电路的维修	1. 理解电路的工作原理，掌握分析故障的方法 2. 带电检测故障电路时要严格遵守安全规程 3. 维修过程要符合工艺要求

 任务分析

电动机断开电源后，利用机械装置产生的反作用力矩使其迅速停转的方法叫做机械制动。机械制动常用的方法有电磁制动器制动和电磁离合器制动。如 X62W 型万能铣床的主轴电动机就采用电磁离合器制动以实现准确停车。而在 20/5t 桥式起重机上，主钩、副钩、大车、小车全部采用电磁制动器以保证电动机失电后的迅速停车。

 相关知识

一、电磁制动器

图 1-5-1 所示为常用的 MZD1 系列交流制动电磁铁与 TJ2 系列闸瓦制动器的外形，它们配合使用共同组成电磁制动器，其结构如图 1-5-2a 所示，图形符号如图 1-5-2b 所示。TJ2 系列闸瓦制动器与 MZD1 系列交流制动电磁铁的配用见表 1-5-1。

a)　　　　　　　　　　　　　　　b)

图 1-5-1　制动电磁铁与闸瓦制动器

a）MZD1 系列交流单相制动电磁铁　b）TJ2 系列闸瓦制动器

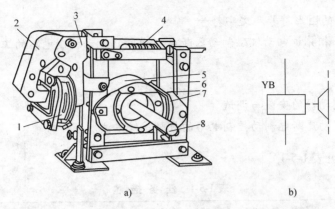

图 1-5-2 电磁制动器

a）结构 b）图形符号

1—线圈 2—衔铁 3—铁心 4—弹簧 5—闸轮 6—杠杆 7—闸瓦 8—轴

表 1-5-2 TJ2 系列闸瓦制动器与 MZD1 系列交流制动电磁铁的配用表

制动器型号	制动力矩/N·m		闸瓦退距/mm（正常/最大）	调整杆行程/mm（开始/最大）	电磁铁型号	电磁铁转矩/N·m	
	通电持续率为25%或40%	通电持续率为100%				通电持续率为25%或40%	通电持续率为100%
TJ2—100	20	10	0.4/0.6	2/3	MZD1—100	5.5	3
TJ2—200/100	40	20	0.4/0.6	2/3	MZD1—200	5.5	3
TJ2—200	160	80	0.5/0.8	2.5/3.8	MZD1—200	40	20
TJ2—300/200	240	120	0.5/0.8	2.5/3.8	MZD1—200	40	20
TJ2—300	500	200	0.7/1	3/4.4	MZD1—300	100	40

电磁铁和制动器的型号及其含义如下：

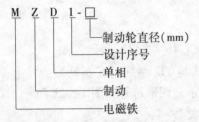

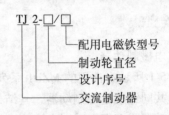

制动电磁铁由铁心、衔铁和线圈 3 部分组成。闸瓦制动器包括闸轮、闸瓦、杠杆和弹簧等部分。电磁制动器分为断电制动型和通电制动型两种。断电制动型的工作原理如下：当制动电磁铁的线圈得电时，制动器的闸瓦与闸轮分开，无制动作用；当线圈失电时，制动器的闸瓦紧紧抱住闸轮制动。

通电制动型的工作原理如下：当制动电磁铁的线圈得电时，闸瓦紧紧抱住闸轮制动；当线圈失电时，制动器的闸瓦与闸轮分开，无制动作用。

二、电磁制动器断电制动控制电路分析

图 1-5-3 就是 20/5t 桥式起重机副钩上采用的电磁制动器断电制动控制电路。

电路的工作原理如下：

（1）起动运转 先合上电源开关 QS。按下起动按钮 SB1，接触器 KM 线圈得电，其自锁触头和主触头闭合，电动机 M 接通电源，同时电磁制动器 YB 线圈得电，衔铁与铁心吸合，衔铁克服弹簧拉力，迫使制动杠杆向上移动，从而使制动器的闸瓦与闸轮分开，电动机正常运转。

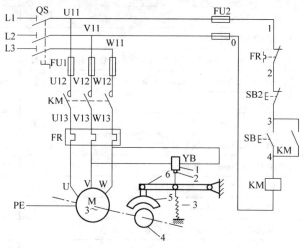

图 1-5-3 电磁制动器断电制动控制电路
1—线圈 2—衔铁 3—弹簧 4—闸轮 5—闸瓦 6—杠杆

（2）制动停转 按下停止按钮 SB2，接触器 KM 线圈失电，其自锁触头和主触头分断，电动机 M 失电，同时电磁制动器 YB 线圈也失电，衔铁与铁心分开，在弹簧拉力的作用下，制动器的闸瓦紧紧抱住闸轮，使电动机被迅速制动而停转。

电磁制动器断电制动在起重机械上被广泛采用。其优点是能够准确定位，同时可防止电动机突然断电时，重物自行坠落；缺点是不经济，因为电磁制动器线圈耗电时间与电动机一样长。另外，由于电磁制动器在切断电源后的制动作用，使手动调整工件很困难，因此，对要求电动机制动后能调整工件位置的机床设备，可采用通电制动控制电路。

任务准备

根据电路图，选用工具、仪表、耗材及器材，见表 1-5-3。

表 1-5-3 工具、仪表、耗材及器材明细

序号	名称	型号与规格	单位	数量	质检要求
1	三相四线电源	~3×380/220V，20A	处	1	1. 根据电动机规格检验选配的工具、仪表、器材等是否满足要求
2	单相交流电源	~220V 和 36V，5A	处	1	
3	三相电动机	Y112M—4，4 kW，380 V，△联结；或自定	台	1	
4	配线板	500mm×600mm×20mm	块	1	2. 检查其各元器件、耗材与表中的型号与规格是否一致
5	组合开关	HZ10—25/3	个	1	
6	交流接触器	CJ10—20，线圈电压380V（或 CJX2、B 系列等自定	只	3	3. 元器件外观应完整无损，附件、配件齐全
7	热继电器	JR16B—20/3，整定电流 10～16A，JRS2 或 T 系列	只	1	
8	制动电磁铁 YB	TJ2—200（配以 MZD1—200 电磁铁）	台	1	4. 用万用表、绝缘电阻表检测元器件及电动机的技术数据是否符合要求
9	熔断器及熔芯配套	RL1—60/25	套	3	

（续）

序号	名称	型号与规格	单位	数量	质检要求
10	熔断器及熔芯配套	RL1—15/2	套	2	1. 根据电动机规格检验选配的工具、仪表、器材等是否满足要求 2. 检查其各元器件、耗材与表中的型号与规格是否一致 3. 元器件外观应完整无损，附件、配件齐全 4. 用万用表、绝缘电阻表检测元器件及电动机的技术数据是否符合要求
11	三联按钮	LA10—3A 或 LA4—3H	个	1	
12	接线端子排	JX2—1015，500 V、10 A、15 节或配套自定	条	1	
13	木螺钉	$\phi 3mm \times 20mm$；$\phi 3mm \times 15mm$	个	30	
14	平垫圈	$\phi 4mm$	个	30	
15	圆珠笔	自定	支	1	
16	塑料软铜线	BVR—2.5mm²，颜色自定	m	20	
17	塑料软铜线	BVR—1.5mm²，颜色自定	m	20	
18	塑料软铜线	BVR—0.75mm²，颜色自定	m	5	
19	别径压端子	UT2.5—4，UT1—4	个	20	
20	行线槽	TC3025，长34 cm，两边打$\phi 3.5$ mm孔	条	5	
21	异型塑料管	$\phi 3mm$	m	0.2	
22	电工通用工具	验电器、钢丝钳、螺钉旋具（一字形和十字形）、电工刀、尖嘴钳、活扳手、剥线钳等	套	1	
23	万用表	自定	块	1	
24	绝缘电阻表	型号自定，或500V、0~200MΩ	台	1	
25	钳形电流表	0~50 A	块	1	
26	劳保用品	绝缘鞋、工作服等	套	1	

任务实施

安装步骤与前面任务基本相同，本任务操作过程中需要重点说明的是：

1）控制电路的检查与接触器自锁控制电路的检查方法一致。

2）主电路的检查与接触器自锁控制电路的检查方法基本一致，不同点是在热继电器的下端头 V 和 W 之间连接有电磁制动器线圈，重点检查线圈的通断情况。

故障排除

电磁制动器断电制动控制电路故障的现象、原因及检查方法见表1-5-4。

表1-5-4 电路故障的现象、原因及检查方法

故障现象	原因分析	检查方法
电动机起动后，电磁制动器闸瓦与闸轮过热	闸瓦与闸轮的间距没有调整好，间距太小，造成闸瓦与闸轮有摩擦	检查闸瓦与闸轮的间距，调整间距后起动电动机一段时间后，停车在检查闸瓦与闸轮过热是否消失
电动机断电后不能立即制动	闸瓦与闸轮的间距过大	检查调小闸瓦与闸轮的间距，调整间距后起动电动机，停车检查制动情况
电动机堵转	电磁制动器的线圈损坏或线圈连接电路断路，造成抱闸装置在通电的情况下没有放开	断开电源，拆下电动机的连接线 用电阻法或校验灯法检查故障点

注：其他故障参见接触器自锁控制电路的故障检测。

检查评议

检查评议表参见表1-1-13。

 问题及防治

（1）必须与电动机一起安装在固定的底座或座墩上，其地脚螺栓必须拧紧，且有防松措施。电动机轴伸出端上的制动闸轮必须与闸瓦制动器的抱闸机构在同一平面上，面且轴心要一致。

（2）电磁制动器安装后，必须在切断电源的情况下先进行粗调，然后在通电车时再进行微调。粗调时以断电状态下用外力转不动电动机的转轴，而当用外力将制动电磁铁吸合后，电动机转轴能自由转动为合格。

 扩展知识

【电磁离合器】

电磁离合器的制动原理和电磁制动器的制动原理相似，所不同的是：电磁离合器是利用动、静摩擦片之间产生足够大的摩擦力，使电动机断电后立即制动的。

（1）结构示意图　电磁离合器的结构如图1-5-4所示。

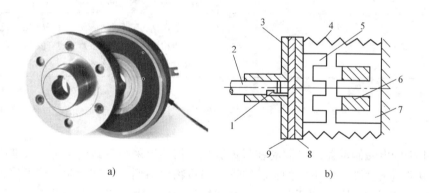

图1-5-4　断电制动型电磁离合器的外形和结构示意图

a）外形图　b）结构示意图

1—键　2—绳轮轴　3—法兰　4—制动弹簧　5—动铁心
6—励磁线圈　7—静铁心　8—静摩擦片　9—动摩擦片

（2）电路图　电磁离合器的制动控制电路与电磁制动器断电控制电路基本相同。

（3）制动原理　电磁离合器制动的原理为：电动机断电时，线圈失电，制动弹簧将静摩擦片紧紧地压在动摩擦片上，此时电动机通过绳轮轴被制动。当电动机通电运转时，线圈也同时得电，电磁铁的动铁心被静铁心吸合，使静摩擦片分开，于是动摩擦片连同绳轮轴在电动机的带动下正常起动运转。当电动机切断电源时，线圈也同时失电，制动弹簧立即将静摩擦片连同铁心推向转着的动摩擦片，强大的弹簧张力迫使动、静摩擦之间产生足够大的摩擦力，使电动机断电后立即受制动停转。

任务2　电力制动——反接制动控制电路的安装与维修

知识目标

1. 正确识别、选用、安装、使用速度继电器，熟悉它的功能、基本结构、工作原理及型号含义，熟记它的图形符号和文字符号。

2. 正确理解三相异步电动机反接制动控制电路的工作原理。

能力目标

1. 掌握速度继电器的安装与使用方法。

2. 掌握反接制动控制电路的故障维修方法。

 任务描述（见表 1-5-5）

表 1-5-5　任务描述

工 作 任 务	要　　求
1. 三相异步电动机反接制动控制电路的安装	1. 速度继电器安装要正确、牢固，符合工艺要求 2. 安装布线要符合工艺要求 3. 通电试车时要严格遵守安全规程
2. 三相异步电动机反接制动控制电路的故障维修	1. 理解电路的工作原理，掌握分析故障的方法 2. 带电检测故障电路时要严格遵守安全规程 3. 维修过程要符合工艺要求

任务分析

任务 1 中的电磁制动器断电制动在起重机械上被广泛采用。其优点是能够准确定位，同时可防止电动机突然断电时重物的自行坠落。当重物起吊到一定高度时，按下停止按钮，电动机和电磁制动器的线圈同时断电，闸瓦立即抱住闸轮，电动机立即制动停转，重物随之被准确定位。如果电动机在工作时，线路发生故障而突然断电时，电磁制动器同样会使电动机迅速制动停转，从而避免重物自行坠落。这种制动方法的缺点是不经济，因为电磁制动器线圈的耗电时间与电动机一样长。另外，对要求电动机断电制动后能调整工件位置的设备不能采用。

所谓电力制动是指使电动机在切断定子电源停转的过程中，产生一个和电动机实际旋转方向相反的电磁力矩（制动力矩），迫使电动机迅速制动停转的方法。电力制动常用的方法有反接制动、能耗制动、电容制动和再生发电制动等。

【反接制动】　依靠改变电动机定子绕组的电源相序来产生制动力矩，迫使电动机迅速停转的方法称为反接制动。反接制动原理图如图 1-5-5 所示。当电动机为正常运行时，电动机定子绕组的电源相序为 L1—L2—L3，电动机将沿旋转磁场方向以 $n < n_1$ 的速度正常运转。当电动机需要停转时，可拉开开关 QS，使电动机先脱离电源（此时转子仍按原方向旋转），当将开关迅速向下投合时，使电动机三相电源的相序发生改变，旋转磁场反转，此时转子将

以 $n_1 + n$ 的相对速度沿原转动方向切割旋转磁场，在转子绕组中产生感应电流，其方向可由左手定则判断出来，可见此转矩方向与电动机的转动方向相反，使电动机受制动迅速停转。

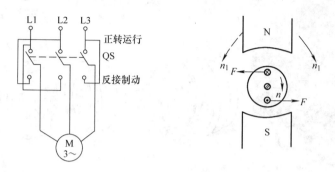

图 1-5-5　反接制动原理图

反接制动时应注意的是：当电动机转速接近零值时，应立即切断电动机的电源，否则电动机将反转。在反接制动设备中，为保证电动机的转速被制动到接近零值时能迅速切断电源，防止反向起动，常利用速度继电器来自动地及时切断电源。

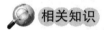　相关知识

一、速度继电器

速度继电器是反映转速和转向的继电器，其主要作用是以旋转速度的快慢为指令信号，与接触器配合实现对电动机的反接制动控制，故又称为反接制动继电器。常用速度继电器的型号及含义如下：

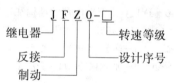

JY1 型速度继电器的结构和工作原理如图 1-5-6 所示。它主要由定子、转子、可动支架、触头系统及端盖等部分组成。转子由永久磁铁制成，固定在转轴上；定子由硅钢片叠成并装有笼型短路绕组，能做小范围偏转；触头系统由两组转换触头组成，一组在转子正转时动作，另一组在转子反转时动作。

当电动机旋转时，带动与电动机同轴相连的速度继电器的转子旋转，相当于在空间中产生旋转磁场；从而在定子笼型短路绕组中产生感应电流，感应电流与永久磁铁的旋转磁场相互作用，产生电磁转矩，使定子随永久磁铁转动的方向偏转，与定子相连的胶木摆杆也随之偏转。当定子偏转到一定角度，胶木摆杆推动簧片，使继电器的触头动作。

当转子转速减小到零时，由于定子的电磁转矩减小，胶木摆杆恢复原状态，触头随即复位。

速度继电器的动作转速一般不低于 $100 \sim 300 \text{r/min}$，复位速度约在 100r/min 以下。常用的速度继电器中，JY1 型能在 3000r/min 以下可靠地工作，JFZ0 型的两组触头改用两个微动开关，使其触头的动作速度不受定子偏转速度的影响。额定工作转速有 $300 \sim 1000 \text{r/min}$

（JFZ0—1 型）和 1000~3600r/min（JFZ0—2 型）两种。

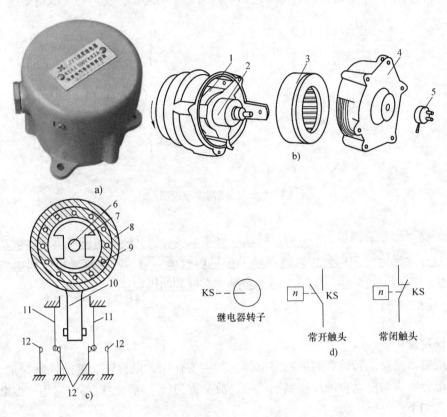

图 1-5-6　JY1 型速度继电器的结构和工作原理

a）实物图　b）外形　c）结构　d）图形符号

1—可动支架　2—转子　3—定子　4—端盖　5—连接头　6—电动机轴　7—转子（永久磁铁）

8—定子　9—定子绕组　10—胶木摆杆　11—簧片（动触头）　12—静触头

二、单向起动反接制动控制电路的工作原理

图 1-5-7 是单向起动反接制动控制电路，反接制动属于电力制动。电路的主电路和正反转控制电路的主电路相同，只是在反接制动时增加了 3 个限流电阻 R。线路中 KM1 为正转运行接触器，KM2 为反接制动接触器，KS 为速度继电器，其轴与电动机轴相连（图 1-5-7中用点画线表示）。

电路的工作原理如下：先合上电源开关 QS。

【单向起动】：

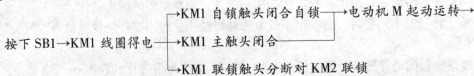

→至电动机转速上升到一定值（约 150r/min）时→KS 常开触头闭合为制动做准备

【反接制动】：

按下 SB2
- SB2 常闭触头先分断 → KM1 线圈失电
  - → KM1 自锁触头分断解除自锁
  - → KM1 主触头分断，M 暂失电
  - → KM1 联锁触头闭合
- → SB2 常开触头后闭合

→ KM2 线圈得电
- → KM2 联锁触头分断对 KM1 联锁
- → KM2 自锁触头闭合自锁
- → KM2 主触头闭合 → 电动机 M 串接电阻 R 反接制动 →

→ 至电动机转速下降到一定值（约 100r/min）时 → KS 常开触头分断 →

→ KM2 线圈失电
- → KM2 联锁触头闭合解除联锁
- → KM2 自锁触头分断解除自锁
- → KM2 主触头分断 → 电动机 M 脱离电源停转，反接制动结束

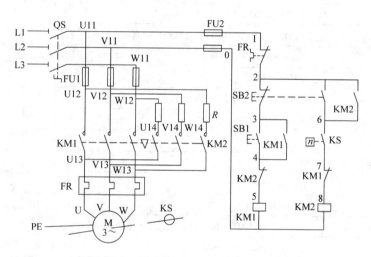

图 1-5-7　单向起动反接制动控制电路

反接制动时，由于旋转磁场与转子的相对转速（$n_1 + n$）很高，故转子绕组中感应电流很大，致使定子绕组中的电流很大，一般为电动机额定电流的 10 倍左右。因此，反接制动适用于 10kW 以下小功率电动机的制动，并且对功率 4.5kW 以上的电动机进行反接制动时，需在定子绕组回路中串入限流电阻 R，以限制反接制动电流。限流电阻 R 的大小可参考下述经验计算公式进行估算。

在电源电压 380V 时，若要使反接制动电流等于电动机直接起动时起动电流的 1/2，即 $I_{st}/2$，则三相电路每相应串入的电阻 R（Ω）值可取为

$$R \approx 1.5 \times \frac{220}{I_{st}}$$

若要使反接制动电流等于起动电流 I_{st}，则每相应串入的电阻 R′（Ω）值可取为

$$R' \approx 1.3 \times \frac{220}{I_{st}}$$

如果反接制动时，只在电源两相中串接电阻，则电阻值应加大，分别取上述电阻值的 1.5 倍。

反接制动的优点是制动力强，制动迅速。缺点是制动准确性差，制动过程中冲击强烈，易损坏传动零件，制动能量消耗大，不宜经常制动。因此，反接制动一般适用于制动要求迅速、系统惯性较大、不经常起动与制动的场合，如铣床、镗床、中型车床等主轴的制动控制。

任务准备

仪表、工具、耗材和器材准备见表 1-5-6。

表 1-5-6　工具、仪表、耗材及器材明细

序号	名称	型号与规格	单位	数量	质检要求
1	三相四线电源	~3×380/220V，20A	处	1	
2	单相交流电源	~220V 和 36V，5A	处	1	
3	三相电动机	Y112M—4，4kW，380V，△联结；或自定	台	1	
4	配线板	500mm×600mm×20mm	块	1	
5	组合开关	HZ10—25/3	个	1	
6	交流接触器	CJ10—20，线圈电压 380V	只	1	
7	热继电器	JR16—20/3，整定电流 10~16A	只	1	
8	速度继电器	JY1	只	1	
9	熔断器及熔芯配套	RL1—60/20	套	3	1. 根据电动机规格检验选配的工具、仪表、器材等是否满足要求
10	熔断器及熔芯配套	RL1—15/4	套	2	
11	三联按钮	LA10—3H 或 LA4—3H	个	2	
12	接线端子排	JX2—1015，500V，10A，15 节或配套自定	条	1	2. 检查其各元器件、耗材与表中的型号与规格是否一致
13	木螺钉	φ3mm×20mm；φ3mm×15mm	个	30	
14	平垫圈	φ4mm	个	30	
15	圆珠笔	自定	支	1	3. 元器件外观应完整无损，附件、配件齐全
16	塑料软铜线	BVR—2.5mm²，颜色自定	m	20	
17	塑料软铜线	BVR—1.5mm²，颜色自定	m	20	
18	塑料软铜线	BVR—0.75mm²，颜色自定	m	5	4. 用万用表、绝缘电阻表检测元器件及电动机的技术数据是否符合要求
19	别径压端子	UT2.5—4，UT1—4	个	20	
20	行线槽	TC3025，长 34cm，两边打 φ3.5mm 孔	条	5	
21	异型塑料管	φ3mm	m	0.2	
22	电工通用工具	验电器、钢丝钳、螺钉旋具（一字形和十字形）、电工刀、尖嘴钳、活扳手、剥线钳等	套	1	
23	万用表	自定	块	1	
24	绝缘电阻表	型号自定，或 500V、0~200MΩ	台	1	
25	钳形电流表	0~50A	块	1	
26	劳保用品	绝缘鞋、工作服等	套	1	

任务实施

安装步骤与前面任务基本相同，本任务操作过程中需要重点说明的是：

（1）检查主电路　断开 FU2 切除辅助电路，按照接触器连正反转控制电路的要求检查主电路。

（2）检查控制电路　拆下电动机接线，接通 FU2。万用表两支笔笔接 QS 下端的 U11、V11 端子，做以下几项检查。

1）检查起动和停车控制：按下 SB1，应测得 KM1 的线圈电阻值；在操作 SB1 的同时按下 SB2，万用表应显示电路由通而断。

2）检查自锁电路：按下 KM1 的触头架，应测得 KM1 的线圈电阻值；如操作的同时按下 SB2，万用表应显示电路由通而断。如果测量时发现异常，则重点检查接触器自锁触头上、下端子的连线。容易接错处是：将 KM1 的自锁线错接到 KM2 的自锁触头上；将常闭触头用做自锁触头等，应根据异常现象分析、检查。

3）检查制动电路：按下 SB2，电路不通。打开速度继电器的端盖，拨动摆杆，使 KS 闭合；按下 SB2，各应测得 KM2 的线圈电阻值，同时按下按下 KM1 的触头架，万用表应显示电路由通而断；放开 SB2 按下 KM2 的触头架，应测得 KM2 的线圈电阻值。

故障排除

1. 速度继电器故障检修（见表1-5-7）

表1-5-7　电路故障的现象、原因及处理方法

故障现象	可能的原因	处理方法
反接制动时速度继电器失效，电动机不制动	1. 胶木摆杆断裂 2. 触头接触不良 3. 弹性动触片断裂或失去弹性 4. 笼型绕组开路	1. 更换胶木摆杆 2. 清洗触头表面油污 3. 更换弹性动触片 4. 跟换笼型绕组
电动机不能正常制动	速度继电器的弹性动触片调整不当	重新调节调整螺钉 1. 将调整螺钉向下旋，弹性动触片弹性增大，速度较高时继电器才动作 2. 将调整螺钉向上旋，弹性动触片弹性减少，速度较低时继电器即动作

2. 反接制动控制电路的故障检修（见表1-5-8）

表1-5-8　电路故障的现象、原因及处理方法

故障现象	原因分析	检查方法
按停止按钮 SB2，KM1 释放，但没有制动	1. 按钮 SB2 常开触头接触不良或连接线断路 2. 接触器 KM1 常闭辅助触头接触不良 3. 接触器 KM2 线圈断线 4. 速度继电器 KS 动合触头接触不良	1. 按下 SB2，速度继电器 KS 动合触头前，可用验电器法检查故障点 2. 速度继电器 KS 动合触头后的故障点，可在断开电源后用电阻法判断故障点

（续）

故障现象	原 因 分 析	检 查 方 法
按停止按钮 SB2，KM1 释放，但没有制动	5. 速度继电器与电动机之间连接不好，见图中点画线框 （电路图：SB2、KS、KM1、KM2、标号 2、6、7、8）	1. 按下 SB2，速度继电器 KS 动合触头前，可用验电器法检查故障点 2. 速度继电器 KS 动合触头后的故障点，可在断开电源后用电阻法判断故障点
制动效果不显著	1. 速度继电器的整定转速过高 2. 速度继电器永磁转子磁性减退 3. 限流电阻 R 阻值太大	首先调松速度继电器的整定弹簧，观察制动效果是否有明显改善。如若制动效果不明显改善，则减小限流电阻 R 阻值，调整后再观察其变化，若仍然制动效果不明显，则更换速度继电器
制动后电动机反转	由于制动太强，速度继电器的整定速度太低电动机反转	1. 调紧调节螺钉 2. 增加弹簧弹力
制动时电动机振动过大	由于制动太强，限流电阻 R 阻值太小，造成制动时电动机振动过大	应适当减小限流电阻

注：其他故障参见接触器联锁正反转控制电路的故障检修方法。

检查评议

检查评议表参见表 1-1-13。

问题及防治

速度继电器的安装与使用应注意以下问题：

1）速度继电器的转轴应与电动机同轴连接，使两轴的中心线重合。速度继电器的轴可用联轴器与电动机的轴连接。

2）速度继电器安装接线时，应注意正反向触头不能接错，否则不能实现反接制动控制。

3）速度继电器的金属外壳应可靠接地。

扩展知识

【双向起动反接制动控制电路介绍】

图 1-5-8 所示是双向起动反接制动控制电路。图中，KM1 既是正转运行的接触器，也是反转运行时的反接制动接触器；KM2 既是反转运行接触器，又是正转运行时的反接制动接触器；KM3 作短接限流电阻 R 用；中间继电器 KA1、KA3 和接触器 KM1、KM3 配合完成电动机的正向起动、反接制动的控制要求；中间继电器 KA2、KA4 和接触器 KM2、KM3 配合

完成电动机的反向起动、反接制动的控制要求；速度继电器 KS 有两对常开触头 KS—1、KS—2，分别用于控制电动机正转和反转时反接制动的时间；R 既是反接制动的限流电阻，又是正反向起动的限流电阻。中间继电器 KA3、KA4 可避免停车时，由于速度继电器 KS—1或 KS—2 触头的偶然闭合而接通电源。有兴趣的读者可自行分析电路的工作原理。

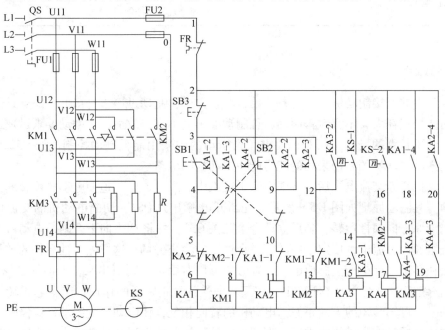

图 1-5-8　双向起动反接制动控制电路

双向起动反接制动控制电路所用电器较多，电路较为复杂，但操作方便，运行安全可靠，是一种比较完善的控制电路。

任务 3　电力制动——能耗制动控制电路的安装与维修

知识目标

正确理解三相异步电动机能耗制动控制电路的工作原理。

能力目标

掌握无变压器单相半波整流能耗制动自动控制电路的故障维修方法。

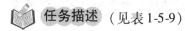 **任务描述**（见表 1-5-9）

表 1-5-9　任 务 描 述

工作任务	要　　求
1. 三相异步电动机无变压器单相半波整流能耗制动自动控制电路的安装	1. 元器件安装要正确、牢固，安装布线要符合工艺要求 2. 通电试车时要严格遵守安全规程

（续）

工作任务	要　　　求
2. 三相异步电动机无变压器单相半波整流能耗制动自动控制电路的故障维修	1. 理解电路的工作原理，掌握分析故障的方法 2. 带电检测故障电路时要严格遵守安全规程 3. 维修过程要符合工艺要求

任务分析

任务 2 中的反接制动优点是设备简单，调整方便，制动迅速，价格低；缺点是制动冲击大，制功能量损耗大，不宜频繁制动，且制动准确度不高，故适用于制动要求迅速，系统惯性较大制动不频繁的场合。而对于要求频繁制动的则采用能耗制动控制。如 C5225 型车床工作台主拖动电动机的制动采用的就是能耗制动控制电路。

当电动机切断交流电源后，立即在定子绕组中通入直流电，迫使电动机停转的方法称为能耗制动。其制动原理如图 1-5-9 所示。先断开电源开关 QS1，切断电动机的交流电源，这时转子仍沿原方向惯性运转；随后立即合上开关 QS2，并将 QS1 向下合闸，电动机 V、W 两相定子绕组通入直流电，使定子中产生一个恒定的静止磁场，这样做惯性运转的转子因切割磁力线而在转子绕组中产生感应电流，其方向可用右手定则判断出来，上面标"×"，下面标"·"。绕组中一旦产生了感应电流，又立即受到静止磁场的作用，产生电磁转矩，用左手定则判断，可知转矩的方向正好与电动机的转向相反，使电动机受制动迅速停转。由于这种制动方法是通过在定子绕组中通入直流电以消耗转子惯性运转的动能来进行制动的，所以称为能耗制动，又称为动能制动。

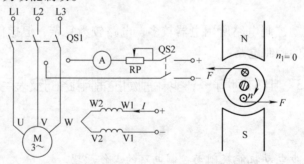

图 1-5-9　能耗制动原理图

能耗制动控制电路一般对于功率 10kW 以下的电动机，常采用无变压器单相半波整流能耗制动自动控制电路如图 1-5-10 所示。对于功率 10kW 以上的电动机，常采用有变压器单相桥式整流单向起动能耗制动自动控制电路。

相关知识

一、无变压器单相半波整流能耗制动自动控制电路

如图 1-5-10 所示，电路采用单相半波整流器作为直流电源，所用附加设备较少，电路简单，成本低。、

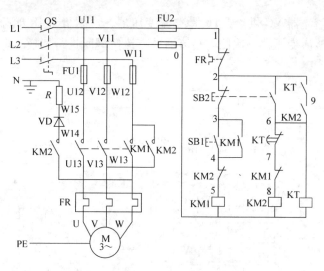

图 1-5-10　无变压器单相半波整流能耗制动自动控制电路

电路的工作原理如下：

【单向起动运转】

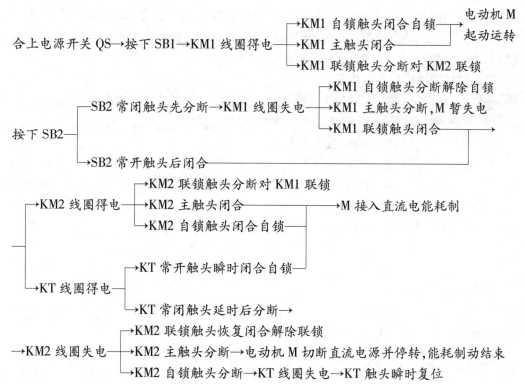

图 1-5-10 中，KT 瞬时闭合常开触头的作用是：当 KT 出现线圈断线或机械卡住等故障时，按下 SB2 后能使电动机制动后脱离直流电源。

二、有变压器单相桥式整流单向起动能耗制动自动控制电路

有变压器单相桥式整流单向起动能耗制动自动控制电路，如图 1-5-11 所示。其中，直流电源由单相桥式整流器 VC 供给，TC 是整流变压器，电阻 R 是用来调节直流电流的，从而调节制动强度，整流变压器一次侧与整流器的直流侧同时进行切换，有利于提高触头的使用寿命。

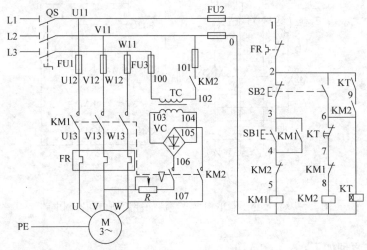

图 1-5-11 有变压器单相桥式整流单向起动能耗制动自动控制电路图

能耗制动的优点是制动准确、平稳，且能量消耗较小；缺点是需要附加直流电源装置，设备费用较高，制动力较弱，在低速时制动力矩小。因此能耗制动一般用于要求制动准确、平稳的场合，如磨床、立式铣床等的控制电路中。

三、能耗制动所需直流电源

一般用以下方法进行，其估算步骤是（以常用的单相桥式整流电路为例）：

1）首先测量出电动机 3 根进线中任意两根之间的电阻 R（Ω）。

2）测量出电动机的进线空载电流 I_0（A）。

3）能耗制动所需的直流电流 I_L（A）$= KI_0$，所需的直流电压 U_L（V）$= I_L R$。其中，K 是系数，一般取 $3.5 \sim 4$。若考虑到电动机定子绕组的发热情况，并使电动机达到比较满意的制动效果，对转速高、惯性大的传动装置可取其上限。

4）单相桥式整流电源变压器二次电压和电流的有效值分别为

$$U_2 = \frac{U_L}{0.9} \qquad I_2 = \frac{I_L}{0.9}$$

变压器计算容量为

$$S = U_2 I_2$$

如果制动不频繁，可取变压器实际容量为

$$S' = \left(\frac{1}{4} \sim \frac{1}{3} \right) S$$

5）可调电阻 $RP \approx 2\Omega$，电阻功率 $P_R = I_L^2 R$，实际选用时，电阻功率也可小些。

任务准备

仪表、工具、耗材和器材准备见表 1-5-10。

表 1-5-10　工具、仪表、耗材及器材明细

序号	名称	型号与规格	单位	数量	质检要求
1	三相四线电源	~3×380/220V，20A	处	1	
2	单相交流电源	~220V 和 36V，5A	处	1	
3	三相电动机	Y112M—4，4kW，380V，△联结；或自定	台	1	
4	配线板	500mm×600mm×20mm	块	1	
5	组合开关	HZ10—25/3	个	1	
6	交流接触器	CJ10—20，线圈电压380 或自定	只	1	
7	热继电器	JR16B—20/3，整定电流 10~16A 或自定	只	1	
8	时间继电器	JS7—2A 或自定	只	1	
9	熔断器及熔芯配套	RL1—60/20	套	3	1. 根据电动机规格检验选配的工具、仪表、器材等是否满足要求
10	熔断器及熔芯配套	RL1—15/4	套	2	
11	三联按钮	LA10—3H 或 LA4—3H	个	2	
12	整流二极管	2CZ30，30A，600V	只	1	2. 检查其各元器件、耗材与表中的型号与规格是否一致
13	制动电阻	0.5Ω，50W（外接）	只	1	
14	接线端子排	JX2—1015，500V，10A，15 节或配套自定	条	1	
15	木螺钉	φ3mm×20mm；φ3mm×15mm	个	30	3. 元器件外观应完整无损，附件、配件齐全
16	平垫圈	φ4mm	个	30	
17	圆珠笔	自定	支	1	
18	塑料软铜线	BVR—2.5mm²，颜色自定	m	20	4. 用万用表、绝缘电阻表检测元器件及电动机的技术数据是否符合要求
19	塑料软铜线	BVR—1.5mm²，颜色自定	m	20	
20	塑料软铜线	BVR—0.75mm²，颜色自定	m	5	
21	别径压端子	UT2.5—4，UT1—4	个	20	
22	行线槽	TC3025，长 34cm，两边打 φ3.5mm 孔	条	5	
23	异型塑料管	φ3mm	m	0.2	
24	电工通用工具	验电器、钢丝钳、螺钉旋具（一字形和十字形）、电工刀、尖嘴钳、活扳手、剥线钳等	套	1	
25	万用表	自定	块	1	
26	绝缘电阻表	型号自定，或 500V、0~200MΩ	台	1	
27	钳形电流表	0~50A	块	1	
28	劳保用品	绝缘鞋、工作服等	套	1	

 任务实施

安装步骤与前面任务基本相同，本任务操作过程中需要重点说明以下几个方面：

1. 自检

用万用表检查电路的通断情况。万用表选用倍率适当的电阻挡（$R×1$），并进行校零。

（1）检查主电路　断开 FU2 切除辅助电路，万用表两支表笔接 QS 下端的 V11、W11 端

子。

1）按下 KM1 的触头架，万用表显示由断到通。

2）按下 KM2 的触头架，万用表显示由断到通，要注意万用表的正负极性。

（2）检查控制电路　拆下电动机接线，接通 FU2。万用表两支表笔接 QS 下端的 U11、V11 端子，做以下几项检查。

1）按下 SB1，应测得 KM1 的线圈电阻值；在操作 SB1 的同时轻轻按下 SB2，万用表应显示电路由通而断。

2）按下 KM1 的触头架，再按下 KM2 的触头架，万用表显示由通到断。

3）按下 SB2，再轻轻按下 KM1 的触头架，万用表显示由通到断。

4）按下 SB2，拔掉晶体管式时间继电器或按动气囊，使 KT 延时触头断开，万用表显示由通到断。

2. 通电试车

（1）空操作试验　拆下电动机连线，调整好时间继电器的延时动作时间（一般为 3～5s），合上 QF，按下 SB1，KM1 吸合动作，按下 SB2，KM1 失电断开，KM2 得电吸合动作，3～5s 后，KM2 失电断开。

（2）带负荷试车　断开 QS，连接好电动机接线，合上 QS，做好随时切断电源的准备。按下 SB1，观察电动机的起动情况，按下 SB2，KM1 断开，KM2 闭合，电动机迅速停转，停转后，KM2 分断。

故障排除（见表 1-5-11）

表 1-5-11　电路故障的现象、原因及处理方法

故障现象	原　因　分　析	检　查　方　法
按下停止按钮接触器 KM2 不吸合，电动机不能制动	可能故障点在下图中点画线框中部分 可能是接触器 KM1 的常闭触头接触不良；SB2 的常开触头接触不良；时间继电器延时分断触头 KT 接触不良；接触器 KM2 本身有故障不能吸合	1. 将 SB2 按下停留一段时间（时间大于时间继电器的动作时间），看时间继电器是否动作 2. 时间继电器没有动作，用验电器先测量 SB2 上端头是否有电，如没有电，则是 2# 线断路。如有电，则是 SB2 常开接触不良 3. 时间继电器有动作，故障在 6、7、8# 线和 KT 延时断开触头、KM1 常闭触头、KM2 线圈。检查方法，断开电源，万用表位于电阻挡，一支表笔固定在 SB2 常开的下端头，另一支表笔逐点测量，电阻明显变大的为故障点

（续）

故障现象	原 因 分 析	检 查 方 法
按下停止按钮接触器 KM2 吸合，电动机不能制动	可能故障点在下图中点画线框中部分 接触器 KM2 吸合，可能是接触器 KM2 的主触头中某一触头接触不良，整流电路断路。整流器件部分烧毁等	用验电器先测量 KM2 主触头的上端头是否有电；如没电，则是 KM2 主触头上端头连接导线断路；如有电，则断开电源，用万用表的电阻挡，黑表笔固定在 KM2 主触头的上端头，按下 KM2 的触头架，红表笔逐点测量通断情况，故障点在通断两点之间
按下停止按钮接触器 KM2 吸合，松开停止按钮接触器 KM2 复位，电动机制动为点动控制	可能故障点在下图中点画线框中部分 1. 时间继电器瞬时闭合触头 KT 接触不良 2. 时间继电器线圈损坏 3. KM2 常开辅助触头接触不良 4. 2、6、9# 连接导线断路	用验电器先测量 KT 通电瞬时闭合触头的上端头是否有电，没有电，2# 线断路；如有电，断开电源，用万用表的电阻挡，检查 9、6# 线和 KM2 的常开触头的通断情况，若正常，则是时间继电器故障

注：其他故障参见接触器自锁控制电路的故障检测。

 检查评议

检查评议表参见表 1-1-13。

问题及防治

1）时间继电器的整定时间不要调得过长，以免制动时间过长引起定子绕组发热。

2）整流二极管要配装散热器和固定散热器支架。

3）制动电阻要安装在控制板外面。

4）进行制动时，停止按钮 SB2 要按到底。

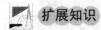扩展知识

【两种常见电力制动方式简介】

1. 电容制动

当电动机切断交流电源后，立即在电动机定子绕组的出线端接入电容器来迫使电动机迅速停转的方法叫做电容制动。

电容制动的原理是：当旋转着的电动机断开交流电源时，转子内仍有剩磁。随着转子的惯性转动，形成一个随转子转动的旋转磁场。该磁场切割定子绕组产生感应电动势，并通过电容器回路形成感应电流，这个电流产生的磁场与转子绕组中的感应电流相互作用，产生一个与旋转方向相反的制动力矩，使电动机受制动迅速停转。

电容制动控制电路图如图 1-5-12 所示。电阻 R1 是调节电阻，用以调节制动力矩的大小，电阻 R2 为放电电阻。经验证明，电容器的电容，对于 380V、50Hz 的笼型异步电动机，每千瓦每相约需要 150μF。电容器的耐压应不小于电动机的额定电压。

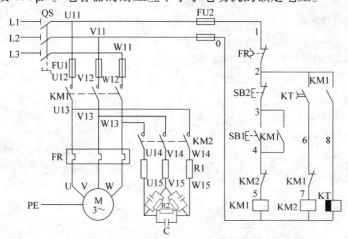

图 1-5-12　电容制动控制电路

实验证明，对于 5.5kW、△联结的三相异步电动机，无制动停车时间为 22s，采用电容制动后其停车时间仅需 1s。对于 5.5kW、Y联结的三相异步电动机，无制动停车时间为 36s，采用电容制动后其停车时间仅为 2s。所以电容制动是一种制动迅速、能量损耗小、设备简单的制动方法，一般用于 10kW 以下的小功率电动机，特别适用于存在机械摩擦和阻尼的生产机械和需要多台电动机同时制动的场合。有兴趣的读者可自行分析电路的工作原理。

2. 再生发电制动（又称为回馈制动）

再生发电制动主要用在起重机械和多速异步电动机上。下面以起重机械为例说明其制动原理。

当起重机在高处开始下放重物时，电动机转速 n 小于同步转速 n_1，这时电动机处于电动运行状态，其转子电流和电磁转矩的方向如图 1-5-13a 所示。但由于重力的作用，在重物的下放过程中，会使电动机的转速 n 大于同步转速 n_1，这时电动机处于发电运行状态，转子相对于旋转磁场切割磁力线的运动方向发生了改变（沿顺时针方向），其转子电流和电磁

转矩的方向都与电动运行时相反，如图1-5-13b所示。可见电磁力矩变为制动力矩限制了重物的下降速度，保证了设备和人身安全。

　　对多速电动机变速时，如果电动机由2极变为4极，定子旋转磁场的同步转速 n_1 由 3000r/min 变为 1500r/min，而转子由于惯性仍以原来的转速 n（接近3000r/min）旋转，此时 $n > n_1$，电动机处于发电制动状态。

　　再生发电制动是一种比较经济的制动方法，制动时不需要改变电路即可从电动运行状态自动地转入发电制动状态，把机械能转换成电能，再回馈到电网，节能效果显著。其缺点是应用范围较窄，仅当电动机转速大于同步转速时才能实现发电制动。所以常用于在位能负载作用下的起重机械和多速异步电动机由高速转为低速时的情况。

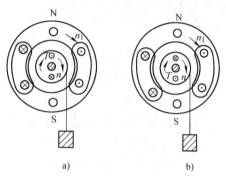

图1-5-13　发电制动原理图
a）电动运行状态　b）发电制动状态

考证要点及单元练习

一、考证要点

维修电工职业资格证的考核分为理论知识考核和技能操作考核两部分。

（一）理论知识考核要点

1. 识图知识

1）电磁制动器的图形符号和文字符号。

2）速度继电器的图形符号和文字符号。

3）整流器的图形符号和文字符号。

4）由电磁制动器构成的控制电路图的识读。

5）由速度继电器构成的反接制动控制电路图的识读。

6）由制动电阻和整流器构成的能耗制动控制电路图的识读。

2. 低压电器知识

1）电磁制动器的结构、类型、工作原理和安装使用注意事项。

2）速度继电器的基本结构、工作原理和安装使用注意事项。

3）制动电阻和整流器的类型、工作原理和安装使用注意事项。

3. 电力拖动控制知识

1）电磁制动器断电（通电）制动控制电路原理。

2）反接制动控制电路原理。

3）能耗制动控制电路原理。

（二）技能操作考核要点

1. 常用电工工具、仪表的使用与维护

1）常用电工工具的使用。

2）万用表的使用与维护。

3）绝缘电阻表的使用与维护。

4）钳形电流表的使用与维护。

2. 电气控制电路安装接线

1）导线、元器件的选择。

2）电气控制电路的安装、槽板配线工艺。

3. 电路故障判断及修复

1）电动机不能起动的故障检修。

2）电动机不能正常运行的故障检修。

3）电动机不能制动的故障检修。

4. 安全文明生产

1）劳动保护用品穿戴整齐。

2）工具仪表佩戴齐全。

3）遵守操作规程，讲文明礼貌。

4）操作完毕清理好现场。

二、单元练习

（一）选择题

1. 电磁制动器断电制动控制电路，当电磁制动器线圈（　　）时，电动机迅速停转。

　　A. 失电　　　　　　B. 得电　　　　　　C. 电流很大　　　　　　D. 短路

2. 电磁制动器按动作类型分为（　　）种。

　　A. 2　　　　　　　B. 3　　　　　　　C. 4　　　　　　　D. 5

3. 速度继电器的作用是（　　）。

　　A. 限制运行速度　　　　　　　　B. 速度计量

　　C. 反接制动　　　　　　　　　　D. 能耗制动

4. 速度继电器的构造主要由（　　）组成。

　　A. 定子、转子、端盖、机座等部分

　　B. 电磁机构、触头系统、灭弧装置和其他辅件等部分

　　C. 定子、转子、端盖、可动支架和触头系统等部分

　　D. 电磁机构、触头系统和其他辅件等部分

5. 三相异步电动机反接制动时，采用对称制电阻接法，可以在限制制动转矩的同时，也限制（　　）。

　　A. 制动电流　　　B. 起动电流　　　C. 制动电压　　　　　D. 起动电压

6. 反接制动时，旋转磁场与转子相对的运动速度很大，致使定子绕组中的电流一般为额定电流的（　　）倍左右。

　　A. 5　　　　　　　B. 7　　　　　　　C. 10　　　　　　　D. 15

7. 反接制动时，旋转磁场反向转动与电动机的转动方向（　　）。

　　A. 相反　　　　　B. 相同　　　　　C. 不变　　　　　　D. 垂直

8. 三相异步电动机能耗制动时，电动机处于（　　）运行状态。

　　A. 电动　　　　　B. 发电　　　　　C. 起动　　　　　　D. 调速

9. 三相异步电动机采用能耗制动时，当切断电源后，将（　　）。

　　A. 转子回路串入电阻　　　　　　B. 定子任意两相绕组进行反接

C. 转子绕组进行反接　　　　　　　D. 定子绕组送入直流电

10. 对于要求制动准确、平稳的场合，应采用（　　）制动。

A. 反接　　　　　B. 能耗　　　　　C. 电容　　　　　　D. 再生发电

11. 三相异步电动机的能耗制动是向三相异步电动机定子绕组中通入（　　）电流。

A. 单相交流　　　B. 三相交流　　　C. 直流　　　　　　D. 反相序三相交流

（二）判断题

1. 三相异步电动机的机械制动一般常采用电磁制动器制动。　　　　　　　　　　（　　）

2. 电磁制动器通电动作型的性能是：当线圈得电时闸瓦紧紧抱住闸轮制动。　　（　　）

3. 反接制动是指依靠电动机定子绕组的电源相序来产生制动力矩，迫使电动机迅速停转的方法。　　　　　　　　　　　　　　　　　　　　　　　　　　　　　　　　　　（　　）

4. 反接制动由于制动时对电动机产生的冲击比较大，因此应串入限流电阻，可用于大功率异步电动机。　　　　　　　　　　　　　　　　　　　　　　　　　　　　　　　（　　）

5. 能耗制动的制动力矩与通入定子绕组中的直流电流成正比，因此电流越大越好。

　　　　　　　　　　　　　　　　　　　　　　　　　　　　　　　　　　　　　　（　　）

（三）问答题

1. 为什么有的三相异步电动机要制动？常见的制动方法有几大类？

2. 电磁制动器制动有几种？它们的制动原理是什么？各自有什么特点？

3. 什么叫电力制动？常用电力制动的方法有几种？

4. 什么是反接制动？它有什么优缺点？

5. 简述速度继电器的结构及工作原理。

6. 什么是能耗制动？它有什么优缺点？比较说明它与反接制动的不同点。

（四）操作练习题

1. 三相异步电动机单向起动反接制动控制电路的安装接线与故障检修。

2. 三相异步电动机无变压器单相半波整流单向起动能耗制动控制电路的安装接线与故障检修。

3. 有变压器单相桥式整流单向起动能耗制动控制电路的安装接线与故障检修。

4. 画出两地控制三相异步电动机单向起动反接制动的控制电路并安装接线与故障检修。

5. 画出三相异步电动机双向起动反接制动的控制电路并安装接线与故障检修。

6. 画出通电延时带能耗制动丫—△减压起动的控制电路并安装接线。

【练习要求】

1. 按图正确使用工具和仪表进行熟练的安装接线。安装接线采用板前明配线。

2. 按钮盒不固定在板上，电源和电动机配线、按钮接线要接到端子排上，要注明引出端子的标号。

3. 安装速度继电器前，要弄清其结构，辨明常开触头的接线端。制动操作不宜过于频繁。

4. 时间继电器的整定时间不要过长。

5. 整流二极管要装配散热器和固定散热器的支架。

6. 制动电阻要安装在控制板外面。

7. 在安装接线完成后，经教师通电检查合格者，在这个电路板上，人为设置隐蔽故障3

处，其中主电路1处，控制电路2处（可分3次设置）。

8. 操作中注意安全文明操作。

操作练习题安装接线评分标准见表1-1-41。

操作练习题故障检修评分标准见表1-1-42。

单元6　多速异步电动机控制电路的安装与维修

在实际的机械加工生产中，许多生产机械为了适应各种工件加工工艺的要求，主轴需要有较大的调速范围，常采用的方法主要有两种：一种是通过变速箱机械调速；另一种是通过电动机调速。

由三相异步电动机的转速公式 $n = (1 - s)\dfrac{60f_1}{p}$ 可知，改变异步电动机转速可通过3种方法来实现：一是改变电源频率 f_1；二是改变转差率 s；三是改变磁极对数 p。

改变异步电动机的磁极对数调速称为变极调速。变极调速是通过改变定子绕组的连接方式来实现的，它是有级调速，且只适用于笼型异步电动机。凡磁极对数可改变的电动机称为多速电动机。常见的多速电动机有双速、三速、四速等几种类型。但随着变频技术的快速发展和变频设备价格的快速下降，变频调速的使用逐步增加，采用多速电动机变极调速在设备中的使用在逐步减少。本单元只介绍双速和三速异步电动机的控制电路。

任务1　双速异步电动机控制电路的安装与维修

知识目标

1. 理解并熟记双速异步电动机定子绕组的连接图。
2. 识读理解双速异步电动机控制电路的构成和工作原理。

能力目标

正确地进行双速异步电动机的控制电路的安装和维修。

 任务描述（见表1-6-1）

表1-6-1　任 务 描 述

工作任务	要　　求
1. 双速异步电动机的控制电路的安装	1. 元器件安装要正确、牢固 2. 安装布线要符合工艺要求 3. 通电试车时要严格遵守安全规程
2. 双速异步电动机的控制电路的维修	1. 理解电路的工作原理，掌握分析故障的方法 2. 带电检测故障电路时要严格遵守安全规程 3. 维修过程要符合工艺要求

任务分析

双速异步电动机定子绕组的△/丫丫连接图如图1-6-1所示。图中，三相定子绕组接成三角形，由3个连接点接出3个出线端U1、V1、W1，从每相绕组的中点各接出一个出线端U2、V2、W2，这样定子绕组共有6个出线端。通过改变这6个出线端与电源的联结方式，就可以得到两种不同的转速。

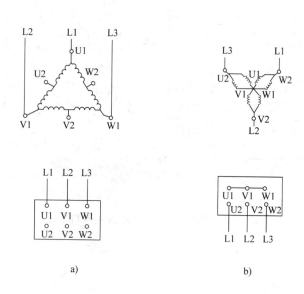

图1-6-1 双速电动机三相定子绕组△/丫丫接线图

a）△联结 b）丫丫联结

电动机低速工作时，就把三相电源分别接在出线端U1、V1、W1上，另外3个出线端U2、V2、W2空着不接，如图1-6-1a所示，此时电动机定子绕组接成三角形，磁极为4极，同步转速为1500r/min。

电动机高速工作时，要把3个出线端U1、V1、W1并接在一起，三相电源分别接到另外3个出线端U2、V2、W2上，如图1-6-1b所示，这时电动机定子绕组接成星-星形，磁极为2极，同步转速为3000r/min。可见，双速电动机高速运转时的转速是低速运转转速的两倍。

值得注意的是，双速电动机定子绕组从一种联结方式改变为另一种联结方式时，必须把电源相序反接，以保证电动机的旋转方向不变。

相关知识

【时间继电器控制双速电动机的控制电路工作原理】

用时间继电器控制双速电动机低速起动高速运转的电路如图1-6-2所示。时间继电器KT控制电动机△起动时间和△—丫丫的自动换接运转。

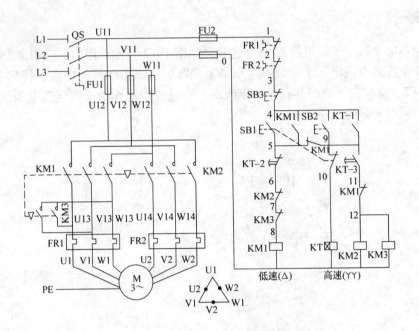

图 1-6-2　时间继电器控制双速电动机电路

电路的工作原理如下：

【△联结低速起动运转】：

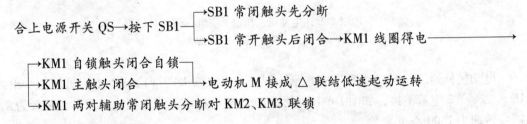

【丫丫联结高速运转】：

停止时，按下 SB3 即可。若电动机只需高速运转时，可直接按下 SB2，则电动机△联结低速起动后，丫丫联结高速运转。

任务准备

仪表、工具、耗材及器材准备见表 1-6-2。

表 1-6-2　工具、仪表、耗材及器材明细

序号	名称	型号与规格	单位	数量	质检要求
1	三相四线电源	~3×380/220V，20A	处	1	
2	单相交流电源	~220V 和 36V，5A	处	1	
3	三相电动机	Y112M—4，7.5kW，380V，△联结；或自定	台	1	
4	配线板	500mm×600mm×20mm	块	1	
5	断路器 QF	DZ5—20/330	个	1	
6	交流接触器	CJ10—20，线圈电压 380V 或（CJX2、B 系列等自定）	只	3	
7	热继电器	JR16B—20/3，整定电流 10～16A，JRS2 或 T 系列	只	2	
8	时间继电器	JS7—2A，额定电压 380V 或 JS20、JZC45-30/1	只	1	1. 根据电动机规格检验选配的工具、仪表、器材等是否满足要求
9	熔断器及熔芯配套	RL1—60/25	套	3	
10	熔断器及熔芯配套	RL1—15/2	套	2	2. 检查其各元器件、耗材与表中的型号与规格是否一致
11	三联按钮	LA10—3H 或 LA4—3H	个	2	
12	接线端子排	JX2—1015，500V，10A，15 节或配套自定	条	1	
13	木螺钉	ϕ3mm×20mm；ϕ3mm×15mm	个	30	3. 元器件外观应完整无损，附件、配件齐全
14	平垫圈	ϕ4mm	个	30	
15	圆珠笔	自定	支	1	
16	塑料软铜线	BVR—2.5mm²，颜色自定	m	20	4. 用万用表、绝缘电阻表检测元器件及电动机的技术数据是否符合要求
17	塑料软铜线	BVR—1.5mm²，颜色自定	m	20	
18	塑料软铜线	BVR—0.75mm²，颜色自定	m	5	
19	别径压端子	UT2.5—4，UT1—4	个	20	
20	行线槽	TC3025，长 34cm，两边打 ϕ3.5mm 孔	条	5	
21	异型塑料管	ϕ3mm	m	0.2	
22	电工通用工具	验电器、钢丝钳、螺钉旋具（一字形和十字形）、电工刀、尖嘴钳、活扳手、剥线钳等	套	1	
23	万用表	自定	块	1	
24	绝缘电阻表	型号自定，或 500V、0～200MΩ	台	1	
25	钳形电流表	0～50A	块	1	
26	劳保用品	绝缘鞋、工作服等	套	1	

任务实施

安装步骤与前面任务基本相同，本任务操作过程中需要重点说明的是：

1. 自检

（1）检查主电路　断开 FU2 切除辅助电路。

1）检查各相通路　两支表笔分别接 U11—V11、V11—W11 和 W11—U11 端子测量相间电阻值，未操作前测得断路；分别按下 KM1、KM2 的触头架，均应测得电动机一相绕组的直流电阻值。

2）检查△—丫丫转换通路　两支表笔分别接 U11 端子和接线端子板上的 U 端子，按下 KM1 的触头架时应测得 $R{\rightarrow}0$。松开 KM1 而按下 KM2 触头架时，应测得电动机一相绕组的电阻值。用同样的方法测量 V11—V、W11—W 之间通路。

（2）检查辅助电路　拆下电动机接线，接通 FU2 将万用表笔接于 QF 下端 U11、V11 端子做以下几项检查。

1）检查△联结低速起动运转及停车。操作按钮前应测得断路；按下 SB1 时，应测得 KM1 的线圈电阻值；如同时再按下 SB3，万用表应显示电路由通而断。

2）检查丫丫联结高速运转。按下 SB2 和 KM1 触头架，应测得 KT 的线圈电阻值。轻按 SB1，断路。轻按 SB1 和 KT 触头架，应测得 KM1 和 KM2 的线圈电阻并联值。

2. 通电试车

（1）空操作试验　合上 QF，做以下几项试验：

1）△联结低速起动运转及停车。按下 SB1，KM1 应立即动作并能保持吸合状态；按下 SB3 使 KM1 释放。

2）丫丫联结高速运转及停车。按下 SB2，KT 吸合动作，KM1 应立即动作吸合，几秒后 KM1 释放，KM2、KM3 同时吸合。按下 SB3，KM2、KM3 同时释放。

（2）带负荷试车　切断电源后，连接好电动机接线，装好接触器灭弧罩，合上 QF 试车。

1）试验△联结低速起动运转后转丫丫联结高速运转及停车。操作按下 SB1，使电动机△联结低速起动运转后，再按下 SB2，使电动机丫丫联结高速运转，最后按下 SB3 停车。

2）试验电动机丫丫联结高速运转。按下 SB2，电动机△联结低速起动后，自动转入丫丫联结高速运转。

试车时要注意观察电动机起动时的转向和运行声音，电动机运转过程中用转速表测量电动机的转速。如有异常立即停车检查。

故障排除（见表 1-6-3）

表 1-6-3　电路故障的现象、原因及处理方法

故障现象	原因分析	检查方法
电动机低速、高速都不起动	1. 按 SB1 或 SB2 后 KM1、KM2、KT 不动作，可能的故障点在电源电路及 FU2、FR1、FR2、SB3 和 1、2、3、4# 线 2. 按 SB1 或 SB2 后 KM1、KM2、KT 动作，可能的故障点在 FU1 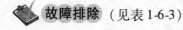	1. 用验电器检查电源电路中 QS 的上下端头是否有电。若没有电，故障在电源 2. 用验电器检查 FU2、FR1、FR2 的常闭触头和 SB3 常闭触头的上下端头是否有电，故障点在有电与无电之间 3. 用验电器检查 FU1 的上下端头是否有电

（续）

故障现象	原因分析	检查方法
电动机低速起动正常、高速不起动	1. 电动机低速起动后，按 SB2 后电动机继续低速运转，KT 不动作 　可能故障点在：SB2 接触不良，SB1 的常闭触头接触不良，KT 线圈损坏，4、9、10、0# 线断路。见图 1 　2. 电动机低速起动后，按 SB2 后 KT 动作，但电动机仍然继续低速运转。可能故障点在 　1）时间继电器延时时间过长 　2）KT-2 不能分断 　3. 电动机低速起动后，按 SB2 后 KT 动作后，电动机停转。可能故障点在：KT-3 或 KM1 接触不良，9、11# 线断路，见图 2	1. 用验电器检查 SB2 是否有电，无电，4# 线断路；有电，断开电源，按下 SB2，用万用表的电阻挡，一支表笔固定 FU2 的下端头，另一支表笔按图 2 逐点测量，电阻为零的正常，较大的是故障点 　2. 首先检查时间继电器延时时间，如时间正常；断开电源，按下 KT 的触头架，用万用表的电阻挡测量 KT-2 的电阻，应较大，若电阻为零说明没有分断 　3. 用验电器检查 KT-3 的上端头是否有电，无电，9# 线断路；有电，用万用表的电压挡检查 KT-3 和 KM1 两端的电压，电压为电源电压的是故障点

注：其他故障参见前面的处理方法描述。

检查评议

检查评议表参见表 1-1-13。

问题及防治

1）接线时，注意主电路中接触器 KM1、KM2 在两种转速下电源相序的改变，不能接错，否则，两种转速下电动机的转向相反，换向时将产生很大的冲击电流。

2）控制双速电动机△联结的接触器 KM1 和丫丫联结的接触器 KM2 的主触头不能对换接线，否则不但无法实现双速控制要求，而且会在丫丫运转时造成电源短路事故。

3）热继电器 FR1、FR2 的整定电流及其在主电路中的接线不要搞错。

扩展知识

1. 接触器控制双速电动机电路（见图 1-6-3）
2. 用转换开关和时间继电器控制双速电动机的电路（见图 1-6-4）

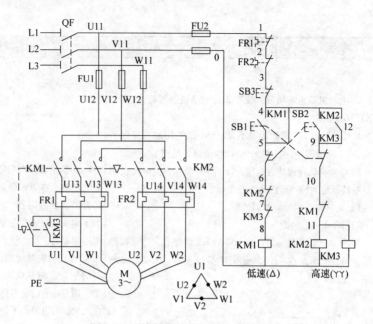

图 1-6-3　接触器控制双速电动机电路

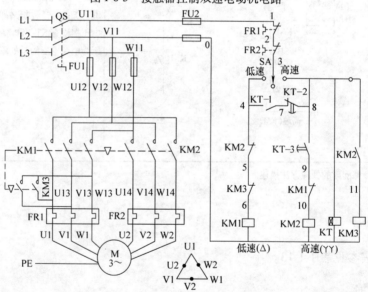

图 1-6-4　用转换开关和时间继电器控制双速电动机的电路

任务2　三速异步电动机控制电路的安装与维修

知识目标

1. 理解并熟记三速异步电动机定子绕组的连接图。
2. 识读理解三速异步电动机控制电路的构成和工作原理。

能力目标

正确地进行三速异步电动机的控制电路的安装和维修。

任务描述（见表1-6-4）

表1-6-4 任 务 描 述

工作任务	要 求
1. 三速异步电动机的控制电路的安装	1. 元器件安装要正确、牢固 2. 安装布线要符合工艺要求 3. 通电试车时要严格遵守安全规程
2. 三速异步电动机的控制电路的维修	1. 理解电路的工作原理，掌握分析故障的方法 2. 带电检测故障电路时要严格遵守安全规程 3. 维修过程要符合工艺要求

任务分析

一、三速异步电动机定子绕组的连接

三速异步电动机有两套定子绕组，分两层安放在定子槽内，第一套绕组（双速）有7个出线端U1、V1、W1、U3、U2、V2、W2，可作△或丫丫联结；第二套绕组（单速）有3个出线端U4、V4、W4，只作丫联结，如图1-6-5a所示。当分别改变两套定子绕组的联结方式（即改变磁极对数）时，电动机就可以得到3种不同的转速。

三速异步电动机定子绕组的联结方式如图1-6-5b、c、d和表1-6-5所示。图中，W1和U3出线端分开的目的是当电动机定子绕组接成丫中速运转时，避免在△联结的定子绕组中产生感应电流。

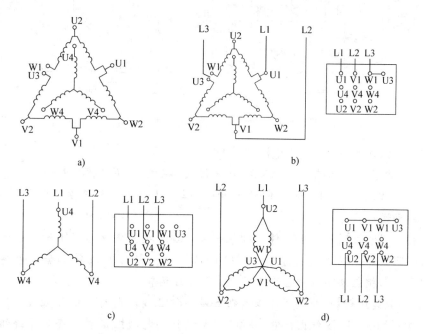

图 1-6-5 三速电动机定子绕组接线图

a）三速电动机的两套定子绕组 b）低速—△联结 c）中速—丫联结 d）高速—丫丫联结

表1-6-5　三速异步电动机定子绕组的联结方式

转速	电源接线			并头	联结方式
	L1	L2	L3		
低速	U1	V1	W1	U3、W1	△
中速	U4	V4	W4	—	Y
高速	U2	V2	W2	U1、V1、W1、U3	YY

 相关知识

【三速电动机控制电路】

1. 接触器控制的三速电动机控制电路

用按钮和接触器控制三速异步电动机的电路如图1-6-6所示。其中，SB1、KM1控制电动机△联结下低速运转；SB2、KM2控制电动机Y联结下中速运转；SB3、KM3控制电动机YY联结下高速运转。

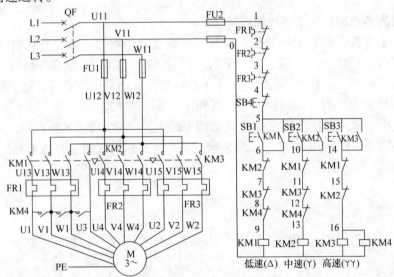

图1-6-6　接触器控制三速电动机的电路

电路的工作原理如下：先合上电源开关QF。

【△低速起动运转】：按下SB1→KM1线圈得电→KM1触头动作→电动机M第一套定子绕组出线端U1、V1、W1（U3通过KM1常开触头与W1并接）与三相电源接通→电动机M接成△低速起动运转

【低速转为中速运转】：先按下停止按钮SB4→KM1线圈失电→KM1触头复位→电动机M失电→再按下SB2→KM2线圈得电→KM2触头动作→电动机M第二套定子绕组出线端U4、V4、W4与三相电源接通→电动机M接成Y中速运转

【中速转为高速运转】：先按下停止按钮SB4→KM2线圈失电→KM2触头复位→电动机M失电→再按下SB3→KM3线圈得电→KM3触头动作→电动机M第一套定子绕组出线端→U2、V2、W2与三相电源接通（U1、V1、W1、U3则通过KM3的3对常开触头并接）→电动机M接成YY高速运转

该电路的缺点是在进行速度转换时，必须先按下停止按钮 SB4 后，才能再按下相应的起动按钮变速，所以操作不方便。

2. 时间继电器控制三速电动机的控制电路

用时间继电器控制三速异步电动机的电路如图 1-6-7 所示。其中，SB1、KM1 控制电动机△联结下低速起动运转；SB2、KT1、KM2 控制电动机从△联结下低速起动到丫联结下中速运转的自动变换；SB3、KT1、KT2、KM3 控制电动机从△联结下低速起动到丫中速过渡到丫丫联结下高速运转的自动变换。

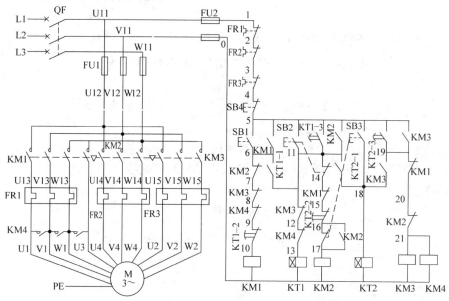

图 1-6-7　时间继电器自动控制三速异步电动机的电路

电路的工作原理如下：先合上电源开关 QF。

【△低速起动运转】：

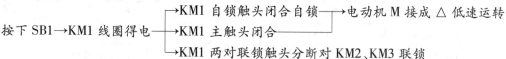

【△低速起动到丫中速运转】：

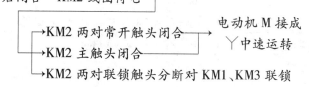

【△低速起动丫中速运转过渡丫丫高速运转】：

按下 SB3 ─┬─→SB3 常闭触头先分断
         └─→SB3 常开触头后闭合→KT2 线圈得电 ─┬─→KT2-1 瞬时闭合→
                                          └─→KT2-2、KT2-3 未动作

→KT1 线圈得电 ─┬─→KT1-1 瞬时闭合→KM1 线圈得电→KM1 触头动作→ 电动机 M 接成 △ 低速起动 →
              └─→KT1-2、KT1-3 未动作

经 KT1 整定时间 ─┬─→KT1-2 先分断→KM1 线圈失电→KM1 触头复位
               └─→KT1-3 后闭合→KM2 线圈得电→KM2 触头动作→ 电动机 M 接成 丫中速过渡 →

经 KT2 整定时间 ─┬─→KT2-2 先分断→KM2 线圈失电→KM2 触头复位
               └─→KT2-3 后闭合→KM3 线圈得电→

─┬─→KM3 两对常开触头闭合 ─┬─→电动机 M 接成丫丫高速运转
 ├─→KM3 主触头闭合────────┘
 └─→KM3 两对常闭触头分断 ─┬─→对 KM1 联锁
                        └─→KT1 线圈失电 → KT1 触头复位

停止按下 SB4 即可。

任务准备

仪表、工具、耗材和器材准备见表 1-6-6。

表1-6-6　工具、仪表及器材明细

序号	名称	型号与规格	单位	数量	质检要求
1	三相四线电源	~3×380/220V，20A	处	1	
2	单相交流电源	~220V 和 36V，5A	处	1	1. 根据电动机规格检验选配的工具、仪表、器材等是否满足要求
3	三相电动机	YD160M—8/6/4	台	1	
4	配线板	500mm×600mm×20mm	块	1	
5	断路器 QF	DZ5—20/330	个	1	2. 检查其各元器件、耗材与表中的型号与规格是否一致
6	交流接触器	CJ10—20，线圈电压 380V 或（CJX2、B 系列等自定）	只	4	
7	热继电器	JR36—20/3，整定电流 10～16A	只	3	3. 元器件外观应完整无损，附件、配件齐全
8	三联按钮	LA10—3H 或 LA4—3H	只	3	
9	熔断器及熔芯配套	RL1—60/25	套	3	
10	熔断器及熔芯配套	RL1—15/2	套	2	4. 用万用表、绝缘电阻表检测元器件及电动机的技术数据是否符合要求
11	接线端子排	JX2—1015，500V，10A，15 节或配套自定	条	2	
12	木螺钉	φ3mm×20mm；φ3mm×15mm	个	30	
13	平垫圈	φ4mm	个	30	

（续）

序号	名称	型号与规格	单位	数量	质检要求
14	圆珠笔	自定	支	1	1. 根据电动机规格检验选配的工具、仪表、器材等是否满足要求 2. 检查其各元器件、耗材与表中的型号与规格是否一致 3. 元器件外观应完整无损，附件、配件齐全 4. 用万用表、绝缘电阻表检测元器件及电动机的技术数据是否符合要求
15	塑料软铜线	BVR—2.5mm², 颜色自定	m	20	
16	塑料软铜线	BVR—1.5mm², 颜色自定	m	20	
17	塑料软铜线	BVR—0.75mm², 颜色自定	m	5	
18	别径压端子	UT2.5—4，UT1—4	个	20	
19	行线槽	TC3025，长34cm，两边打 ϕ3.5mm 孔	条	5	
20	异型塑料管	ϕ3mm	m	0.2	
21	电工通用工具	验电器、钢丝钳、螺钉旋具（一字形和十字形）、电工刀、尖嘴钳、活扳手、剥线钳等	套	1	
22	万用表	自定	块	1	
23	绝缘电阻表	型号自定，或500V，0~200MΩ	台	1	
24	钳形电流表	0~50A	块	1	
25	劳保用品	绝缘鞋、工作服等	套	1	

 任务实施

安装步骤与前面任务基本相同。

试车时，用转速表、钳形电流表测量电动机转速和电流值，并记入表1-6-7。

表1-6-7　测量结果

绕组接法		△低速	Y中速	YY高速
电流 /A	I_U			
	I_V			
	I_W			
转速/（r/min）				

 故障排除（见表1-6-8）

表1-6-8　接触器控制的三速电动机控制电路各种故障现象、原因分析及检修方法

故障现象	原因分析	检查方法
电动机低速、中速、高速都不能起动	1. 按下 SB1、SB2、SB3 任一按钮后，KM1、KM2、KM3、KM4 均不动作，可能的故障点在电源电路及 FU2、FR1、FR2、FR3、SB4 和 1、2、3、4、5#线 2. 按下 SB1、SB2、SB3 任一按钮后，KM1、KM2、KM3、KM4 均动作，可能的故障点在 FU1	1. 用验电器检查电源电路中 QF 的上下接线桩是否有电，若没有电，故障在电源 2. 用验电器检查 FU2 和 FR1、FR2、FR3、SB4 常闭触头的上下接线端是否有电，故障点在有电与无电之间 3. 用验电器检查 FU1 的上下接线端是否有电，故障点在有电与无电之间

（续）

故障现象	原 因 分 析	检 查 方 法
电动机低速、中速起动正常，但高速不起动	电动机低速、中速起动正常，但按下 SB3 后电动机不起动，故障点可能在以下电路：SB3 常开触头，KM1、KM2 常闭触头接触不良；KM3、KM4 线圈损坏断路；5、14、15、16、0# 线出现断路	首先用验电器检测 SB3 上接线桩是否有电，若无电，则为 5# 线断路；若有电，则断开电源，按下 SB3，用万用表的电阻挡，一支表笔固定在 SB3 的下接线端，另一支表笔测量 14、15、16、0 各点，电阻较大的就是故障点

检查评议

检查评议表参见表 1-1-13。

问题及防治

1）主电路接线时，要看清电动机出线端的标记，掌握其接线要点：△低速时，U1、V1、W1 经 KM1 接电源，W1、U3 并接；丫中速时，U4、V4、W4 经 KM2 接电源，W1、U3 必须断开，空着不接；丫丫高速时，U2、V2、W2 经 KM3 接电源，U1、V1、W1、U3 并接。接线要细心，保证正确无误。

2）热继电器 FR1、FR2、FR3 的整定电流在 3 种转速下是不同的，调整时不要搞错。

考证要点及单元练习

一、考证要点

维修电工职业资格证的考核分为理论知识考核和技能操作考核两部分。

（一）理论知识考核要点

1. 识图知识

1）双速、三速三相交流异步电动机的控制电路图的识读。

2）双速、三速电动机三相定子绕组接线图的识读。

2. 电动机知识

双速、三速三相交流异步电动机的结构、工作原理及接线方法。

3. 电力拖动控制知识

双速、三速三相交流异步电动机的控制原理。

（二）技能操作考核要点

1. 常用电工工具、仪表的使用与维护

1）常用电工工具的使用。

2）万用表的使用与维护。

3）绝缘电阻表的使用与维护。

4）钳形电流表的使用与维护。

2. 电气控制电路安装接线

1）导线、元器件的选择。

2）电气控制电路的安装、槽板配线工艺。

3）双速、三速电动机的接线。

3. 电路故障判断及修复

1）电动机不能起动的故障检修。

2）双速电动机不能高速工作的故障检修。

3）三速电动机不能正常工作的故障检修。

4. 安全文明生产

1）劳动保护用品穿戴整齐。

2）工具仪表佩戴齐全。

3）遵守操作规程，讲文明礼貌。

4）操作完毕清理好现场。

二、单元练习

（一）选择题

1. 三相异步电动机调速的方法有（　　）种。

A. 2　　　　　　　B. 3　　　　　　　C. 4　　　　　　　D. 5

2. 采用△/丫丫联结的三相变极双速异步电动机变极调速时，调速前后电动机的（　　）基本不变。

A. 输出转矩　　　B. 输出转速　　　C. 输出功率　　　D. 磁极对数

3. 双速电动机的调速属于（　　）调速方法。

A. 变频　　　　　B. 改变转差率　　C. 改变磁极对数　D. 降低电压

4. 三相异步电动机变极调速的方法一般只适用于（　　）。

A. 笼型异步电动机　　　　　　　　B. 绕线转子异步电动机

C. 同步电动机　　　　　　　　　　D. 转差率电动机

5. 定子绕组作△联结的 4 极电动机，接成丫丫联结后，磁极对数为（　　）。

A. 1　　　　　　　B. 2　　　　　　　C. 4　　　　　　　D. 5

6. 三速异步电动机有两套定子绕组，第一套双速绕组可作（　　）联结；第二套绕组只做丫联结。

A. 丫联结　　　　　　　　　　　　B. △联结

C. 丫丫联结　　　　　　　　　　　D. △或丫丫联结

（二）判断题

1. 三相异步电动机的变极调速属于无极调速。　　　　　　　　　　　　　　（　　）

2. 改变三相异步电动机磁极对数的调速，称为变极调速。　　　　　　　　　（　　）

3. 双速电动机定子绕组从一种联结方式改变为另一种联结方式时，必须把电源相序反接，以保证电动机的旋转方向不变。　　　　　　　　　　　　　　　　　　（　　）

4. 双速电动机控制电路中，按下高速起动按钮，可以不经过低速起动直接高速运转。

（　　）

（三）问答题

1. 三相异步电动机的调速方法有几种？分别是什么？

2. 三相笼型异步电动机的变极调速是如何实现的？

3. 双速异步电动机的定子绕组共有几个出线端？分别画出双速电动机在低、高速时定子绕组的接线图。

4. 三速异步电动机有几套定子绕组？定子绕组共有几个出线端？分别画出三速电动机在低、中、高速时定子绕组的接线图。

（四）操作练习题

1. 双速异步电动机控制电路的安装接线与故障检修。

2. 三速异步电动机控制电路的安装接线与故障检修。

【练习要求】

1. 按图正确使用工具和仪表进行熟练的安装接线。安装接线采用板前明配线。

2. 按钮盒不固定在板上，电源和电动机配线、按钮接线要接到端子排上，要注明引出端子的标号。

3. 通电试车前，一定要复验一下电动机的接线是否正确，并测试电动机的绝缘电阻是否符合要求。

4. 在安装接线完成后，经教师通电检查合格者，在所做电路上，人为设置隐蔽故障3处，其中主电路1处，控制电路2处（可分3次设置）。

5. 操作中注意安全文明操作。

操作练习题安装接线评分标准见表1-1-41。

操作练习题故障检修评分标准见表1-1-42。

单元7　三相绕线转子异步电动机控制电路的安装与维修

单元4中完成的减压起动控制电路，由于起动转矩大为降低，减压起动需要在空载或轻载下起动。在生产实际中对要求起动转矩较大、且能平滑调速的场合，常常采用三相绕线转子异步电动机。绕线转子异步电动机的优点是可以通过集电环在转子绕组中串接电阻来改善电动机的机械特性，从而达到减小起动电流、增大起动转矩以及平滑调速之目的。本单元将介绍绕线转子异步电动机转子回路串电阻起动控制电路、转子回路中串频敏变阻器控制电路和凸轮控制器控制转子回路串电阻起动电路。

任务1　电流继电器自动控制转子回路串电阻起动
控制电路的安装与维修

知识目标

1. 正确识别、选用、安装、使用电流继电器，熟悉它的功能、基本结构、工作原理及型号含义，熟记它的图形符号和文字符号。

2. 正确理解转子回路串电阻起动控制电路的工作原理。

能力目标

1. 掌握转子回路串电阻起动控制电路的安装与调试。

2. 掌握转子回路串电阻起动控制电路的故障维修方法。

任务描述（见表 1-7-1）

表 1-7-1　任务描述

工 作 任 务	要　　求
1. 电流继电器自动控制转子回路串电阻起动控制电路的安装	1. 电流继电器安装要正确、牢固 2. 电动机的连接要正确 3. 安装布线要符合工艺要求 4. 通电试车时要严格遵守安全规程
2. 电流继电器自动控制转子回路串电阻起动控制电路的维修	1. 理解电路的工作原理，掌握分析故障的方法 2. 带电检测故障电路时要严格遵守安全规程 3. 维修过程要符合工艺要求

 **任务分析**

【转子串接三相电阻起动原理】

起动时，在转子回路串入作丫联结、分级切换的三相起动电阻器，以减小起动电流、增加起动转矩。随着电动机转速的升高，逐级减小可变电阻。起动完毕后，切除可变电阻器，转子绕组被直接短接，电动机便在额定状态下运行。

电动机转子绕组中串接的外加电阻在每段切除前和切除后，三相电阻始终是对称的，称为三相对称电阻器，如图 1-7-1a 所示。起动过程依次切除 R1、R2、R3，最后全部电阻被切除。

若起动时串入的全部三相电阻是不对称的，且每段切除后三相仍不对称，则称为三相不对称电阻器，如图 1-7-1b 所示。起动过程依次切除 R1、R2、R3、R4，最后全部电阻被切除。

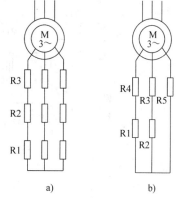

图 1-7-1　转子串接三相电阻
a）转子串接三相对称电阻器
b）转子串接三相不对称电阻器

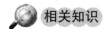 **相关知识**

一、按钮操作控制电路

按钮操作转子绕组串接电阻起动控制电路如图 1-7-2 所示。电路的工作原理较简单，读者可自行分析。该电路的缺点是操作不便、工作的安全性和可靠性较差，所以在生产实际中常采用时间继电器自动控制的电路。

二、时间继电器自动控制电路

时间继电器自动控制短接起动电阻的控制电路如图 1-7-3 所示。该电路利用 3 个时间继电器 KT1、KT2、KT3 和 3 个接触器 KM1、KM2、KM3 的相互配合来依次自动切除转子绕组中的三级电阻。

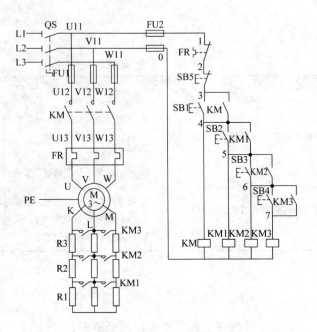

图 1-7-2　按钮操作串电阻起动的电路

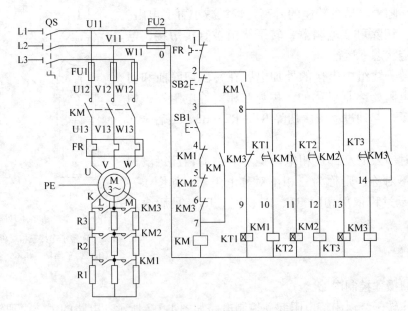

图 1-7-3　时间继电器自动控制短接起动电阻的控制电路

电路的工作原理如下：

合上电源开关 QS→按下 SB1→KM 线圈得电

　　　　→KM 自锁触头闭合自锁→电动机 M 串接全部电阻起动

　　　　→KM 主触头闭合

　　　　→KM 辅助常开触头闭合→KT1 线圈得电————经 KT1 整定时间→

KT1 常开触头闭合→KM1 线圈得电┐

　　　　　　　┌→KM1 主触头闭合,切除第一组电阻 R1,电动机串接第二组电阻继续起动
　　　　　　　├→KM1 辅助常开触头闭合→KT2 线圈得电→
　　　　　　　└→KM1 辅助常闭触头分断

经 KT2 整定时间
─────────→KT2 常开触头闭合→KM2 线圈得电┐

　　　　　　　┌→KM2 主触头闭合,切除第二组电阻 R2,电动机串接第一组电阻继续起动
　　　　　　　├→KM2 辅助常开触头闭合→
　　　　　　　└→KM2 辅助常闭触头分断

　　　　　　　　经 KT3 整定时间
→KT3 线圈得电─────────→KT3 常开触头闭合→KM3 线圈得电→

　　┌→KM3 自锁触头闭合自锁
　　├→KM3 主触头闭合,切除第三组电阻 R3,电动机 M 起动结束,正常运转
　　├→KM3 辅助常闭触头分断 → KT1、KM1、KT2、KM2、KT3 依次断电释放,触头复位
　　└→KM3 辅助常闭触头分断

　　为保证电动机只有在转子绕组串入全部外加电阻的条件下才能起动,将接触器 KM1、KM2、KM3 的辅助常闭触头与起动按钮 SB1 串接,这样,如果接触器 KM1、KM2、KM3 中的任何一个因触头熔焊或机械故障而不能正常释放时,即使按下起动按钮 SB1,控制电路也不会得电,电动机就不会接通电源起动运转。

　　停止时,按下 SB2 即可。

三、电流继电器

　　反映输入量为电流的继电器叫做电流继电器。图 1-7-4a、b 所示是常见的 JT4 系列和 JL14 系列电流继电器。使用时,电流继电器的线圈串联在被测电路中,当通过线圈的电流达到预定值时,其触头动作。为了降低串入电流继电器线圈后对原电路工作状态的影响,电流继电器线圈的匝数少、导线粗、阻抗小。

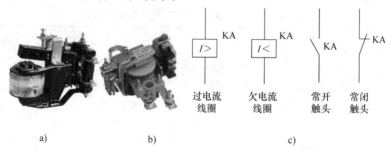

　　　a)　　　　　　　b)　　　　　　　　　c)

图 1-7-4　电流继电器

a) JT4 系列交直流电流继电器　b) JL14 系列交直流电流继电器　c) 图形符号

　　电流继电器分为过电流继电器和欠电流继电器两种。电流继电器在电路图中的图形符号如图 1-7-4c 所示。

1. 过电流继电器

　　当通过继电器的电流超过预定值时就动作的继电器称为过电流继电器。过电流继电器的

吸合电流为 1.1~4 倍的额定电流，也就是说，在电路正常工作时，过电流继电器线圈通过额定电流时是不吸合的；当电路中发生短路或过载故障，通过线圈的电流达到或超过预定值时，铁心和衔铁才吸合，带动触头动作。

常用的过电流继电器有 JT4、JL5、JL12 及 JL14 等系列，广泛用于直流电动机或绕线转子电动机的控制电路中，用于频繁及重载起动的场合，作为电动机和主电路的过载或短路保护。

2. 欠电流继电器

当通过继电器的电流减小到低于其整定值时就动作的继电器称为欠电流继电器。欠电流继电器的吸引电流一般为线圈额定电流的 30%~65%，释放电流为额定电流的 10%~20%。因此，在电路正常工作时，欠电流继电器的衔铁与铁心始终是吸合的。只有当电流降至低于整定值时，欠电流继电器释放，发出信号，从而改变电路的状态。

常用的欠电流继电器有 JL14-□□ZQ 等系列产品，常用于直流电动机和电磁吸盘电路中作为弱磁保护。

3. 型号含义

常用 JT4 系列交流通用继电器和 JL14 系列交直流通用电流继电器的型号及含义如下：

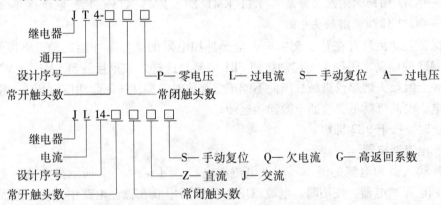

JT4 系列为交流通用继电器，在这种继电器的磁系统上装设不同的线圈，便可制成过电流、欠电流、过电压或欠电压等继电器。JT4 系列交流通用继电器的技术数据见表 1-7-2。

表 1-7-2　JT4 系列交流通用继电器的技术数据

型号	可调参数调整范围	标称误差	返回系数	接点数量	吸引线圈		复位方式	机械寿命/万次	电寿命/万次	质量/kg
					额定电压（或电流）	消耗功率/W				
JT4—□□A 过电压继电器	吸合电压（1.05~1.20）U_N		0.1~0.3	1 常开 1 常闭	110V、220V、380V			1.5	1.5	2.1
JT4—□□P 零电压（或中间）继电器	吸合电压（0.60~0.85）U_N 或释放电压（0.10~0.35）U_N	±10%	0.2~0.4	1 常开 1 常闭 或 2 常开 或 2 常闭	110V、127V、220V、380V	75	自动	100	10	1.8
JT4—□□L 过电流继电器	吸合电流（1.10~3.50）I_N		0.1~0.3		5A、10A、15A、20A、40A、80A、150A、300A、600A	5		1.5	1.5	1.7
JT4—□□S 手动过电流继电器							手动			

JL14 系列交直流通用电流继电器，可取代 JT4—L 和 JT4—S 系列，其技术数据见表 1-7-3。

表 1-7-3　JL14 系列电流继电器技术数据

电流种类	型号	吸引线圈额定电流 I_N/A	吸合电流调整范围	触头组合形式		备　注
				常开	常闭	
直流	JL14—□□Z	1、1.5、2.5、10 15、25、40、60、100、150、300、500、1200、1500	$(0.70 \sim 3.00)I_N$	3	3	
	JL14—□□ZS		$(0.30 \sim 0.65)I_N$ 或释放电流在 $(0.10 \sim 0.20)I_N$ 范围调整	2	1	手动复位
	JL14—□□ZQ			1	2	欠电流
交流	JL14—□□J		$(1.10 \sim 4.00)I_N$	1	1	
	JL14—□□JS			2	2	手动复位
	JL14—□□JG			1	1	返回系数大于 0.65

4. 选用

1）电流继电器的额定电流一般可按电动机长期工作的额定电流来选择。对于频繁起动的电动机，额定电流可选大一个等级。

2）电流继电器的触头种类、数量、额定电流及复位方式应满足控制电路的要求。

3）过电流继电器的整定电流一般取电动机额定电流的 1.7 ~ 2 倍，频繁起动的场合可取电动机额定电流的 2.25 ~ 2.5 倍。欠电流继电器的整定电流一般取额定电流的 10% ~ 20%。

5. 安装与使用

1）安装前应检查继电器的额定电流和整定电流值是否符合实际使用要求；继电器的动作部分是否动作灵活、可靠；外罩及壳体是否有损坏或缺件等情况。

2）安装后应在触头不通电的情况下，使吸引线圈通电操作几次，看继电器动作是否可靠。

3）定期检查继电器各零部件是否有松动及损坏现象，并保持触头的清洁。

四、电流继电器自动控制电路

绕线转子异步电动机刚起动时，转子电流较大，随着电动机转速的增大，转子电流逐渐减小，根据这一特性，可以利用电流继电器自动控制接触器来逐级切除转子回路的电阻。

电流继电器自动控制电路如图 1-7-5 所示。3 个过电流继电器 KA1、KA2 和 KA3 的线圈串接在转子回路中，它们的吸合电流都一样，但释放电流不同，KA1 最大，KA2 次之，KA3 最小，从而能根据转子电流的变化，控制接触器 KM1、KM2、KM3 依次动作，逐级切除起动电阻。

电路的工作原理如下：

```
                                    ┌→ KM 主触头闭合 ──────┐   电动机 M 串接
合上电源                             │                      │→  全部电阻起动
         →按下 SB1→KM 线圈得电 ──────┤→ KM 自锁触头闭合 ────┘
开关 QS                              │
                                    └→ KM 辅助常开触头闭合→KA 线圈得电→
```

→KA 常开触头闭合，为 KM1、KM2、KM3 得电做准备。

由于电动机 M 起动时转子电流较大，3 个过电流继电器 KA1、KA2 和 KA3 均吸合，它们接在控制电路中的常闭触头均断开，使接触器 KM1、KM2、KM3 的线圈都不能得电，接在转子电路中的常开触头都处于断开状态，起动电阻被全部串接在转子绕组中。随着电动机转速的升高，转子电流逐渐减小，当减小至 KA1 的释放电流时，KA1 首先释放，KA1 的常闭触头恢复闭合，接触器 KM1 得电，主触头闭合，切除第一组电阻 R1。当 R1 被切除后，转子电流重新增大，但随着电动机转速的继续升高，转子电流又会减小，待减小至 KA2 的释放电流时，KA2 释放，接触器 KM2 动作，切除第二组电阻 R2，如此继续下去，直至全部电阻被切除，电动机起动完毕，进入正常运转状态。

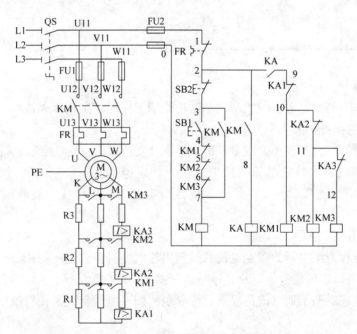

图 1-7-5　电流继电器自动控制转子回路串电阻起动控制电路

中间继电器 KA 的作用是保证电动机在转子电路中接入全部电阻的情况下开始起动。因为电动机开始起动时，转子电流从零增大到最大值需要一定的时间，这样有可能出现电流继电器 KA1、KA2 和 KA3 还未动作，接触器 KM1、KM2、KM3 就已经吸合而把电阻 R1、R2、R3 短接，造成电动机直接起动。接入 KA 后，起动时由 KA 的常开触头断开 KM1、KM2、KM3 线圈的通电回路，保证了起动时转子回路串入全部电阻。

▨ 任务准备

仪表、工具、耗材和器材准备见表 1-7-4。

表 1-7-4　工具、仪表、耗材及器材明细

序号	名称	型号与规格	单位	数量	质检要求
1	三相四线电源	~3×380/220V，20A	处	1	
2	单相交流电源	~220V 和 36V，5A	处	1	
3	绕线转子异步电动机	YZR—132MA—6，2.2kW，380V，6A/11.2A，980r/min	台	1	
4	配线板	500mm×600mm×20mm	块	1	
5	组合开关	HZ10—25/3	个	1	
6	交流接触器	CJ10—20，线圈电压 380V	只	3	
7	热继电器	JR16—20/3	只	3	
8	过电流继电器	JL14—11J，线圈额定电流 10A，电压 380V	只	3	
9	熔断器及熔芯配套	RL1—60/20	套	3	1. 根据电动机规格检验选配的工具、仪表、器材等是否满足要求
10	熔断器及熔芯配套	RL1—15/4	套	2	
11	三联按钮	LA10—3H 或 LA4—3H	个	3	2. 检查其各元器件、耗材与表中的型号与规格是否一致
12	接线端子排	JX2—1015，500V，10A，15 节或配套自定	条	1	
13	起动电阻器	2K1—12—6/1	个	3	
14	平垫圈	φ4mm	个	30	3. 元器件外观应完整无损，附件、配件齐全
15	圆珠笔	自定	支	1	
17	塑料软铜线	BVR—2.5mm²，颜色自定	m	20	4. 用万用表、绝缘电阻表检测元器件及电动机的技术数据是否符合要求
18	塑料软铜线	BVR—1.5mm²，颜色自定	m	20	
19	塑料软铜线	BVR—0.75mm²，颜色自定	m	5	
20	别径压端子	UT2.5—4，UT1—4	个	20	
21	行线槽	TC3025，长 34cm，两边打 φ3.5mm 孔	条	5	
22	异型塑料管	φ3mm	m	0.2	
23	电工通用工具	验电器、钢丝钳、螺钉旋具（一字形和十字形）、电工刀、尖嘴钳、活扳手、剥线钳等	套	1	
24	万用表	自定	块	1	
25	绝缘电阻表	型号自定，或 500V，0~200MΩ	台	1	
26	钳形电流表	0~50A	块	1	
27	转速表	自定	块	1	
28	劳保用品	绝缘鞋、工作服等	套	1	

 任务实施

安装步骤与前面任务基本相同，本任务操作过程中需要重点说明的是：

1. 自检

（1）主电路检测

1）将万用表两支表笔跨接在 QF 下端子 U11 和端子排 U1 处，应测得断路，按下 KM 的触头架，万用表显示通路，重复 V11—V1 和 W11—W1 之间的检测。

2）将万用表两支表笔跨接在 QF 下端子 U11 和端子排 V11 处，应测得断路，按下 KM 的触头架，万用表显示通路；将万用表两支表笔跨接转子换相器的任意两相上，再逐一按下 KA1、KA2 和 KA3 的触头架，万用表显示的阻值在逐渐减少。重复另外两相之间的检测。

（2）控制电路的检测

1）将万用表两支表笔跨接在 U11 和 V11 之间，应测得断路；按下 SB1 不放，应测得 KM 的线圈电阻。

2）将万用表两支表笔跨接在 U11 和 V11 之间，应测得断路；按下 SB2 不放，同时按下 KM 的触头架，应测得 KA 的线圈电阻。

3）将万用表两支表笔跨接在 U11 和 V11 之间，应测得断路；按下 KA 的触头架，应测 KM1、KM2 和 KM3 的线圈电阻并联值。依次再按下 KA1 的触头架，应测得断路；按下 KA2 的触头架，应测得 KM1 的线圈电阻；按下 KA3 的触头架，应测得 KM1 和 KM2 的线圈电阻并联值。

2. 通电试车

（1）空操作试验　拆下电动机连线，合上 QF，按下 SB1，由于没有接主电路，KA1、KA2 和 KA3 中没有电流，所以有 KM、KA、KM1、KM2 和 KM3 一起吸合，用绝缘棒依次按下 KA3、KA2 和 KA1 的触头架，分别出现 KM3 失电，KM3 和 KM2 一起失电，KM1、KM2、KM3 一起失电的现象　按下 SB2，控制电路失电，所有都复位。

（2）带负荷试车　断开 QF，连接好电动机接线，合上 QF，做好随时切断电源的准备。按下 SB1，用钳形电流表观察电动机的起动电流变化情况，同时观察电流继电器 KA1、KA2 和 KA3 的工作情况，以及 KM1、KM2 和 KM3 逐步吸合的工作情况；直至电动机正常运行。

 故障排除（见表 1-7-5）

表 1-7-5　电路故障的现象、原因及检查方法

故障现象	原　因　分　析		检　查　方　法
电动机不能起动	除电源、电源开关因素外，还有以下 4 种因素： 1. 辅助电路的故障 可能故障点 1）熔断器 FU2 熔断 2）热继电器常闭触头跳开或接触不良 3）停止按钮 SB2、起动按钮 SB1 触头接触不良 4）接触器 KM1、KM2、KM3 的常闭触头中某一触头接触不良 5）KM 损坏或 1～7# 线中有线断路，见图 1	FU2 0 — FR SB2 SB1 KM1 KM2 KM3 KM 图 1	1. 按下 SB1 后，接触器 KM 没有吸合，一般判断为辅助电路的故障；可用电阻法、电压法、校灯法检查故障点 2. 接触器 KM 吸合后，测量定子电流，如电流不平衡，可判为定子电路故障。检查方法参见前面 3. 测量转子绕组电流，如三相不平衡或某相没有电流，可判断为转子电路故障 4. 当测量转子、定子电流平衡且比正常值大时，说明过载

（续）

故障现象	原 因 分 析	检 查 方 法
电动机不能起动	2. 控制定子绕组主电路的故障 可能故障点 1）熔断器有一相熔断 2）接触器 KM 的主触头有一相接触不良 3）热继电器的感温元件烧断或主电路连接导线断路，见图 2 3. 转子电路的故障 可能故障点 1）某一相中电阻断裂，连接导线接触不良等 2）接触器 KM1 的某一主触头接触不良或电路断路 3）某一集电环与电刷接触不良或转子绕组断路 4. 负载过大 U11 V11 W11 FU1 U12 V12 W12 KM U13 V13 W13 FR U V W 图 2	1. 按下 SB1 后，接触器 KM 没有吸合，一般判断为辅助电路的故障；可用电阻法、电压法、校灯法检查故障点 2. 接触器 KM 吸合后，测量定子电流，如电流不平衡，可判为定子电路故障。检查方法参见前面 3. 测量转子绕组电流，如三相不平衡或某相没有电流，可判断为转子电路故障 4. 当测量转子、定子电流平衡且比正常值大时，说明过载
起动电阻过热	1. 全部电阻过热。说明起动过程中电阻不能被切除 可能故障点 1）KA 故障或 KM 的常开触头接触不良 2）KA1 故障或 KA1 的常闭触头故障 3）KM3 的常开触头接触不良 4）电流继电器 KA1、KA2 或 KA3 故障 2. 电阻 R1 或 R2 过热 1）KA1 或 KA2 的整定值不对，造成 KM1 或 KM2 不动作，R1 或 R2 不能被切掉 2）KM1 或 KM2 的主触头故障 3）电阻与接线或电阻片间松动，接触电阻过大而发热	1. 全部电阻过热的检查方法 1）按下 SB1 后，观察 KA 是否动作，若 KA 没有动作，则 KA 线圈故障或 KM 常开触头故障。若 KA 有动作，则用验电器检查 KA 的常开触头的下端头是否有电，有电正常，无电则 KA 的常开触头故障 2）KA1 动作后，用验电器检查 KA1 的常开触头的下端头是否有电，有电正常，无电则 KA1 的常开触头故障 3）断开电源，按下 KM3 的触头架，用电阻法检查 KM3 的常开触头接触是否良好 4）起动过程中观察电流继电器 KA1、KA2 或 KA3 是否动作 2. 电阻 R1 或 R2 过热的检查方法 1）检查 KA1 或 KA2 的整定值 2）检查 KM1 或 KM2 的主触头 3）检查 R1 或 R2 电阻与接线或电阻片间的连接情况
电动机起动时只有瞬间转动就停车	1）接触器 KM 的自锁触头接触不良 2）热继电器电流整定得过小，经受不了起动电流的冲击而将其本身的常闭触头跳开 3）起动时电压波动过大，使接触器欠电压而释放。这种现象多出现在电源线很长或桥式起重机上。由于起动时起动电流较大，本来已使电路电压降较大，加之外电网电压波动或太低，很容易出现这种故障	1）用验电器或电压表检查 KM 的自锁触头的接触是否良好 2）检查热继电器电流整定值是否符合要求 3）用电压表检查起动时的电压波动情况

注：其他故障参见前面电路故障的处理方法描述。

检查评议

检查评议表参见表 1-1-13。

扩展知识

两种常见的串电阻起动控制电路，如图 1-7-6 所示。

读者有兴趣可自行分析其工作原理。

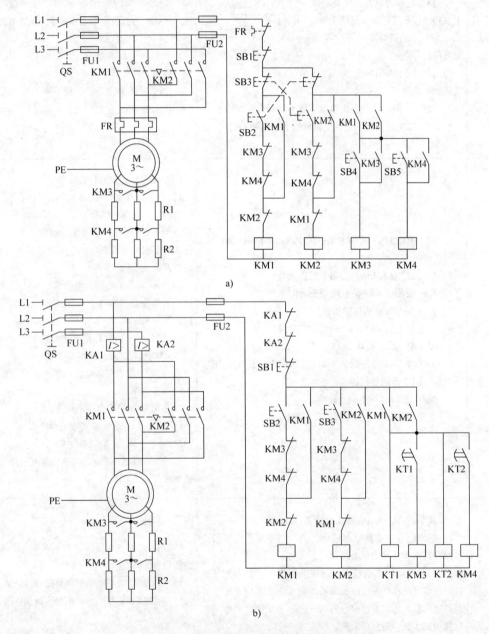

a)

b)

图 1-7-6 串电阻起动控制电路

a）手动控制串电阻起动电路 b）时间继电器控制串电阻起动电路

任务2　转子回路中串频敏变阻器控制电路的安装与维修

知识目标

1. 正确识别、选用、安装、使用频敏变阻器，熟悉它的功能、基本结构、工作原理及型号含义，熟记它的图形符号和文字符号。

2. 正确理解转子回路串频敏变阻器起动控制电路的工作原理。

能力目标

1. 掌握转子回路串频敏变阻器起动控制电路的安装与调试。

2. 掌握转子回路串频敏变阻器起动控制电路的故障维修方法。

 任务描述（见表1-7-6）

表1-7-6　任务描述

工　作　任　务	要　　求
1. 转子回路串频敏变阻器起动控制电路的安装	1. 频敏变阻器安装要正确、牢固 2. 安装布线要符合工艺要求 3. 通电试车时要严格遵守安全规程
2. 转子回路串频敏变阻器起动控制电路的维修	1. 理解电路的工作原理，掌握分析故障的方法 2. 带电检测故障电路时要严格遵守安全规程 3. 维修过程要符合工艺要求

任务分析

任务1中采用转子绕组串电阻的方法起动，要想获得良好的起动特性，一般需要将起动电阻分为多级，这样所用的电器较多，控制电路复杂，设备投资大，维修不便，并且在逐级切除电阻的过程中，会产生一定的机械冲击。在生产实际中对于不频繁起动的设备，采用在转子绕组中用频敏变阻器代替起动电阻，来控制绕线转子异步电动机的起动，如图1-7-7所示。

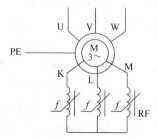

图1-7-7　转子绕组接频敏变阻器

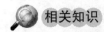

相关知识

一、频敏变阻器

1. 频敏变阻器的结构与工作原理

（1）结构　频敏变阻器是一种阻抗值随频率明显变化（敏感于频率）、静止的无触头电磁元件。频敏变阻器实质上是一个铁损非常大的三相电抗器，它实质上是一个由几块 30～50mm 厚的铸铁片或钢板叠成铁心，外面再套上绕组的有意识地造成铁心损耗非常大的三相电抗器。其结构类似于没有二次绕组的三相变压器。频敏变阻器是一种有独特结构的新型无触头元件。其外部结构与三相电抗器相似，即有 3 个铁心柱和 3 个绕组组成，3 个绕组接成星形，并通过集电环和电刷与绕线转子电动机三相转子绕组相接。

常用的频敏变阻器有 BP1、BP2、BP3、BP4 和 BP6 等系列，图 1-7-8a、b 所示是 BP1 系列的外形和结构。频敏变阻器在电路图中的图形符号如图 1-7-8c 所示。

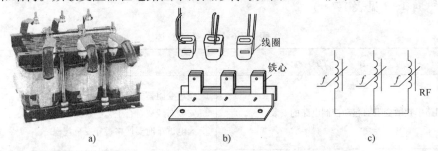

图 1-7-8　频敏变阻器
a）BP1 系列外形　b）结构　c）图形符号

频敏变阻器主要由铁心和绕组两部分组成。它的上、下铁心用 4 根拉紧螺栓固定，拧开螺栓上的螺母，可以在上下铁心之间增减非磁性垫片，以调整空气隙长度。出厂时上下铁心间的空气隙为零。

频敏变阻器的绕组备有 4 个抽头，一个抽头在绕组背面，标号为 N；另外 3 个抽头在绕组的正面，标号分别为 1、2、3。抽头 1—N 之间为 100% 匝数，2—N 之间为 85% 匝数，3—N 之间为 71% 匝数。出厂时 3 组线圈均接在 85% 匝数抽头处，并接成星形。

（2）工作原理　在电动机起动过程中，三相绕组通入电流后，由于铁心是用厚钢板制成，交变磁通在铁心中产生很大涡流，从而产生很大的铁心损耗。在电动机刚起动的瞬间，转子电流的频率最高（等于电源的频率），频敏变阻器的等效阻抗最大，限制了电动机的起动电流；随着转子频率的改变，涡流趋肤效应大小也在改变，频率高，涡流截面小，电阻增大；频率降低时，涡流截面自动加大，电阻减小，随着电动机转速的升高，转子电流的频率逐渐下降，频敏变阻器的等效阻值也逐渐减小。理论分析和实验证明，频敏变阻器铁心等值电阻和电抗均近似地与转差率的二次方成正比。由电磁感应产生的等效电抗和由铁心损耗构成的等效电阻较大，限制了电动机的起动电流，增大起动转矩。随着电动机转速的升高，转子电流的频率降低，等效电抗和等效电阻自动减小，从而达到自动变阻的目的，实现平滑无级起动，从而使电动机转速平稳地上升到额定转速。

2. 频敏变阻器的选用

（1）根据电动机所拖动的生产机械的起动负载特性和操作频繁程度来选择其系列 频敏变阻器基本适用场合见表1-7-7。

表1-7-7 频敏变阻器基本适用场合

负 载 特 性			轻载	重载
适用频敏变阻器系列	频繁程度	偶尔	BP1、BP2、BP4	BP4G、BP6
		频繁	BP1、BP2、BP3	

（2）按电动机功率选择频敏变阻器的规格 在确定频敏变阻器的系列后，根据电动机的功率查询有关技术手册，即可确定配用的频敏变阻器规格。

频敏变阻器的优点是：起动性能好，无电流和机械冲击，结构简单，价格低廉，使用维护方便。但功率因数较低，起动转矩较小，不宜用于重载起动的场合。

二、转子绕组串接频敏变阻器起动控制电路的工作原理

转子绕组串接频敏变阻器起动控制电路如图1-7-9所示，电路的工作原理如下：

停止时，按下SB2即可。

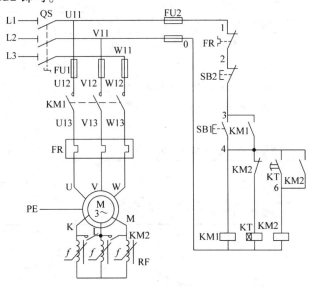

图1-7-9 转子绕组串接频敏变阻器自动起动电路图

任务准备

仪表、工具、耗材和器材准备见表1-7-8。

表1-7-8　工具、仪表、耗材及器材明细

序号	名称	型号与规格	单位	数量	质检要求
1	三相四线电源	~3×380/220V，20A	处	1	
2	单相交流电源	~220V和36V，5A	处	1	
3	绕线转子异步电动机	YZR—132MA—6，2.2kW，380V，6A/11.2A，980r/min	台	1	
4	配线板	500mm×600mm×20mm	块	1	
5	组合开关	HZ10—25/3	个	1	
6	交流接触器	CJ10—20，线圈电压380V	只	2	
7	热继电器	JR16—20/3	只	1	
8	时间继电器	Js7—2A，线圈额定电压380V	只	1	
9	熔断器及熔芯配套	RL1—60/20	套	3	1. 根据电动机规格检验选配的工具、仪表、器材等是否满足要求
10	熔断器及熔芯配套	RL1—15/4	套	2	
11	三联按钮	LA10—3H或LA4—3H	个	3	
12	接线端子排	JX2—1015，500V，10A，15节或配套自定	条	1	2. 检查其各元器件、耗材与表中的型号与规格是否一致
13	频敏变阻器	BP1—004/10003	个	1	
14	平垫圈	φ4mm	个	30	3. 元器件外观应完整无损，附件、配件齐全
15	圆珠笔	自定	支	1	
16	塑料软铜线	BVR—2.5mm²，颜色自定	m	20	
17	塑料软铜线	BVR—1.5mm²，颜色自定	m	20	4. 用万用表、绝缘电阻表检测元器件及电动机的技术数据是否符合要求
18	塑料软铜线	BVR—0.75mm²，颜色自定	m	5	
19	别径压端子	UT2.5—4，UT1—4	个	20	
20	行线槽	TC3025，长34cm，两边打φ3.5mm孔	条	5	
21	异型塑料管	φ3mm	m	0.2	
22	电工通用工具	验电器、钢丝钳、螺钉旋具（一字形和十字形）、电工刀、尖嘴钳、活扳手、剥线钳等	套	1	
23	万用表	自定	块	1	
24	绝缘电阻表	型号自定，或500V，0~200MΩ	台	1	
25	钳形电流表	0~50A	块	1	
26	转速表	自定	块	1	
27	劳保用品	绝缘鞋、工作服等	套	1	

任务实施

安装步骤与前面任务基本相同，本任务操作过程中需要重点说明的是：

【通电试车】

（1）空操作试验　拆下电动机连线，合上 QF，按下 SB1，KM1 得电吸合动作，几秒后，KT 延时闭合触头闭合，KM2 吸合；按下 SB2，控制电路失电。

（2）带负荷试车　断开 QF，连接好电动机和频敏变阻器接线，合上 QF，做好随时切断电源的准备。按下 SB1，用钳形电流表观察电动机的起动电流变化情况，同时注意观察时间继电器 KT 和接触器 KM2 的工作情况，直至电动机正常运行。

试车时，若发现起动转矩或起动电流过大或过小，应按下述方法调整频敏变阻器的匝数和气隙。

1）起动电流过大、起动过快时，应换接抽头，使匝数增加。增加匝数可使起动电流和起动转矩减小。

2）起动电流和起动转矩过小、起动太慢时，应换接抽头，使匝数减少。匝数减少将使起动电流和起动转矩同时增大。

3）如果刚起动时，起动转矩偏大，有机械冲击现象，而起动完毕后，稳定转速又偏低，这时可在上、下铁心间增加气隙。可拧开变阻器两面上的 4 个拉紧螺栓的螺母，在上、下铁心之间增加非磁性垫片。增加气隙将使起动电流略微增加，起动转矩稍有减小，但起动完毕时的转矩稍有增大，使稳定转速得以提高。

故障排除（见表 1-7-9）

表 1-7-9　电路故障的现象、原因及检查方法

故障现象	原 因 分 析	检 查 方 法
电动机不能起动	1. 按下 SB1 后 KM1 没有动作 可能故障点 1）电路中没有电或 FU2 熔断 2）FR 常闭触头接触不良，SB1、SB2 接触不良，KM1 线圈断路或 1、2、3、4#线断路 2. 按下 SB1 后 KM1 有动作 可能故障点 1）主电路断相 2）频敏变阻器线圈断路	1. 按下 SB1 后 KM1 没有动作的检查方法 可用电压法或验电器法检查 2. 按下 SB1 后 KM1 有动作的检查方法 1）可用电压法或验电器法检查主电路是否断相 2）断开电源后，用电阻法检查频敏变阻器线圈是否断路
频敏变阻器温度过高	1. 电动机起动后，频敏变阻器没有被切掉或时间继电器延时时间太长 2. 频敏变阻器线圈绝缘损坏或受机械损伤，匝间绝缘电阻和对地绝缘电阻变小	1. 检查时间继电器的延时时间和是否动作；若动作，则检查 KM2 是否动作；KM2 动作，则检查 KM2 常开触头的接触是否良好 2. 用绝缘电阻表检查频敏变阻器线圈对地绝缘电阻和匝间绝缘电阻，其值应不小于 1MΩ

注：其他故障参见前面电路故障的处理方法描述。

检查评议

检查评议表参见表 1-1-13。

问题及防治

时间继电器和热继电器的整定值应在通电前整定。

扩展知识

1. 转子绕组串接频敏变阻器手动、自动起动电路

图 1-7-10 所示为转子绕组串接频敏变阻器起动控制电路，起动过程可以利用转换开关 SA 实现自动控制和手动控制的转换。

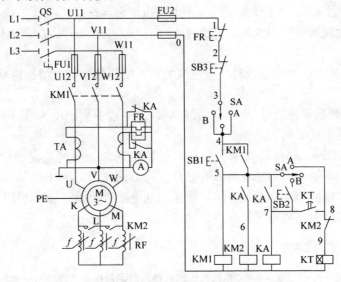

图 1-7-10 转子绕组串接频敏变阻器起动控制电路

采用自动控制时，将转换开关 SA 扳到自动位置（即 A 位置）即可，电路的工作原理如下：

停止时，按下 SB3 即可。

起动过程中，中间继电器 KA 未得电，KA 的两对常开触头将热继电器 KH 的热元件短接，以免因起动时间过长，而使热继电器过热产生误动作。起动结束后，中间继电器 KA 得电动作，其两对常闭触头分断，FR 的热元件接入主电路工作。电流互感器 TA 的作用是将主电路的大电流变换成小电流后串入热继电器的热元件反映过载程度。

采用手动控制时，将转换开关 SA 扳到手动位置（即 B 位置），这样时间继电器 KT 不起作用，用按钮 SB2 手动控制中间继电器 KA 和接触器 KM2 的动作，完成短接频敏变阻器 RF 的工作。其工作原理读者可自行分析。

2. 两种转子绕组串接频敏变阻器起动控制电路（见图 1-7-11、图 1-7-12）

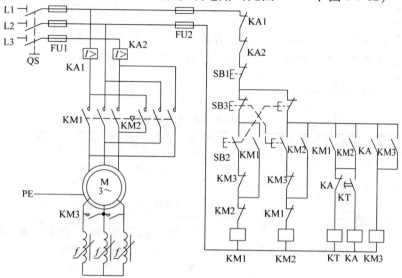

图 1-7-11　转子绕组串接频敏变阻器起动自动控制电路

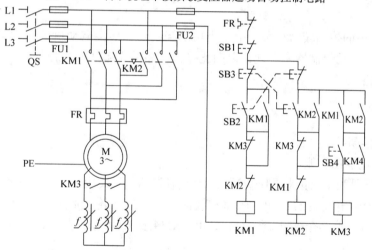

图 1-7-12　转子绕组串接频敏变阻器起动手动控制电路

读者有兴趣可自行分析其工作原理。

任务 3　凸轮控制器控制三相绕线转子异步电动机转子回路串电阻起动电路的安装与维修

知识目标

1. 正确识别、选用、安装、使用凸轮控制器，熟悉它的功能、基本结构、工作原理及型号含义，熟记它的图形符号和文字符号。

2. 正确理解凸轮控制器控制三相绕线转子异步电动机转子回路串电阻起动电路的工作原理。

能力目标

1. 掌握绕线转子异步电动机凸轮控制器控制电路的安装与调试。
2. 掌握绕线转子异步电动机凸轮控制器控制电路的故障维修方法。

 任务描述（见表1-7-10）

表1-7-10 任务描述

工作任务	要 求
1. 绕线转子异步电动机凸轮控制器控制电路的安装	1. 凸轮控制器安装要正确、牢固 2. 安装布线要符合工艺要求 3. 通电试车时要严格遵守安全规程
2. 绕线转子异步电动机凸轮控制器控制电路的故障维修	1. 理解电路的工作原理，掌握分析故障的方法 2. 带电检测故障电路时要严格遵守安全规程 3. 维修过程要符合工艺要求

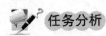 **任务分析**

任务1、2中的控制较为复杂，中、小功率绕线转子异步电动机的起动、调速及正反转控制，常常采用凸轮控制器来实现，以简化操作，如桥式起重机上的大车、小车及副钩都采用这种控制电路。

 相关知识

一、凸轮控制器

1. 凸轮控制器的功能

凸轮控制器是利用凸轮来操作动触头动作的控制器，主要用于控制功率不大于30kW的中小型绕线转子异步电动机的起动、调速和换向。常用的凸轮控制器有KTJ1、KTJ15、KT10、KT14及KT15等系列，图1-7-13所示是KT10、KT14及KT15系列凸轮控制器的外形。

图1-7-13 凸轮控制器的外形
a）KT10系列 b）KT14系列 c）KT15系列

2. 凸轮控制器的结构原理及型号含义

KTJ1 系列凸轮控制器的结构如图 1-7-14 所示。它主要由手轮（或手柄）、触头系统、转轴、凸轮和外壳等部分组成。其触头系统共有 12 对触头，9 对常开触头，3 对常闭触头。其中，4 对常开触头接在主电路中，用于控制电动机的正反转，配有石棉水泥制成的灭弧罩；其余 8 对触头用于控制电路中，不带灭弧罩。

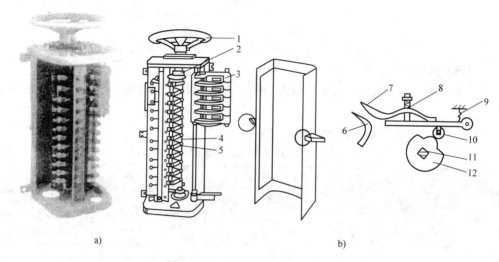

图 1-7-14　KTJ1 型凸轮控制器

a）外形　b）结构

1—手轮　2、11—转轴　3—灭弧罩　4、7—动触头　5、6—静触头　8—触头弹簧
9—弹簧　10—滚轮　12—凸轮

凸轮控制器的动触头 7 与凸轮 12 固定在转轴 11 上，每个凸轮控制一个触头。当转动手轮 1 时，凸轮 12 随轴 11 转动，当凸轮的凸起部分顶住滚轮 10 时，动触头 7、静触头 6 分开；当凸轮的凹处与滚轮相碰时，动触头受到触头弹簧 8 的作用压在静触头上，动、静触头闭合。在方轴上叠装形状不同的凸轮片，可使各个触头按预定的顺序闭合或断开，从而实现不同的控制目的。

凸轮控制器的触头分合情况，通常用触头分合表来表示。KTJ1—50/1 型凸轮控制器的触头分合表如图 1-7-15 所示。图中的上面两行表示手轮的 11 个位置，左侧表示凸轮控制器的 12 对触头。各触头在手轮处于某一位置时的接通状态用符号"×"标记，无此符号表示触头是分断的。

凸轮控制器的型号及含义如下：

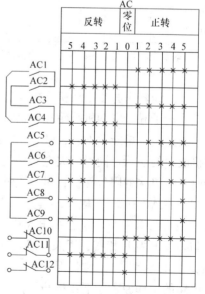

图 1-7-15　KTJ1—50/1 型凸轮控制器的触头分合表

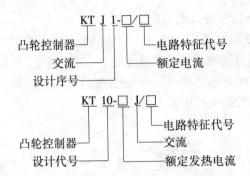

3. 凸轮控制器的选用

凸轮控制器主要根据所控制电动机的功率、额定电压、额定电流、工作制和控制位置数目等来选择。

KTJ1 系列凸轮控制器的技术数据见表 1-7-11。

表 1-7-11　KTJ1 系列凸轮控制器的技术数据

型号	位置数		额定电流/A		额定控制功率/kW		每小时操作次数不高于	质量/kg
	向前（上升）	向后（下降）	长期工作制	通电持续率在40%以下的工作制	220V	380V		
KTJ1—50/1	5	5	50	75	16	16		28
KTJ1—50/2	5	5	50	75	*	*		26
KTJ1—50/3	1	1	50	75	11	11		28
KTJ1—50/4	5	5	50	75	11	11		23
KTJ1—50/5	5	5	50	75	2×11	2×11	600	28
KTJ1—50/6	5	5	50	75	11	11		32
KTJ1—80/1	6	6	80	120	22	30		38
KTJ1—80/3	6	6	80	120	22	30		38
KTJ1—150/1	7	7	150	225	60	100		—

注：* 表示无定子电路触头，其最大功率由定子电路中的接触器容量决定。

二、绕线转子异步电动机凸轮控制器控制电路分析

绕线转子异步电动机凸轮控制器控制电路如图 1-7-16a 所示。图中，组合开关 QS 作为电源引入开关；熔断器 FU1、FU2 分别作为主电路和控制电路的短路保护；接触器 KM 控制电动机电源的通断，同时起欠电压和失电压保护作用；行程开关 SQ1、SQ2 分别作电动机正反转时工作机构的限位保护；过电流继电器 KA1、KA2 作电动机的过载保护；R 是电阻器；凸轮控制器 AC 有 12 对触头，其分合状态如图 1-7-16b 所示。其中，最上面 4 对配有灭弧罩的常开触头 AC1 ~ AC4 接在主电路中用于控制电动机正、反转；中间 5 对常开触头 AC5 ~ AC9 与转子电阻 R 相接，用来逐级切换电阻以控制电动机的起动和调速；最下面的 3 对常闭触头 AC10 ~ AC12 作零位保护。

电路的工作原理如下：将凸轮控制器 AC 的手轮置于"0"位后，合上电源开关 QS，这时 AC 最下面的 3 对触头 AC10 ~ AC12 闭合，为控制电路的接通做准备。按下 SB1，接触器 KM 得电自锁，为电动机的起动做准备。

【正转控制】：将凸轮控制器 AC 的手轮从"0"位转到正转"1"位置，这时触头 AC10 仍闭合，保持控制电路接通；触头 AC1、AC3 闭合，电动机 M 接通三相电源正转起动，此时由于 AC 的触头 AC5 ~ AC9 均断开，转子绕组串接全部电阻 R 起动，所以起动电流较小，起动转矩也较小。如果电动机此时负载较重，则不能起动，但可起到消除传动齿轮间隙和拉紧钢丝绳的作用。

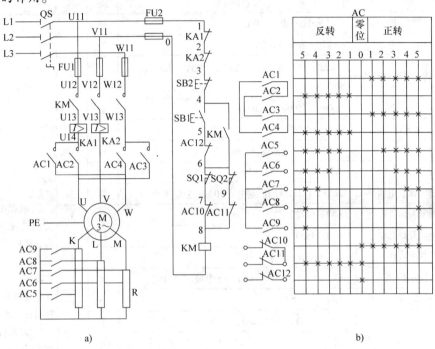

图 1-7-16　绕线转子异步电动机凸轮控制器控制电路

a）电路图　b）触头分合表

当 AC 手轮从正转"1"位转到"2"位时，触头 AC10、AC1、AC3 仍闭合，AC5 闭合，把电阻器 R 上的一级电阻短接切除，电动机转矩增加，正转加速。同理，当 AC 手轮依次转到正转"3"和"4"位置时，触头 AC10、AC1、AC3、AC5 仍闭合，AC6、AC7 先后闭合，把电阻器 R 上的两级电阻相继短接，电动机 M 继续加速正转。当手轮转到"5"位置时，AC5 ~ AC9 这 5 对触头全部闭合，转子回路电阻被全部切除，电动机起动完毕进入正常运转。

停止时，将 AC 手轮扳回零位即可。

【反转控制】：当将 AC 手轮扳到反转"1"~"5"位置时，触头 AC2、AC4 闭合，接入电动机的三相电源相序改变，电动机将反转。反转的控制过程与正转相似，读者可自行分析。

凸轮控制器最下面的 3 对触头 AC10 ~ AC12 只有当手轮置于零位时才全部闭合，而手轮在其余各挡位置时都只有一对触头闭合（AC10 或 AC11），而其余两对断开。从而保证了只有手轮置于"0"位时，按下起动按钮 SB1 才能使接触器 KM 线圈得电动作，然后通过凸轮控制器 AC 使电动机进行逐级起动，从而避免了电动机在转子回路不串起动电阻的情况下直接起动，同时也防止了由于误按 SB1 而使电动机突然快速运转产生的意外事故。

任务准备

一、仪表、工具、耗材和器材准备（见表 1-7-12）

表 1-7-12　工具、仪表、耗材及器材明细

序号	名称	型号与规格	单位	数量	
1	三相四线电源	~3×380/220V，20A	处	1	
2	单相交流电源	~220V 和 36V，5A	处	1	
3	绕线转子异步电动机	YZR—132MA—6，2.2kW，380V，6A/11.2A、980r/min	台	1	
4	配线板	500mm×600mm×20mm	块	1	
5	组合开关	HZ10—25/3	个	1	
6	交流接触器	CJ10—20，线圈电压 380V	只	1	
7	凸轮控制器	KTJ1—50/2，50A，380V	只	1	
8	过电流继电器	JL14—11J，线圈额定电流 10A，电压 380V	只	3	1. 根据电动机规格检验选配的工具、仪表、器材等是否满足要求
9	熔断器及熔芯配套	RL1—60/20	套	3	
10	熔断器及熔芯配套	RL1—15/4	套	2	
11	三联按钮	LA10—3H 或 LA4—3H	个	3	2. 检查其各元器件、耗材与表中的型号与规格是否一致
12	接线端子排	JX2—1015，500V，10A，15 节或配套自定	条	1	
13	起动电阻器	2K1—12—6/1	个	1	3. 元器件外观应完整无损，附件、配件齐全
14	位置开关	LX19—212，380V，5A，内侧双轮	个	2	
15	圆珠笔	自定	支	1	4. 用万用表、绝缘电阻表检测元器件及电动机的技术数据是否符合要求
16	塑料软铜线	BVR—2.5mm²，颜色自定	m	20	
17	塑料软铜线	BVR—1.5mm²，颜色自定	m	20	
18	塑料软铜线	BVR—0.75mm²，颜色自定	m	5	
19	别径压端子	UT2.5—4，UT1—4	个	20	
20	行线槽	TC3025，长 34cm，两边打 φ3.5mm 孔	条	5	
21	异型塑料管	φ3mm	m	0.2	
22	电工通用工具	验电器、钢丝钳、螺钉旋具（一字形和十字形）、电工刀、尖嘴钳、活扳手、剥线钳等	套	1	
23	万用表	自定	块	1	
24	绝缘电阻表	型号自定，或 500V，0~200MΩ	台	1	
25	钳形电流表	0~50A	块	1	
26	转速表	自定	块	1	
27	劳保用品	绝缘鞋、工作服等	套	1	

二、凸轮控制器的安装注意事项

1）凸轮控制器在安装前应检查外壳及零件有无损坏，并清除内部灰尘。

2）安装前应操作控制器手轮不少于 5 次，检查有无卡轧现象。检查触头的分合顺序是

否符合规定的分合表要求，每一对触头是否动作可靠。

3）凸轮控制器必须牢固可靠地用安装螺钉固定在墙壁或支架上，其金属外壳上的接地螺钉必须与接地线可靠连接。

任务实施

安装步骤与前面任务基本相同，本任务操作过程中需要重点说明的是：

通电试车操作顺序是：

1）将凸轮控制器 AC 手轮置于"0"位。

2）合上电源开关 QS。

3）按下起动按钮 SB1。

4）将凸轮控制器手轮依次转到"1"～"5"挡的位置，并分别测量电动机的转速。

5）将手轮从正转"5"挡位置逐渐恢复到"0"位后，再依次转到反转"1"～"5"挡的位置，并分别测量电动机的转速。

6）将手轮从反转"5"挡位置逐渐恢复到"0"位后，按下停止按钮 SB2，切断电源开关 QS。

通电试车操作应注意的问题如下：

1）凸轮控制器安装结束后，应进行空载试验。起动时，若手轮转到"2"挡位置后电动机仍未转动，则应停止起动检查电路。

2）起动操作时，手轮不能转动太快，应逐级起动，防止电动机的起动电流过大。停止使用时，应将手轮准确地停在零位。

故障排除

1. 凸轮控制器的常见故障及处理方法（见表 1-7-13）

表 1-7-13　凸轮控制器的常见故障及处理方法

故障现象	可能的原因	处理方法
主电路中常开主触头间短路	1. 灭弧罩破裂 2. 触头间绝缘损坏 3. 手轮转动过快	1. 调换灭弧罩 2. 调换凸轮控制器 3. 降低手轮转动速度
触头过热使触头支持件烧焦	1. 触头接触不良 2. 触头压力变小 3. 触头上连接螺钉松动 4. 触头容量过小	1. 修整触头 2. 调整或更换触头压力弹簧 3. 旋紧螺钉 4. 调换控制器
触头熔焊	1. 触头弹簧脱落或断裂 2. 触头脱落或磨光	1. 调换触头弹簧 2. 更换触头
操作时有卡轧现象及噪声	1. 滚动轴承损坏 2. 异物嵌入凸轮鼓或触头	1. 调换轴承 2. 清除异物

2. 控制电路的常见故障及处理方法（见表 1-7-14）

表 1-7-14 电路故障的现象、原因及检查方法

故障现象	原 因 分 析	检 查 方 法
电动机不能起动	1. 按下 SB1 后 KM 没有动作 （1）电路中没有电 （2）凸轮控制器手轮没有在"0"位 （3）凸轮控制器的动静片接触不良 （4）FU2 熔断、KA1、KA2 的常闭触头接触不良，SB1、SB2 接触不良、KM 线圈损坏 2. 按下 SB1 后 KM 有动作，电动机不能起动 （1）主电路断相 （2）电刷与滑线接触不良或断线 （3）转子开路	1. 按下 SB1 后 KM 没有动作的检查方法 （1）用验电器检查电源端头是否有电 （2）检查凸轮控制器手轮位置 （3）断开电源，用万用表的电阻挡检查凸轮控制器的动、静触头的接触情况 （4）可用电压法、电阻法、校验灯法检查 2. 按下 SB1 后 KM 有动作的检查方法 （1）可用验电器法或电压法检查是否断相 （2）断开电源，调整电刷与滑线的接触 （3）断开电源，用电阻法检查转子是否有断线或电刷接触不良

注：其他故障参见前面电路故障的处理方法描述。

 检查评议

检查评议表参见表 1-1-13。

 问题及防治

【检修注意事项】：要注意当接触器 KM 线圈通电吸合但凸轮控制器 AC 手柄处于"0"位置时，由于只采用凸轮控制器的两对触头控制主电路三相中的两相，因此电动机不起动，但定子绕组处于带电状态。

考证要点及单元练习

一、考证要点

维修电工职业资格证的考核分为理论知识考核和技能操作考核两部分。

（一）理论知识考核要点

1. 识图知识

1）频敏变阻器的图形符号和文字符号。

2）凸轮控制器的图形符号和文字符号。

3）过电流继电器的图形符号和文字符号。

2. 低压电器知识

1）频敏变阻器的结构、工作原理、安装使用注意事项。

2）凸轮控制器的结构、安装使用注意事项。

3）过电流继电器的结构、主要技术参数、选用依据及安装使用注意事项。

4）三相绕线转子异步电动机转子绕组串电阻起动控制电路图的识读。

5）三相绕线转子异步电动机转子绕组串频敏变阻器起动控制电路图的识读。

6）三相绕线转子异步电动机凸轮控制器控制电路图的识读。

3. 电动机知识

三相绕线转子异步电动机的结构、工作原理，安装接线方法。

4. 电力拖动控制知识

1）三相绕线转子异步电动机转子绕组串电阻起动与调速的原理。

2）三相绕线转子异步电动机转子绕组串频敏变阻器起动控制电路原理。

3）三相绕线转子异步电动机凸轮控制器控制电路原理。

（二）技能操作考核要点

1. 常用电工工具、仪表的使用与维护

1）常用电工工具的使用。

2）万用表的使用与维护。

3）绝缘电阻表的使用与维护。

4）钳形电流表的使用与维护。

2. 电气控制电路安装接线

1）导线、元器件的选择。

2）电气控制电路的安装、槽板配线工艺。

3）三相绕线转子异步电动机的接线。

3. 电路故障判断及修复

1）电动机不能起动的故障检修。

2）电动机不能正常运行的故障检修。

4. 安全文明生产

1）劳动保护用品穿戴整齐。

2）工具仪表佩戴齐全。

3）遵守操作规程，讲文明礼貌。

4）操作完毕清理好现场。

二、单元练习

（一）选择题

1. 转子回路串电阻起动适用于（   ）。

A. 笼型异步电动机　　　　　　　　B. 绕线转子异步电动机

C. 串励直流电动机　　　　　　　　D. 并励直流电动机

2. 三相绕线转子异步电动机的调速控制可采用（   ）的方法。

A. 改变电源频率　　　　　　　　　B. 改变定子绕组磁极对数

C. 转子回路串联频敏变阻器　　　　D. 转子回路串联可调电阻

3. 三相绕线转子异步电动机的转子电路中串入一个调速电阻属于（   ）调速。

A. 变极　　　　　B. 变频　　　　　C. 变转差率　　　　D. 变容

4. 转子绕组串频敏变阻器起动的方法不适用于（   ）起动。

A. 空载　　　　　B. 轻载　　　　　C. 重载　　　　　D. 空载或轻载

5. 过电流继电器在电路中主要起到（　　）的作用。

A. 欠电流保护　　B. 过载保护　　C. 过电流保护　　D. 短路保护

6. 频敏变阻器是一种阻抗值随（　　）明显变化、静止的无触头的电磁元件。

A. 频率　　B. 电压　　C. 转差率　　D. 电流

7. 三相绕线转子异步电动机起动用的频敏变阻器，起动过程中其等效电阻的变化是从大到小，其电流变化是（　　）。

A. 从小到大　　B. 从大到小　　C. 恒定不变　　D. 短路

8. 三相绕线式异步电动机采用的频敏变阻器起动，当起动电流及起动转矩过小时，应（　　）频敏变阻器的匝数，以提高起动电流和起动转矩。

A. 增加　　B. 减小　　C. 不变　　D. 稍微增加

（二）判断题

1. 绕线转子异步电动机不能直接起动。　　　　　　　　　　　　　　（　　）

2. 要使三相绕线转子异步电动机的起动转矩为最大转矩，可以用在转子回路中串入合适电阻的方法来实现。　　　　　　　　　　　　　　　　　　　　　（　　）

3. 只要在绕线转子电动机的转子电路中接入调速电阻，改变电阻的大小，就可平滑调速。　　　　　　　　　　　　　　　　　　　　　　　　　　　　　　（　　）

4. 绕线转子三相异步电动机转子串频敏电阻器起动是为了限制起动电流，增大起动转矩。　　　　　　　　　　　　　　　　　　　　　　　　　　　　　　（　　）

（三）问答题

1. 三相绕线转子异步电动机有哪些主要特点？适用于什么场合？

2. 简述三相绕线转子异步电动机串电阻起动与调速的原理。

3. 简述用电流继电器自动控制三相绕线转子异步电动机的起动工作原理器。

4. 如何调整频敏变阻器？

5. 简述三相绕线转子异步电动机转子绕组串频敏变阻器控制电路的工作原理。

6. 如何安装、调整和检修凸轮控制器？

7. 凸轮控制器控制电路中，如何实现零位保护？

8. 简述三相绕线转子异步电动机凸轮控制器控制电路的工作原理。

（四）操作练习题

1. 时间继电器自动控制的转子绕组串电阻起动电路的安装接线与故障检修。

2. 电流继电器自动控制的转子绕组串电阻起动电路的安装接线与故障检修。

3. 三相绕线转子异步电动机转子绕组串频敏变阻器起动控制电路的安装接线与故障检修。

4. 三相绕线转子异步电动机凸轮控制器控制电路的安装接线与故障检修。

【练习要求】

1. 按图正确使用工具和仪表进行熟练地安装接线。安装接线采用板前明配线。

2. 按钮盒不固定在板上，电源和电动机配线、按钮接线要接到端子排上，要注明引出端子的标号。

3. 电阻器要安装在控制板外面。

4. 频敏变阻器应牢固地安装。试车前，应先测量频敏变阻器对绝缘电阻。试车时如发现起动转矩或起动电流过大或过小，应对频敏变阻器进行调整。

5. 安装凸轮控制器前应操作控制手柄不少于 5 次，检查有无扎卡现象。凸轮控制器必须安装牢固。

6. 安装过电流继电器应检查继电器的额定电流及整定值是否与实际使用要求相符。安装后应在触头不通电的情况下，使吸引线圈通电操作几次，看过电流继电器是否动作可靠。

7. 在安装接线完成后，经教师通电检查合格者，在所做电路上，人为设置隐蔽故障 3 处，其中主电路 1 处，控制电路 2 处（可分 3 次设置）。

8. 操作中注意安全文明操作。

模块二　常用生产机械的电气控制电路及其安装、调试与维修

单元 1　CA6140 型车床电气控制电路的故障维修

任务 1　了解机床电气故障检修的一般步骤和方法

知识目标

1. 熟悉机床电气检修的一般步骤。
2. 了解机床电气检修常用方法的原理及注意事项。

能力目标

1. 能按照机床电气检修的一般步骤分析和排除一些简单控制电路故障。
2. 熟练使用电压法、电阻法检测电气故障。

任务描述（见表 2-1-1）

表 2-1-1　任 务 描 述

工 作 任 务	要　　　求
1. 使用电阻法检测三相异步电动机正反转控制回路的电气故障	1. 能正确通电试车，并根据故障现象先进行理论分析，确定故障范围 2. 正确选择测量方法及万用表量程
2. 使用电压法检测三相异步电动机正反转主电路的电气故障	3. 能迅速找出故障点，并正确排除 4. 注意安全操作，不能损坏元器件，不能扩大故障范围

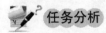**任务分析**

　　机床电气设备是由各种开关、按钮、接触器等多种元器件通过导线连接而组成的。它们在运行中经常会发生各种各样的故障。当遇到故障时，切忌无目的地乱找，这样不仅不能迅速排除故障，相反还会扩大故障而造成严重事故。因此，快速排除故障是电气维修人员的职责，也是衡量电气维修人员水平的标志。

　　一般机床电气故障产生的原因，大致可分为两大类：

　　（1）自然发展故障　元器件经长期使用，必然会产生触头烧损，开关、电动机等可动部分机械磨损，以及各种元器件、导线绝缘老化等自然现象，这些现象如不能有计划地预防或加以排除，就会影响电气设备的正常运行。

（2）人为故障　系指电气设备受到不应有的机械外力破坏，以及元器件质量不好或因操作不当、安装不合理或维修不正确等人为因素造成的故障。

本任务就是熟悉机床电气检修的一般步骤，能正确通电试车，并根据故障现象进行理论分析，确定故障范围，并正确排除。

相关知识

一、工业机械电气设备维修的一般要求

1）采取的维修步骤和方法必须正确，切实可行。

2）不可损坏完好的元器件。

3）不可随意更换元器件及连接导线的规格型号。

4）不可擅自改动电路。

5）损坏的电气装置应尽量修复使用，但不能降低其固有性能。

6）电气设备的各种保护性能必须满足使用要求。

7）绝缘电阻合格，通电试车能满足电路的各种功能，控制环节的动作程序符合要求。

8）修理后的电气装置必须满足其质量标准要求。电气装置的检修质量标准是：

①外观整洁，无破损和炭化现象。

②所有的触头均应完整、光洁、接触良好。

③压力弹簧和反作用弹簧应具有足够的弹力。

④操纵、复位机构都必须灵活可靠。

⑤各种衔铁运动灵活，无卡阻现象。

⑥灭弧罩完整、清洁，安装牢靠。

⑦整定数值大小应符合电路使用要求。

⑧指示装置能正常发出信号。

二、电气设备日常维护保养

电气设备维修包括日常维护保养和故障检修两方面。加强对电气设备的日常检查、维护和保养，及时发现由于设备在运行时过载、振动、电弧、自然磨损、周围环境和温度影响、元器件的使用寿命等因素引起的一些非正常因素，并及时修理或更换，有效地减少设备故障的发生率，缩小故障带来的损失，增加设备连续运转周期。

日常维护保养包括电动机和控制设备的日常维护保养。

1. 电动机的日常维护保养

对电动机日常维护要做到，经常检查电动机运转是否正常，有无异响；电动机外壳是否清洁，温度是否正常；检查电动机轴承间隙，加注润滑油；对磨损严重，间隙过大的轴承，必须予以更换；检查电动机绝缘状况，有绝缘下降的，必须对定子绕组做浸漆处理。

2. 控制设备的日常维护保养

1）保持电气控制箱，操纵台上各种操作开关、按钮等清洁完好。

2）检查各连接点是否牢靠，有无松脱现象。

3）检查各类指示信号装置和照明装置是否正常。

4）清理接触器、继电器等接触头的电弧灼痕，看是否吸合良好，有没有卡住、噪声或迟滞现象。

5）检查接触器、继电器线圈是否过热。

6）检查电器柜及各种导线通道的散热情况，并防止水、汽及腐蚀性液体进入。

7）检查电气设备是否可靠接地。

三、机床电气故障检修的一般步骤

机床在运行中发生了故障，应立即切断电源进行检修。检修一般按下面几个步骤进行。

1. 故障调查

故障发生后，不能盲目地检修和拆卸设备，应先进行调查研究，从而能准确迅速地判断故障发生的原因及部位，进而排除故障。调查手段包括：

（1）问　机床发生故障后，首先应向操作者了解故障发生前的情况，有利于根据电气设备的工作原理来分析发生故障的原因。一般询问的内容有：故障发生在开车前、开车后，还是发生在运行中；是运行中自行停车，还是发现异常情况后由操作者停下来的；发生故障时，机床工作在什么工作顺序，按动了哪个按钮，扳动了哪个开关；故障发生前后，设备有无异常现象（如响声、气味、冒烟或冒火等）；以前是否发生过类似的故障，是怎样处理的等。在听取操作者介绍故障时，要认真正确地分析和判断出是机械或液压的故障，还是电气故障，或者是综合故障。

（2）看　仔细察看各种元器件的外观变化情况。如熔断器熔体熔断指示器是否跳出，导线连接螺钉有否松动，触头是否烧融、氧化，热继电器是否脱扣，导线和线圈是否烧焦，热继电器整定值是否合适，瞬时动作整定电流是否符合要求等。

（3）听　在电路还能运行和不扩大故障范围的前提下，可通电试车，主要听有关电器在故障发生前后声音有否差异。如听电动机起动时是否只"嗡嗡"响而不转；接触器线圈得电后是否噪声很大等。

（4）摸　电动机、变压器和元器件的线圈发生故障时，温度显著上升，可切断电源后用手去触摸。轻拉导线，看连接是否松动；轻推电器活动机构，看移动是否灵活等。

（5）闻　故障出现后，断开电源，将鼻子靠近电动机、变压器、继电器、接触器、绝缘导线等处，闻闻是否有焦味。如有焦味，则表明电器绝缘层已被烧坏，主要是由过载、短路或三相电流严重不平衡等故障所造成的。

2. 电路分析

根据调查结果，参考该机床的电气原理图及有关说明书进行电路逻辑分析是发生在主电路还是控制电路，是发生在交流电路还是直流电路？通过分析缩小故障范围，达到迅速找出故障点加以排除的目的。

分析要有针对性，如接地故障一般先要考虑电器柜外的电气装置，后考虑电器柜内的元器件。短路与断路故障，先重点考虑动作频繁的元器件，后考虑其余元器件。对于较复杂的机床电路，要掌握机床的性能、工艺要求，分析电路时，可将复杂电路划分成若干个单元，便于分析，要了解电路的逻辑原理，正确判断出故障点。

3. 断电检查

对许多发生故障的电气设备检修时，不能立即通电，否则会人为扩大故障范围，烧毁更多的元器件，造成不应有的损失。检查前先断开机床总电源，然后根据故障可能产生的部位，逐步找出故障点。当故障范围较大时，不必按部就班逐步检查，可注意一些技巧，例如先机损，后电路；先简单，后复杂；先检修通病，后考虑疑难杂症；先公用电路，后专用电路；先外部调试，后内部处理等。这样来判断故障出在哪一部分，往往可以达到事半功倍的效果。

4. 通电检查

断电检查仍未找到故障时，可对电气设备做通电检查。在通电检查时要尽量使电动机和其所传动的机械部分脱开，将控制器和转换开关置于零位，行程开关还原到正常位置。然后检查电源电压是否正常，有否断相或严重不平衡。再进行通电检查，检查的顺序为：先检查控制电路，后检查主电路；先检查辅助系统，后检查主传动系统；先检查交流系统，后检查直流系统；合上开关，观察各电气元器件是否按要求动作，有否冒火、冒烟、熔断器熔断的现象，直至查到发生故障的部位。

5. 排除故障

针对不同故障情况和部位采取正确的方法修复故障。对更换的新元器件要注意尽量使用相同规格型号、性能完好的元器件。在故障排除中，还要注意防止故障扩大。

6. 通电试车

故障修复后，应重新通电试车，检查生产机械的各项运行指标是否满足要求。

另外，在找出故障点和修复故障时，应该注意要进一步分析查明故障产生的根本原因并排除，以免再次发生类似的故障。每次排除故障后，应及时总结经验，并做好维修记录，以备日后维修时参考。

四、机床电气故障检修的一般方法

除了上面所说的"问、看、摸、听、闻"几种直观方法外，检修机床电气故障常借助一些工具和仪器仪表进行测量来判断故障点。在使用时一定要保证各种测量工具和仪表完好，使用方法正确，还要注意防止其他并联支路和回路的影响。常用的方法有以下几种。

1. 验电器法

验电器是维修电工常备的检测工具之一。氖泡的启辉电压为60V左右。为了安全起见，验电器只准许用于500V以下电路中的检测工作。用验电器检查故障时，在主电路中从电源侧顺次的往负荷侧进行，在控制电路中从电源往线圈方向进行，在检测分析中应注意电路另一端返回电压的可能。

验电器仅需极弱的电流，即能使氖泡发光，一般绝缘不好而产生的漏电电流以及处于强电场附近都能使氖泡发亮，这要与所检测电路是否确实有电加以区别。用验电器检测电路中接触不良而引起的故障是无济于事的，这一点需要注意。

2. 校灯法

校验灯一般是由电工自制用试灯时要注意灯泡的电压与被测部位的电压配合，电压相差过高时灯泡要烧坏，相差过低时灯泡不亮，一般查找断路故障时使用小功率（10～60W）灯泡为宜；查找接触不良而引起的故障时，要用较大功率（150～200W）灯泡，这样就能根据灯的亮、暗程度来分析故障。

3. 万用表法

万用表是一种一表多用的测量工具。它可以测量交/直流电压、电阻和直流电流，还可以测量电感、电容、交流电流，是检修电气故障的主要工具。

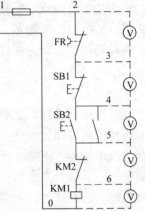

（1）电压测量法　电压测量法是指利用万用表测量机床电气电路上某两点间的电压值来判断故障点的范围或故障元器件的方法。

如图2-1-1所示，接通电源，若按下起动按钮SB2时，接触器KM1不吸合，说明电路有故障。

检查时，将万用表的转换开关置于交流电压"500V"的挡位上。首先测量1-0两点间的电压，若电路正常应为380V，则说明熔断器没有断路。然后按住起动按钮SB2不放，另一个人用万用表红、黑两根表笔逐段测量2-3、3-4、4-5、5-6、6-0之间的电压，根据其测量结果可以找出故障点，见表2-1-2。

图2-1-1　电压分阶测量法

表2-1-2　电压测量法找故障点　　　　　　　　　　　　　　　　（单位：V）

故障现象	2-3	3-4	4-5	5-6	6-0	故　障　点
按下SB2，KM1不吸合	380	0	0	0	0	FR常闭触头断开
	0	380	0	0	0	SB1常闭触头断开
	0	0	380	0	0	SB2触头接触不良
	0	0	0	380	0	KM2常闭触头接触不良
	0	0	0	0	380	KM1线圈断路

（2）电阻测量法　电阻测量法指利用万用表测量机床电气电路上某两点间的电阻值来判断故障点的范围或故障元器件的方法。电阻测量法虽然安全，但测得的电阻值不准确时，容易造成错误判断，所以以用电阻法测量故障时应注意：用电阻测量法检查故障时，必须要断开电源；若被测电路与其他电路并联时，必须将该电路与其他电路断开，否则所测得的电阻值误差较大；测量高电阻值的元器件时，把万用表的选择开关旋转至适合电阻挡。

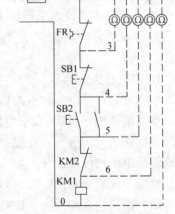

1）电阻分阶测量法。如果控制回路电源正常，按下起动按钮SB2，接触器KM1不吸合，该电气回路有断路故障。用万用表的电阻挡检测前，应先断开电源，并将万用表转换开关置于适当倍率，按图2-1-2所示方法测量，根据测量结果即可找出故障点，见表2-1-3。

图2-1-2　电阻分阶测量法

表2-1-3　电阻分阶法找故障点

故障现象	1-3	1-4	1-5	1-6	1-2	故　障　点
按下SB2，KM1不吸合	∞	*	*	*	*	FR常闭触头断开
	0	∞	*	*	*	SB1常闭触头断开
	0	0	∞	*	*	SB2常开触头按下不能闭合
	0	0	0	∞	*	KM2常闭触头断开
	0	0	0	0	∞	KM1线圈断开

注：* 指无测量必要。

2）电阻分段测量法。电阻分段测量法如图 2-1-3 所示。用万用表的电阻挡检测前应先断开电源，然后将万用表转换开关置于倍率适当的电阻挡，按下 SB2 不放松，然后分段测量 2-3、3-4、4-5、5-6、6-0 各点间电阻值。若电路正常，则该两点间的电阻值为"0"；当测量到某标号间的电阻值为无穷大，则说明表笔刚跨过的触头或连接导线断路。测量结果见表 2-1-4。

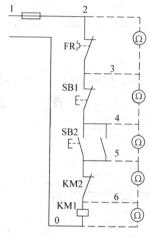

图 2-1-3　电阻分段测量法

表 2-1-4　电阻分段测量法查找故障

故障现象	测量点	电阻值	故　障　点
按下 SB2，KM1 不吸合	2-3	∞	FR 常闭触头断开
	3-4	∞	SB1 常闭触头断开
	4-5	∞	SB2 常开触头按下不能闭合
	5-6	∞	KM2 常闭触头断开
	6-0	∞	KM1 线圈断开

4. 短接线法

短接线法指用导线将机床电路中两等电位点短接，以缩小故障范围，从而确定故障范围或故障点。检查方法如图 2-1-4 所示。

按下起动按钮 SB2 时，接触器 KM1 不吸合，说明该电路有故障。检查前先用万用表测量 1-2 两点间的电压值，若电压正常，可按下起动按钮 SB2 不放松，然后用一根绝缘良好的导线，分别短接标号相邻的两点，如短接 2-3、3-4、4-5、5-6。当短接到某两点时，接触器 KM1 吸合，说明断路故障就在这两点之间。

短接法检查应注意： 短接法是用手拿绝缘导线带电操作的，所以一定要注意安全，避免触电事故发生；短接法只适用于检查电压降极小的导线和触头之类的断路故障，对于电压降较大的电器，如电阻、线圈、绕组等断路故障，不能采用短接法，也不能将导线跨接在负载两端，否则会出现短路故障；对于机床的某些要害部位，必须保障电气设备或机械部位不会出现事故的情况下才能使用短接法。

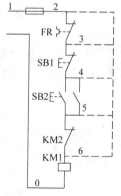

图 2-1-4　局部短接法

任务准备

根据任务，选用工具、仪表、耗材及器材，具体见表 2-1-5。

表 2-1-5　工具、仪表、耗材及器材明细

序　号	名　　称	型号与规格	单　位	数　量
1	双重联锁正反转控制电路板		块	1
2	电工通用工具	验电器、钢丝钳、螺钉旋具（一字形和十字形）、电工刀、尖嘴钳、活扳手、剥线钳等	套	1

（续）

序　号	名　称	型号与规格	单　位	数　量
3	万用表	自定	块	1
4	绝缘电阻表	型号自定，或 500V、0 ~ 200MΩ	台	1
5	钳形电流表	0 ~ 50A	块	1
6	劳保用品	绝缘鞋、工作服等	套	1

任务实施

现在以双重联锁正反转控制电路为例（见图2-1-5），学生分组按照每人进行排故练习。教师在每个正反转控制电路上设置主电路故障和控制电路故障各一处，设置让学生预先知道的故障点，练习一个故障点的检修。在掌握一个故障点的检修方法的基础上，再设置两个或两个以上故障点，故障现象尽可能不相互重合。如果故障相互重合，按要求应有明显检查顺序。

1. 排除故障操作要求

1）此项操作可带电进行。但必须有指导教师监护，确保人身安全。

2）在检修过程中，测量并记录相关元器件的工作情况（触头通断、电压、电流）。

3）定额时间为30分钟。

2. 检测情况记录

检测情况记录在表2-1-6中。

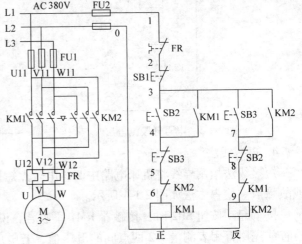

图 2-1-5　接触器联锁正反转电气原理图

表 2-1-6　双重联锁正反转控制电路电动机电路检测情况记录表

元器件名称	元器件状况（外观、断电电阻）	工作电压	工作电流	触头通断情况	
				操作前	操作后

3. 操作注意事项

1）操作时不要损坏元器件。

2）各控制开关操作后，要复位。

3）排除故障时，必须修复故障点，严禁扩大故障范围或产生新故障。检修过程中不要损伤导线或使导线连接脱落。

4）检修所用工具、仪表等符合使用要求。

4. 故障排除练习举例

故障一：电动机 M 转速很慢，并发出"嗡嗡"声

【故障排除步骤】

（1）观察故障现象　闭合起动按钮 SB2 时，KM1 吸合，主轴电动机 M 转速很慢，并发出"嗡嗡"声，这时应立即按下停止按钮，切断 M 的电源，避免损坏主轴电动机。再按下反转起动按钮 SB3 时，KM2 吸合，主轴电动机 M 仍然转速很慢，并发出"嗡嗡"声（如果电动机 M 反转正常，则故障为 KM1 进出线端时触头接触不良）。

（2）判断故障范围　KM1、KM2 均正常吸合说明主轴电动机 M 控制回路部分正常，故障出现在主电路部分（这是典型的电动机断相故障），故障电路如图 2-1-6 中所示。

（3）查找故障点　采用验电器测量法和电阻测量法判断故障点的方法步骤如下：

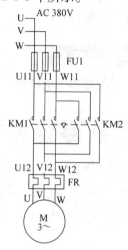

图 2-1-6　故障一电路图

1）在电源总开关断开以及 KM1、KM2 失电的情况下，从 U、V、W 电源上端头到 KM1、KM2 主触头的上端头，用验电器依次测量各相主电路中的接点，若验电器不能正常发光，则说明故障点就在测试点前级。

例如：用验电器测量 L1 相主电路中的 FU1 进线接点、FU1 出线（U11）接点、KM1（U11）进线接点、KM2（U11）进线接点过程中，如果测试 KM2（U11）接点时，验电器不亮，说明故障为 L1 相电路中的 KM2 进线触头接触不良。

2）同样的方法检测 L2 相、L3 相主电路中 KM1、KM2 主触头以上的故障点。

3）先断开电源总开关，将万用表功能选择开关拨至"$R \times 10$"挡，人为按下 KM1 动作试验按钮，然后分别检测接触器 KM1 主触头、热继电器 FR 热元件、电动机 M 绕组等通断情况。看有无电器损坏、接线脱落、触头接触不良等现象（同样方法按下 KM2，进行检测）。

（4）排除故障　断开电源总开关，根据故障点情况，更换损坏的元器件或导线。

（5）通电试车　排除故障点后，重新开机操作检查，直至符合技术要求为止。

故障二：按下反转起动按钮 SB3 后，电动机 M 不能反转起动，交流接触器 KM2 不动作

【故障排除步骤】

（1）观察故障现象　合上电源总开关，按下反转起动按钮 SB3 后，电动机 M 不能反转起动，交流接触器 KM2 不动作。

（2）判断故障范围　根据故障现象可知，故障电路如图 2-1-7 中点画线所示。

（3）查找故障点　采用电压分阶测量法检查故障点。

1）将万用表选择开关拨至交流电压"500V"挡。

2）将黑表笔接在选择的参考点 FU2（$0^{\#}$）上。

3）合上电源总开关，按住 SB3。

红表笔 SB3 接线端（3#）起，依次逐点测量：

①SB3 接线端（3#），测得电压值为 380V 正常。

②SB3 接线端（7#），测得电压值为 380V 正常。

③SB2 接线端（7#），测得电压值为 380V 正常。

④SB2 接线端（8#），测得电压值为 380V 正常。

⑤KM1 常闭接线端（8#），测得电压值为 380V 正常。

⑥KM1 常闭接线端（9#），测得电压值为 0V 正常。

说明故障就在此处，KM1 常闭触头开路。

（4）排除故障 根据故障点情况，断开电源总开关，修复或更换 KM1。

（5）通电试车 排除故障点后，重新开机操作检查，直至符合技术要求为止。

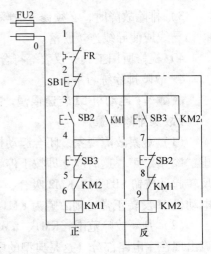

图 2-1-7 故障二电路图

检查评议

教师将学生检修实训评价填入表 2-1-7。

表 2-1-7 正反转电路控制回路故障检修实训评价

项目内容	配 分	评 分 标 准		得 分
故障分析	30 分	（1）故障分析、排除故障思路不正确	扣 5 ~ 10 分	
		（2）不能标出最小故障范围	扣 15 分	
排除故障	70 分	（1）断电不验电	扣 5 分	
		（2）工具及仪表使用不当，每次	扣 5 分	
		（3）检查故障的方法不正确	扣 20 分	
		（4）排除故障的方法不正确	扣 20 分	
		（5）排除故障顺序不合理	扣 5 ~ 10 分	
		（6）不能查出故障，每个	扣 35 分	
		（7）查出故障但不能排除，每个故障	扣 25 分	
		（8）产生新的故障或扩大故障范围 每个	扣 35 分	
		（9）损坏元器件 每只	扣 5 ~ 20 分	
安全文明生产		违反安全文明生产规程	扣 10 ~ 70 分	
定额时间 30min		不允许超时检查，每超时 5min	扣 5 分	
备注		除定额时间外，各项内容的最高扣分不得超过配分数	成绩	
开始时间		结束时间	实际时间	

问题及防治

1. 设置故障前的检查

准备好电路板后，首先要通电试车，正常后再模拟自然故障现象设置故障，防止出现意外情况。

2. 操作过程中问题

1）设备应在教师指导下操作，安全第一。进行排除故障训练时，必须有指导教师在现场监护。

2）故障检测时，应根据电路的特点，通过相关和允许的试车，尽量缩小检测范围。

3）在操作中若发出不正常声响，应立即断电，查明故障原因待修。故障噪声主要来自电动机断相运行，接触器、继电器吸合不正常等。

任务2　认识 CA6140 型车床

知识目标

1. 了解车床的功能、结构、加工特点及主要运动形式。

2. 熟悉 CA6140 型车床电气电路的组成及工作原理，能正确识读 CA6140 型车床控制电路的原理图、接线图和布置图。

能力目标

1. 掌握构成 CA6140 型车床的操纵手柄、按钮和开关的功能。

2. 掌握 CA6140 型车床的元器件的位置、电路的大致走向。

3. 能对 CA6140 型车床进行基本操作及调试。

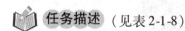 **任务描述**（见表 2-1-8）

表 2-1-8　任务描述

工作任务	要求
到机加工车间观看 CA6140 型车床加工过程，并了解 CA6140 型车床结构及运动形式	1. 了解车床的功能 2. 了解 CA6140 型车床的主要组成部分 3. 观察 CA6140 型车床的主运动、进给运动及刀架的快速运动，注意观察各种运动的操纵、电动机运转情况 4. 观察冷却泵电动机的工作情况，注意其和主轴之间的联锁
掌握 CA6140 型车床各元器件的安装位置及配线	1. 熟悉 CA6140 型车床电气电路的组成 2. 识读 CA6140 型车床控制电路的原理图、接线图和布置图 3. 能将原理图和实物元器件一一对应
操作及调试 CA6140 型车床	1. 能操作所有控制开关及手柄 2. 在教师指导下进行车床起动和快速进给操作

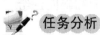 **任务分析**

CA6140 型车床具有性能优越、机构先进、操作方便和外形美观等特点，是机械加工中使用极为广泛的一种机床，主要用来切削工件的外圆、内圆、端面和螺纹，也可用钻头或铰刀进行钻孔或铰孔。它的加工范围较广，但自动化程度低，适于小批量生产及修配车间使用。本任务就是掌握 CA6140 型车床的主要结构和运动形式；正确识读 CA6140 型车床电气

控制电路原理图以及正确操作、调试 CA6140 型车床。

 相关知识

一、认识 CA6140 型车床

按用途和结构的不同，车床主要分为卧式车床和落地车床、立式车床、转塔车床、单轴自动车床、多轴自动和半自动车床、仿形车床及多刀车床和各种专门化车床，如凸轮轴车床、曲轴车床、车轮车床、铲齿车床。在所有车床中，以卧式车床应用最为广泛。CA6140 型车床是一种普通的卧式车床。

1. CA6140 型车床的主要结构与型号含义

卧式车床主要由床身、主轴箱、进给箱、溜板箱、刀架、尾座、丝杠和光杆等部件组成。图 2-1-8 和图 2-1-9 是 CA6140 型卧式车床的外形和结构示意图。

图 2-1-8　CA6140 型卧式车床的外形
1—进给箱　2—主轴箱　3—刀架　4—尾座　5—床身　6—光杆
7—丝杆　8—溜板箱

主轴箱的功能是支承主轴和传动，包含主轴及其轴承、传动机构、起停及换向装置、制动装置、操纵机构及滑润装置。CA6140 型卧式车床的主传动可使主轴获得 24 级正转转速（10～1400r/min）和 12 级反转转速（14～1580r/min）。

进给箱的作用是变换被加工螺纹的种类和导程，以及获得所需的各种进给量。它通常由变换螺纹导程和进给量的变速机构、变换螺纹种类的移换机构、丝杠和光杆转换机构以及操纵机构等组成。

溜板箱的作用是将丝杠或光杠传来的旋转运动转变为直线运动并带动刀架进给，控制刀架运动的接通、断开和换向等。刀架则用来安装车刀并带动其作纵向、横向和斜向进给运动。

CA6140 型车床的型号含义如下：

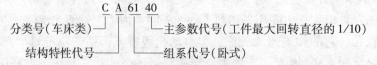

2. CA6140 型车床的主要运动形式及控制要求

（1）CA6140 型车床的主要运动形式　CA6140 型车床的主运动是卡盘或顶尖带动工件的旋转运动。进给运动是溜板带动刀架的直线移动。辅助运动包括溜板和刀架的快速移动、尾座的移动以及工件的夹紧与放松等。

（2）CA6140 型车床的主要电气控制要求　根据车床的运动情况和工艺要求，车床对电气控制提出如下要求：

1）主拖动电动机一般选用三相笼型异步电动机，并采用机械变速。为了车削螺纹，主轴要求正、反转，CA6140 型车床则靠摩擦离合器来实现，电动机只做单向旋转。

2）为实现溜板箱的快速移动，由单独的快速移动电动机拖动，且采用点动控制。

3）车削加工时，需用切削液对刀具和工件进行冷却。为此，设有一台冷却泵电动机，拖动冷却泵输出切削液。

4）冷却泵电动机与主轴电动机有着联锁关系，即冷却泵电动机应在主轴电动机起动后才可选择起动与否；而当主轴电动机停止时，冷却泵电动机立即停止。

5）电路应有必要的保护环节、安全可靠的照明电路和信号电路。

3. 认识 CA6140 型车床主要结构和操纵部件

对照图 2-1-9，在 CA6140 型车床上认识其主要结构和操纵部件。

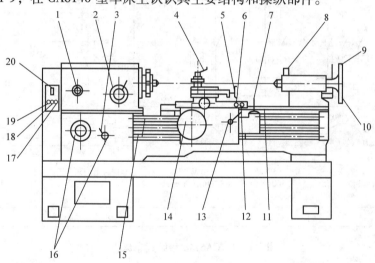

图 2-1-9　CA6140 型车床主要结构和操纵部件图

1—加大螺距及螺纹变换手柄　2—主轴变速手柄　3—螺纹种类及丝杠、光杆变速手柄　4—方刀架转位及固定手柄

5—上刀架横向手轮　6—急停按钮　7—刀架横向自动进给手柄及快速移动按钮　8—尾座顶尖快速紧固手柄

9—尾座快速紧固手柄　10—尾座顶尖套筒移动手柄　11—主轴正反转操作手柄　12—主电动机控制按钮

13—开合螺母操纵按钮　14—床鞍纵向移动手轮　15—主轴正反转操作手柄　16—螺距及进给器

调整手柄　17—冷却泵总开关　18—照明灯开关　19—电源开关锁　20—电源总开关

二、CA6140 型车床电路的工作原理

图 2-1-10 和 2-1-11 分别是 CA6140 型车床电路图和元器件接线图。

一般机床电气控制电路包含的元器件和电气设备较多，为了便于分析，机床电路图中多了一些标识：

1）电路图按电路功能分为若干个单元，例如 CA6140 型车床电路分为电源保护、电源开关、主轴电动机、短路保护等 13 个单元，并将这些功能标注在电路图最上面功能栏内。

2）为了便于查找元器件，将电路图中一条回路或一条支路划分为一个图区，并用阿拉伯数字一次标注在电路图最下面图区栏内。

3）图中，$\begin{smallmatrix}2 \\ 2 \\ 2\end{smallmatrix}\bigg|\begin{smallmatrix}8 \\ 10\end{smallmatrix}\bigg|\begin{smallmatrix}\times \\ \times\end{smallmatrix}$ 表示 KM 的 3 对主触头均在图区 2，一对辅助常开触头在图区 8，另一对常开触头在图区 10，两对辅助常闭触头未用。

4）图中，$\begin{smallmatrix}4 \\ 4 \\ 4\end{smallmatrix}$ 表示中间继电器 KA2 的 3 对常开触头均在图区 4，常闭触头未用。

CA6140 型车床电路图它分为电源电路、主电路、控制电路和照明电路 4 部分。

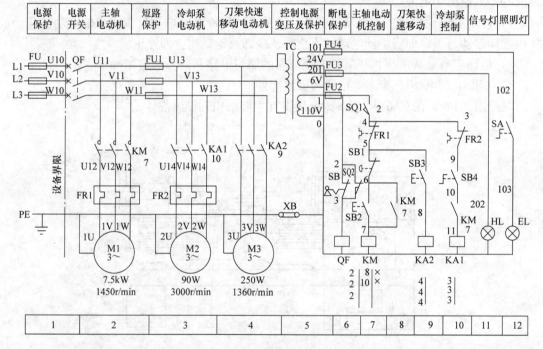

图 2-1-10　CA6140 型卧式车床电路

1. 电源电路分析

CA6140 型车床的电源开关是带有开关锁 SA2 的断路器 QF。由钥匙开关 SB 控制，将 SB 向右旋转，再扳动断路器 QF 将三相电源引入。钥匙开关 SB 在正常工作时是断开的，QF 线圈不能得电，断路器 QF 不能合闸。熔断器 FU 作为短路保护。

控制电路通过变压器 TC 输出的 110V 交流电压供电，由熔断器 FU2 作为短路保护。机床床头带罩处设有安全开关 SQ1，在正常工作时，行程开关 SQ1 的常开触头闭合，接通电源。当打开床头带罩时，SQ1 的常开触头断开，切断电源，以保护维修及工作人员安全。在配电盘壁龛门上装有安全行程开关 SQ2，SQ2 在车床正常工作时也是断开的，当打开配电壁龛门时，SQ2 闭合，QF 线圈得电，断路器 QF 自动断开。当需要打开配电盘壁龛门进行带电检修时，应将行程开关 SQ2 的传动杠拉出，使断路器 QF 能够合闸，关上壁龛门后恢复。

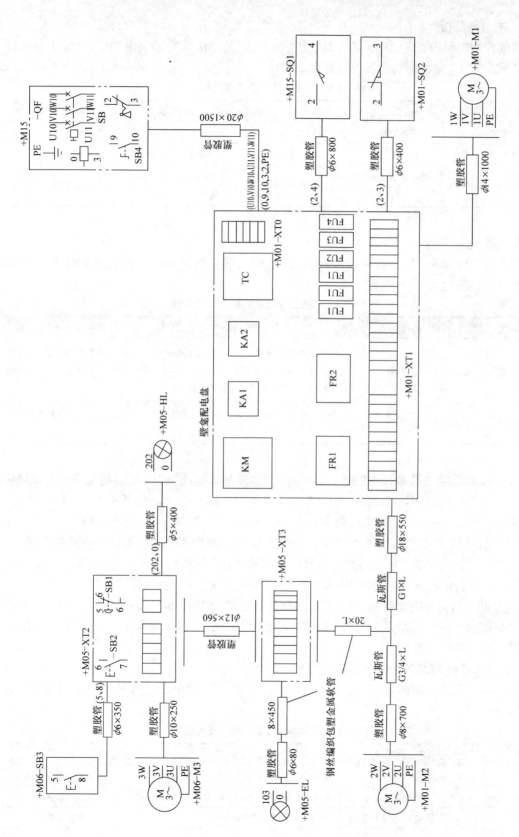

图 2-1-11 CA6140 型车床元件布置图

2. 主电路分析

电气控制电路中有 3 台电动机：M1 为主轴电动机，M2 为冷却泵电动机，M3 为快速移动电动机。3 台电动机的功能及控制见表 2-1-9。

表 2-1-9　3 台电动机的功能及控制

电动机名称	功　能	控制电器	过载保护	短路保护
主轴电动机 M1	拖动主轴和工件旋转	接触器 KM1	热继电器 FR1	断路器 QF
冷却泵电动机 M2	提供切削液	中间继电器 KA1	热继电器 FR2	熔断器 FU1
快速移动电动机 M3	拖动溜板实现快速移动	中间继电器 KA2	短时工作没有设过载保护	熔断器 FU1

3. 控制电路分析

（1）主轴电动机 M1 的控制　由起动按钮 SB2、停止按钮 SB1 和接触器 KM1 构成电动机单向连续运转起动/停止电路，见表 2-1-10。

表 2-1-10　主轴及进给电动机 M1 的控制

控制要求	控制作用	控制过程
起动控制	起动主轴电动机 M1	选择好主轴的转速和转向，按下起动按钮 SB2，接触器 KM 线圈得电，自锁触头吸合并自锁，KM 主触头闭合，M1 起动运转，同时 KM 的辅助常开触头（10—11）闭合，为 KA 得电做准备，实现联锁
停止控制	停车时使主轴停转	按下停止按钮 SB1，接触器 KM 线圈断电，KM 的主触头分断，电动机 M1 断电停转

（2）冷却泵电动机 M2 的控制　主轴电动机和冷却泵电动机 M2 在控制电路中实现顺序控制。当主轴电动机 M1 起动后，KM 常开触头闭合，此时合上旋钮开关 SB4，KA1 吸合，冷却泵电动机 M2 起动，主轴电动机 M1 停止运行或断开 SB4 时，M2 停止运行。

（3）快速移动电动机 M3 的控制　由按钮 SB3 来控制中间继电器 KA2，进而实现 M3 的点动。操作时，先将快、慢速进给手柄扳到所需移动方向，即可接通相关的传动机构，再按下 SB3，KA2 得电吸合，电动机 M3 起动运转，即可实现该方向的快速移动。

（4）照明与信号电路分析　控制变压器 TC 的二次侧输出 24V 和 6V 电压，为车床照明和指示灯提供电源。由开关 SA 控制车床的低压照明灯 EL，FU4 为其提供短路保护；HL 为电源指示灯，FU3 作短路保护。

三、CA6140 型车床的电器设备型号规格、功能

根据电气元器件明细表（见表 2-1-11）和位置图熟悉 CA6140 型车床的电器设备型号规格、功能。

表 2-1-11　CA6140 型车床的元器件明细

元器件代号	图上区号	元器件名称	型号规格	数　量	用　途
M1	2	主轴电动机	Y132M—4—B37.5kW,1450r/min	1	主轴及进给传动
M2	3	冷却泵电动机	AOB—2590W,3000r/min	1	提供切削液
M3	4	快速移动电动机	AOS5634250W,1360r/min	1	刀架快速移动

（续）

元器件代号	图上区号	元器件名称	型号规格	数量	用途
FR1	2	热继电器	JR36—20/3,15.4A	1	M1 过载保护
FR2	2	热继电器	JR36—20/3,0.32A	1	M3 过载保护
SB1	7	按钮	LAY3—01ZS/1	1	起动 M1
SB2	7	按钮	LAY3—10X/3.11	1	停止 M1
SB3	9	按钮	LA9	1	起动 M3
SB4	10	旋钮开关	LAY3—10X/2	1	控制 M2
SB	6	旋钮开关	LAY3—01Y/2,带钥匙	1	电源开关锁
FU1	2	熔断器	BZ001,熔体 6A	3	M2、M3 短路保护
FU2	5	熔断器	BZ001,熔体 1A	1	控制电路短路保护
FU3	5	熔断器	BZ001,熔体 1A	1	信号灯短路保护
FU4	5	熔断器	BZ001,熔体 2A	1	照明电路短路保护
KM	2	交流接触器	CJ20—20,线圈电压 110V	1	控制 M1
KA1	3	中间继电器	JZ7—44,线圈电压 110V	1	控制 M2
KA2	4	接触器	JZ7—44,线圈电压 110V	1	控制 M3
SQ1、SQ2	7、6	行程开关	JWM6—11	2	断路保护
TC	5	控制变压器	JBK2—100,380/110/24/6V	1	控制电路电源
QF	1	断路器	AM2—40,20A	1	电源开关
HL	11	信号灯	ZSD—0.6V,6V	1	电源指示
EL	12	照明灯	JC11,24V	1	工作照明

 任务准备

根据任务，选用工具、仪表、耗材及器材，见表2-1-12。

表 2-1-12　工具、仪表、耗材及器材明细

序　号	名　　称	型号与规格	单　位	数　量
1	卧式车床	CA6140 型	台	1
2	电工通用工具	验电器、钢丝钳、螺钉旋具(一字形和十字形)、电工刀、尖嘴钳、活扳手、剥线钳等	套	1
3	万用表	自定	块	1
4	绝缘电阻表	型号自定，或 500V,0～200MΩ	台	1
5	钳形电流表	0～50A	块	1
6	劳保用品	绝缘鞋、工作服等	套	1

 任务实施

一、根据元器件布置图逐一核对所有低压元器件

按照元器件布置图在机床上逐一找到所有元器件，并在图样相应位置上做出标志。

操作要求：

1）此项操作断电进行。

2）在核对过程中，观察并记录该元器件的型号及安装方法。

3）观察每个元器件的电路连接方法。

4）使用万用表测量各元器件触头操作前后的通断情况并做记录。

二、车床的操作实训

在教师的监控指导下，按照以下述操作方法，完成对车床的操作实训。

开动 CA6140 型车床的基本操作方法步骤如下：

1. 准备步骤

1）总电源开关钥匙 SB 旋转到 ON 接通位置，打开照明灯开关 SA。

2）装夹工件前把卡盘罩打开。

3）根据工件的不同采取相应的装夹方法，将工件夹紧卡在卡盘上。

4）根据加工工件材料的不同选择不同材料和参数的道具。

5）开车前关闭卡盘防护罩和刀架防护罩。

6）用主轴箱上的手柄和转速标识牌选择合适的主轴转速。

7）扳动主轴箱上的手柄，选择合适的进给量。

8）用刀架横向自动进给手柄和快速移动按钮，将刀架移动到靠近工件的位置。

2. 手动进给

1）开启主电动机开关 SB2，把主轴正反转操作手柄扳到正转，主轴起动。

2）刀架纵横向自动进给手柄扳到十字开口槽中间，用手动控制床鞍纵向移动手轮和下刀架横向移动手柄，正、反转手轮和手柄，即可实现手动正、反进给。

3）手动控制上刀架移动手柄，根据上刀架扳动的角度不同，转动手柄即可进行纵、横向和斜向进给。

3. 自动进给

1）开启主电动机开关 SB2，将主轴正、反转操作手柄扳到正转，主轴起动。

2）手动控制床鞍纵向移动手轮和下刀架横向移动手柄进行校正刀具和工件的距离。

3）扳动刀架纵横向自动进给手柄即可进行横向的正、反自动进给，将手柄扳到十字开口槽中间，进给停止。

4）当操纵过程中需要刀架快速移动时，可按手柄顶部按钮 SB3，松开按钮，快速停止。

4. 停机操作

1）用刀架纵横向自动进给手柄，将刀架移动到靠近床尾端，横向移动到靠近手柄端。

2）将主轴正、反转手柄扳到中间位置。

3）按下电动机停止按钮 SB1，使电动机停止转动。

4）如使用冷却功能，将冷却泵开关扳到关的位置"0"。

5）将照明灯开关 SB 关闭。

6）将电源总开关转到 OFF 断开位置。

◤ **检查评议**

检查评议表参见表 2-1-7。

问题及防治

1）操作前必须熟悉车床的结构和操作部件的功能。

2）在通电操作前注意检查床头皮带罩是否盖好。

3）在通电操作前检查配电盘壁龛门是否关好。

4）操作调试过程中，必须做好安全保护措施，如有异常情况必须立即切断电源。

5）必须在教师的监护指导下操作，不得违反安全操作规程。

<h2 style="text-align:center">任务 3　CA6140 型车床电路的常见电气故障维修</h2>

知识目标

1. 熟悉掌握 CA6140 型车床控制电路图原理，能对信号灯、指示灯和断电保护电路的典型故障进行理论分析。

2. 能对主轴电动机控制电路的典型故障进行理论分析。

3. 能对冷却泵电动机控制电路的典型故障进行理论分析。

4. 能对刀架的快速移动电动机控制电路的典型故障进行理论分析。

能力目标

1. 能用通电试验方法准确快速地发现故障现象，进行故障分析，并标出最小故障范围。

2. 能利用各种方法查找和排除电气电路中的故障点，并正确修复。

 任务描述（表 2-1-13）

表 2-1-13　任 务 描 述

工 作 任 务	要　　　求
CA6140 型车床主轴电动机回路的故障排除 CA6140 型车床电气线路中冷却泵电机回路故障排除	1. 能快速准确地在电器原理图中标出最小故障范围的线段 2. 排除故障时，必须要修复故障点，不能采用更换元器件、借用触头及改动电路的方法 3. 检修时，严禁扩大故障范围或产生新的故障

 任务分析

CA6140 型车床在使用一段时间后，由于线路老化、机械磨损、电气磨损或操作不当等原因而不可避免地会导致铣床电气设备发生故障，从而影响机床正常工作。CA6140 型车床的主要控制为对主轴电动机、冷却泵电动机和进给电动机的控制，本任务主要分析排除 CA6140 型车床主轴电动机起动、冷却泵电动机起动、进给电动机起动的常见故障。

 相关知识

一、主轴电动机 M1 的控制电路

1. 电路分析

主轴电动机 M1 的控制包括起动控制和停止控制。主轴电动机 M1 电路如图 2-1-12 所示。

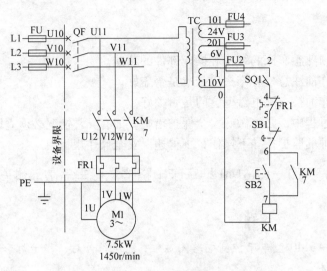

图 2-1-12　主轴电动机 M1 电路

（1）主轴电动机的起动控制　总电源开关钥匙 SB 旋转到 ON 接通位置，打开照明灯开关 SA。开启主电动机开关 SB2，把主轴正反转操作手柄扳到正转，主轴起动。工作原理如下：

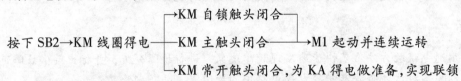

KM 线圈得电回路为：TC（1）→2→4→5→6→7→KM 线圈→TC（0）。

（2）主轴电动机 M1 停车控制　加工完工件需要主轴停车时，将主轴正、反转手柄扳到中间位置，按下电动机停止按钮 SB1，使电动机停止转动。工作原理如下：

按下 SB1→KM 线圈失电→KM 常开触头断开复位→M1 失电停转

2. 冷却泵电动机 M2 的控制

控制电路如图 2-1-13 所示。

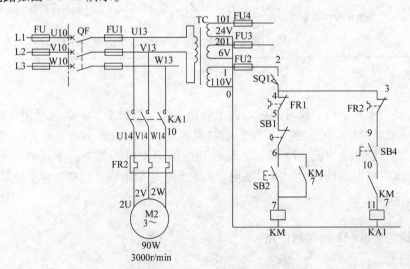

图 2-1-13　冷却泵电动机 M2 控制电路

主轴电动机 M1 和冷却泵电动机 M2 在控制电路中实现顺序控制。工作原理如下：

（1）冷却泵起动控制

　　　　主轴电动机 M1 起动, KM 常开触头闭合 ─┐
　　　　　　　　　　　　　　　　　　　　　　　├→冷却泵电动机 M2 起动
　　　　合上旋钮开关 SB4, KA1 吸合 ─────────┘

（2）冷却泵停止控制

　　　　主轴电动机 M1 停止 ─┐
　　　　　　　　　　　　　　├→冷却泵电动机 M2 停止运行
　　　　断开 SB4 ──────────┘

3. 快速移动电动机 M3 的控制

由按钮 SB3 来控制中间继电器 KA2，进而实现 M3 的点动，电路如图 2-1-14 所示。

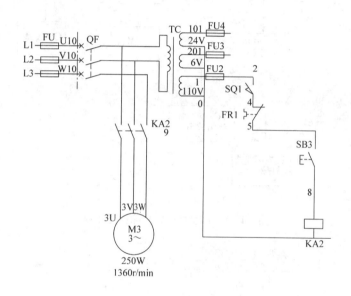

图 2-1-14　快速移动电动机 M3 控制电路

电路原理分析如下：

（1）快速移动电动机起动

　　　　　　　　按下 SB3→KA2 得电吸合→M3 起动运转

（2）快速移动电动机停止

　　　　　　　　松开 SB3→KA2 失电→M3 停止运转

二、故障分析方法

1. 信号灯回路故障

合上配电箱壁龛门，插入钥匙开关旋至接通位置，合上 QF，如果电源信号灯不亮，可按图 2-1-15 所示流程图检查。

2. 照明灯回路故障

合上 QF，拧动旋钮 SA 至接通位置，EL 灯不亮。可以先查看信号灯是否正常，如果信号灯也不亮，先按上面讲的流程检查 TC 一次绕组及以前的电路，如果信号灯正常，则按图 2-1-16 所示流程检查。

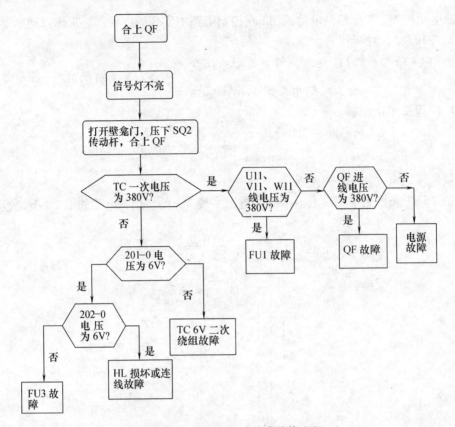

图 2-1-15　信息灯回路故障检修流程

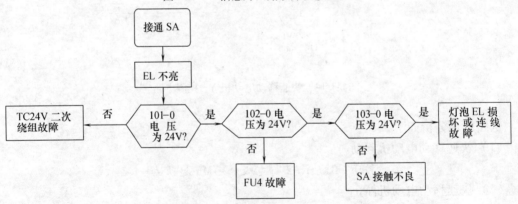

图 2-1-16　照明灯回路故障检修流程

3. 按下 SB3，快速移动电动机不能起动

可按图 2-1-17 所示流程检查。

4. 主轴故障

（1）按下起动按钮，主轴电动机不能起动。若接触器 KM 吸合，主轴电动机仍不能起动，则故障必然是发生在主电路。主回路故障应先立即切断电源，最好不要通电测量，以免扩大故障范围，可以采用电阻法测量。如 KM 不吸合，则先检查控制电路。其检修步骤如图 2-1-18 所示。

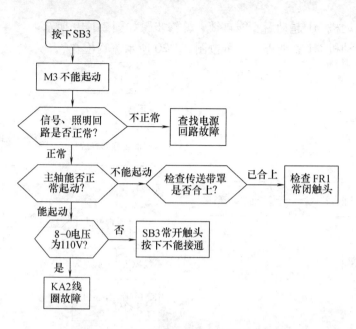

图 2-1-17　快速移动电动机故障检修流程图

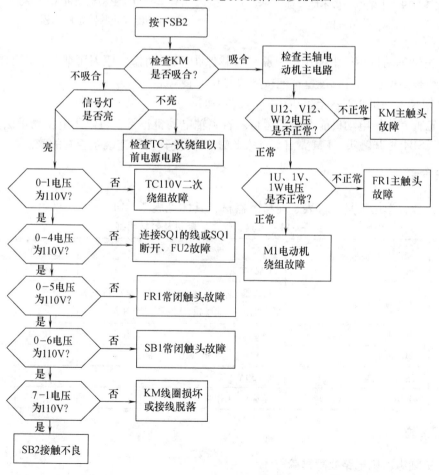

图 2-1-18　主轴电动机 M1 不能起动故障检修流程图

（2）主轴电动机 M1 起动后不能自锁　检修步骤如图 2-1-19 所示。

（3）主轴电动机 M1 不能停止　可按图 2-1-20 所示流程检查。

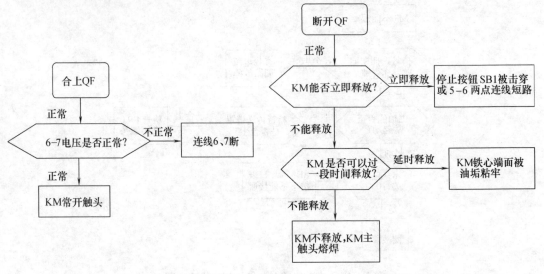

图 2-1-19　主轴电动机不能自锁　　　　　图 2-1-20　主轴电动机 M1 起动后
故障检修流程图　　　　　　　　　　　　不能停止故障检修流程图

（4）主轴电动机运行中停车　一般是过载保护 FR1 动作，原因可能是：电源电压不平衡或过低；整定值小，负载过重；连接导线复位不良等。

5. 冷却泵电动机 M2 不能起动

可以先查看主轴电动机能否正常运行。若主轴电动机正常，可以用电压测量法查找 FR2 常闭触头、SB4 常开触头、KM 常开触头、KA1 线圈及其之间连线是否有故障。

任务准备

根据任务，选用工具、仪表、耗材及器材，具体见表 2-1-14。

表 2-1-14　工具、仪表、耗材及器材明细

序　号	名　　称	型号与规格	单　位	数　量
1	车床	CA6140 型	台	1
2	电工通用工具	验电器、钢丝钳、螺钉旋具（一字形和十字形）、电工刀、尖嘴钳、活扳手、剥线钳等	套	1
3	万用表	自定	块	1
4	绝缘电阻表	型号自定，或 500V、0～200MΩ	台	1
5	钳形电流表	0～50A	块	1
6	劳保用品	绝缘鞋、工作服等	套	1

任务实施

一、主轴电动机电路故障排除

学生分组按照每台一个机床进行排故练习。教师在每台 CA6140 型卧式车床上设置主轴

电动机故障一处，让学生预先知道，练习一个故障点的检修。在掌握一个故障点的检修方法的基础上，再设置两个或两个以上的故障点，故障现象尽可能不相互重合。如果故障相互重合，按要求应有明显检查顺序。

1. 操作要求

1）此项操作可带电进行。

2）操作每一控制开关前，先观察该控制开关所控机床部位的运动情况。

3）认真观察故障现象，确定故障范围后再动手检修。

4）在检修过程中，测量并记录相关元器件及电动机的工作情况（触头通断、电压、电流）。

2. 检测情况记录表（见表2-1-15）

表2-1-15 CA6140型车床电路故障检测情况记录

设备名称	设备状况 （外观、断电电阻）	工作电压	工作电流	触头通断情况（选填）	
				操作前	操作后

3. 操作注意事项

1）操作时不要损坏元器件。

2）各控制开关的检测，测通断电阻时，必须断电。

3）检修过程中不要损伤导线或使导线连接脱落。

4. 故障排除练习举例

故障一：按下起动按钮 SB2 后，主轴电动机 M1 不能起动，交流接触器 KM1 不动作

（1）观察故障现象 将钥匙开关SB旋转到ON位置，接通总电源开关，按下主轴电动机起动按钮SB2，接触器KM不吸合，主轴电动机M1不起动。

（2）判断故障范围 根据故障现象，参照图2-1-12，故障范围应在控制电路。

（3）查找故障点 采用电压测量法和电阻测量法检查故障点。

1）接通电源总开关QF，用电压测量法判断故障部位。将万用表功能选择开关拨至交流电压"500V"挡，检测控制变压器输入电压（正常值为380V左右）；若正常再测量110V

电压输出端；若正常再分别测量2#、4#、5#、6#线电压（正常值为110V）；若正常按下SB2按钮，再测量7#线电压（正常值为110V）。

2）若测量电压不正常，则该处元器件或触头存在问题。断开电源总开关QF，将万用表功能选择开关拨至"$R \times 10$"挡，测量存在问题的元器件或触头，确定故障部位。

（4）排除故障　根据故障点情况，断开机床电源总开关QF，修复或更换故障元器件及相关电路。

（5）通电试车　排除故障点后，重新开机操作检查，直至符合技术要求为止。

故障二：冷却泵电动机 M2 转速很慢并发出"嗡嗡"声

（1）观察故障现象　合上车床电源总开关QF，按下主轴起动按钮SB2，主轴电动机正常起动，再闭合SB4时，KA1吸合，冷却泵电动机M2转速很慢，并发出"嗡嗡"声，这时应立即按下停止按钮，切断M2的电源，避免损坏主轴电动机。

（2）判断故障范围　KA1吸合说明冷却泵电动机M2控制回路正常，故障出现在主电路部分（这是典型的电动机断相故障），因为主轴电动机正常运行，主电路故障如图2-1-21中点画线所示，冷却泵电动机M2的工作回路如图2-1-22所示。

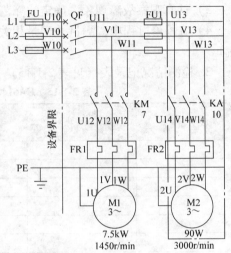

图 2-1-21　故障二电路图

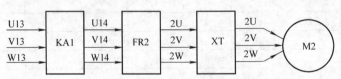

图 2-1-22　M2 主电路工作路径图

（3）查找故障点　采用验电器测量法和电阻测量法判断故障点的方法步骤如下：

1）在电源开关QF闭合以及KA1失电的情况下，从FU1触头的出线端到KA1常开触头的上端头，用验电器依次测量各相主电路中的触头，若验电器不能正常发光，则说明故障点就在测试点前级。

例如，用验电器测量U相主电路中的FU1（U13）出线触头、KA1（U13）进线触头过程中，如果测试KA1（U13）进线触头时，验电器不亮，说明故障为U相电路中的KA1进线触头接触不良。

2）同样的方法检测V相、W相主电路中KA1常开触头以上的故障点。

3）断开电源总开关QF，将万用表功能选择开关拨至"$R \times 10$"挡，人为按下KA1动作试验按钮，然后分别检测接触器KA1主触头、热继电器FR2热元件、电动机M2绕组等的通断情况，看有无电器损坏、接线脱落、触头接触不良等现象。

（4）排除故障　断开车床电源总开关QF，根据故障点情况，更换损坏的元器件或导线。

（5）通电试车　排除故障点后，重新开机操作检查，直至符合技术要求为止。

 检查评议

检查评议表参见表 2-1-7。

 问题及防治

1. 设备起动前的检查

设备起动前要检查刀具与加工工件位置，不要在进刀情况下起动；起动前要清理工作面上的其他杂物；不要设置断开接地线的故障；在控制箱外布线时，导线要另加绝缘防护且不允许导线中间有接头；在进行快速进给故障排除时，溜板箱要置于床身导轨的中间部位，防止运动部件与车头或尾座相撞。

2. 操作过程中问题

1）设备应在教师指导下操作，安全第一。进行排除故障训练时，必须有指导教师在现场监护。

2）在操作中若发出不正常声响，应立即断电，查明故障原因再修。

3）若发现熔芯熔断，应在找出故障后，方可更换同规格熔芯。

4）在维修过程中，如果改动电路后，故障仍存在，要将改动电路复原。

5）操作时用力不要过大，速度不宜过快；操作频率不宜过于频繁。

6）实习结束后，关闭电源开关，将各操作开关复位，拔出电源插头等。

7）做好检修记录。

3. 设备维护

1）设备在经过一定次数的排除故障训练使用后，如电路凌乱、不规整，可按原理图重新进行配线，但要和原来电路位置、编号一致。

2）更换电器配件或新电器时，应按原型号配置。

3）机床在使用过程中，每次要做好机床运动部件的润滑工作，保持机床整洁，做好各元器件保养工作。

4）各元器件安装必须要牢固，尤其是电动机、卡盘等的安装。

考证要点及单元练习

一、考证要点

维修电工职业资格证的考核分为理论知识考核和技能操作考核两部分。

（一）理论知识考核要点

1. 识图知识

1）CA6140 型车床所用低压电器的图形符号和文字符号。

2）CA6140 型车床控制电路图的识读。

2. 低压电器知识

CA6140 型车床所用低压电器的结构、类型、在本电路中的作用以及工作原理。

3. 电力拖动控制知识

CA6140 型车床的结构、运动形式及电气控制电路原理。

4. 电工仪表知识

1）万用表的型号、规格、选择及使用与维护方法。

2）绝缘电阻表的型号、规格、选择及使用与维护方法。

3）钳形电流表的型号、规格、选择及使用与维护方法。

（二）技能操作考核要点

1. 常用电工工具、仪表的使用与维护

1）常用电工工具的使用。

2）万用表的使用与维护。

3）绝缘电阻表的使用与维护。

4）钳形电流表的使用与维护。

2. 电路故障判断及修复

1）机床电气故障检修的一般步骤和方法。

2）CA6140 型车床电路常见电气故障维修。

3. 安全文明生产

1）劳动保护用品穿戴整齐。

2）工具仪表佩戴齐全。

3）遵守操作规程，讲文明礼貌。

4）操作完毕清理好现场。

二、单元练习

（一）选择题

1. 主轴电动机与冷却泵电动机的电气控制的顺序是（   ）。

A. 主轴电动机起动后，冷却泵电动机方可选择起动

B. 主轴与冷却泵电动机可同时起动

C. 冷却泵电动机起动后，主轴电动机方可起动

D. 冷却泵由组合开关控制，与主轴电动机无电气关系

2. 用电压测量法检查低压电气设备时，把万用表扳到交流电压（   ）挡位上。

A. 10V   B. 50V   C. 100V   D. 500V

3. 检修后的机床电器装置，其操纵、复位机构必须（   ）。

A. 无卡阻现象   B. 灵活可靠   C. 接触良好   D. 外观整洁

4. 在检查电气设备故障时，（   ）只适用于电压降极小的导线及触头之类的电气故障。

A. 短接法   B. 电阻测量法   C. 电压测量法   D. 外表检查法

5. 更换或修理各种继电器时，其型号、规格、容量、线圈电压及技术指标，应与原图样要求（   ）。

A. 稍有不同   B. 相同   C. 可以不同   D. 随意确定

6. 在分析主电路时，应根据各电动机和执行电器的控制要求，分析其控制内容，如电动机的起动、（   ）等基本控制环节。

A. 工作状态显示   B. 调速   C. 电源显示   D. 参数测定

（二）判断题

1. CA6140 型车床的主轴电动机与冷却泵电动机的控制属于顺序控制。　　　（　　）
2. 常用电气设备电气故障产生的原因主要是自然故障。　　　（　　）
3. 机床电气装置的所有触头均应完整、光洁、接触良好。　　　（　　）
4. 机床的电气连接安装完毕后，对照原理图和接线图认真检查，有无错接、漏接现象。
　　　　　　　　　　　　　　　　　　　　　　　　　　　　　　（　　）
5. 如果加强对电气设备的日常维护保养，就可以杜绝电气故障的发生。　　（　　）
6. 电动机的接地装置应经常检查，使之保持牢固可靠。　　　（　　）

（三）问答题

1. 简述机床电气设备维修的一般步骤。
2. CA6140 型车床电气控制电路中有几台电动机？它们的作用分别是什么？
3. 带电检修时，能否采用电阻法测量？
4. 在 CA6140 型车床电气控制电路中，为什么没对快速移动电动机进行过载保护？
5. CA6140 型车床电气控制电路中，照明电路和信号电路的电源电压是多少？

（四）操作练习题

1. 检修 CA6140 型车床主轴电动机 M1 不能正常起动的电气电路故障。
2. 检修 CA6140 型车床主轴电动机 M1 起动后不能自锁的电气电路故障。
3. 检修 CA6140 型车床主轴电动机 M1 不能停车的电气电路故障。
4. 检修 CA6140 型车床主轴电动机 M1 运行中自动停车的电气电路故障。
5. 检修 CA6140 型车床冷却泵电动机不能正常运转的电气电路故障。
6. 检修 CA6140 型车床快速移动电动机不能起动的电气电路故障。
7. 检修 CA6140 型车床照明灯不亮的电气电路故障。
8. 检修 CA6140 型车床指示灯不亮的电气电路故障。

【练习要求】

1. 在 CA6140 型车床上，人为设置隐蔽故障 3 处，其中主电路 1 处，控制电路 2 处。
2. 学生排除故障过程中，教师要进行监护，注意安全。
3. 学生排除故障过程中，应正确使用工具和仪表。
4. 排除故障时，必须修复故障点并通电试车。
5. 安全文明操作。

操作练习题评分标准见表 1-1-42。

单元 2　M7130 型平面磨床电气控制电路故障维修

任务 1　认识 M7130 型平面磨床

知识目标

1. 了解磨床的功能、结构及加工特点。
2. 熟悉 M7130 型平面磨床电气电路的组成及工作原理，能正确识读 M7130 型平面磨床控制电路的原理图、接线图和布置图。

能力目标

1. 熟悉构成 M7130 型平面磨床的操纵手柄、按钮和开关的功能。
2. 熟悉 M7130 型平面磨床的元器件的位置、电路的大致走向。
3. 能对 M7130 型平面磨床进行基本操作及调试。

 任务描述（见表 2-2-1）

表 2-2-1　任 务 描 述

工 作 任 务	要　　　求
到机加工车间观看 M7130 型磨床加工过程,并了解 M7130 型磨床结构及运动形式	1. 了解磨床的功能 2. 了解 M7130 型磨床的结构 3. 观察 M7130 型磨床加工特点
掌握构成 M7130 型平面磨床的操纵手柄、按钮和开关的功能	1. 熟悉 M7130 型平面磨床电气电路的组成 2. 识读 M7130 型平面磨床控制电路的原理图、接线图和布置图 3. 能将原理图和实物元器件一一对应
操作及调试 M7130 型平面磨床	1. 能操作所有控制开关及手柄 2. 掌握整机调试步骤及方法

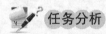 **任务分析**

M7130 型平面磨床是使是用砂轮周边或端面对工件表面进行加工的精密机床。它不但能加工一般的金属材料,还能加工一般刀具不能加工的硬质材料,如淬火钢、硬质合金等。M7130 型平面磨床因其结构简单、操作方便、磨削精度和光洁度都比较高,是使用较普遍的磨床。本任务就是:掌握 M7130 型平面磨床的主要结构和运动形式;正确识读 M7130 型平面磨床电气控制电路原理图以及正确操作;调试 M7130 型平面磨床。

相关知识

磨床的种类很多,根据用途可以分为平面磨床、外圆磨床、内圆磨床、螺纹磨床、球面磨床、齿轮磨床和导轨磨床等。M7130 型磨床属于平面磨床。

一、认识 M7130 型平面磨床

1. M7130 型磨床结构与型号含义

通过对其加工过程的观察,了解一下 M7130 型磨床的主要结构。M7130 型平面磨床是卧轴矩形工作台式,主要由床身、工作台、电磁吸盘、砂轮箱、滑座和立柱等组成。其外形如图 2-2-1 所示。

M7130 型平面磨床的型号含义如下:

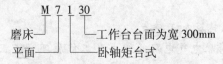

2. M7130 型平面磨床的运动形式

（1）主运动　M7130 型平面磨床的主运动是砂轮的高速旋转运动。为了保证磨削加工的光洁度和精度，要求砂轮有较高的转速，砂轮电动机通常采用两极笼型异步电动机。电动机采用装入式安装方法，砂轮直接装在电动机轴上，从而提高了主轴的刚度。砂轮电动机只要求单向旋转，可以直接起动，无调速和制动要求。

图 2-2-1　M7130 型平面磨床的外形
1—床身　2—工作台　3—立柱　4—滑座　5—砂轮架　6—砂轮　7—电磁吸盘

（2）进给运动　工作台的纵向进给运动，又称工作台往复运动，是指工作台沿床身的纵向运动。M7130 型平面磨床采用液压泵电动机 M3 拖动液压泵，通过液压传动拖动工作台作纵向运动，实现无级调速且传动换向平稳。

砂轮架的横向进给运动，又称砂轮架的前后进给，是指砂轮架在滑座上的前后运动。砂轮架的横向进给运动可由液压传动，也可由手轮来操作，在磨削过程中，工作台换向一次，砂轮架就横向进给一次。

砂轮架的垂直进给运动，又称砂轮架的垂直进给，是指滑座在立柱上的上下运动。滑座带着砂轮架沿立柱的导轨上下移动，从而调整砂轮与工件的位置，达到最好的加工状态。砂轮架的垂直进给运动可通过操纵手轮由机械传动装置拖动实现。

（3）辅助运动　工件的夹紧与放松，工件的夹紧可用螺钉或夹板直接固定在工作台上，也可以用电磁吸盘，将工件直接吸附在电磁吸盘上进行加工。

工作台的快速移动是由液压传动机构带动工作台在纵向、横向和垂直 3 个方向进行移动。

切削液的供给是由冷却泵电动机 M2 拖动冷却泵提供切削液。

二、M7130 型平面磨床电气控制电路分析

M7130 型平面磨床电路的原理图由主电路、控制电路、电磁吸盘电路和照明电路 4 部分组成，电路图如图 2-2-2 所示。

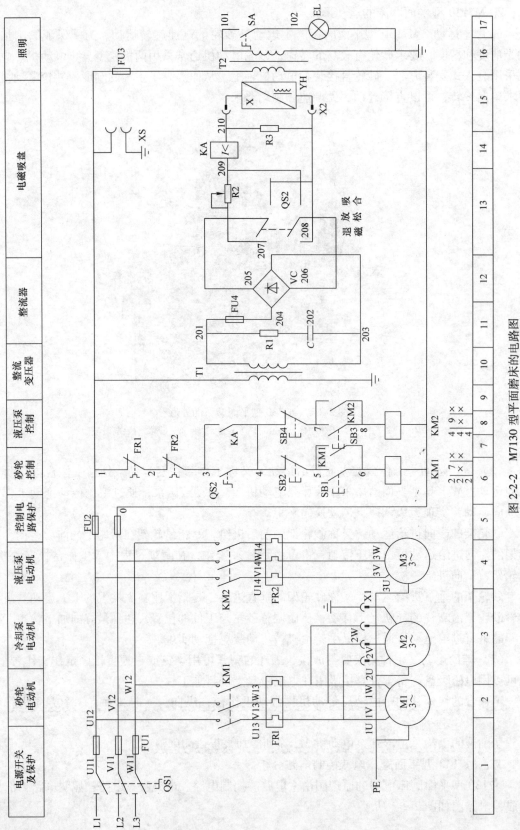

图2-2-2　M7130型平面磨床的电路图

1. 主电路分析

主电路中有砂轮电动机 M1、冷却泵电动机 M2 和液压泵电动机 M3 共 3 台电动机，其功能及控制见表 2-2-2。

表 2-2-2　3 台电动机的功能及控制

电动机名称	功　　能	控制电器	过载保护	短路保护
砂轮电动机 M1	拖动砂轮旋转	接触器 KM1	热继电器 FR1	熔断器 FU1
冷却泵电动机 M2	提供切削液	接插器 X1	热继电器 FR1	熔断器 FU1
液压泵电动机 M3	通过液压传动拖动工作台纵向、横向、和垂直快速进给，砂轮架前后、垂直进给运动	接触器 KM2	热继电器 FR2	熔断器 FU1

在主电路（见图 2-2-3）中，QS1 为总电源开关，FU1 为熔断器（短路保护）。主电路有 3 台电动机，M1 为砂轮电动机（拖动砂轮旋转），M2 为冷却泵电动机（提供切削液），M3 为液压泵电动机（拖动液压泵）。接触器 KM1 控制电动机 M1 起/停，热继电器 FR1 对电动机 M1 进行过载保护。接触器 KM2 控制电动机 M3 起停，热继电器 FR2 对电动机 M3 进行过载保护。由于冷却泵箱和床身是分开安装的，所以冷却泵电动机 M2 的控制是通过接插器 X1 和电动机 M1 的电源线相连，拔插 X1 来实现的，并和电动机 M1 在主电路上实现顺序控制。

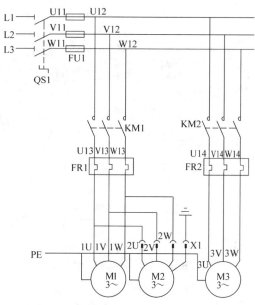

图 2-2-3　M7130 型平面磨床的主电路图

2. 控制电路分析

控制电路如图 2-2-4 所示。在控制电路中，FU2 为控制电路的短路保护。控制电路包括砂轮控制和液压泵控制两部分。热继电器 FR1 和 FR2 常闭触头串联使用，目的是当砂轮电动机或液压泵电动机有任一个过载时，两台电动机都要停止工作。转换开关 QS2 为电磁吸

盘的控制开关，其工作位置有"吸合"、"放松"、"退磁"3 个，其 6 区常开触头和欠电流
继电器 KA 在 8 区的常开触头并联，其作用是当两个常开触头有任一闭合时，砂轮电动机和
液压泵电动机才能起动。SB1 为砂轮机起动按钮，SB2 为砂轮机停止按钮；SB3 为液压泵起
动按钮，SB4 为液压泵停止按钮。

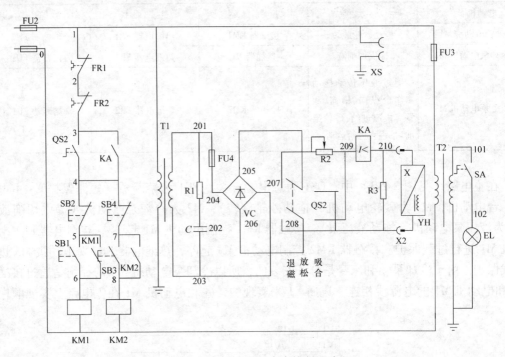

图 2-2-4　M7130 型磨床控制电路

（1）砂轮电动机的工作原理

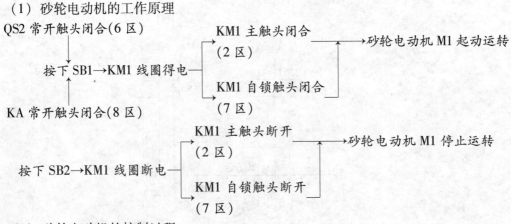

（2）砂轮电动机的控制过程

（3）液压泵电动机的工作原理

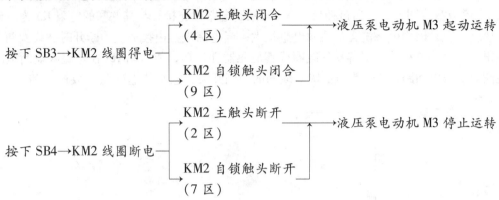

（4）液压泵电动机的控制过程

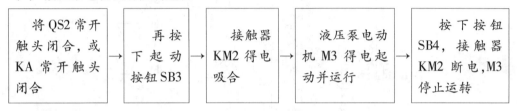

3. 电磁吸盘电路分析

电磁吸盘是通过电磁吸引力将铁磁材料吸引固定来进行磨削加工的装置。其结构如图 2-2-5 所示。电磁吸盘的外壳是由钢制的箱体和盖板组成。在箱体内部有多个凸起的心体，每个心体上绕有电磁线圈，当线圈通入直流电后，使心体被磁化形成磁极，当工件放上后会被同时磁化与电磁吸盘相吸引，工件被牢牢吸住。

图 2-2-5 电磁吸盘结构图

电磁吸盘电路如图 2-2-6 所示，由整流电路、控制电路和保护电路 3 部分组成。

T1 为整流变压器，它将 220V 的交流电压降为 145V 后，送至桥式整流器 VC，整流输出 110V 的直流电压供给电磁吸盘的线圈。电阻 R1 和电容器 C 用来吸收交流电网的瞬时过电压和整流回路通断时在整流变压器 T1 二次侧产生的过电压，起到对整流装置的保护；FU4 为整流回路的短路保护；KA 为欠电流继电器，其作用是一旦电磁吸盘线圈失电或电压降低，KA 的线圈因电压变化而释放其位于 8 区的常开触头 3 和 4，从而使正在工作的电动机 M1、M2、M3 停止工作，防止工件脱出发生事故；可变电阻器 R2 的作用是在电磁吸盘"退磁"时，用来限制反向去磁电流的大小，防止反向去磁电流过大而造成电磁吸盘反向充磁。YH 为电磁吸盘线圈，它是通过插接件 X2 与控制电路相连接；与其并联的电阻 R3 为电磁洗盘的放电电阻，因为电磁洗盘的线圈电感很大，当电磁吸盘由接通变为断开时，线圈两端会产生很高的自感电动势，很容易使线圈或其他元器件损坏，故电阻 R3 在电磁吸盘断电瞬间给线圈提供放电回路。QS2 为电磁吸盘线圈的控制开关，它有"退磁"、"放松"和"吸合"3 个位置。

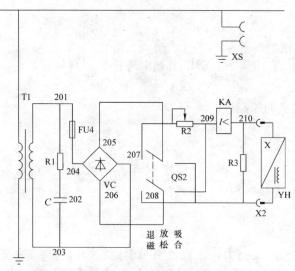

图 2-2-6　M7130 型磨床电磁吸盘电路

【电磁吸盘的控制过程】

将转换开关 QS2 扳至"吸合"位置时，触头 205 与 208 闭合，触头 206 与 209 闭合，110V 直流电压通过 205 与 208 的闭合触头，经过插接件 X2 进入线圈后，经 KA 欠电流继电器线圈，再通过 206 与 209 的闭合触头形成回路，从而使电磁吸盘产生磁场吸住工件。欠电流继电器 KA 因得到额定电压工作，其常开触头（8 区）闭合，为砂轮机和液压泵的起动做好准备。

当工件加工完毕后，砂轮机和液压泵停止工作后，将 QS2 扳至"放松"位置，此时QS2 的所有触头都断开，电磁吸盘线圈断电。因为工件具有剩磁而不能取下，故需进行退磁。将 QS2 扳至"退磁"位置时，触头 205 与 207 闭合，触头 206 与 208 闭合，110V 直流电压通过 205 与 207 的闭合触头，经过限流电阻 R2 后经过欠电流继电器 KA 线圈，和插接件 X2 后，反向进入线圈，再通过 206 与 208 的闭合触头形成回路，使电磁吸盘线圈通入反方向电流而"退磁"。退磁结束后，将 QS2 扳至"放松"位置，即可取下工件。对于不宜退磁的工件，可将交流去磁器的插头插在床身上的插座 XS，将工件放在去磁器上去磁即可。

如工件用夹具固定在工作台上，不需要电磁吸盘时，应将电磁吸盘 YH 的插头 X2 从插座上拔掉，同时将转换开关 QS2 扳至"退磁"位置，此时 QS2 位于 6 区的触头 3 和 4 闭合，接通电动机 M1、M2、M3 控制电路。

4. 照明电路分析

照明电路由照明变压器 T2、开关 SA 和照明灯 EL 组成。照明变压器 T2 将 380V 的交流电压降为 36V 的安全电压供给照明灯。FU3 为照明电路提供短路保护。

5. M7130 型平面磨床接线（见图 2-2-7）

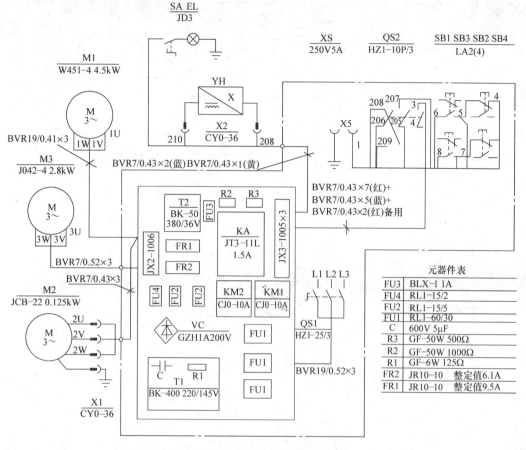

图 2-2-7　M7130 型平面磨床接线

三、M7130 型平面磨床的电器设备型号规格、功能

根据元器件明细表（见表 2-2-3）和位置图（见图 2-2-8、图 2-2-9）熟悉 M7130 型平面磨床的电器设备型号规格、功能。

表 2-2-3　M7130 型平面磨床的电气元器件明细表

元件代号	图上区号	元件名称	型号	规格	数量	用途
M1	2	砂轮电动机	W451-4	4.5kW,1440r/min	1	驱动砂轮
M2	3	冷却泵电动机	JCB-22	125W,2790r/min	1	驱动冷却泵
M3	4	液压泵电动机	J042-4	2.8kW,1450r/min	1	驱动液压泵
QS1	1	电源开关	HZ1-25/3		1	引入电源
QS2	6、13	转换开关	HZ1-10P/3		1	控制电磁吸盘
SA	17	照明灯开关			1	控制照明灯
SB1	6	按钮	LA2	绿色	1	起动 M1
SB2	6	按钮	LA2	红色	1	停止 M1
SB3	8	按钮	LA2	绿色	1	起动 M3
SB4	8	按钮	LA2	红色	1	停止 M3

（续）

元件代号	图上区号	元件名称	型号	规格	数量	用途
FU1	1	熔断器	RL1-60/30	60A,熔体30A	1	总电源短路保护
FU2	5	熔断器	RL1-15	15A,熔体5A	1	控制电路短路保护
FU3	16	熔断器	BLX-1	1A	1	照明电路短路保护
FU4	11	熔断器	RL1-15	15A,熔体5A	1	整流电路短路保护
FR1	2	热继电器	JR10-10	9.5A	1	M1过载保护
FR2	4	热继电器	JR10-10	6.1A	1	M3过载保护
KM1	6	接触器	CJ0-10	380V,10A	1	控制M1、M2
KM2	8	接触器	CJ0-10	380V,10A	1	控制M3
T1	10	整流变压器	BK-400	400V·A,220/145V	1	降压整流
T2	16	照明变压器	BK-50	50V·A,380/36V	1	降压照明
VC	12	整流器	GZH	1A,200V	1	输出直流电压
KA	14	欠电流继电器	JT3-11L	1.5A	1	欠电流保护
YH	15	电磁吸盘		1.2A,110V	1	吸持工件
R1	11	电阻	GF	6W,125Ω	1	放电保护
R2	13	电位器	GF	50W,1000Ω	1	限制退磁电流
R3	14	电阻	GF	50W,500Ω	1	放电保护
X1	3	接插器	CY0-36		1	连接M2
X2	15	接插器	CY0-36		1	连接电磁吸盘
XS	14	插座		250V,5A	1	交流退磁器用
C	11	电容		600V,5μF	1	放电保护
EL	17	照明灯	JD3		1	工作照明
TC		退磁器	TC1TH/H		1	工件退磁

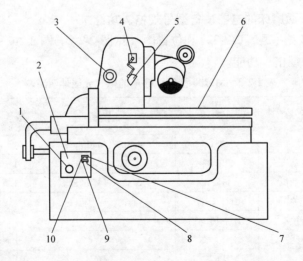

图2-2-8　M7130型磨床元器件位置图（正视）

1—插座XS　2—转换开关QS2　3—接插器X2　4—照明灯开关SA　5—照明灯EL　6—电磁吸盘YH

7—M1停止按钮SB2　8—M3停止按钮SB4　9—M3起动按钮SB3　10—M1起动按钮SB1

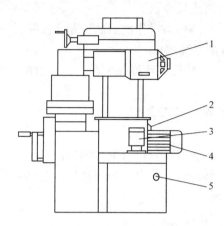

图 2-2-9 M7130 型磨床元器件位置图（左视）

1—砂轮电动机 M1 2—电源箱 QS1 3—冷却泵电动机 M2

4—冷却泵电动机 M3 5—接插器 X1

 任务准备

一、分析绘制元器件布置图和接线图

1）通过观察 M7130 型磨床的结构和控制元器件，画出元器件布置图。

2）分析 M7130 型磨床的接线图。

二、仪表、工具、耗材和器材准备

根据任务，选用工具、仪表、耗材及器材，具体见表 2-2-4。

表 2-2-4 工具、仪表、耗材及器材明细

序 号	名 称	型号与规格	单 位	数 量
1	平面磨床	M7130 型	台	1
2	电工通用工具	验电器、钢丝钳、螺钉旋具(一字形和十字形)、电工刀、尖嘴钳、活扳手、剥线钳等	套	1
3	万用表	自定	块	1
4	绝缘电阻表	型号自定，或 500V、0～200MΩ	台	1
5	钳形电流表	0～50A	块	1
6	劳保用品	绝缘鞋、工作服等	套	1

 任务实施

一、根据元器件布置图逐一核对所有低压元器件

按照元器件布置图在机床上逐一找到所有元器件，并在图样相应位置上做出标志。

操作要求如下：

1）此项操作断电进行。

2）在核对过程中，观察并记录该元器件的型号及安装方法。

3）观察每个元器件的电路连接方法。

4）使用万用表测量各元器件触头操作前后的通断情况并做记录。

二、操作并调试 M7130 型平面磨床

在实习指导教师的指导下，按照下述操作方法，完成对磨床的操作实训。

1. 开机前的准备工作

1）检查机床各部件（外观）是否完好。

2）检查各操作按钮、手柄是否在原位。

3）按设备润滑图表进行注油润滑，检查油标油位。

4）手动磨头升降、横向移动、工作台，拖板移位，观察各运动部件是否轻快。

2. 开机操作调试方法步骤

1）合上磨床电源总开关 QS1。

2）将开关 SA 打到闭合状态，机床工作照明灯 EL 亮，此时说明机床已处于带电状态，不要随意用手触摸机床电气部分，防止人身触电事故。

3）将转换开关 QS2 扳至"退磁"位置。

4）按下按钮 SB3 起动液压泵电动机 M3。

5）操作工作台纵向运动手轮，使工作台纵向运动至床身两端换向挡铁位置，观察工作台是否能够自动返回。

6）扳动快速移动操作手柄，观察工作台纵向、横向和垂直 3 个方向的快速进给情况。

7）操作手轮，观察砂轮架的横向进给情况。

8）将工件放在电磁吸盘上，将转换开关 QS2 扳至"吸合"位置，检查工件固定情况。

9）工件固定牢固后，按下按钮 SB1，起动砂轮电动机，待砂轮电动机工作稳定后，进行加工（工件加工需在机加工教师指导下进行）。

10）接通接插器 X1，使冷却泵电动机在砂轮电动机起动后运转，为加工面提供切削液。

11）加工完毕后，按下 SB2 按钮，停止砂轮电动机。

12）按下 SB4 按钮，停止液压泵电动机。

13）将转换开关 QS2 扳至"退磁"位置，退磁结束后，将转换开关 QS2 扳至"放松"位置，将工件取下。

14）关闭机床电源总开关 QS1。

15）擦拭机床，清理机床周围杂物，打扫卫生，按设备润滑图表进行注油。

 检查评议 （见表 2-2-5）

表 2-2-5　M7130 型平面磨床操作调试评分表

项目内容	配分	评 分 标 准		学生互评	教师评分
准备工作	20 分	1. 不按要求穿戴防护用品	扣 10 分		
		2. 缺少必要的检测工具及仪表，每处	扣 3 分		

（续）

项目内容	配分	评分标准		学生互评	教师评分
电路元器件核对测量	30分	1. 电路图不清楚	扣20分		
		个别元器件工作情况不清楚，每个	扣5分		
		2. 遗漏登记元器件，每个	扣2分		
		3. 元器件触头情况不清楚，每个	扣5分		
		4. 操作时损伤元器件或电路绝缘，每处	扣5分		
操作及调试	40分	1. 不会使用仪表或测量方法不正确，每个仪表	扣5分		
		2. 不按要求操作，每个	扣5分		
		3. 记录设备工作情况时，每少一项	扣5分		
		4. 测量电控元器件时，每少测一项	扣5分		
		5. 错误操作，每处	扣15分		
安全文明生产	10分	违反安全文明生产规程	扣1~10分		
定额时间:4h		每超时10min	扣5分		
备注		除定额时间外，各项目的最高扣分不应超过配分数		成绩	
开始时间		结束时间		实际时间	

 问题及防治

1. 砂轮的检查

砂轮电动机起动前，要检查砂轮安装是否牢固，砂轮无论在什么位置都能呈平衡状态。

2. 操作过程中问题

左右自动控制杆开动时，注意左右是否有人；工作平台自动进给时，操作者不得擅自离开工作岗位或做不相关的事；砂轮在未停止转动时，严禁在砂轮下擦工作平台，拿放工件；砂轮工作时，工作平台上不可放不相关的工件或物品。

任务2　M7130型平面磨床砂轮、冷却泵、液压泵电动机控制电路的常见故障维修

知识目标

1. 熟悉M7130型平面磨床照明电路的组成及工作原理。

2. 熟悉M7130型平面磨床砂轮、冷却泵电动机控制电路的组成及工作原理。

能力目标

1. 熟悉构成M7130型平面磨床照明电路的组成及控制过程。

2. 熟悉M7130型平面磨床砂轮、冷却泵电动机控制电路的组成及控制过程。

3. 能对M7130型平面磨床照明电路、砂轮、冷却泵及液压泵电动机控制电路常见故障进行维修。

任务描述（见表 2-2-6）

表 2-2-6　任　务　描　述

工作任务	要　　求
维修 M7130 型平面磨床照明电路常见故障	1. 熟悉 M7130 型平面磨床照明电路的组成及工作原理 2. 利用电压测量法和电阻测量法检修照明电路的常见故障
M7130 型平面磨床砂轮、冷却泵电动机控制电路常见故障维修	1. 熟悉电动机的结构及工作原理 2. 利用电压测量法和电阻测量法检修砂轮、冷却泵电动机控制电路的常见故障
M7130 型平面磨床液压泵电动机控制电路常见故障维修	1. 了解液压泵控制系统的组成和工作原理 2. 检修液压泵电动机控制电路的常见故障

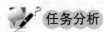 **任务分析**

　　M7130 型平面磨床在使过程中，由于电路老化、机械磨损、电气磨损或操作不当等原因而不可避免地会导致机床电气设备发生故障，从而影响机床的正常工作。M7130 型平面磨床的主要控制为对砂轮电动机、冷却泵电动机和液压泵电动机的控制，本任务主要分析排除M7130 型平面磨床 3 个电动机拖动系统及机床照明电路的常见故障。

 相关知识

　　机床电气故障的维修，是建立在熟悉该机床的电气控制原理的基础上进行的。在检修过程中，要遵循电气故障维修的步骤和方法，合理有序进行。

　　一、M7130 型平面磨床照明电路，砂轮、冷却泵、液压泵电动机控制电路分析

　　1. M7130 型平面磨床照明电路分析

　　M7130 型平面磨床照明系统主要由照明变压器 T2、熔断器 FU3、开关 SA 和照明灯 EL组成，其电路如图 2-2-10 所示。

　　照明电路控制过程如下：

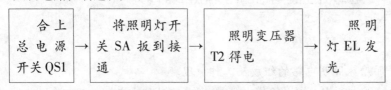

　　2. 砂轮、冷却泵、液压泵电动机控制电路分析

　　砂轮、冷却泵、液压泵电动机主电路如图 2-2-11 所示。砂轮、冷却泵、液压泵电动机控制电路如图 2-2-12 所示。

　　在主电路（图 2-2-11）中，FU1 为熔断器，主要对主电路进行短路保护。主电路的 3 台电动机，分别是砂轮电动机 M1（拖动砂轮旋转）、冷却泵电动机 M2（提供冷却液）和液压泵电动机 M3（拖动液压泵）。接触器 KM1 控制电动机 M1 起停，热继电器 FR1 对电动机 M1 进行过载

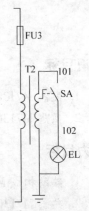

图 2-2-10　M7130 型平面磨床照明电路

保护。接触器 KM2 控制电动机 M3 起停，热继电器 FR2 对电动机 M3 进行过载保护。冷却泵电动机 M2 的控制是通过接插器 X1 和电动机 M1 的电源线相连，拔插 X1 来实现的，并和电动机 M1 在主电路上实现顺序控制。

在控制电路中，FU2 对控制电路实现短路保护。控制电路中热继电器 FR1 和 FR2 常闭触头串联使用，目的是当砂轮电动机或液压泵电动机有任一个过载时，两台电动机都要停止工作。转换开关 QS2 为电磁吸盘的控制开关，其工作位置有"吸合"、"放松"、"退磁" 3 个，其 6 区常开触头和欠电流继电器 KA 在 8 区的常开触头并联，当两个常开触头有任一闭合时，砂轮电动机和液压泵电动机才能起动。SB1 为砂轮电动机起动按钮，SB2 为砂轮电动机停止按钮；SB3 为液压泵起动按钮，SB4 为液压泵停止按钮。

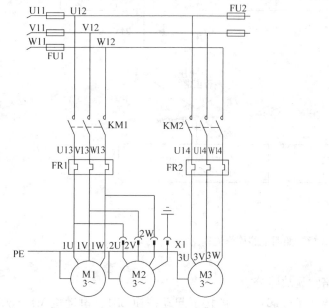

图 2-2-11　M7130 型平面磨床主电路

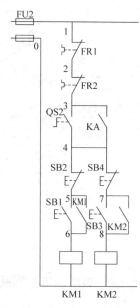

图 2-2-12　M7130 型平面磨床控制电路

砂轮、冷却泵、液压泵电动机控制过程如下：

二、故障分析方法

1. M7130 型平面磨床照明电路常见故障分析

照明电路常见故障为照明灯不亮。照明电路故障检修步骤如图 2-2-13 所示。

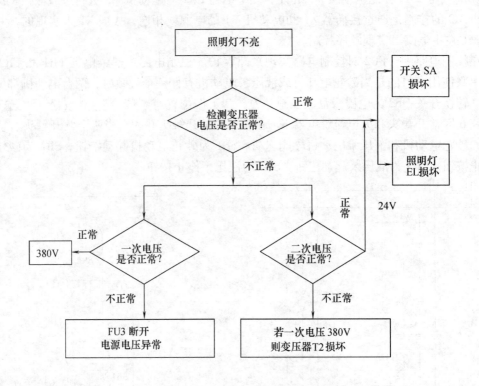

图 2-2-13　照明电路检修流程图

2. 砂轮、冷却泵电动机控制电路常见故障分析

（1）故障现象　砂轮电动机不转（不能起动），即按下起动按钮 SB1，电动机 M1 不起动。

（2）故障分析　此故障要从控制电路和主电路两块分别检查。首先检查控制电路：若按下 SB1 按钮，接触器 KM1 无任何反应，首先检查熔断器 FU2 是否断开，如正常，再检查 FR1 和 FR2 位于 6 区的常闭触头是否接通，如接通，再检查 QS2 位于 6 区的常开触头或 KA 位于 8 区的常开触头是否闭合，若此两触头均未闭合，则要检查 QS2 触头是否有故障，KA 线圈是否能得电，KA 触头是否有问题；若以上触头没问题，则检查 SB1 按下是否能接通，SB2 常闭触头是否接通，最后检查 KM1 接触器线圈是否有问题。若按下 SB1 按钮，接触器 KM1 吸合，则要从主电路进行检查：首先检查 KM1 主触头是否卡阻或接触不良，若 KM1 主触头出线端电压正常，则检查 FR1 热继电器出线电压是否正常，如热继电器出线电压正常，则检查电动机 M1，接线是否脱落，绕组是否烧坏。砂轮电动机故障检修步骤如图 2-2-14 所示。

（3）冷却泵电动机不工作的故障分析　冷却泵电动机是通过接插器 X1 和电动机 M1 进线并联，同砂轮电动机 M1 实现主电路顺序控制。如砂轮电动机工作正常，冷却泵不工作，则首先检查接插器 X1 是否接触良好，如接插器没问题，则检查冷却泵电动机 M2，接线是否脱落，绕组是否烧坏。

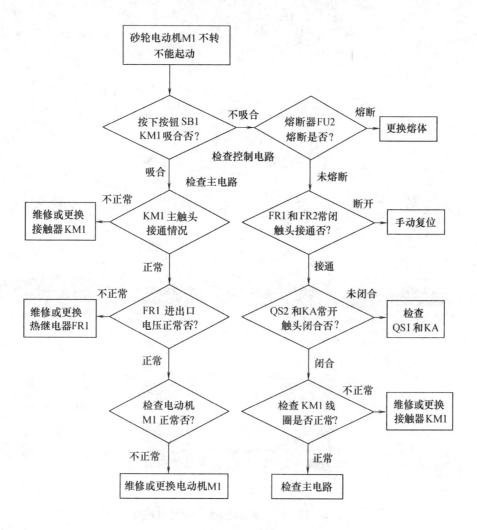

图 2-2-14　砂轮电动机故障检修流程图

3. 液压泵电动机控制电路常见故障分析

（1）故障现象　液压泵电动机不转（不能起动），即按下起动按钮 SB3，电动机 M3 不起动。

（2）故障分析　此故障的排除和砂轮机排除故障步骤相似，也要从控制电路和主电路两方面入手。首先检查控制电路：若按下 SB3 按钮，接触器 KM2 无任何反应，首先检查 FU2、FR1、FR2 是否断开，如正常，再检查 QS2 位于 6 区的常开触头或 KA 位于 8 区的常开触头是否闭合，若此两触头均未闭合，则要检查 QS2 触头是否有故障，KA 线圈是否能得电，KA 触头是否有问题；若按下 SB3 按钮，接触器 KM2 吸合，则要从主电路进行检查：首先检查 KM2 主触头是否卡阻或接触不良，若 KM2 主触头出线端电压正常，则检查热继电器 FR2 出线电压是否正常，如热继电器出线电压正常，则检查电动机 M3，接线是否脱落，绕组是否烧坏。

液压泵电动机故障的检修步骤如图 2-2-15 所示。

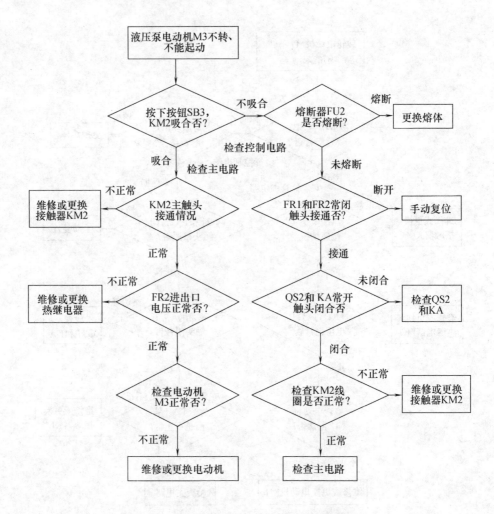

图 2-2-15　液压泵电动机故障检修流程图

任务准备

一、分析绘制 M7130 型平面磨床的电气原理图

（1）通过分析 M7130 型平面磨床的结构功能，画出机床的电气原理图。

（2）对照 M7130 型平面磨床的电气原理图，分析各机构的动作过程。

二、仪表、工具、耗材和器材准备

根据 M7130 型平面磨床的电气原理图，选用工具、仪表、耗材及器材，并分别填入表 2-2-7。

表 2-2-7　工具、仪表、耗材及器材明细

序　号	元件名称	型　号	规　格	数　量	用　途
1	电源开关	HZ1-25/3		1	引入电源
2	照明灯开关			1	控制照明灯
3	按钮	LA2	绿色	1	起动

（续）

序　号	元件名称	型　号	规　格	数　量	用　途
4	按钮	LA2	红色	1	停止
5	熔体	RL1	30A	6	总电源短路保护
6	熔体	RL1	5A	6	控制电路短路保护
7	熔体	BLX	1A	6	照明电路短路保护
8	热继电器	JR10—10		1	过载保护
9	接触器	CJ0—10	380V,10A	2	控制
10	整流变压器	BK—400	400V·A,220/145V	1	降压整流
11	照明变压器	BK—50	50V·A,380/36V	1	降压照明
12	欠电流继电器	JT3—11L	1.5A	1	欠电流保护
13	电阻	GF	6W,125Ω	2	放电保护
14	电位器	GF	50W,1000Ω	2	限制退磁电流
15	电阻	GF	50W,500Ω	2	放电保护
16	接插器	CY0—36		1	连接 M2
17	照明灯	JD3		1	工作照明
18	导线	BVR	2.5mm²	若干	主电路
19	导线	BVR	1.5mm²	若干	控制电路
20	导线	BVR	0.75mm²	若干	其他
21	万用表	自定		1	
22	绝缘电阻表	自定		1	
23	钳形电流表	自定		1	
24	电工通用工具	验电器、钢丝钳、螺钉旋具(一字形和十字形)、电工刀、尖嘴钳、活扳手、剥线钳等			
25	劳保用品	工作服、绝缘鞋、防护眼镜等			

 任务实施

一、照明电路故障排除

教师在每台机床上设置照明电路故障一处，学生分组按照每人一台机床进行排除故障练习。在掌握一个故障点的检修方法的基础上，再设置两个或两个以上故障点，故障现象尽可能不相互重合。

1. 操作要求

（1）此项操作可带电进行。

（2）在检修过程中，测量并记录相关元器件的工作情况（触头通断、电压、电流）。

（3）定额时间为 30min。

2. 检测情况记录（见表 2-2-8）

表 2-2-8　M7130 型平面磨床照明电路检测情况记录表

元器件名称	元器件状况 （外观、断电电阻）	工 作 电 压	工 作 电 流	触头通断情况	
				操作前	操作后

3. 操作注意事项

1）操作时不要损坏元器件。

2）各控制开关操作后，要复位。

3）检修过程中不要损伤导线或使导线连接脱落。

4. 故障排除练习举例

故障：照明灯不亮

（1）观察故障现象　合上机床电源总开关 SQ1，然后将照明灯开关 SA 扳至接通位置，照明灯不亮。

（2）判断故障范围　将照明灯泡从灯罩上取下，观察灯丝并用万用表测量，发现灯泡正常，因控制电路工作正常，所以故障范围锁定在照明变压器 T2、开关 SA 和照明电路上。

（3）查找故障点　采用电压测量法和电阻测量法判断故障点的方法步骤如下：

1）合上机床电源总开关 QS1，首先使用万用表电压档测量变压器 T2 的一次电压，测量电压为 380V，测量 T2 的二次电压，测量电压为 24V，说明变压器工作正常。测量灯口电压为 0V，说明故障点在照明电路或开关 SA 上。

2）断开机床电源总开关 QS1，使用万用表欧姆挡测量开关 SA 和照明电路。将万用表功能选择开关拨至"$R \times 10$"挡，在 SA 闭合和断开两种状况下测量其电阻，发现 SA 闭合时电阻几乎为零，断开时为无穷大，说明开关 SA 正常。测量照明电路，阻值无穷大，说明电路断路。

（4）排除故障　检查照明电路，发现电路某处因磨损断开，将电路更换。

（5）通电试车　合上机床电源总开关 QS1，将照明灯开关 SA 扳至接通位置，照明灯点亮，工作恢复正常。

二、砂轮机、冷却泵电路故障排除

教师在每台机床上设置砂轮机、冷却泵主电路故障一处，控制电路故障一处，学生分组按照每两人一台机床进行排除故障练习。

1. 操作要求

1）此项操作可带电进行。

2）操作每一控制开关前，先观察该控制开关所控机床部位的运动情况。

3）认真观察故障现象，确定故障范围后再动手检修。

4）在检修过程中，测量并记录相关元器件及电动机的工作情况（触头通断、电压、电流）。

5）检修过程中，两人要搞好配合。

2. 检测情况记录（见表 2-2-9）

表 2-2-9　M7130 型平面磨床砂轮机、冷却泵电路故障检测情况记录表

设 备 名 称	设备状况 （外观、断电电阻）	工 作 电 压	工 作 电 流	触头通断情况（选填）	
				操作前	操作后

3. 操作注意事项

1）操作时不要损坏元器件。

2）各控制开关的检测，测通断电阻时，必须断电。

3）检修过程中不要损伤导线或使导线连接脱落。

4）冷却泵电源接插器插拔时要断电进行。

4. 故障排除练习举例

故障：砂轮电动机 M1 转速很慢并发出"嗡嗡"声

（1）观察故障现象　合上机床电源总开关 QS1，然后将转换开关 QS2 扳至"退磁"位置，再按下 SB1 时，KM1 吸合，砂轮电动机 M1 转速很慢，并发出"嗡嗡"声，这时应

立即按下停止按钮 SB2，停止 KM1 工作，切断砂轮电动机 M1 的电源，避免损坏砂轮电动机。

（2）判断故障范围　接触器 KM1 吸合说明砂轮电动机 M1 控制电路正常，故障出在主电路部分，根据以往电动机控制电路故障维修经验，可以看出这是典型的电动机断相故障。砂轮电动机 M1 的主电路如图 2-2-16 所示。

（3）查找故障点　采用电压分阶测量法和电阻测量法判断故障点的方法步骤如下：

1）闭合总电源开关 QS1，在接触器 KM1 不工作的情况下，测量 U11、V11、W11 三相电源电压，任意两相电压应为 380V，如正常再测量 U12、V12、W12 三相电压，任意两相电压应为 380V，如不正常，则该相电路 FU1 熔断器断路（因本故障控制电路工作正常，故只有 W11 相熔断器可能断路）。再按下 SB1，使接触器 KM1 工作，测量 U13、V13、W13 三相电压，看是否正常，如不正常，则该相电路上 KM1 的主触头有问题。如正常，再测量 U1、V1、W1 三相电压，如不正常，则该相电路上 FR1 的主触头有问题。如正常，则电动机 M1 有故障。

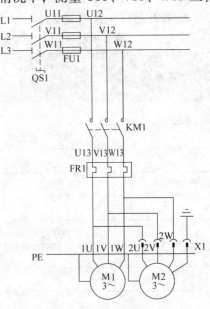

图 2-2-16　砂轮电动机 M1 的主电路图

2）断开电源总开关 QS1，用电阻法判断故障部位。将万用表功能选择开关拨至"$R \times 10$"挡，人为按下 KM1 动作试验按钮，然后分别检测接触器 KM1 主触头、热继电器 FR1 热元件、电动机 M1 绕组等通断情况，看有无电器损坏、接线脱落、触头接触不良等现象。

（4）排除故障　断开机床电源总开关 QS1，根据故障点情况，更换损坏的元器件或导线。

（5）通电试车　排除故障点后，重新开机操作检查，直至符合技术要求为止。

三、液压泵电路故障排除

教师在每台机床上设置液压泵主电路故障一处，控制电路故障一处，学生分组按照每两人一台机床进行排故练习。

1. 操作要求

1）此项操作可带电进行。

2）操作每一控制开关前，先观察该控制开关所控机床部位的运动情况。

3）认真观察故障现象，确定故障范围后再动手检修。

4）在检修过程中，测量并记录相关元器件及电动机的工作情况（触头通断、电压、电流）。

5）检修过程中，两人要搞好配合。

6）液压泵检修包括液压系统所驱动设备动作情况的检修。

2. 检测情况记录（见表 2-2-10）

表 2-2-10　M7130 型平面磨床液压泵电路故障检测情况记录表

设 备 名 称	设备状况 （外观、断电电阻）	工 作 电 压	工 作 电 流	触头通断情况（选填）	
				操作前	操作后

3. 操作注意事项

1）操作时不要损坏元器件。

2）各控制开关的检测，测通断电阻时，必须断电。

3）检修过程中不要损伤导线或使导线连接脱落。

4. 故障排除练习举例

故障：按下起动按钮 SB3 后，液压泵电动机 M3 起动运行，交流接触器 KM2 吸合，松开按钮 SB3 后，液压泵电动机 M3 停转，交流接触器 KM2 断开

（1）观察故障现象　按钮按下接触器吸合，松开按钮接触器断开，可以判定此为典型的接触器自锁触头故障。因电动机 M3 可以起动，故主电路应该没有问题，重点检查控制电路。

（2）判断故障范围　根据故障现象，参照电路图 2-2-17，在 7、8#线处查找故障。

（3）查找故障点　采用电阻测量法检查故障点。

断开电源总开关 QS1，用电阻法判断故障部位。将万用表功能选择开关拨至"$R \times 10$"挡，人为按下 KM2 动作试验按钮，然后检测接触器 KM2 辅助常开触头，检查常开触头在 KM2 闭合后是否能够接通。如能接通，再检查自锁触头相关电路是否正常。

（4）排除故障　根据故障点情况，断开机床电源总开关 QS1，修复或更换 KM2 辅助触头及相关电路。

（5）通电试车　排除故障点后，重新开机操作检查，直至符合技术要求为止。

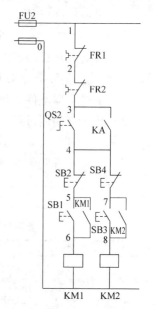

图 2-2-17　液压泵电动机
M3 控制电路图

检查评议

学生在完成每一项任务过程中，指导教师必须在现场巡视和指导，指导学生养成良好的操作习惯，培养学生观察问题、分析问题和解决问题的综合能力，并在每次任务完成时对学生进行综合能力评价，围绕"实训评价表"得分情况逐一进行分析，通过评议使学生不但加深对专业知识的理解，同时提高自身分析问题和解决问题的综合能力。

检查评议表见表 2-1-7。

 问题及防治

1. 设备起动前的检查

砂轮电动机起动前，要检查砂轮安装是否牢固；左右自动控制杆开动时，注意左右是否有人；砂轮在未停止转动时，严禁在砂轮下擦工作平台，拿放工件；砂轮工作时，工作平台上不可放不相关的工件或物品。液压泵起动前首先使各动作机构复位。

2. 操作过程中问题

1）设备应在教师指导下操作，安全第一。进行排除故障训练时，必须有指导教师在现场监护。

2）在操作中若发出不正常声响，应立即断电，查明故障原因再修。故障噪声主要来自电动机断相运行，接触器、继电器吸合不正常等。

3）发现熔芯熔断，应找出故障后，方可更换同规格熔芯。

4）在维修过程中不要随便互换线端处号码管。

5）操作时用力不要过大，速度不宜过快；操作频率不宜过于频繁。

6）实习结束后，关闭电源开关，将各操作开关复位，拔出电源插头等。

7）做好检修记录。

3. 设备维护

1）设备在经过一定次数的排除故障训练使用后，如电路凌乱、不规整，可按原理图重新进行配线，但要同原来电路的位置、编号一致。

2）更换电器配件或新电器时，应按原型号配置。

3）机床在使用过程中，每次要做好机床运动部件的润滑工作，保持机床整洁，作好各元器件保养工作。

4）各元器件安装必须要牢固，尤其是电动机、砂轮等的安装。

砂轮、冷却泵、液压泵电动机常见的电气故障检修见表 2-2-11。

表 2-2-11 砂轮、冷却泵、液压泵电动机常见的电气故障检修

故 障 现 象	故障可能原因	故障处理方法
3 台电动机都不能起动	熔断器 FU1 断开	更换 FU1 熔体
	熔断器 FU2 断开	更换 FU2 熔体
	热继电器 FR1 常闭触头接触不良	修复或更换热继电器 FR1
	热继电器 FR2 常闭触头接触不良	修复或更换热继电器 FR2
	欠电流继电器 KA 常开触头接触不良	修复或更换欠电流继电器 KA
	转换开关 QS2 触头(3—4)接触不良	修复或更换转换开关 QS2

（续）

故障现象	故障可能原因	故障处理方法
砂轮电动机的热继电器 FR1 经常脱扣	热继电器规格或整定电流偏小	更换或调整热继电器
	砂轮进给量太大	调整砂轮进给量
	电动机轴承损坏	修理或更换电动机轴承
冷却泵电动机不工作	冷却泵电动机绕组损坏	修理、更换电动机
	冷却泵电动机轴承损坏	修理、更换电动机轴承
	冷却泵被杂物堵塞	修理冷却泵

任务 3　M7130 型平面磨床电磁吸盘控制电路的常见故障维修

知识目标

1. 了解欠电流继电器结构及工作原理。
2. 熟悉电磁吸盘的结构及工作原理。
3. 熟悉 M7130 型平面磨床电磁吸盘的控制原理。

能力目标

1. 熟悉构成 M7130 型平面磨床电磁吸盘的组成及控制过程。
2. 能对 M7130 型平面磨床电磁吸盘控制电路的常见故障进行维修。

 **任务描述**（见表 2-2-12）

表 2-2-12　任 务 描 述

工作任务	要　　求
维修 M7130 型平面磨床电磁吸盘整流电路的常见故障	1. 熟悉 M7130 型平面磨床电磁吸盘整流电路的组成及工作原理 2. 利用电压测量法和电阻测量法检修整流电路的常见故障
维修 M7130 型平面磨床电磁吸盘电路的常见故障	1. 熟悉电磁吸盘结构及工作原理 2. 利用电压测量法和电阻测量法检修电磁吸盘控制电路的常见故障

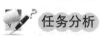 **任务分析**

　　电磁吸盘是用来固定工件的一种夹具，因其夹紧迅速、操作快速方便、不损伤工件，在加工过程中工件发热可自由伸缩、不会变形等优点，被广泛应用于平面磨床加工上。本任务主要是对 M7130 型平面磨床电磁吸盘故障进行检修。

相关知识

　　机床电气故障的维修，是建立在熟悉该机床的电气控制原理的基础上进行的。在检修过程中，要遵循电气故障维修的步骤和方法，合理有序进行。

一、M7130 型平面磨床电磁吸盘电路分析

1. M7130 型平面磨床电磁吸盘整流电路分析

M7130 型平面磨床电磁吸盘整流电路主要由整流桥 VC、整流变压器 T1、熔断器 FU4、电阻 R1 和电容器 C1 组成。其电路如图 2-2-18 所示。

电磁吸盘整流电路工作过程如下：220V 交流电压经整流变压器 T1 降压后，经熔断器 FU4 后进入整流器 VC，整流后直流电压由整流器 205、206 端输出。

2. M7130 型平面磨床电磁吸盘电路分析

M7130 型平面磨床电磁吸盘电路主要有转换开关 QS2、吸盘线圈、欠电流继电器 KA、退磁电阻 R2、放电电阻 R3 和接插器 X2 组成（整流部分前面已述）。其电路如图 2-2-19 所示。

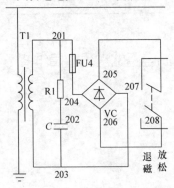

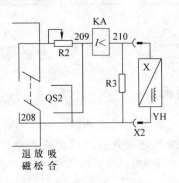

图 2-2-18　电磁吸盘整流电路图　　　　图 2-2-19　电磁吸盘电路图

电磁吸盘电路工作过程如下：当转换开关 QS2 在"吸合"位置时，触头 205 与 208 闭合，触头 206 与 209 闭合，110V 直流电压通过 205 与 208 的闭合触头，经过 X2 插接件进入线圈后，经 KA 欠电流继电器线圈，再通过 206 与 209 的闭合触头形成回路，从而使电磁吸盘产生磁场吸住工件。

二、故障分析方法

1. M7130 型平面磨床电磁吸盘整流电路的故障分析

（1）故障现象　电磁吸盘整流电路的常见故障为整流器输出直流电压偏低或没有。整流器电路故障会导致电磁吸盘无吸力或吸力不足。

（2）故障原因分析　因熔断器 FU4 熔断而造成电磁吸盘断电无吸引力，主要原因是整流器 VC 短路，使整流变压器二次电流太大，造成 FU4 熔断。整流器 VC 输出电压低，主要原因是个别整流二极管发生断路或短路，如整流桥臂有一侧不工作，会造成输出电压降低一半。造成整流器件损坏主要因为器件过电压或过热。电磁吸盘线圈电感量很大，当放电电阻 R3 损坏或断路时，当线圈断开时产生的瞬时高压会击穿整流二极管；整流二极管本身热容量很小，当整流器过载时，因电流过大造成器件急剧升温，也会造成二极管烧坏。

（3）电磁吸盘整流电路的故障检修　检修步骤如图 2-2-20 所示。

2. M7130 型平面磨床电磁吸盘电路的常见故障分析

（1）故障现象　M7130 型平面磨床电磁吸盘电路的常见故障是电磁吸盘无吸力或吸力不足；电磁吸盘退磁效果差，退磁后工件难以取下。

（2）故障原因分析　造成吸盘无吸力的原因主要有两个：一是整流电路故障无直流电压输出，造成吸盘线圈不工作；二是吸盘线圈本身断路或损坏。造成吸盘吸力不足的原因主要有两个：一是电源或整流器故障供给吸盘线圈直流电压低；二是吸盘线圈本身局部短路，使电感量降低从而造成吸引力降低。造成电磁吸盘退磁不好的原因主要有三个：一是退磁电压过高；二是退磁时间太长或太短；三是退磁电路断开，工件没有退磁。

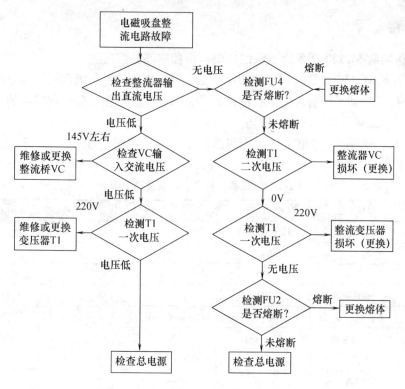

图 2-2-20　电磁吸盘整流电路故障检修流程

（3）电磁吸盘电路故障检修　步骤如图 2-2-21 所示。

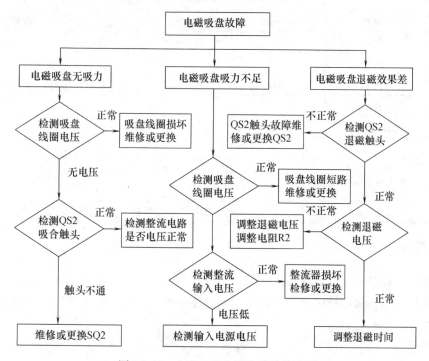

图 2-2-21　电磁吸盘电路故障检修流程

任务准备

一、分析绘制 M7130 型平面磨床的电磁吸盘控制部分原理图

1. 通过分析 M7130 型平面磨床的动作情况，画出机床的电磁吸盘控制部分电气原理图。

2. 对照 M7130 型平面磨床电磁吸盘控制部分的电气原理图，分析各机构的动作过程。

二、仪表、工具、耗材和器材准备

根据 M7130 型平面磨床电磁吸盘控制部分的电气原理图，选用工具、仪表、耗材及器材，并分别填入表 2-2-13。

表 2-2-13　工具、仪表、耗材及器材明细

序　号	元器件名称	型　号	规　格	数　量	用　途
1	转换开关	HZ1—10P/3			电磁吸盘控制
2	熔体	RL1	30A	6	总电源短路保护
3	熔体	RL1	5A	6	控制电路短路保护
4	熔体	RL1	2A	6	电磁吸盘保护
5	整流变压器	BK—400	400V·A、220/145V	1	降压整流
6	欠电流继电器	JT3—11L	1.5A	1	欠电流保护
7	电阻	GF	6W,125Ω	2	放电保护
8	电容器		600V,5μF		放电保护
9	线圈		1.2A,110V	1	
10	电位器	GF	50W,1000Ω	2	限制退磁电流
11	电阻	GF	50W,500Ω	2	放电保护
12	接插器	CY0—36		1	电磁吸盘用
13	导线	BVR	2.5mm²	若干	主电路
14	导线	BVR	1.5mm²	若干	控制电路
15	导线	BVR	0.75mm²	若干	其他
16	万用表	自定		1	
17	绝缘电阻表	自定		1	
18	钳形电流表	自定		1	
19	电工通用工具	验电器、钢丝钳、螺钉旋具(一字形和十字形)、电工刀、尖嘴钳、活扳手、剥线钳等			
20	劳保用品	工作服、绝缘鞋、防护眼镜等			

任务实施

一、电磁吸盘整流电路故障排除

实习指导教师在每台机床上设置整流电路故障一处，学生分组按照每人一台机床进行排除故障练习。

1. 操作要求

1）此项操作可带电进行。

2）在检修过程中，测量并记录相关元器件的工作情况（触头通断、电压、电流）。

3）定额时间为30min。

2. 检测情况记录（见表2-2-14）

表 2-2-14　电磁吸盘整流电路故障检测情况记录

元器件名称	元器件状况（外观、断电电阻）	工 作 电 压	工 作 电 流	触头通断情况	
				操作前	操作后

3. 操作注意事项

1）操作时不要损坏元器件。

2）各控制开关操作后，要复位。

3）检修过程中不要损伤导线或使导线连接脱落。

二、电磁吸盘电路故障排除

实习指导教师在每台机床上设置电磁吸盘电路故障两处，学生分组按照每两人一台机床进行排故练习。

1. 操作要求

1）此项操作可带电进行。

2）操作每一控制开关前，先观察该控制开关所控机床部位的运动情况。

3）认真观察故障现象，确定故障范围后再动手检修。

4）在检修过程中，测量并记录相关元器件及电动机的工作情况（触头通断、电压、电流）。

5）检修过程中，两人要配合好。

2. 检测情况记录（见表2-2-15）

3. 操作注意事项

1）操作时不要损坏元器件。

2）各控制开关的检测，测通断电阻时，必须断电。

3）检修过程中不要损伤导线或使导线连接脱落。

4）测量吸盘线圈好坏时，要将线圈从电路上断开后再测量。

5）在吸盘线圈损坏时，若通电测量整流电路是否正常，可用"110V、100W"的白炽灯做负载。

6）整流器更换时，注意输入、输出端的连接顺序，即整流二极管的极性。

7）电磁吸盘更换后，应先做吸力测试、工频耐压试验等。

表 2-2-15 电磁吸盘电路故障检测情况记录

设备名称	设备状况 （外观、断电电阻）	工作电压	工作电流	触头通断情况（选填）	
				操作前	操作后

4. 故障排除练习举例

故障：电磁吸盘吸力不足

（1）观察故障现象　将转换开关 QS2 扳至"吸合"位置，电磁吸盘产生磁场吸住工件，但吸力不足。

（2）判断故障范围　根据故障现象，初步判断造成故障的原因一是整流电路电压过低；二是电磁吸盘线圈损坏。参照电路图 2-2-22，应检查整流器电磁吸盘线圈。

（3）查找故障点

1）采用电压测量法检查故障点。

闭合电源总开关 QS1，将万用表功能选择开关拨至交流电压"250V"挡，检测整流器输入电压（正常值为 145V 左右）；然后将 QS2 开关扳至"放松"位置，测量整流器输出直流电压（空载时正

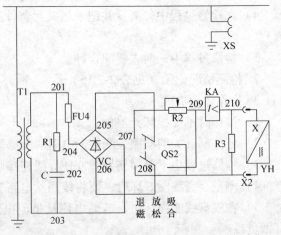

图 2-2-22 M7130 型磨床电磁吸盘电路

常值为130V左右）；将QS2开关扳至"吸合"位置，测量整流器输出直流电压（带负载时正常值为110V左右）。如空载电压不正常，说明整流变压器T1或整流器VC有故障；带负载时整流器输出直流电压不正常，说明吸盘线圈有故障。

2）电阻法判断吸盘线圈故障。断开电源总开关QS1，将万用表功能选择开关拨至"R×10"挡，测量线圈电阻，正常阻值应在25Ω左右。

（4）排除故障　根据故障点情况，断开机床电源总开关SQ1，修复或更换故障元器件。电磁吸盘电路常见电气故障检修见表2-2-16。

（5）通电试车　排除故障点后，重新上电操作检查，直至符合技术要求为止。

表2-2-16　电磁吸盘电路常见电气故障检修

故障现象	故障可能原因	故障处理方法
电磁吸盘无吸力	熔断器FU1断开	更换FU1熔体
	熔断器FU2断开	更换FU2熔体
	熔断器FU4断开	更换FU4熔体
	电磁吸盘YH的线圈断开或接触不良	修复或更换YH线圈
	接插器X2断开或接触不良	修复或更换接插器X2
	欠电流继电器KA的线圈断路或接触不良	修复或更换欠电流继电器KA
电磁吸盘吸力不足	整流器输出电压偏低	更换整流器
	电磁吸盘线圈已短路	维修或更换电磁吸盘线圈
	整流变压器输出电压偏低	修理或更换整流变压器
电磁吸盘退磁不好使工件取下困难	退磁电路断路,根本没有退磁	检查转换开关QS2接触是否良好退磁电阻R2是否损坏
	退磁电压过高	调整电阻R2,使退磁电压调至5~10V
	退磁时间太长或太短	根据材质,调整退磁时间

 检查评议

检查评议表参见表2-1-7。

 问题及防治

1. 设备起动前的检查

设备起动前，首先清理好工作面上的杂物，各动作开关复位。

2. 操作过程中问题

1）设备应在教师指导下操作，安全第一。进行排除故障训练时，必须有指导教师在现场监护。

2）在操作中若发出不正常声响，应立即断电，查明故障原因待修。

3）发现熔芯熔断，应找出故障后，方可更换同规格熔芯。

4）在维修过程中不要随便互换线端处号码管。

5）操作时用力不要过大，速度不宜过快；操作频率不宜过于频繁。

6）实习结束后，关闭电源开关，将各操作开关复位，拔出电源插头等。

7）做好检修记录。

3. 设备维护

1）设备在经过一定次数的排除故障训练使用后，如电路凌乱、不规整，可按原理图重新进行配线，但要同原来电路位置、编号一致。

2）更换电器配件或新电器时，应按原型号配置。

3）机床在使用过程中，每次要做好机床运动部件的润滑工作，保持机床整洁，做好各元器件的保养工作。

4）各元器件安装必须要牢固，尤其是电磁吸盘的安装。

考证要点及单元练习

一、考证要点

维修电工职业资格证的考核分为理论知识考核和技能操作考核两部分。

（一）理论知识考核要点

1. 识图知识

1）M7130 型平面磨床所用低压电器的图形符号和文字符号。

2）M7130 型平面磨床控制电路图的识读。

2. 低压电器知识

M7130 型平面磨床所用低压电器的结构、类型、在本电路中的作用和工作原理。

3. 电力拖动控制知识

M7130 型平面磨床的结构、运动形式及电气控制电路原理。

4. 电工仪表知识

1）万用表的型号、规格、选择及使用与维护方法。

2）绝缘电阻表的型号、规格、选择及使用与维护方法。

3）钳形电流表的型号、规格、选择及使用与维护方法。

（二）技能操作考核要点

1. 常用电工工具、仪表的使用与维护

1）常用电工工具的使用。

2）万用表的使用与维护。

3）绝缘电阻表的使用与维护。

4）钳形电流表的使用与维护。

2. 电路故障判断及修复

1）机床电气故障检修的一般步骤和方法。

2）M7130 型平面磨床电路常见电气故障维修。

3. 安全文明生产

1）劳动保护用品穿戴整齐。

2）工具仪表佩戴齐全。

3）遵守操作规程，讲文明礼貌。

4）操作完毕清理好现场。

二、单元练习

（一）判断题

1. M7130 型平面磨床是用砂轮端面对工件表面进行磨削加工。　　　　　（　　）

2. M7130 型平面磨床中欠电流继电器用以防止电磁吸盘断电时工件脱出发生事故。

（　　）

3. 为保证磨削加工质量，要求砂轮有较高的转速，一般采用四极笼型异步电动机拖动。

（　　）

4. 工作台的往复运动，由装在工作台前侧的换向挡铁碰撞车身上的液压换向开关控制。

（　　）

5. 为保证安全，电磁吸盘与 3 台电动机必须有电气联锁装置。　　　　（　　）

6. 砂轮电动机和冷却泵电动机要实现主电路顺序控制。　　　　　　（　　）

（二）问答题

1. 简述 M7130 型平面磨床有几部分电路组成？有几种运动形式？

2. M7130 型平面磨床电磁吸盘为什么要用直流电而不用交流电？

3. M7130 型平面磨床电磁吸盘电路中各电阻的作用是什么？

4. 试分析 M7130 型平面磨床电磁吸盘吸力不足的原因。

5. 试分析 M7130 型平面磨床中进给运动是如何控制的。

6. M7130 型平面磨床电路中具有哪些保护环节？

（三）操作练习题

1. 检修 M7130 型平面磨床 3 台电动机均不能起动的电气电路故障。

2. 检修 M7130 型平面磨床砂轮电动机不能正常运转的电气电路故障。

3. 检修 M7130 型平面磨床砂轮电动机不能停车的电气电路故障。

4. 检修 M7130 型平面磨床砂轮电动机自动停车的电气电路故障。

5. 检修 M7130 型平面磨床冷却泵电动机不能正常运转的电气电路故障。

6. 检修 M7130 型平面磨床液压泵电动机不能正常运转的电气电路故障。

7. 检修 M7130 型平面磨床电磁吸力不足的电气电路故障。

8. 检修 M7130 型平面磨床电磁吸盘退磁不良的电气电路故障。

9. 检修 M7130 型平面磨床照明灯不亮的电气电路故障。

【练习要求】

1. 在 M7130 型平面磨床上，人为设置隐蔽故障 3 处，其中主电路 1 处，控制电路 2 处。

2. 学生排除故障过程中，教师要进行监护，注意安全。

3. 学生排除故障过程中，应正确使用工具和仪表。

4. 排除故障时，必须修复故障点并通电试车。

5. 安全文明操作。

操作练习题评分标准见表 1-1-42。

单元 3　Z3040 型摇臂钻床电气控制电路故障维修

任务 1　认识 Z3040 型摇臂钻床

知识目标

1. 了解钻床的功能、结构及加工特点。

2. 熟悉 Z3040 型摇臂钻床电气电路的组成及工作原理，能正确识读 Z3040 型摇臂钻床控制电路的原理图、接线图和布置图。

能力目标

1. 熟悉构成 Z3040 型摇臂钻床的操纵手柄、按钮和开关的功能。

2. 熟悉 Z3040 型摇臂钻床的元器件的位置、电路的大致走向。

3. 能对 Z3040 型摇臂钻床进行基本操作及调试。

4. 熟悉 Z3040 型摇臂钻床电气控制电路的特点，掌握电气控制电路的动作原理。能够对钻床进行操作并清楚摇臂升降、夹紧放松等各运动中行程开关的作用及其逻辑关系。

 任务描述（见表 2-3-1）

表 2-3-1　任 务 描 述

工 作 任 务	要　　　求
到机加工车间观看 Z3040 型摇臂钻床加工过程，并了解 Z3040 型摇臂钻床结构及运动形式	1. 了解钻床的功能 2. 了解 Z3040 型摇臂钻床的结构 3. 观察 Z3040 型摇臂钻床的加工特点
掌握构成 Z3040 型摇臂钻床的操纵手柄、按钮和开关的功能	1. 熟悉 Z3040 型摇臂钻床电气电路的组成 2. 识读 Z3040 型摇臂钻床控制电路的原理图、接线图和布置图 3. 能将原理图和实物元器件一一对应
操作及调试 Z3040 型摇臂钻床	1. 能操作所有控制开关及手柄 2. 掌握整机调试步骤及方法

 任务分析

　　Z3040 型摇臂钻床是一种立式钻床，它适用于单件或批量生产中带有多孔大型零件的孔加工，是一般机械加工车间常用的机床。本任务就是：掌握 Z3040 型摇臂钻床的主要结构和运动形式；正确识读 Z3040 型摇臂钻床电气控制电路的原理图以及正确操作；调试 Z3040 型摇臂钻床。

相关知识

一、认识 Z3040 型摇臂钻床

　　钻床是一种孔加工机床，可以用来钻孔、扩孔、铰孔、攻螺纹及修刮端面等多种形式的加工。钻床种类很多，有台钻、立式钻床、摇臂钻床、卧式钻床和数控钻床等。Z3040 型摇臂钻床是一种应用广泛、操作方便灵活的摇臂钻床，其外形如图 2-3-1 所示。

图 2-3-1　Z3040 型摇臂钻床的外形

1. Z3040 型摇臂钻床的主要结构与型号含义

Z3040 型摇臂钻床的外形和结构如图 2-3-2 所示,主要由床身、立柱、摇臂、主轴箱及工作台组成。

Z3040 型摇臂钻床的型号含义如下:

Z 30 40

类代号(钻床类)

组代号(摇臂钻床)

最大钻孔直径

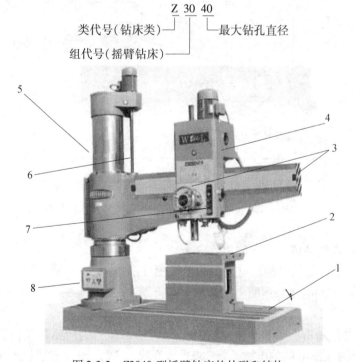

图 2-3-2　Z3040 型摇臂钻床的外形和结构

1—床身　2—工作台　3—摇臂　4—主轴箱体　5—立柱　6—摇臂升降丝杠　7—按钮控制区　8—电源开关

2. Z3040 型摇臂钻床的主要运动形式及控制要求

（1）主轴带刀具的旋转与进给运动　主轴的转动与进给运动由一台三相交流异步电动机（功率为 3kW）驱动，主轴的转动方向由机械及液压装置控制。

（2）各运动部分的移位运动　主轴在三维空间的移位运动有主轴箱沿摇臂方向的水平移动（平动）；摇臂沿外立柱的升降运动（摇臂的升降运动由一台功率为 1.1kW 的笼型三相异步电动机拖动）；外立柱带动摇臂沿内立柱的回转运动（手动）等 3 种，各运动部件的移位运动用于实现主轴的对刀移位。

（3）移位运动部件的夹紧与放松　摇臂钻床的 3 种对刀移位装置对应 3 套夹紧与放松装置，对刀移动时，需要将装置放松，机加工过程中，需要将装置夹紧。3 套夹紧装置分别为摇臂夹紧（摇臂与外立柱之间）、主轴箱夹紧（主轴箱与摇臂导轨之间）和立柱夹紧（外立柱和内立柱之间）。通常主轴箱和立柱的夹紧与放松同时进行。摇臂的夹紧与放松则要与摇臂升降运动结合进行。

3. 认识 Z3040 型摇臂钻床的主要结构和操纵部件

Z3040 型摇臂钻床的操作手柄及元器件位置如图 2-3-3 所示。

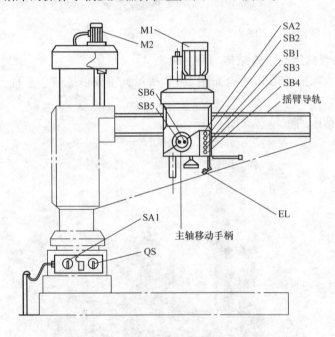

图 2-3-3　Z3040 型摇臂钻床的操作手柄及元器件位置

二、Z3040 型摇臂钻床电气控制电路分析

Z3040 型摇臂钻床的电气控制电路图和接线图分别如图 2-3-4 和图 2-3-5 所示。它分为电源电路、主电路、控制电路和照明电路 4 部分。

1. 电源电路分析

三相交流电的通断由电源总开关 QS 控制，FU1、FU2 作为短路保护，变压器 T 将 380V 转变成 127V，作为控制电路的电源；将 380V 转变成 6.3V，作为信号电路电源；将 380V 转变成 36V，为照明灯 EL 提供电源。

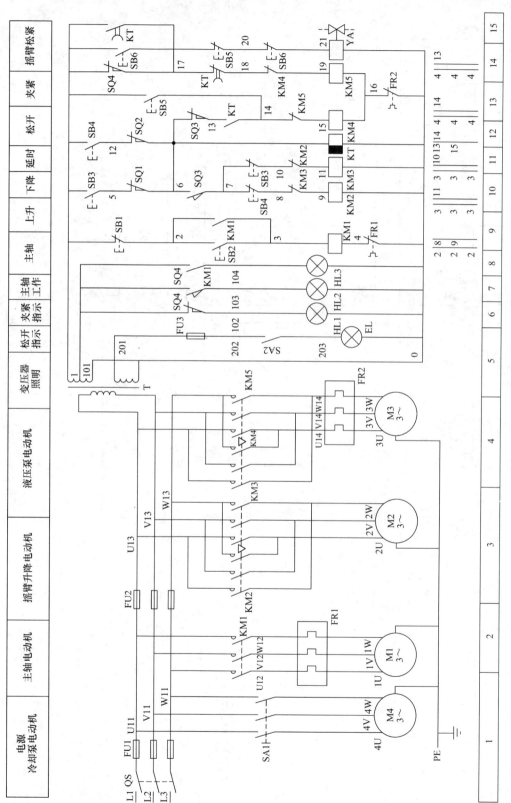

图 2-3-4 Z3040 型摇臂钻床电路

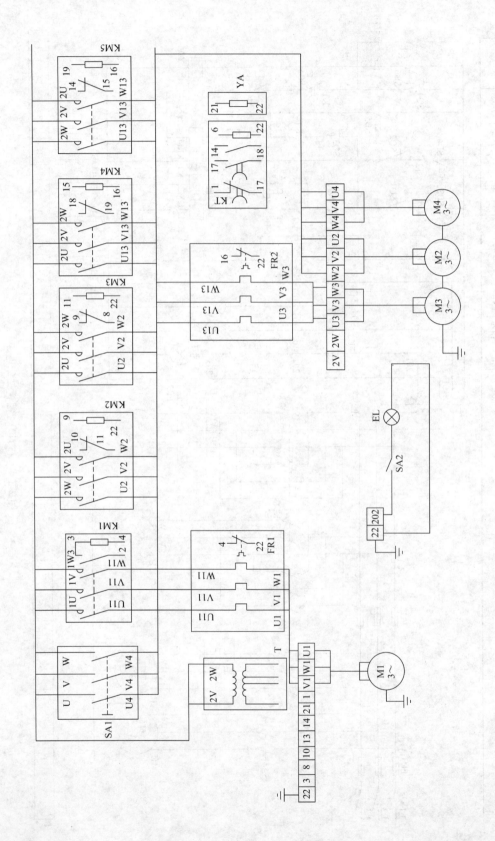

图 2-3-5　Z3040 型摇臂钻床的接线

2. 主电路分析

主电路中共有主轴电动机 M1、摇臂升降电动机 M2、立柱松紧电动机 M3 和冷却泵电动机 M4 这 4 台电动机，其功能及控制见表 2-3-2。

表 2-3-2　4 台电动机的功能及控制

电动机名称	功　能	控制电器	过载保护	短路保护
主轴电动机 M1	实现主轴的旋转及进给运动	接触器 KM1	热继电器 FR1	熔断器 FU1
摇臂升降电动机 M2	实现摇臂的升降	接触器 KM2 和 KM3		熔断器 FU2
立柱松紧电动机 M3	实现内外立柱的夹紧放松	接触器 KM4 和 KM5	热继电器 FR2	熔断器 FU2
冷却泵电动机 M4	提供切削液	SA1		熔断器 FU1

3. 控制电路分析

380V 交流电源经控制变压器 T 转变为 127V 电压作为控制电路的电源。

（1）主轴电动机 M1 的控制　主轴电动机 M1 的起/停由按钮 SB1、SB2 和接触器 KM1 线圈及自锁触头来控制。主轴电动机 M1 的控制包括起动控制和停止控制。具体见表 2-3-3。

表 2-3-3　主轴电动机 M1 的控制

控制要求	控制作用	控制过程
起动控制	起动主轴电动机 M1	按下起动按钮 SB2（2—3），接触器 KM1 线圈通电吸合并 KM1（2—3）常开触头实现自锁，其主触头 KM1（2 区）接通主拖动电动机的电源，主电动机 M1 旋转。KM1（101—104）的辅助常开触头闭合，主轴工作指示灯 HL3 灯亮
停止控制	停车时使主轴停止	按下停止按钮 SB1（1—2），接触器 KM1 线圈断电，KM1 主触头断开，主电动机 M1 被切断电源而停止工作

（2）摇臂升降电动机 M2 的控制　摇臂的放松、升降及夹紧的工作工程是通过控制按钮 SB3（或 SB4），接触器 KM2 和 KM3，位置开关 SQ1、SQ2 和 SQ3，控制电动机 M2 和 M3 来实现的。摇臂升降运动必须在摇臂完全放松的条件下进行，升降过程结束后应将摇臂夹紧固定。

摇臂升降运动的动作过程为：摇臂放松—摇臂升/降—摇臂夹紧（注意：夹紧必须在摇臂停止时进行）。

当工件与钻头相对位置不合适时，可将摇臂升高或者降低，要使摇臂上升，按下上升控制按钮 SB3（1—5），断电延时继电器 KT（6—0）线圈通电，同时瞬时闭合延时断开触头 KT（1—17），使电磁铁 YA 线圈通电，动合触头 KT（13—14）闭合使接触器 KM4 线圈通电，电动机 M3 正转，高压油进入摇臂松开油腔，推动活塞和菱形块实现摇臂的松开。同时活塞杆通过弹簧片压下位置开关，使 SQ3 常闭（6—13）断开，接触器 KM4 线圈断电（摇臂放松过程结束），SQ3 常开触头（6—7）闭合，接触器 KM2 线圈得电，主触头闭合接通升降电动机 M2，带动摇臂上升。由于此时摇臂已松开，SQ4（101—102）被复位，HL1 灯亮，表示松开指示。松开按钮 SB3，KM2 线圈断电，摇臂上升运动停止，时间继电器 KT 线圈断电（电磁铁 YA 线圈仍通电），当延时结束，即升降电动机完全停止时，KT 延时闭合动断触头（17—18）闭合，KM5 线圈得电，液压泵电动机反相序接通电源而反转，压力油井另一条油路进入摇臂夹紧油腔，反方向推动活塞和菱形块，使摇臂夹紧。摇臂做夹紧运动，时间继电器整定时间到后，KT 动合延时断开触头（1—17）断开，接触器 KM5 线圈和电磁铁 YA 线圈断电，电磁阀复位，液压泵电动机 M3 断电停止工作，摇臂上升运动结束。

摇臂下降的工作原理与上升的工作原理是相似的，请读者自行分析。

为了使摇臂的上升或下降不致超出允许的极限位置，在摇臂上升和下降的控制电路中分别串入位置开关 SQ1 和 SQ2 做限位保护。

（3）夹紧与放松电动机 M3 的控制　Z3040 型摇臂钻床夹紧与放松机构液压原理如图 2-3-6 所示。

图 2-3-6 中，液压泵采用双向定量泵。液压泵电动机在正反转时，驱动液压缸中活塞的左右移动，实现夹紧装置的夹紧与放松运动。电磁换向阀 HF 的电磁铁 YA 用于选择夹紧与放松的现象，电磁铁 YA 的线圈不通电时，电磁换向阀工作在左工位，接触器 KM4、KM5 控制液压泵电动机的正反转，同时实现主轴箱和立柱的夹紧与放松；电磁铁 YA 线圈通电时，电磁换向阀工作在右工位，接触器 KM4、KM5 控制液压泵电动机的正反转，实现摇臂的夹紧与放松。

根据液压回路原理，电磁换向阀 YA 线圈不通电时，液压泵电动机 M3 的正、反转，使主轴箱和立柱同时放松或夹紧。具体操作过程如下：

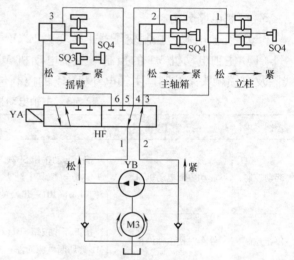

图 2-3-6　Z3040 型摇臂钻床夹紧与放松机构
的液压原理图

按下按钮 SB5（1—14），接触器 KM4 线圈（15—16）通电，液压泵电动机 M3 正转（YA 不通电），主轴箱和立柱的夹紧装置放松，完全放松后位置开关 SQ4 不受压，指示灯 HL1 做主轴箱和立柱的放松指示，松开按钮 SB5，KM4 线圈断电，液压泵电动机 M3 停转，放松过程结束。在 HL1 的放松指示状态下，可手动操作外立柱带动摇臂沿内立柱回转动作，以及主轴箱摇臂长度方向水平移动。

按下按钮 SB6（1—17），接触器 KM5 线圈（19—16）通电，主轴箱和立柱的夹紧装置夹紧，夹紧后压下位置开关 SQ4（101—103），指示灯 HL2 做夹紧指示，松开按钮 SB6，接触器 KM5 线圈断电，主轴箱和立柱的夹紧状态保持。在 HL2 的夹紧指示灯状态下，可以进行孔加工（此时不能手动移动）。

三、Z3040 摇臂钻床的电气设备型号规格、功能及位置

根据电气元器件明细（见表 2-3-4）和位置图熟悉 Z3040 型摇臂钻床的电气设备型号规格、功能及位置。

表 2-3-4　摇臂钻床的电气元器件明细

元器件代号	元器件名称	型号及规格	数量	用途
M1	三相异步电动机	Y100L2—4,3.0kW,1430r/min	1	驱动主轴
M2	摇臂升降电动机	Y90S—4,1.1kW,2.01A,1390r/min	1	摇臂升降
M3	液压泵电动机	JO31—2,0.6kW,1.42A,2880r/min	1	立柱松紧
M4	冷却泵电动机	0.125kW,0.43A,2790r/min	1	驱动冷却泵
QS	转换开关	HZ5—20,三极,500V,20A		电源总开关
SA1	冷却泵电动机开关	HZ2—10/3,10A		控制 M4
SA2	照明开关	KZ 型灯架,带开关	1	控制 EL
FU1	熔断器	RL1,60/25A	3	电源总短路保护
FU2	熔断器	RL1,15/10A	3	M2、M3 短路保护
FU3	熔断器	RL1,15/2A	1	照明电路短路保护
FR1	热继电器	JR2—1,11.1A	1	主轴电动机过载保护
FR2	热继电器	JR2—1,1.6A	1	液压电动机过载保护
T	变压器	BK—100,100V·A,380V/127,36,6.3V	1	辅助电路低压电源
KM1	交流接触器	CJ0—20,20A,线圈电压 127V	1	控制主轴电动机
KM2	交流接触器	CJ0—10,10A,线圈电压 127V	1	摇臂上升
KM3	交流接触器	CJ0—10,10A,线圈电压 127V	1	摇臂下降
KM4	交流接触器	CJ0—10,10A,线圈电压 127V	1	立柱松开
KM5	交流接触器	CJ0—10,10A,线圈电压 127V	1	立柱夹紧
KT	时间继电器	JSSI,AC127V,DC24V		提供延时断电
YV	电磁阀	MFJ1—3,线圈 127V,50Hz		控制立柱夹紧机构
EL	照明灯泡	JC2,36V,40W		机床局部照明
HL1	信号灯	ZSD—0,6.3V,绿色		松开指示
HL2	信号灯	ZSD—0,6.3V,红色		夹紧指示
HL3	信号灯	ZSD—0,6.3V,黄色		主轴工作指示
SB1	按钮	LA—18,5A	1	主轴停止按钮
SB2	按钮	LA—18,5A	1	主轴起动按钮
SB3	按钮	LA—18,5A	1	摇臂上升按钮
SB4	按钮	LA—18,5A	1	摇臂下降按钮
SB5	按钮	LA—18,5A	1	立柱松开按钮
SB6	按钮	LA—18,5A	1	立柱夹紧按钮
SQ1	位置开关	LX5—11	1	上升限位
SQ2	位置开关	LX5—11	1	下降限位
SQ3	位置开关	LX5—11	1	
SQ4	位置开关	LX5—11	1	
SQ5	位置开关	LX5—11	1	
SQ6	位置开关	LX5—11	1	

任务准备

根据任务，选用工具、仪表、耗材及器材，见表2-3-5。

表 2-3-5　工具、仪表、耗材及器材明细

序　号	名　　称	型号与规格	单　位	数　量
1	摇臂钻床	Z3040 型	台	1
2	电工通用工具	验电器、钢丝钳、螺钉旋具（一字形和十字形）、电工刀、尖嘴钳、活扳手、剥线钳等	套	1
3	万用表	自定	块	1
4	绝缘电阻表	型号自定，或500V、0～200MΩ	台	1
5	钳形电流表	0～50A	块	1
6	劳保用品	绝缘鞋、工作服等	套	1

任务实施

一、根据元器件布置图逐一核对所有低压元器件

按照元器件布置图在机床上逐一找到所有元器件，并在图样相应位置上做出标志。

操作要求：

（1）此项操作断电进行。

（2）在核对过程中，观察并记录该元器件的型号及安装方法。

（3）观察每个元器件的电路连接方法。

（4）使用万用表测量各元器件触头操作前后的通断情况并做记录。

二、钻床的操作实训

在教师的监控指导下，按照下述操作方法，完成对钻床的操作实训。

开动 Z3040 型摇臂钻床的基本操作方法步骤如下：

1. 开机前的准备工作

（1）将冷却泵转换开关 SA1 置于"断开"位置。

（2）将工件夹紧在工作台上。

2. 开机操作调试方法步骤

（1）合上钻床电源总开关 QS。

（2）将开关 SA2 打到闭合状态，机床工作照明灯 EL 灯亮，此时说明机床已处于带电状态，同时告诫操作者该钻床电气部分不能随意用手触摸，防止人身触电事故。

（3）根据工件具体高度通过按钮 SB3、SB4 将摇臂调整到合适的位置。

（4）旋转主轴箱立柱夹紧状态旋钮，选择主轴箱立柱夹紧方式。

（5）按下按钮 SB5，将主轴箱立柱夹紧松开。

（6）通过摇动手轮，将主轴箱沿摇臂导轨方向调整到合适的位置。

（7）通过拉动主轴箱移动手轮，水平旋转摇臂到合适位置。

（8）按下按钮 SB6，使主轴箱立柱同时夹紧。

（9）按下主轴电动机起动按钮 SB2，旋转主轴转速预选按钮，选择合适转速。

（10）旋转主轴进给预选按钮，选择合适的进给量。

（11）压下机动进给手柄，使之联动到机动进给状态。

（12）向外拉出主轴移动手柄，接通机动进给。

（13）主轴变速　将正反转手柄压下至变速位置3s左右，实现预选转速和进给量；然后抬起至水平位置，再往左方移动手柄至主轴正转位置，机动进给钻销即可完成。

（14）加工完毕后，按下主轴停止按扭 SB2，主轴停止。

（15）断开机床工作照明灯 EL 的开关 SA2，使钻床工作照明灯 EL 熄灭。

（16）断开钻床电源总开关 QS。

 检查评议

检查评议表参见表 2-1-7。

问题及防治

1. 操作前必须熟悉钻床的结构和操作部件的功能。

2. 操作调试过程中，必须做好安全保护措施，如有异常情况必须立即切断电源。

3. 必须在教师的监护指导下操作，不得违反安全操作规程。

任务2　Z3040 型摇臂钻床主轴电动机、冷却泵电动机
控制电路的常见故障维修

知识目标

1. 熟悉掌握 Z3040 型摇臂钻床照明、指示电路的动作原理。

2. 熟悉 Z3040 型摇臂钻床主轴电动机电路的组成及工作原理。

3. 熟悉 Z3040 型摇臂钻床冷却泵电动机控制电路的组成及工作原理。

能力目标

1. 熟悉 Z3040 型摇臂钻床主轴电动机控制、指示照明控制电路的组成及控制过程。

2. 能正确使用万用表、工具等对机床电气控制电路进行有针对性的检查、测试和维修。学会根据电气原理图分析和排除故障，初步掌握一般机床电气设备的调试、故障分析和排除故障的方法，具有一定的维修能力。

3. 进一步牢固地掌握继电—接触器控制电路的基本环节在钻床电路中的控制作用，初步具备改造和安装一般生产机械电气设备控制电路的能力。

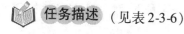 **任务描述**（见表 2-3-6）

表 2-3-6　任 务 描 述

工 作 任 务	要　　求
1. 维修 Z3040 型摇臂钻床照明指示电路的常见故障	1. 熟悉控制变压器 T，掌握提供各种电压等级的电路走向 2. 利用电压测量法和电阻测量法检修照明指示电路的常见故障

（续）

工 作 任 务	要　　求
2. 维修 Z3040 型摇臂主轴电动机电路的常见故障	1. 熟悉 Z3040 型摇臂钻床主轴电动机控制电路的组成及工作原理 2. 利用电压测量法和电阻测量法检修电路常见故障
3. 维修 Z3040 型摇臂钻床冷却泵电动机控制电路的常见故障	1. 熟悉接触器、热继电器的结构及工作原理 2. 熟悉电动机的结构及工作原理 3. 利用电压测量法和电阻测量法冷却泵电动机控制电路的常见故障

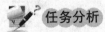 任务分析

　　Z3040 型摇臂钻床在使用一段时间后，由于线路老化、机械磨损、电气磨损或操作不当等原因而不可避免地会导致钻床电气设备发生故障，从而影响机床正常工作。Z3040 型摇臂钻床的主要控制为对主轴电动机、摇臂升降、立柱夹紧松开、冷却泵的控制，本任务主要分析排除 Z3040 型摇臂钻床主轴电动机起动/停止、照明指示电路及冷却泵电动机的常见故障。

 相关知识

一、电路分析

1. 主轴电动机电路分析

主轴电动机 M1 的控制包括起动控制和停止控制，控制电路如图 2-3-7 所示。

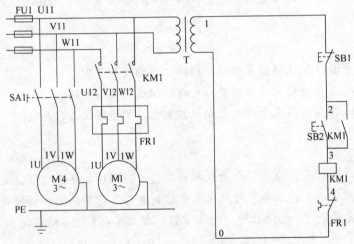

图 2-3-7　主轴电动机控制电路

　　（1）主轴电动机 M1 的起动控制　其工作原理如下：

合上钻床电源总开关 QS ─┐
　┌────────────────→ KM1 主触头闭合 ────────→ 主轴电动机 M1 起动运转
　└→ 按下 SB2 → KM1 线圈得电 ─┬→ KM1 自锁触头（2—3）闭合 ──┘
　　　　　　　　　　　　　　　　└→ KM1 常开触头（101—104）闭合 → 主轴运行指示灯亮

　　KM1 线圈得电回路：T（1）→2→3→KM1 线圈→4→T（0）

　　（2）主轴电动机 M1 停止控制　当钻削完毕，需要主轴电动机 M1 停止时，工作原理如下：

按下 SB1 → KM1 线圈失电
- →KM1 主触头断开───────→主轴电动机 M1 停止运转
- →KM1 自锁触头（2—3）断开
- →KM1 常开触头（101—104）断开→主轴运行指示灯灭

2. 冷却泵电动机 M4 的控制电路分析

冷却泵电动机的功率比较小，直接由 SA1 控制，其电路如图 2-3-6 所示。

（1）冷却泵电动机 M4 起动

合上 SA1→三相电源引入冷却泵电机→M4 起动运转

（2）冷却泵电动机 M2 停止

断开 SA1→三相电源断开冷却泵电机→M4 停止运转

3. Z3040 型摇臂钻床照明指示电路分析

Z3040 型摇臂钻床照明系统主要由照明变压器 T、熔断器 FU3、开关 SA2 和照明灯组成；指示电路中，松开夹紧指示灯由位置开关 SQ4 控制，主轴工作指示灯由 KM1 接触器的常开触头控制。其电路如图 2-3-8 所示。

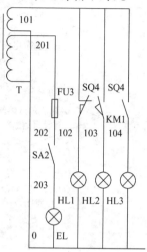

图 2-3-8　照明指示电路图

二、故障分析方法

1. 主轴电动机 M1 不能起动的检修步骤（见图 2-3-9）

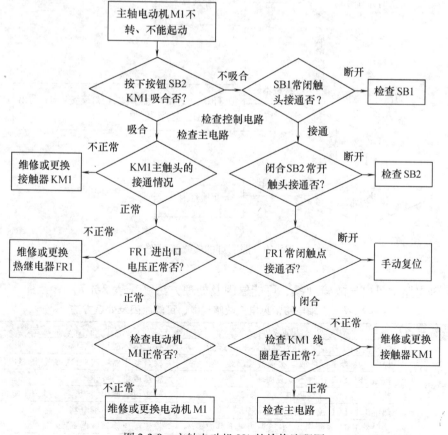

图 2-3-9　主轴电动机 M1 的检修流程图

2. 照明电路故障的检修步骤（见图 2-3-10）

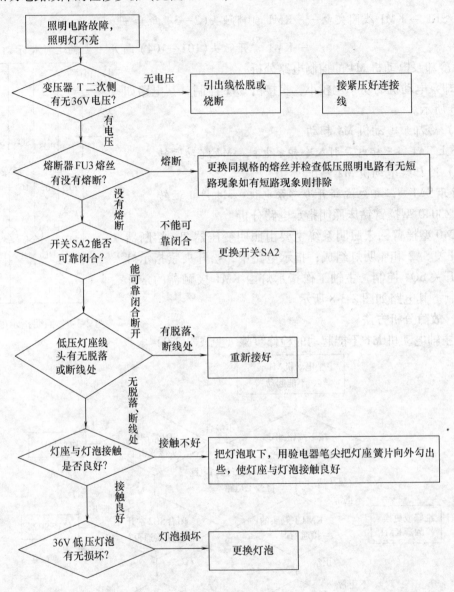

图 2-3-10　照明灯的检修流程图

3. 主轴电路常见电气故障现象、可能原因及处理方法（见表 2-3-7）

表 2-3-7　主轴电路常见电气故障现象、可能原因及处理方法

故障现象	故障可能原因	故障处理方法
接通钻床电源总开关 QS，钻床开动不起来	熔断器 FU1 松动或熔断，熔断器 FU2 熔断	拧紧熔体或更换熔体
	控制变压器 T 损坏或二次接线端断线	检查变压器一次、二次接线、测量电压是否正确
	按钮 SB1、SB2 接触不良或损坏	检修或更换按钮
	热继电器 FR1 过载脱扣	检查过载原因，将热继电器 FR1 复位
	热继电器 FR1 触头接触不良或损坏	检修或更换热继电器
	接触器 KM1 线圈损坏，主触头接触不良或损坏	检修或更换接触器 KM1

（续）

故障现象	故障可能原因	故障处理方法
接触器 KM1 吸合，主轴电动机 M1 不能起动或电动机发出"嗡嗡"声	机床外电源断一相或电源开关 QS 一相接触不良	测量电源三相电压，查清断相原因、修复电源开关 QS 触头
	主轴电动机热继电器 FR1 热元件断一相或压线端未拧紧	更换热继电器或清除压线端氧化物，重新压紧
	主轴电动机定子、出线端脱焊、松动	将断线头刮光，重新接出一段引线焊牢
	接触器 KM1 主触头接触不良或损坏	检修或更换接触器
	主轴电动机 M1 本身故障	检修电动机 M1
按主轴停止按钮 SB1 或 SB2 后主轴不停	接触器 KM1 主触头发生熔焊，造成主触头不能切断电动机电源	应迅速切断总电源，然后修复接触器主触头或更换接触器 KM1
	主轴电动机接触器 KM1 动、静铁心接触面上有污物，使铁心不能释放	清除铁心上的污物或更换接触器
主轴电动机 M1 运行中突然停车	这种故障的主要原因是由于热继电器 FR1 动作	发生这种故障后，一定要找出热继电器 FR1 动作的原因，排除后才能使其复位

4. 照明常见电气故障现象、可能原因及处理方法

（1）变压器 36V 线圈断线　检修方式及技巧：用万用表交流电压挡测变压器 T 二次侧 36V 交流电压，若无电压，应检查是否引出线松脱或烧断，引出线断线要重新把线头拉出，并接紧压好连接线。

（2）熔断器 FU3 熔丝熔断或接触不良　检修方式及技巧：检查熔断器 FU3 是否熔断，熔断时要更换同规格的熔丝；检查一下低压照明电路有无短路现象，若电线短路，要重新分开连接好再通电工作。

（3）开关 SA2 闭合不好　检修方式及技巧：用万用表电阻挡在断开钻床熔断器 FU3 后测量开关 SA2，看其能否可靠闭合、断开，若不能应更换开关 SA2。

（4）低压灯座线头脱落或有断线处　检修方式及技巧：检查低压灯座连接线有无松脱烧断，电源连接线有无断线处，有时要重新接好。

（5）灯座与灯泡接触不好　检修方式及技巧：把灯泡取下，用验电器笔尖把灯座簧片向外勾出些，使灯座与灯泡接触良好。

（6）36V 低压灯泡烧坏　检修方式及技巧：灯泡断丝要更换，若一时看不出可用万用表电阻挡单独测低压灯泡电阻，若断路要更换灯泡。

任务准备

根据任务，选用工具、仪表、耗材及器材，见表 2-3-8。

表 2-3-8　工具、仪表、耗材及器材明细

序　号	名　称	型号与规格	单　位	数　量
1	摇臂钻床	Z3040 型	台	1
2	电工通用工具	验电器、钢丝钳、螺钉旋具（一字形和十字形）、电工刀、尖嘴钳、活扳手、剥线钳等	套	1
3	万用表	自定	块	1
4	绝缘电阻表	型号自定，或 500V，0~200MΩ	台	1
5	钳形电流表	0~50A	块	1
6	劳保用品	绝缘鞋、工作服等	套	1

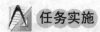 **任务实施**

一、主轴电动机电路故障排除

学生分组按照每人一台机床进行排除故障练习。教师在每台 Z3040 型摇臂钻床上设置主轴电动机故障一处，让学生预先知道，练习一个故障点的检修。在掌握一个故障点的检修方法的基础上，再设置两个或两个以上故障点，故障现象尽可能不相互重合。如果故障相互重合，按要求应有明显检查顺序。

1. 操作要求

（1）此项操作可带电进行，但必须有指导教师监护，确保人身安全。

（2）在检修过程中，测量并记录相关元器件的工作情况（触头通断、电压、电流）。

（3）定额时间为 30 分钟。

2. 检测情况记录（见表 2-3-9）

表 2-3-9　Z3040 型摇臂钻床主轴电动机电路检测情况记录

元器件名称	元器件状况 （外观、断电电阻）	工 作 电 压	工 作 电 流	触头通断情况	
				操作前	操作后

3. 操作注意事项

（1）操作时不要损坏元器件。

（2）各控制开关操作后要复位。

（3）排除故障时，必须修复故障点，严禁扩大故障范围或产生新故障。检修过程中不要损伤导线或使导线连接脱落。

（4）检修所用工具、仪表等符合使用要求。

4. 故障排除练习举例

故障一：主轴电动机 M1 转速很慢并发出"嗡嗡"声

（1）观察故障现象　合上钻床电源总开关 QS，再按下 SB2 时，KM1 吸合，主轴电动机 M1 转速很慢，并发出"嗡嗡"声，这时应立即按下停止按钮 SB1，切断 M1 的电源，避免损坏主轴电动机。

（2）判断故障范围　KM1 吸合说明主轴电动机 M1 控制回路正常，故障出现在主电路部分（这是典型的电动机断相故障），故障电路如图 2-3-11 所示，主轴电动机 M1 工作回路如图 2-3-12 所示。

（3）查找故障点　采用验电器测量法和电阻测量法判断故障点的方法步骤如下：

1）在电源开关 QS 闭合以及 KM1 失电的情况下，从三相电源进线端到 KM1 主触头的进线端，用验电器依次测量各相主电路中的触头，若验电器不能正常发光，则说明故障点就在测试点前级。

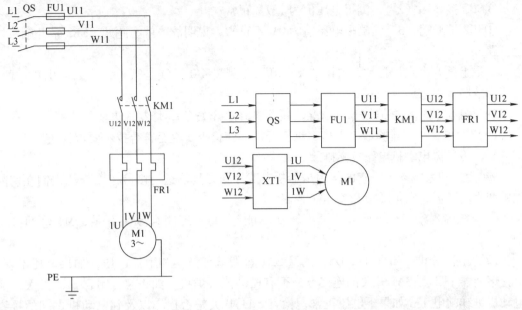

图 2-3-11　故障一电路图　　　　　　　　图 2-3-12　M1 主电路工作路径图

例如：用验电器测量 U 相主电路中的 QS 进出触头、FU1（U12）进出触头、KM1（U12）进线触头过程中，如果测试 KM1（U12）触头时，验电器不亮，说明故障为 U 相电路中的 KM1 触头接触不良。

2）同样的方法检测 V 相、W 相主电路中 KM1 主触头以上的故障点。

3）先断开电源总开关 QS，将万用表功能选择开关拨至"R×10"挡，人为按下 KM1 动作试验按钮，然后分别检测接触器 KM1 主触头、热继电器 FR1 热元件、电动机 M1 绕组等的通断情况，看有无电器损坏、接线脱落、触头接触不良等现象。

（4）排除故障　断开钻床电源总开关 QS，根据故障点情况，更换损坏的元器件或导线。

（5）通电试车　排除故障点后，重新开机操作检查，直至符合技术要求为止。

故障二：主轴电动机不转（不能起动），即按下 SB2 起动按钮，M1 电机不起动

（1）观察故障现象　合上钻床电源总开关 QS，按下主轴电动机起动按钮 SB2，接触器 KM1 不吸合，主轴电动机 M1 不起动。

（2）判断故障范围　根据故障现象可知，故障电路如图 2-3-13 所示。

（3）查找故障点　采用电压分阶测量法检查故障点。

1）将万用表选择开关拨至交流电压"250V"挡。

2）将黑表笔接在选择的参考点 T（0#）上。

3）合上钻床电源总开关 QS，按住 SB2。

红表笔从 T 接线端（1#）起，依次逐点测量：

①T 接线端（1#），测得电压值为 127V 正常；

②SB1 接线端（1#），测得电压值为 127V 正常；

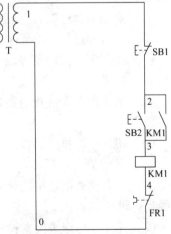

图 2-3-13　故障二电路图

③SB2 接线端（2#），测得电压值为 127V 正常；

④SB2 接线端（3#），测得电压值为 0V 不正常，说明故障就在此处，SB2 常开触头接线处开路。

如果上面几个点均正常，再用"$R \times 10$"挡测量 4-0 号线是否正常，如果也正常的话，为线圈故障。

（4）排除故障　根据故障点情况，断开电源总开关 QS，修复或更换元器件。

（5）通电试车　排除故障点后，重新开机操作检查，直至符合技术要求为止。

二、冷却泵电动机电路故障排除

M4 为冷却泵电动机，它的作用是不断向工件和刀具输送切削液，以降低它们在切削过程中产生的高温，它由转换开关 SA1 控制。

（1）故障现象　冷却泵电动机不转（不能起动），即闭合 SA1 开关，M4 电动机不起动。

（2）故障分析　闭合开关 QS，测量 SA1 进线端任意两相电源电压，如果电压不正常，检查熔断器 FU1 到 SA1 开关的连接点是否有松动或者虚接；如正常，闭合 SA1 开关，测量电动机进线端电压；如果不电压正常，检查 SA1 开关是否损坏以及到电动机之间的接线是否牢靠，如果电压正常，则为电动机故障，检修电动机。

在实际故障排除时，并不需要把所有的元器件都检测一遍，先检查容易出问题的元器件，再逐步深入。如本机床控制元器件中，按钮、接触器线圈等属于低故障率元器件，熔断器、热继电器等保护电器属高故障率的元器件，应先检查。

 检查评议

检查评议表参见表 2-1-7。

 问题及防治

1. 操作过程中问题

（1）设备应在教师指导下操作，安全第一。进行排除故障训练时，必须有指导教师在现场监护。

（2）热继电器过载后，应找出故障原因后，方可复位。

（3）在维修过程中不要随便互换线端处号码管。

（4）在拆卸元器件及接线端子时，千万不能蛮干。要做好记录标号，避免在安装时发生错误，方便复原。

（5）试车前首先检查电路是否存在短路现象，在正常情况下进行试车，应当注意人身及设备安全。

（6）机床故障排除后，一定要恢复到原来的样子。

2. 设备维护

（1）经常检查电动机的绝缘电阻，三相 380V 电动机的绝缘电阻一般不小于 0.5MΩ，否则因进行烘干。

（2）用钳形电流表经常检查是否过载，三相电流是否一致，三相电压是否平衡。

（3）注意电动机的起动是否灵活，有没有摩擦声或其他杂声。

（4）检查电动机是否温升过高，以及周围通风是否良好。

任务 3　Z3040 型摇臂钻床摇臂升降和主轴箱夹紧松开控制电路的常见故障维修

知识目标

1. 熟悉摇臂升降结构及工作原理。
2. 熟悉主轴箱夹紧松开的结构及工作原理。

能力目标

1. 熟悉 Z3040 型摇臂钻床摇臂升降、主轴箱夹紧松开的组成及控制过程。
2. 能对 Z3040 型摇臂钻床摇臂升降和主轴箱夹紧松开控制电路的常见故障进行维修。

 任务描述 （见表 2-3-10）

表 2-3-10　任　务　描　述

工作任务	要　　求
1. 维修 Z3040 型摇臂钻床摇臂升降电路的常见故障	1. 熟悉 Z3040 型摇臂钻床摇臂升降电路的组成及工作原理 2. 利用电压测量法和电阻测量法检修摇臂升降电路的常见故障
2. 维修 Z3040 型摇臂钻床主轴箱夹紧松开电路的常见故障	1. 熟悉主轴箱夹紧松开结构及工作原理 2. 利用电压测量法和电阻测量法检修主轴箱夹紧松开控制电路的常见故障

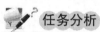 **任务分析**

Z3040 型摇臂钻床的升降运动由 M2 控制，M2 要求进行正、反转的点动控制，由接触器 KM2、KM3 进行控制，不加过载保护。M3 为液压泵电动机，内外立柱的夹紧放松、主轴箱的夹紧放松可采用手柄机械操作、电气—机械装置、电气液压装置或电气—液压—机械装置等控制方法来实现，若采用液压装置，则靠液压泵电动机 M3 拖动液压泵送出液压油来实现。M3 电动机由接触器 KM4、KM5 控制其正反转。本任务主要分析排除 Z3040 型摇臂钻床升降电路及摇臂放松夹紧电路的常见故障。

 相关知识

一、电气控制电路分析

Z3040 型摇臂钻床摇臂升降、立柱夹紧电气控制电路如图 2-3-14 所示。

（1）摇臂的升降控制　摇臂的升降由立柱顶部电动机拖动，由丝杠螺母传动，实现摇臂升降。其中，升降螺母上装有保险螺母，以保证摇臂不能突然落下；摇臂夹紧是由液压驱动菱形块实现夹紧，夹紧后，菱形块自锁；摇臂上升或下降动作结束后，摇臂自动夹紧，由装在液压缸座上的电气开关控制。

1）摇臂的上升控制。当工件与钻头相对位置不合适时，要使摇臂上升，其工作过程如下：

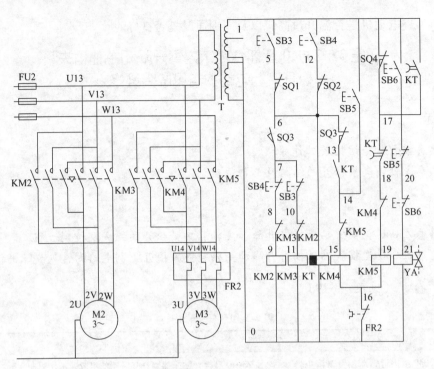

图 2-3-14　Z3040 型摇臂钻床摇臂升降、立柱夹紧电气控制电路图

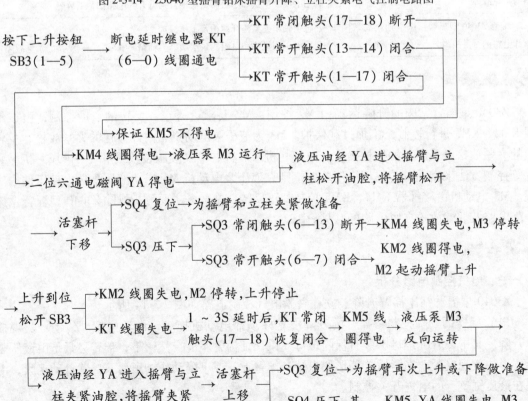

2）摇臂下降控制。按下下降按钮 SB4，摇臂下降。其动作过程与摇臂上升类似，自动

完成摇臂放松—摇臂下降—摇臂夹紧的整套过程。

　　SQ1、SQ2 作为摇臂升降的限位保护。摇臂的自动夹紧由位置开关 SQ4 控制。如果液压夹紧系统出现故障，不能自动夹紧摇臂，或由于 SQ4 调整不当，在摇臂夹紧后不能使 SQ4 常闭触头松开，都会使液压泵电动机 M3 长时间过载运行而损坏，为此装设热继电器 FR2 进行过载保护。摇臂上升、下降电路中采用接触器和按钮双重联锁保护，确保了电路安全工作。

　　（2）立柱与主轴箱的夹紧与放松控制

按下立柱和主轴
箱松开按钮 SB5 →KM4 线圈得电→液压泵 M3
正向运转→液压油经二位六通阀进入
立柱和主轴箱松开油腔→立柱和主轴箱
夹紧装置松开

按下立柱和主轴
箱夹紧按钮 SB6 →KM5 线圈得电→液压泵 M3
反向运转→液压油经二位六通阀进入
立柱和主轴箱夹紧油腔→立柱和主轴箱
夹紧装置夹紧

　　立柱和主轴箱的松开和夹紧状态可由按钮上所带的指示灯 HL1、HL2 指示，也可通过推动摇臂或转动主轴箱上的手轮得知，能推动手臂或能转动手轮表明立柱和主轴箱处于松开状态。

二、故障分析方法

1. 摇臂升降控制检修流程（见图 2-3-15）

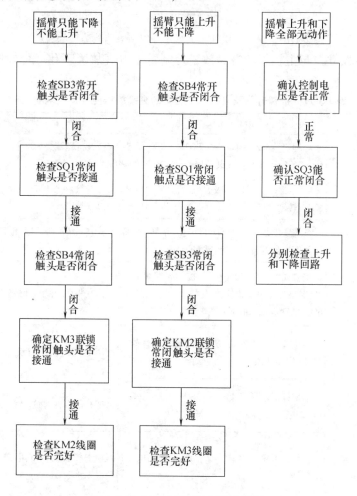

图 2-3-15　摇臂升降控制检修流程

2. 立柱与主轴箱夹紧与放松控制检修流程（见图 2-3-16）

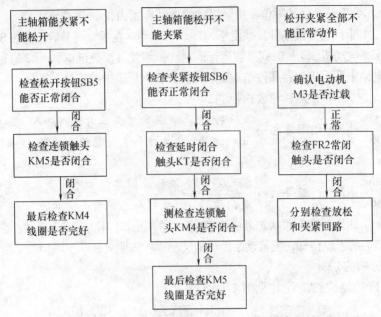

图 2-3-16　立柱与主轴箱夹紧松开控制电路故障检修流程

3. 摇臂升降及立柱与主轴箱的夹紧放松控制常见电气故障现象、可能原因及处理方法（见表 2-3-11）

表 2-3-11　摇臂升降及立柱与主轴箱的夹紧放松控制常见电气故障

故障现象	故障可能原因	故障处理方法
摇臂不能上升（或下降）	行程开关 SQ3 不动作，SQ3 的动合触头（6—7）不闭合，SQ3 安装位置移动或损坏	检查行程开关 SQ2 触头、安装位置或损坏情况，并予以修复
	接触器 KM2 线圈不吸合，摇臂升降电动机 M2 不转动	检查接触器 KM2 或摇臂升降电动机 M2，并予以修复
	系统发生故障（如液压泵卡死、不转，油路堵塞等），使摇臂不能完全松开，压不上 SQ3	检查系统故障原因、位置移动或损坏，并予以修复
	安装或大修后，相序接反，按 SB3 摇臂上升按钮，液压泵电动机反转，使摇臂夹紧，压不上 SQ3，摇臂也就不能上升或下降	检查相序，并予以修复
摇臂上升（下降）到预定位置后摇臂不能夹紧	限位开关 SQ4 安装位置不准确或紧固螺钉松动，使 SQ4 限位开关过早动作	调整 SQ4 的动作行程，并紧固好定位螺钉
	活塞杆通过弹簧片压不上 SQ4，其触头（1—17）未断开，使 KM5、YV 不断电释放	调整活塞杆、弹簧片的位置
	接触器 KM5、电磁铁 YV 不动作，电动机 M3 不反转	检查接触器 KM5、电磁铁 YV 电路是否正常及电动机 M3 是否完好，并予以修复

（续）

故障现象	故障可能原因	故障处理方法
立柱、主轴箱不能夹紧（或松开）	按钮接线脱落、接触器 KM4 或 KM5 接触不良	检查按钮 SB5、SB6 和接触器 KM4、KM5 是否良好，并予以修复或更换
	油路堵塞，使接触器 KM4 或 KM5 不能吸合	检查油路堵塞情况，并予以修复

任务准备

根据任务，选用工具、仪表、耗材及器材，见表 2-3-12。

表 2-3-12　工具、仪表、耗材及器材明细

序号	名称	型号与规格	单位	数量
1	摇臂钻床	Z3040 型	台	1
2	电工通用工具	验电器、钢丝钳、螺钉旋具（一字形和十字形）、电工刀、尖嘴钳、活扳手、剥线钳等	套	1
3	万用表	自定	块	1
4	绝缘电阻表	型号自定，或 500 V、0～200MΩ	台	1
5	钳形电流表	0～50A	块	1
6	劳保用品	绝缘鞋、工作服等	套	1

任务实施

学生分组按照每人一台机床进行排故练习。教师在每台 Z3040 型摇臂钻床上设置故障一处，让学生预先知道，练习一个故障点的检修。在掌握一个故障点的检修方法的基础上，再设置两个或两个以上故障点，故障现象尽可能不相互重合。如果故障相互重合，按要求应有明显检查顺序。

1. 操作要求

（1）此项操作可带电进行，但必须有指导教师监护，确保人身安全。

（2）在检修过程中，测量并记录相关元器件的工作情况（触头通断、电压、电流）。

（3）定额时间为 30 分钟。

2. 检测情况记录（见表 2-3-13）

表 2-3-13　Z3040 型摇臂钻床摇臂升降及立柱夹紧松开电动机电路检测情况记录表

元器件名称	元器件状况（外观、断电电阻）	工作电压	工作电流	触头通断情况	
				操作前	操作后

3. 操作注意事项

（1）操作时不要损坏元器件。

（2）各控制开关操作后要复位。

（3）排除故障时，必须修复故障点，严禁扩大故障范围或产生新故障。检修过程中不要损伤导线或使导线连接脱落。

（4）检修所用工具、仪表等符合使用要求。

4. 故障排除练习举例

故障一：摇臂不能上升但能下降

（1）观察故障现象　合上电源开关 QS，按下 SB3 摇臂上升按钮，发现摇臂不能上升；按下 SB4 摇臂下降按钮，摇臂能下降。

（2）分析故障范围　因为摇臂能下降不能上升，表明摇臂和立柱松开部分电路正常，按下 SB3 若接触器 KM2 不能吸合，则故障发生在接触器 KM2 控制回路（但是也不能排除主电路故障），即图 2-3-17 所示电路的点画线框内。

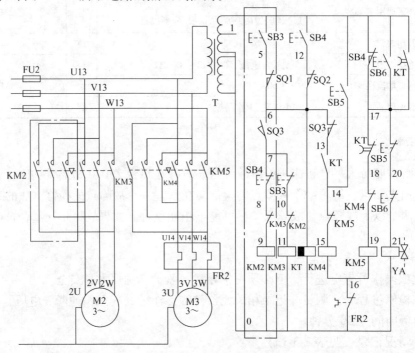

图 2-3-17　故障一

（3）查找故障点　采用电压分阶测量法检查控制电路故障点。其检修过程如下：

1）将万用表选择开关拨至交流电压"250V"挡，合上电源开关 QS。

2）用电压法进行测量，测量 1—9 间电压，测得电压值为 127V 正常（则进行第 3 步测量）；如果不是 127V，故障原因可能是 KM2 线圈接线脱落或线圈断线。

3）测量 1—8 间电压，测得电压值为 127V 正常（则进行第 4 步测量）；如果不是127V，故障原因可能为 KM3 常闭触头或接线脱落。

4）测量 1—7 间电压，测得电压值为 127V 正常（则进行第 5 步测量）；如果不是

127V，故障原因可能为按钮 SB4 接触不良或端子至按钮的接线脱落。

5）按下 SB3，测量 0—5 间电压，测得电压值为 127V 正常（则进行第 6 步测量）；如果不是 127V，故障原因可能为按钮 SB3 接触不良或端子至按钮的接线脱落。

6）按下 SB3，测量 0—6 间电压，测得电压值为 127V 正常；如果不是 127V，故障原因可能为 SQ1 接触不良或 SQ1 的接线松脱。

7）如果上述步骤测量均正常，则为 SQ1 至 SQ3 的连接线松脱。

以上 7 个步骤的检查为控制电路的检查，如果控制电路故障排除之后，摇臂还不能上升，则为主电路故障，故障范围为图 2-3-16 所示主电路中双点画线框（左侧框）。

（4）故障排除　根据故障具体情况，采用恰当的方法排除故障。

（5）通电试车　通电检查钻床各项操作，应符合各项技术要求。

> **提示**　Z3040 型摇臂钻床的试车顺序是先试主轴电动机 M1 运转是否正常，以此判断电源是否正常；其次试立柱与主轴箱的松开与夹紧是否正常，以此判断 KM4、KM5 线圈支路以及液压泵电动机 M3 运转是否正常；最后才是试摇臂的升降。

故障二：摇臂不能上升也不能下降

（1）观察故障现象　合上电源开关 QS，按下 SB3 摇臂上升按钮，发现摇臂不能上升；按下 SB4 摇臂下降按钮，摇臂也不能下降。

（2）分析故障范围　摇臂上升或下降之前应先将摇臂与立柱松开，方能上升、下降。摇臂不能上升、下降，应试立柱与主轴箱能否放松，若也不能放松，则故障多在接触器 KM4 线圈支路；若能放松，则应重点检查断电延时时间继电器 KT 是否吸合、电磁阀 YA 是否得电、KT 的瞬时闭合常开触头、SQ3 位置开关是否压下等。摇臂上升或下降顺序动作特征明显，可按继电器动作状态（根据动作吸合声音）、液压泵工作声音、判断出故障的大致情况，故障范围为图 2-3-18 所示电路的点画线框。

（3）查找故障点　首先检查 KT 线圈是否吸合。合上电源开关 QS，闭合 SB3，发现 KT 线圈正常吸合，说明 KT 线圈控制回路是正常的。但是发现 KM4 接触器没有吸合，KM4 线圈不能正常吸合的检查步骤如下：

1）将万用表选择开关拨至交流"250V"挡。

2）将黑表笔接在选 T（$0^\#$）上。

3）合上电源开关 QS，闭合 SB3，红表笔从 T（$13^\#$）起，依次逐点测量下列各点：

①SQ3 出线端（$13^\#$），测得电压值 127V 为正常；

②KT 瞬时常开的出线端（$14^\#$），测得电压值 127V 为正常；

③KM5 常闭出线端（$15^\#$），测得电压值 127V 为正常。

4）检查无故障后，再检查 $15^\#$—KM4 线圈—$16^\#$—FR2 常闭触头—$0^\#$ 范围。按下 SB3，检查方法基本同上，不同之处是以 TC1（$1^\#$）为参考点，红表笔从 T（$0^\#$）起，依次逐点测量下列各点：

①T（$0^\#$）出线端，测得电压值 127V 为正常；

②FR2 出线端（$0^\#$），测得电压值 127V 为正常；

③FR2 进线端（$16^\#$），测得电压值 0V 为不正常；则说明故障点为 FR3 常闭触头进线端子接触不良。

（4）排除故障　断开钻床电源总开关 QS，根据故障点情况，修复热继电器 FR2 触头进线。

（5）通电试车　通电检查钻床各项操作，是否符合技术要求。

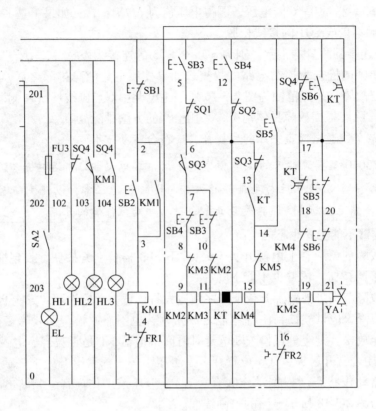

图 2-3-18　故障二

 检查评议

检查评议表参见表 2-1-7。

问题及防治

（1）Z3040 型摇臂钻床是电气、机械与液压控制，在故障检修前，必须熟悉电路的工作原理，清楚元器件位置及电路走向、熟悉工作特点。

（2）在检测故障时注意观察机床的动作状况，注意辨别继电器动作吸合声音以及电动机的工作声音，根据声音在进行判断检测可得到事半功倍的效果。

考证要点及单元练习

一、考证要点

维修电工职业资格证的考核分为理论知识考核和技能操作考核两部分。

（一）理论知识考核要点

1. 识图知识

1）Z3040 型摇臂钻床所用低压电器的图形符号和文字符号。

2）Z3040 型摇臂钻床控制电路图的识读。

2. 低压电器知识

Z3040 型摇臂钻床所用低压电器的结构、类型、在本电路中的作用和工作原理。

3. 电力拖动控制知识

Z3040 型摇臂钻床的结构、运动形式及电气控制电路原理。

4. 电工仪表知识

1）万用表的型号、规格、选择及使用与维护方法。

2）绝缘电阻表的型号、规格、选择及使用与维护方法。

3）钳形电流表的型号、规格、选择及使用与维护方法。

（二）技能操作考核要点

1. 常用电工工具、仪表的使用与维护

1）常用电工工具的使用。

2）万用表的使用与维护。

3）绝缘电阻表的使用与维护。

4）钳形电流表的使用与维护。

2. 电路故障判断及修复

1）机床电气故障检修的一般步骤和方法。

2）Z3040 型摇臂钻床电路常见电气故障维修。

3. 安全文明生产

1）劳动保护用品穿戴整齐。

2）工具仪表佩戴齐全。

3）遵守操作规程，讲文明礼貌。

4）操作完毕清理好现场。

二、单元练习

（一）选择题

1. Z3040 型摇臂钻床的摇臂电动机不加过载保护是因为（　　　）。

A. 要正反转　　　　　B. 短期工作　　　　　C. 长期工作　　　　　D. 不需要保护

2. 在修理后，Z3040 型摇臂钻床的摇臂电动机的三相电源相序反接了，则（　　　）。

A. 电动机不转　　　　　　　　　　B. 上升和下降颠倒

C. 会发生短路　　　　　　　　　　D. 不会受到影响

3. Z3040 型摇臂钻床的摇臂电动机的升降控制，采用单台电动机的（　　　）。

A. 点动　　　　　B. 点动互锁　　　　　C. 自锁　　　　　D. 点动、双重联锁

4. Z3040 型摇臂钻床的摇臂升、降开始前一定是（　　　）。

A. 主轴箱动作　　　　B. 联锁装置动作　　　　C. 液压泵动作　　　　D. 立柱动作

（二）判断题

1. Z3040 型摇臂钻床的工作由电气与机械紧密配合就可以完成，故不需要液压装

置。 　　　　　　　　　　　　　　　　　　　　　　　　　　　　　（　　）

2. Z3040 型摇臂钻床的摇臂升降电动机采用了按钮、接触器双重联锁正反转控制。 　　　　　　　　　　　　　　　　　　　　　　　　　　　　　（　　）

3. Z3040 型摇臂钻床的摇臂夹紧后，活塞杆会推动弹簧片压下位置开关 SQ3，自动切断夹紧电路，停止夹紧工作。 　　　　　　　　　　　　　　　　　（　　）

4. 3040 型摇臂钻床的液压泵电动机起加紧和放松摇臂的作用。 　　　（　　）

（三）问答题

1. Z3040 型摇臂钻床由几台电动机控制？有几种运动形式？

2. 简述 Z3040 型摇臂钻床液压泵电动机的作用。

3. 试分析 Z3040 型摇臂钻床立柱和主轴箱夹紧与放松的控制。

4. 试分析 Z3040 型摇臂钻床操作摇臂下降时的电路工作情况。

5. Z3040 型摇臂钻床中有哪些联锁与保护？为什么要有这几种保护环节？

（四）操作练习题

1. 检修 Z3040 型摇臂钻床主轴电动机不能正常运行的电气电路故障。

2. 检修 Z3040 型摇臂钻床主轴电动机不能正常停车的电气电路故障。

3. 检修 Z3040 型摇臂钻床摇臂不能上升（下降）的电气电路故障。

4. 检修 Z3040 型摇臂钻床摇臂移动后夹不紧的电气电路故障。

5. 检修 Z3040 型摇臂钻床冷却泵电动机不能正常运转的电气电路故障。

6. 检修 Z3040 型摇臂钻床液压泵电动机不能正常工作引发的电气电路故障。

7. 检修 Z3040 型摇臂钻床照明灯不亮的电气电路故障。

8. 检修 Z3040 型摇臂钻床指示灯不亮的电气电路故障。

【练习要求】

1. 在 Z3040 型摇臂钻床上，人为设置隐蔽故障 3 处，其中主电路 1 处，控制电路 2 处。

2. 学生排除故障过程中，教师要进行监护，注意安全。

3. 学生排除故障过程中，应正确使用工具和仪表。

4. 排除故障时，必须修复故障点并通电试车。

5. 安全文明操作。

操作练习题评分标准见表 1-1-42。

单元4　X62W 型万能铣床电气控制电路故障检修

任务1　认识 X62W 型万能铣床

知识目标

1. 熟悉 X62W 型万能铣床的结构、作用和运动形式。

2. 理解 X62W 型万能铣床电气电路的组成及工作原理。

能力目标

1. 掌握 X62W 型万能铣床的操纵手柄、按钮和开关的功能。

2. 掌握 X62W 型万能铣床元器件的位置、电路的大致走向。

3. 掌握 X62W 型万能铣床的基本操作及调试方法步骤。

 任务描述（见表 2-4-1）

表 2-4-1 任务描述

工作任务	要 求
观看 X62W 型万能铣床的加工过程,并了解 X62W 型万能铣床的结构及运动形式	1. 了解 X62W 型万能铣床的功能 2. 了解 X62W 型万能铣床的主要组成部分 3. 观察 X62W 型万能铣床的主运动、进给运动及刀架的快速运动,注意观察各种运动的操纵、电动机运转情况 4. 观察冷却泵电动机的工作情况,注意其和主轴之间的联锁
熟悉 X62W 型万能铣床的操纵手柄、按钮和开关的功能。操作及调试 X62W 型万能铣床	1. 能操作所有控制开关及手柄 2. 在教师指导下进行 X62W 型万能铣床起动和快速进给操作
理解 X62W 型万能铣床电气电路的组成及工作原理	1. 熟悉 X62W 型万能铣床电气电路的组成 2. 识读 X62W 型万能铣床控制电路的原理图、接线图和布置图 3. 能将原理图和实物元器件一一对应

 任务分析

X62W 型万能铣床功能多、用途广,是工业生产加工过程中不可缺少的一种金属铣削机床。它可以用圆柱铣刀、圆片铣刀、角度铣刀、成形铣刀及端面铣刀等刀具对各种零件进行平面、斜面、沟槽及成形表面的加工,装上分度盘可以铣削齿轮和螺旋面,装上圆工作台可以铣削凸轮和弧形槽等。本任务就是:掌握 X62W 型万能铣床的主要结构和运动形式;正确识读 X62W 型万能铣床电气控制电路原理图以及正确操作、调试 X62W 型万能铣床。

相关知识

一、认识 X62W 型万能铣床

铣床的种类很多,按照结构形式和加工性能的不同,可分为卧式铣床、立式铣床、仿形铣床、龙门铣床、专用铣床和万能铣床等。X62W 型万能铣床是一种多用途卧式铣床,其外形如图 2-4-1 所示。

1. X62W 型万能铣床的主要结构与型号含义

X62W 型万能铣床的主要结构如图 2-4-2 所示。它主要由床身、主轴、悬梁、刀杆挂脚、工作台、回转盘、横溜板、纵溜板、升降台和底座等部分组成。

图 2-4-1 X62W 型万能铣床的外形

X62W 型万能铣床的型号含义：

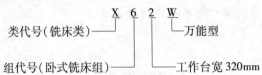

类代号（铣床类）————X 6 2 W————万能型

组代号（卧式铣床组）————工作台宽 320mm

2. X62W 型万能铣床的主要运动形式及控制要求

（1）主运动 X62W 型万能铣床的主运动是主轴带动铣刀的旋转运动。

铣削加工有顺铣和逆铣两种方式，所以要求主轴电动机能实现正反转，但考虑到一批工件一般只用一个方向铣削，在加工过程中不需要经常变换主轴旋转的方向，因此，X62W 型万能铣床是用组合开关来改变主轴电动机的电源相序以实现正反转目的。

铣削加工是一种不连续的切削加工方式，为减小振动，主轴上装有惯性轮，但这样就会造成主轴停车困难，为此 X62W 型万能铣床主轴电动机采用电磁离合器制动以实现准确停车。

X62W 型万能铣床的主轴调速是通过改变主轴箱中的齿轮传动比来实现的，为了保证齿轮良好啮合，故主轴变速时要求主轴电动机有一瞬间变速冲动过程。

（2）进给运动 X62W 型万能铣床的进给运动是指工件随工作台在前后（横向）、左右（纵向）和上下（垂直）6 个方向上的运动以及随圆工作台的旋转运动。

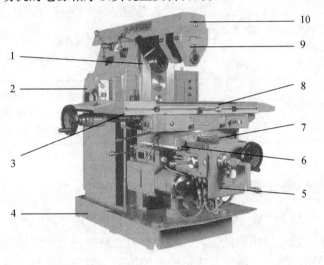

图 2-4-2 X62W 型万能铣床的主要结构

1—主轴 2—床身 3—纵溜极 4—底座 5—升降台
6—横溜极 7—回转盘 8—工作台 9—刀杆挂脚 10—悬梁

X62W 型万能铣床的工作台要求有前后、左右和上下 6 个方向上的进给运动和快速移动，所以要求进给电动机能正反转。为扩大加工能力，在工作台上可加装圆工作台，圆工作台的回转运动是由进给电动机经传动机构驱动的。

为保证机床和刀具的安全，在铣削加工时，任何时刻工件都只能有一个方向的进给运动，因此采用了机械操作手柄和行程开关相配合的方式实现 6 个运动方向的联锁。

为防止刀具和机床的损坏，要求只有主轴起动后才允许有进给运动；同时为了减小加工件的表面粗糙度，要求进给停止后主轴才能停止或同时停止。

进给变速采用机械方式实现，变速时为了齿轮良好啮合，也需要进给电动机有一瞬间变速冲动过程。

（3）辅助运动 X62W 型万能铣床的辅助运动是指工作台的快速运动及主轴和进给的变速冲动。

3. 认识 X62W 型万能铣床的主要结构和操纵部件

对照图 2-4-2 和图 2-4-3，在 X62W 型万能铣床上认识其主要结构和操纵部件。

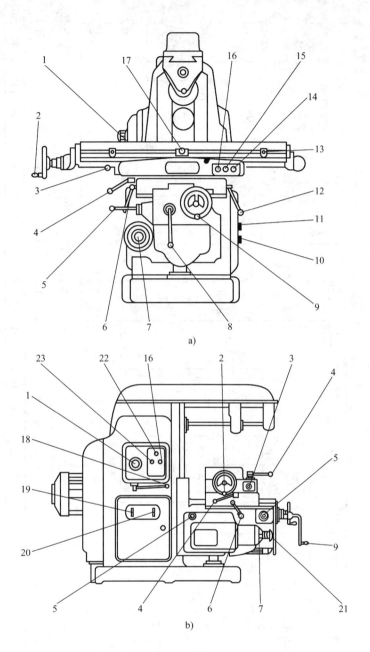

图 2-4-3　X62W 型万能铣床操纵部件位置

a）正面　b）左侧面

1—主轴变速孔盘　2—工作台手动纵向移动手柄　3—手动液压泵手柄　4—工作台纵向进给操作手柄
5—工作台横向及升降进给十字操作手柄　6—工作台底座夹紧手柄　7—工作台进给变速盘
8—工作台升降移动手柄　9—工作台手动横向移动手柄　10—冷却泵开关　11—圆工作
台转换开关　12—工作台底座夹紧手柄　13—挡块　14—主轴电动机停止按钮
15—主轴电动机起动按钮　16—工作台快速移动手柄　17—工作台纵向进给操
作手柄　18—主轴变速操作手柄　19—电源总开关　20—主轴电动机换向开关
21—蘑菇型进给变速操作手柄　22—主轴制动上刀开关　23—主轴停止按钮

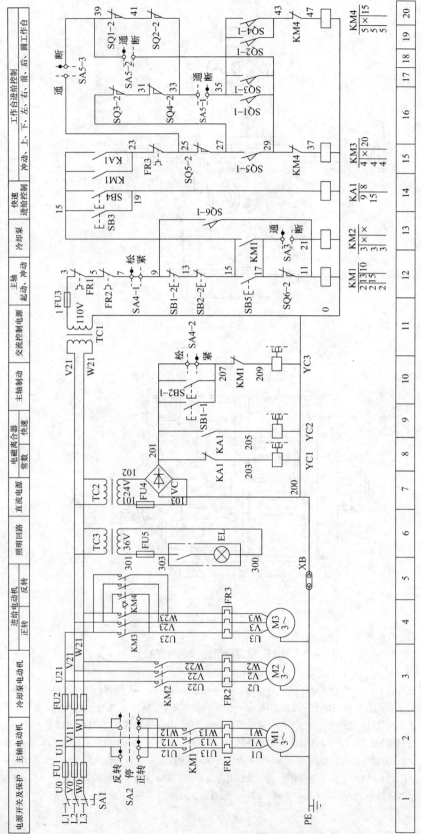

图 2-4-4 X62W 型万能铣床电气控制电路图

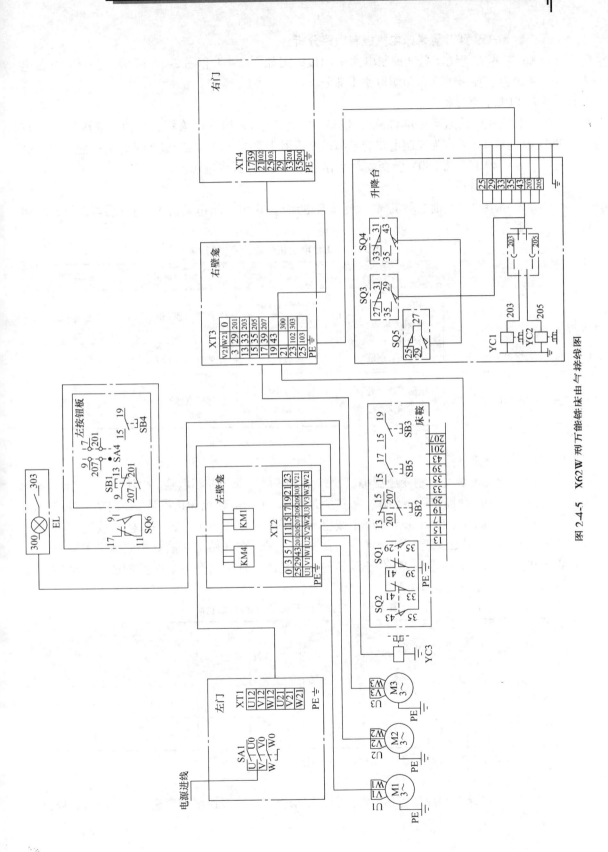

图 2-4-5 X62W 型万能铣床电气接线图

二、X62W 型万能铣床电气控制电路分析

X62W 型万能铣床电气控制电路图和接线图如图 2-4-4 和图 2-4-5 所示。它分为电源电路、主电路、控制电路和照明电路 4 部分。

1. 电源电路分析

三相交流电的通断由电源总开关 SA1 控制，FU1、FU2 作为短路保护，变压器 TC1 将 380V 转变成 110V 作为控制电路的电源；变压器 TC2 将 380V 转变成 24V 作为电磁离合器的电源；变压器 TC3 将 380V 转变成 36V 作为照明灯 EL 提供电源。

2. 主电路分析

主电路中共有主轴电动机 M1、冷却泵电动机 M2 和进给电动机 M3 这 3 台电动机，其功能及控制见表 2-4-2。

表 2-4-2　3 台电动机的功能及控制

电动机名称	功能	控制电器	过载保护	短路保护
主轴电动机 M1	拖动主轴带动铣刀旋转	接触器 KM1 和组合开关 SA2	热继电器 FR1	熔断器 FU1
冷却泵电动机 M2	提供切削液	接触器 KM2	热继电器 FR2	熔断器 FU2
进给电动机 M3	拖动工作台进给运动和快速移动	接触器 KM3 和 KM4	热继电器 FR3	熔断器 FU2

3. 控制电路分析

380V 交流电源经控制变压器 TC 转变为 110V 电压作为控制电路的电源。

（1）主轴电动机 M1 的控制　为了方便操作，主轴电动机 M1 采用一地起动两地停止的控制方式，一组起动按钮 SB5 和停止按钮 SB1 安装在工作台上，另一只停止按钮 SB2 安装在床身上。铣床的加工有顺铣和逆铣两种工作方式，在开始工作前首先应确定主轴电动机 M1 的转向，而主轴电动机 M1 的正反转的转向是由主轴换向开关 SA2 控制的。主轴换向开关 SA2 的通断状态见表 2-4-3。

表 2-4-3　主轴换向开关 SA2 的通断状态

触头	所在图区	操作手柄位置			触头	所在图区	操作手柄位置		
		正转	停止	反转			正转	停止	反转
SA2-1	2	–	–	+	SA2-3	2	+	–	–
SA2-2	2	+	–	–	SA2-4	2	–	–	+

注："＋"表示 SA2 触头闭合，"－"表示 SA2 触头断开。

主轴电动机 M1 的控制包括起动控制、制动控制、换刀控制和变速冲动控制。具体见表 2-4-4。

表 2-4-4　主轴电动机 M1 的控制

控制要求	控制作用	控制过程
起动控制	起动主轴电动机 M1	选择好主轴的转速和转向,按下起动按钮 SB1 或 SB2,接触器 KM1 得电吸合并自锁,M1 起动运转,同时 KM1 的辅助常开触头(9—10)闭合,为工作台进给电路提供电源
制动控制	停车时使主轴迅速停转	按下停止按钮 SB5(或 SB6),其常闭触头 SB5-1 或 SB6-1(13 区)断开,接触器 KM1 线圈断电,KM1 的主触头分断,电动机 M1 断电做惯性运转;常开触头 SB5-2 或 SB6-2(8 区)闭合,电磁离合器 YC1 通电,M1 制动停转
换刀控制	更换铣刀时将主轴制动,以方便换刀	将转换开关 SA1 扳向换刀位置,其常开触头 SA1-1(8 区)闭合,电磁离合器 YC1 得电将主轴制动;同时常闭触头 SA1-2(13 区)断开,切断控制电路,铣床不能通电运转,确保人身安全
变速冲动控制	保证变速后齿轮能良好啮合	变速时先将变速手柄向下压并向外拉出,转动变速盘选定所需转速后,将手柄推回。此时冲动开关 SQ1(13 区)短时受压,主轴电动机 M1 点动,手柄推回原位后,SQ1 复位,M1 断电,变速冲动结束

（2）进给电动机 M3 的控制　X62W 型万能铣床工作台的进给运动必须在主轴电动机 M1 起动后才能进行。工作台的进给可在左右、前后和上下 6 个方向上做直线运动,即工作台在回转盘上的左右运动;工作台与回转盘一起在溜板上随溜板前后运动;升降台在床身的垂直导轨上作上下运动。这些进给运动是通过两个操纵手柄、快速移动按钮、电磁离合器 YC1、YC2 和机械联动机构控制相应的行程开关使进给电动机 M3 正转或反转,实现工作台的常速或快速移动,并且 6 个方向的运动是联锁的,不能同时接通。常速时,电磁离合器 YC1 线圈得电;快速时电磁离合器 YC2 线圈得电;热继电器 FR3 作过载保护。

工作台的前后和上下进给运动由一个手柄控制,左右进给运动由另一个手柄控制。手柄位置与工作台运动方向的关系见表 2-4-5。

表 2-4-5　控制手柄的位置与工作台运动方向的关系

控制手柄	手柄位置	行程开关动作	接触器动作	电动机 M2 转向	传动链搭合丝杠	工作台运动方向
左右进给手柄	左	SQ5	KM3	正转	左右进给丝杠	向左
	中	—	—	停止		停止
	右	SQ6	KM4	反转	左右进给丝杠	向右
上下和前后进给手柄	上	SQ4	KM4	反转	上下进给丝杠	向上
	下	SQ3	KM3	正转	上下进给丝杠	向下
	中	—	—	停止		—
	前	SQ3	KM3	正转	前后进给丝杠	向前
	后	SQ4	KM4	反转	前后进给丝杠	向后

（3）冷却泵电动机 M2 的控制　铣床在铣削加工过程中,通过冷却泵电动机 M2 传送切削液对铣刀和工件进行降温,同时冲去铣削下来的铁屑等。当主轴电动机 M1 起动后,SA3 的通断控制 KM2 的通断,即控制 M2 的运行和停止。

4. 照明电路识读

X62W 型万能铣床照明电路由控制变压器 TC3 的二次侧提供 36V 交流电压，作为铣床低压照明灯 EL 的电源，熔断器 FU5 对照明灯 EL 起短路保护作用。

先合上铣床电源总开关 SA1，再合上照明灯开关，照明灯 EL "亮"，断开照明灯开关，照明灯 EL "灭"。

三、X62W 型万能铣床的电气设备型号规格、功能及位置

根据电器元件明细（见表 2-4-6）和位置图熟悉 X62W 型万能铣床的电气设备型号规格、功能及位置。

表 2-4-6 X62W 万能铣床电气元器件明细

元器件代号	图上区号	元器件名称	型号及规格	数量	用途
M1	2	电动机	JO2—51—4,7.5kW,1450/min	1	驱动主轴
M3	3	电动机	JO2—22—4,1.5kW,1410r/min	1	驱动进给
M2	4	电动机	JCB—22,0.125kW,2790r/min	1	驱动冷却泵
SA1	1	开关	HZ1—60/3J,60A,500V	1	总开关
SA3	13	开关	HZ1—10/3J,10A,500V	1	冷却泵开关
SA4	12	开关	HZ1—10/3J,10A,500V	1	换刀开关
SA5	15	开关	HZ1—10/3J,10A,500V	1	圆工作台开关
SA2	3	开关	HZ3—133,60A,500V	1	M1 换相开关
FU1	1	熔断器	RL1—60,60A	3	电源总保险
FU2	3	熔断器	RL1—15,10A	1	M2、M3 主电路保险
FU4	11	熔断器	RL1—15,2A	1	直流回路保险
FU3	7	熔断器	RL1—15,5A	1	控制回路保险
FU5	6	熔断器	RL1—15,1A	1	照明保险
FR1	2	热继电器	JR0—60/3,16A	1	M1 过载保护
FR2	3	热继电器	JR0—20/3,0.5A	1	M2 过载保护
FR3	4	热继电器	JR0—20/3,3.5A	1	M3 过载保护
TC2	7	变压器	BK—100,380/36V	1	整流电源
TC1	11	变压器	BK—150,380/110V	1	控制回路电源
TC3	6	变压器	BK—50,380/24V	1	照明电源
VC	7	整流器	4X2ZC,5A,50V	1	整流器
KM1	12	接触器	CJ0—20,20A,110V	1	主轴起动
KM2	13	接触器	CJ0—10,10A,110V	1	控制 M2
KM3	14	接触器	CJ0—10,10A,110V	1	M3 正转
KM4	20	接触器	CJ0—10,10A,110V	1	M3 反转
SB1、SB2	12	按钮	LA2	2	M1 停止
SB3、SB4	14	按钮	LA2	2	快速进给点动
SB5	12	按钮	LA2	2	M1 起动
YC3	8	电磁离合器	B1DL—Ⅲ	1	主轴制动

（续）

元器件代号	图上区号	元器件名称	型号及规格	数量	用途
YC1	9	电磁离合器	B1DL—Ⅱ	1	正常进给
YC2	10	电磁离合器	B1DL—Ⅱ	1	快速进给
SQ1	16	位置开关	LX1—11K	1	向右
SQ2	19	位置开关	LX3—11K	1	向左
SQ3	16	位置开关	LX2—131	1	向后、上
SQ4	16	位置开关	LX2—131	1	向前、下
SQ5	15	位置开关	LX2—11K	1	进给冲动
SQ6	12	位置开关	LX2—11K	1	主轴冲动

（1）左门上的电器　如图 2-4-6 所示。

① 电源总开关　　　　SA1

② 主轴换向开关　　　SA2

③ 熔断器　　　　　　FU1（3 只）、FU2（3 只）

④ 接线端子排　　　　XT1

（2）左壁龛内的电器　如图 2-4-7 所示。

① 交流接触器　　　　KM1、KM2、KM3、KM4

② 热继电器　　　　　FR1、FR2、FR3

③ 接线端子排　　　　XT2

（3）右壁龛内的电器　如图 2-4-8 所示。

① 中间继电器　　　　KA1

② 变压器　　　　　　TC1、TC2、TC3

③ 熔断器　　　　　　FU3、FU4、FU5

④ 接线端子排　　　　XT3

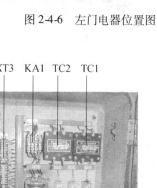

图 2-4-6　左门电器位置图

图 2-4-7　左壁龛内的电器位置图

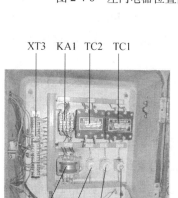

图 2-4-8　右壁龛内的电器位置图

（4）右门上的电器　如图 2-4-9 所示。

① 圆工作台转换开关　　　　　　SA5

②冷却泵转换开关　　　　　　　SA3

③桥式整流组件　　　　　　　　VC

④接线端子排　　　　　　　　　XT4

（5）左按钮板上的电器　如图2-4-10所示。

①主轴制动上刀开关　　　　　　SA4

②主轴停止按钮　　　　　　　　SB1

③工作台快速移动按钮　　　　　SB4

④主轴变速冲动行程开关　　　　SQ6

（安装在左按钮板里面）

⑤左按钮板上方：照明灯　　　　EL

（6）床鞍上的电器　如图2-4-11所示。

①主轴停止按钮　　　　　　　　SB2

②主轴起动按钮　　　　　　　　SB5

③工作台快速移动按钮　　　　　SB3

④工作台左右（纵向）移动行程开关　　SQ1（右）、SQ2（左）

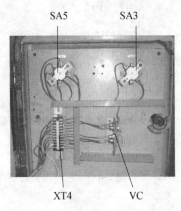

图2-4-9　右门上的电器位置图

图2-4-10　左按钮板上的电器位置图

（7）升降台上的电器　如图2-4-12所示。

①工作台前后（横向）以及升降台上下（垂直）移动行程开关

SQ3（前、下）、SQ4（后、上）

②工作台进给冲动行程开关　　　SQ5

③接线端子排　　　　　　　　　XT5

④工作台常速、快速进给电磁离合器　　YC1、YC2

⑤进给电动机　　　　　　　　　M3

（8）其他

①主轴电动机（后床身）　　　　M1

②冷却泵电动机（后底座）　　　M2

③主轴制动电磁离合器（右床身）　　YC3

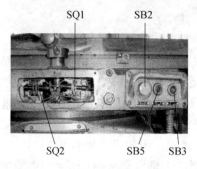

图 2-4-11　床鞍上的电器位置图

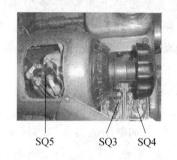

图 2-4-12　升降台部分电器位置图

任务准备

根据任务，选用工具、仪表、耗材及器材，见表 2-4-7。

表 2-4-7　工具、仪表、耗材及器材明细

序号	名称	型号与规格	单位	数量
1	万能铣床	X62W 型	台	1
2	电工通用工具	验电器、钢丝钳、螺钉旋具(一字形和十字形)、电工刀、尖嘴钳、活扳手、剥线钳等	套	1
3	万用表	自定	块	1
4	绝缘电阻表	型号自定,或 500 V、0~200 MΩ	台	1
5	钳形电流表	0~50 A	块	1
6	劳保用品	绝缘鞋、工作服等	套	1

任务实施

一、铣床的操作实训

在教师的监控指导下，按照以下述操作方法，完成对铣床的操作实训。

1. 开机前的准备工作

1）将主轴制动开关 SA4 置于"放松"位置。

2）将主轴变速操纵手柄向右推进原位。

3）将工作台纵向进给操纵手柄置于"中间"位置。

4）将工作台横向及升降进给十字操纵手柄置于"中间"位置。

5）将冷却泵转换开关 SA3 置于"断开"位置。

6）将圆工作台转换开关 SA5 置于"断开"位置。

2. 开机操作调试方法步骤

1）合上铣床电源总开关 SA1。

2）将开关 SA6 打到闭合状态，机床工作照明灯 EL 亮，此时说明机床已处于带电状态，同时告诫操作者该机床电气部分不能随意用手触摸，防止人身触电事故。

3）将主轴换向开关 SA2 扳在所需要的旋转方向上（如果主轴需顺时针方向旋转时，将

主轴换向开关置于"顺"，反之置于"倒"，中间为"停"）。

4）将主轴制动上刀开关 SA4（俗称松紧开关）置于"夹紧"位置，此时主轴电动机 M1 被制动锁紧，主轴无法转动，然后装上或更换铣刀后再将主轴制动上刀开关 SA4 置于"放松"位置。

5）调整主轴转速。将主轴变速操纵手柄向左拉开，使齿轮脱离；手动旋转变速盘使箭头对准变速盘上所需要的转速刻度，再将主轴变速操纵手柄向右推回原位，同时压动行程开关 SQ6，使主轴电动机出现短时转动，从而使改变传动比的齿轮重新啮合。

6）主轴起动操作。按下主轴电动机起动按钮 SB5，主轴电动机 M1 起动，主轴按预定方向、预选速度带动铣刀转动。

7）调整进给转速。将蘑菇形进给变速操纵手柄拉出，使齿轮间脱离，转动工作台进给变速盘至所需要的进给速度档，然后再将蘑菇形进给变速操纵手柄迅速推回原位。蘑菇形进给变速操纵手柄在复位过程中压动瞬时点动行程开关 SQ5，此时进给电动机 M3 做短时转动，从而使齿轮系统产生一次抖动，使齿轮顺利啮合。在进给变速时，工作台纵向进给移动手柄和工作台横向及升降操纵十字手柄均应置于中间位置。

8）工件与主轴对刀操作。预先固定在工作台上的工件，根据需要将工作台纵向进给操纵手柄或横向及升降操纵十字手柄置于某一方向，则工作台将按选定方向正常移动；若按下快速移动按钮 SB3 或 SB4，使工作台在所选方向作快速移动，检查工件与主轴所需的相对位置是否到位（这一步也可在主轴不起动的情况下进行）。

9）将冷却泵转换开关 SA3 置于"通"位置，冷却泵电动机 M2 起动，输送切削液。

10）工作台进给运动。分别操作工作台纵向进给操纵手柄或横向及升降操纵十字手柄，可使固定在工作台上的工件随着工作台做 3 个坐标 6 个方向（左、右、前、后、上、下）上的进给运动；需要时，再按下 SB3 或 SB4，工作台快速进给运动。

11）加装圆工作台时，应将工作台纵向进给操纵手柄和横向及升降操纵十字手柄置于中间位置，此时可以将圆工作台转换开关 SA5 置于"接通"，圆工作台转动。

12）加工完毕后，按下主轴停止按钮 SB1 或 SB2，主轴随即制动停止。

13）断开机床工作照明灯 EL 的开关，使铣床工作照明灯 EL 熄灭。

14）断开铣床电源总开关 SA1。

二、根据元器件布置图逐一核对所有低压元器件

按照元器件布置图在机床上逐一找到所有元器件，并在图样相应位置上做出标志。操作要求如下：

1）此项操作断电进行。

2）在核对过程中，观察并记录该元器件的型号及安装方法。

3）观察每个元器件的电路连接方法。

4）使用万用表测量各元器件触头操作前后的通断情况并做记录。

检查评议

检查评议表参见表 2-1-7。

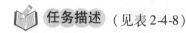 **问题及防治**

1）操作前必须熟悉铣床的结构和操作部件的功能。

2）操作调试过程中，必须做好安全保护措施，如有异常情况必须立即切断电源。

3）必须在教师的监护指导下操作，不得违反安全操作规程。

任务2　X62W型万能铣床主轴、冷却泵电动机控制电路的常见电气故障维修

知识目标

1. 掌握排除冷却泵电动机控制电路常见电气故障的方法和步骤。

2. 掌握排除X62W型万能铣床主轴电动机起动、冲动控制电路常见电气故障的方法和步骤。

3. 掌握排除X62W型万能铣床制动控制电路常见电气故障的方法和步骤。

能力目标

1. 能够熟练运用逻辑分析法分析排除冷却泵电动机控制电路常见电气故障。

2. 能够熟练运用逻辑分析法分析排除X62W型万能铣床主轴电动机起动、冲动控制电路常见电气故障。

3. 能够熟练运用逻辑分析法分析排除主轴电动机制动控制电路常见电气故障。

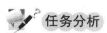 **任务描述**（见表2-4-8）

表2-4-8　任 务 描 述

工 作 任 务	要　　　求
X62W型万能铣床主轴电动机起动、冲动控制电路常见电气故障的排除	1. 能快速准确地在电气原理图中标出最小故障范围的线段 2. 排除故障时，必须要修复故障点，不能采用更换元器件、借用触头及改动电路的方法 3. 检修时，严禁扩大故障范围或产生新的故障
X62W型万能铣床主轴电动机制动控制电路常见电气故障的排除	
冷却泵电动机控制电路常见电气故障的排除	

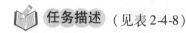 **任务分析**

　　X62W型万能铣床在使用一段时间后，由于线路老化、机械磨损、电气磨损或操作不当等原因而不可避免地会导致铣床电气设备发生故障，从而影响机床正常工作。X62W型万能铣床的主要控制为对主轴电动机、冷却泵电动机和进给电动机的控制，本任务主要分析排除X62W铣床主轴电动机起动、冲动、冷却泵电动机起动的常见故障。

🔍 **相关知识**

一、主轴电动机 M1 的控制电路

1. 电路分析

主轴电动机 M1 的控制包括起动控制、制动控制、换刀控制和变速冲动控制，如图 2-4-13 所示。

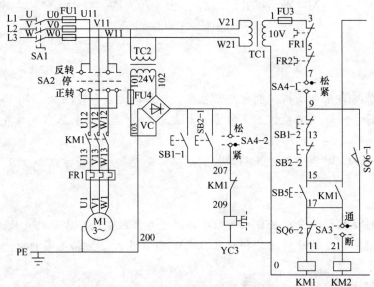

图 2-4-13　主轴电动机 M1 电路图

（1）主轴电动机 M1 的起动控制　主轴电动机 M1 的起动控制电路如图 2-4-14 所示。

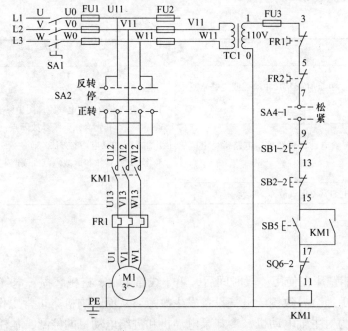

图 2-4-14　主轴起动电气控制电路

起动前，首先选择好主轴的转速，接着将主轴换向开关 SA2 扳到所需要的转向，然后

合上铣床电源总开关 SA1。工作原理如下：

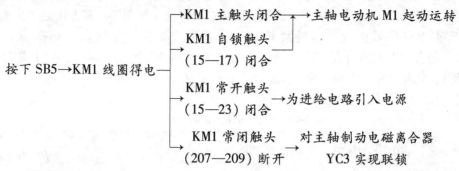

KM1 线圈得电回路为 TC1（1）→3→5→7→9→13→15→17→11→KM1 线圈→TC1（0）。

（2）主轴电动机 M1 停车及制动控制　主轴电动机 M1 停车及制动控制电路如图 2-4-15 所示。

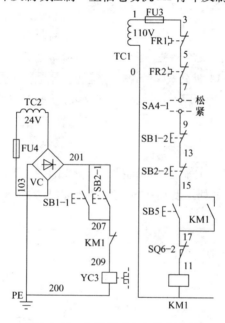

图 2-4-15　主轴制动电气控制电路

当铣削完毕，需要主轴电动机 M1 停止时，为使主轴能迅速停车，控制电路采用电磁离合器 YC3 对主轴进行停车制动。工作原理如下：

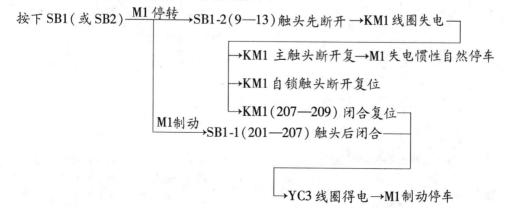

（3）主轴换铣刀控制 主轴电动机 M1 停转后并不处于制动状态，主轴仍可自由转动。在主轴更换铣刀时，为避免主轴转动，造成更换困难，应将主轴制动。其方法是将主轴制动换刀开关 SA4 扳向换刀位置（即松紧开关 SA4 置于"夹紧"位置），SA4-2 常开触头（201—207）闭合，电磁离合器 YC3 得电，将主轴电动机 M1 制动；同时 SA4-1 常闭触头（7—9）断开，切断了控制电路，机床无法起动运行，从而保证了人身安全。

主轴制动、换刀开关 SA4 的通断状态见表 2-4-9。

表 2-4-9 开关 SA4 的通断状态

触头	接线端标号	所在图区	操作位置	
			主轴正常工作	主轴换刀制动
SA4-1	7—9	12	+	−
SA4-2	201—207	10	−	+

主轴换铣刀控制过程如下：

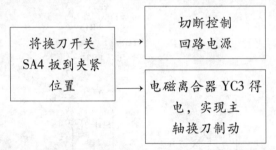

（4）主轴变速冲动控制 主轴变速冲动控制电路如图 2-4-16 所示。

主轴变速时的冲动控制是利用变速手柄与冲动行程开关 SQ6 通过机械上的联动机构进行控制的，如图 2-4-17 所示。

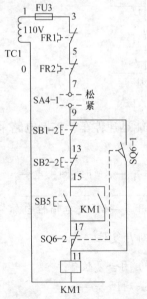

图 2-4-16 主轴变速冲动控制电路

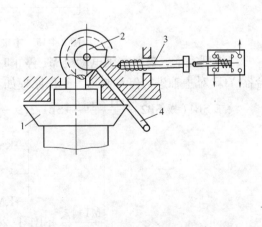

图 2-4-17 主轴变速冲动结构控制示意图
1—变速盘 2—凸轮 3—弹簧杆
4—主轴变速操纵手柄

　　主轴变速是通过调节变速盘改变齿轮传动比实现的，为了使齿轮能够良好啮合，故需要主轴做短时变速冲动。主轴变速时的冲动控制，是利用变速手柄与冲动行程开关 SQ6 通过机械上的联动机构进行控制的，变速时，先将主轴变速操纵手柄 4 下压，使手柄的榫块从定位槽中脱出，然后向外拉动手柄使榫块落入第二道槽内，使齿轮组脱离啮合。转动变速盘 1 选定所需要的转速后，把变速操纵手柄 4 推回原位，使榫块重新落进槽内，齿轮组重新啮合。变速时为了使齿轮容易啮合，在主轴变速操纵手柄 4 推进时，手柄上装的凸轮 2 将弹簧杆 3 推动一下又返回，这时弹簧杆 3 推动一下行程开关 SQ6，使 SQ6 的常闭触头 SQ6-2（11—17）先分断，常开触头 SQ6-1 后闭合，接触器 KM1 瞬间得电动作，主轴电动机 M1 会产生一冲动。主轴电动机 M1 因未制动而惯性旋转，使齿轮系统发生抖动，主轴在抖动时刻，将变速操纵手柄 4 先快后慢地推进去，齿轮便顺利地啮合。当瞬间点动过程中齿轮系统没有实现良好啮合时，可以重复上述过程直到啮合为止。变速前应先停车。

　　主轴变速冲动控制过程如下：

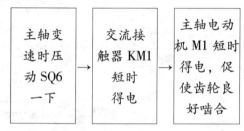

2. 冷却泵电动机 M2 的控制电路分析（见图 2-4-18）

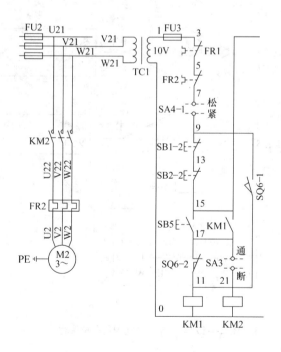

图 2-4-18　冷却泵电动机 M2 的控制电路

（1）冷却泵电动机 M2 起动　只有当主轴电动机 M1 起动后，KM1 的自锁触头（15—

17）闭合后才可起动冷却泵电动机 M2。其工作原理分析如下：

M1 起动后→合上 SA3→KM2 线圈得电→KM2 主触头闭合→M2 起动运转

（2）冷却泵电动机 M2 停止　其工作原理分析如下：

关闭 SA3→KM2 线圈失电→KM2 主触头恢复断开→M2 失电停转

二、故障分析方法

1. 主轴电动机 M1 不能起动的检修步骤（见图 2-4-19）

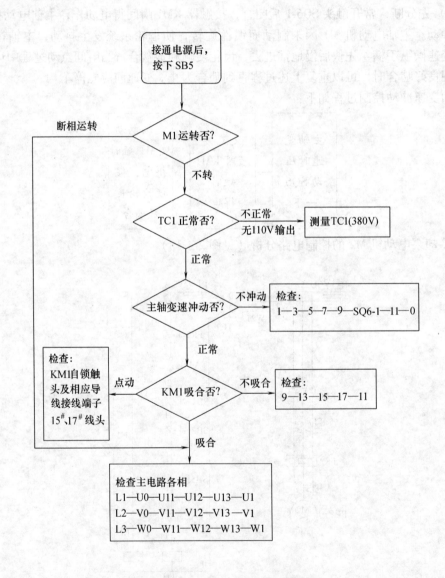

图 2-4-19　主轴电动机 M1 检修流程图

2. 冷却泵电动机电动机 M2 不能起动的检修步骤（见图 2-4-20）

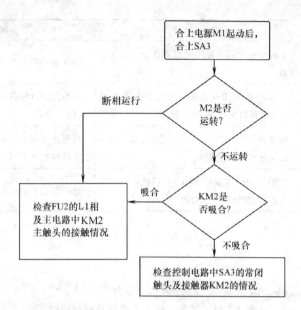

图 2-4-20　冷却泵电动机 M2 不能起动的检修步骤

3. 主轴电路常见电气故障现象、可能原因及处理方法（见表 2-4-10）

表 2-4-10　主轴电路常见电气故障检修

故障现象	故障可能原因	故障处理方法
接通铣床电源总开关 SA1，铣床开动不起来（即开动主轴、进给、快速均无动作）	熔断器 FU1 松动或熔断，熔断器 FU2 熔断	拧紧熔体或更换熔体
	控制变压器 TC1 损坏或二次接线端断线	检查变压器一次、二次接线、测量电压是否正确
	主轴制动上刀开关 SA4 扳在夹紧位置	将 SA4 扳至放松位置
	主轴变速操纵手柄未复位，SQ6-2 未接好	将变速手柄复位，使 SQ6-2 接通
	按钮 SB1、SB2、SB5 接触不良或损坏	检修或更换按钮
	热继电器 FR1 过载脱扣	检查过载原因，将热继电器 FR1 复位
	热继电器 FR1 触头接触不良或损坏	检修或更换热继电器
	接触器 KM1 线圈损坏，主触头接触不良或损坏	检修或更换接触器 KM1
接触器 KM1 吸合，主轴电动机 M1 不能起动或电动机发出"嗡嗡"声	机床外电源断一相或电源开关 SA1 一相接触不良	测量电源三相电压，查清断相原因、修复电源开关 SA1 触头
	主轴电动机热继电器 FR1 热元件断一相或压线端未拧紧	更换热继电器或清除压线端氧化物，重新压紧
	主轴电动机定子，出线端脱焊、松动	将断线头刮光，重新接出一段引线焊牢
	主轴换向开关 SA2 扳在零位	将 SA2 扳至顺转或逆转位置
	接触器 KM1 主触头接触不良或损坏	检修或更换接触器
	主轴电动机 M1 本身故障	检修电动机 M1

（续）

故障现象	故障可能原因	故障处理方法
主轴不能变速冲动	主轴变速冲动开关的 9# 线断了或 SQ6-1 未接通	将 9# 断线接好压紧,修复 SQ6-1 触头
	主轴箱机械撞杆在变速时未顶上 SQ6 或 SQ6 安装螺钉松动,使 SQ6 位移	调整撞杆行程和 SQ6 位置,调整后要紧固螺母,防止松动
按主轴停止按钮 SB1 或 SB2 后主轴不停	接触器 KM1 主触头发生熔焊,造成主触头不能切断电动机电源	应迅速切断总电源,然后修复接触器主触头或更换接触器 KM1
	主轴电动机接触器 KM1 动、静铁心接触面上有污物,使铁心不能释放	清除铁心上的污物或更换接触器

 任务准备

根据任务，选用工具、仪表、耗材及器材，见表 2-4-11。

表 2-4-11　工具、仪表、耗材及器材明细

序号	名称	型号与规格	单位	数量
1	万能铣床	X62W 型	台	1
2	电工通用工具	验电器、钢丝钳、螺钉旋具(一字形和十字形)、电工刀、尖嘴钳、活扳手、剥线钳等	套	1
3	万用表	自定	块	1
4	绝缘电阻表	型号自定,或 500 V、0～200 MΩ	台	1
5	钳形电流表	0～50 A	块	1
6	劳保用品	绝缘鞋、工作服等	套	1

任务实施

一、主轴电动机电路故障排除

学生分组按照每人一台机床进行排故练习。教师在每台 X62W 型万能铣床上设置主轴电动机故障一处，让学生预先知道，练习一个故障点的检修。在掌握一个故障点的检修方法的基础上，再设置两个或两个以上故障点，故障现象尽可能不相互重合。如果故障相互重合，按要求应有明显检查顺序。

故障排除练习内容如下：

故障一：主轴电动机 M1 转速很慢并发出"嗡嗡"声

1. 观察故障现象

合上铣床电源总开关 SA1，然后将转换开关 SA2 扳至"正转"位置，再按下 SB5 时，KM1 吸合，主轴电动机 M1 转速很慢，并发出"嗡嗡"声，这时应立即按下停止按钮，切断 M1 的电源，避免损坏主轴电动机。再将转换开关 SA2 扳至"反转"位置，再按下 SB5 时，KM1 吸合，主轴电动机 M1 仍然转速很慢，并发出"嗡嗡"声（如果电动机 M1 反转正

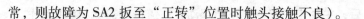

常，则故障为 SA2 扳至"正转"位置时触头接触不良）。

2. 判断故障范围

KM1 吸合说明主轴电动机 M1 控制回路部分正常，故障出现在主电路部分（这是典型的电动机断相故障），故障电路如图 2-4-21 中点画线所示，主轴电动机 M1 工作回路如图 2-4-22 所示。

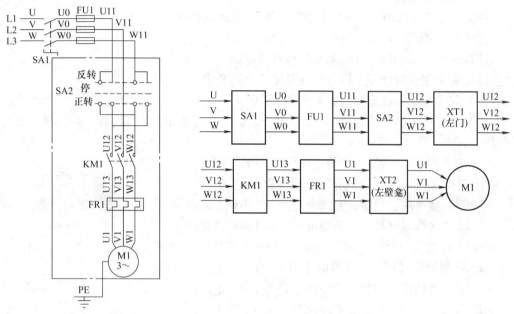

图 2-4-21　故障一电路图　　　　　　　　图 2-4-22　M1 主电路工作路径图

3. 查找故障点

采用验电器测量法和电阻测量法判断故障点的方法步骤如下：

（1）在电源开关 SA1 闭合以及 KM1 失电的情况下，从 SA2 触头的上端头到 KM1 主触头的上端头，用验电器依次测量各相主电路中的触头，若验电器不能正常发光，则说明故障点就在测试点前级。

例如：用验电器测量 U 相主电路中的 SA2（U11）触头、SA2（U12）触头、XT1（U12）触头、KM1（U12）触头过程中，如果测试 SA2（U12）触头时，验电器不亮，说明故障为 U 相电路中的 SA2 触头接触不良。

（2）同样的方法检测 V 相、W 相主电路中 KM1 主触头以上的故障点。

（3）先断开电源总开关 SA1，并将正反转开关 SA2 扳至"停"的位置，再将万用表功能选择开关拨至"R×10"挡，人为按下 KM1 动作试验按钮，然后分别检测接触器 KM1 主触头、热继电器 FR1 热元件、电动机 M1 绕组等通断情况，看有无电器损坏、接线脱落、触头接触不良等现象。

4. 排除故障

断开铣床电源总开关 SA1，根据故障点情况，更换损坏的元器件或导线。

5. 通电试车

排除故障点后，重新开机操作检查，直至符合技术要求为止。

故障二：按下起动按钮 SB5 后，主轴电动机 M1 不能起动，交流接触器 KM1 不动作

1. 观察故障现象

首先将换刀开关 SA4 扳至"放松"位置，然后合上铣床电源总开关 SA1，按下主轴电动机起动按钮 SB5，接触器 KM1 不吸合，主轴电动机 M1 不起动，但是能实现主轴变速冲动。

2. 判断故障范围

根据故障现象可知，故障电路如图 2-4-23 中点画线所示。

3. 查找故障点

【方法一】 采用电压分阶测量法检查故障点

（1）将万用表选择开关拨至交流电压"250V"挡。

（2）将黑表笔接在选择的参考点 TC1（0#）上。

（3）合上铣床电源总开关 SA1，按住 SB5，红表笔从 SB1-2 接线端（9#）起，依次逐点测量：

①SB1-2 接线端（9#），测得电压值为 110V 正常；

②SB1-2 接线端（13#），测得电压值为 110V 正常；

③SB2-2 接线端（13#），测得电压值为 110V 正常；

④SB2-2 接线端（15#），测得电压值为 110V 正常；

⑤SB5 接线端（15#），测得电压值为 110V 正常；

⑥SB5 接线端（17#），测得电压值为 110V 正常；

⑦SQ6-2 接线端（17#），测得电压值为 110V 正常；

⑧SQ6-2 接线端（11#），测得电压值为 0V 不正常，

说明故障就在此处，SQ6-2 常闭触头开路。

【方法二】 采用试灯法查找故障点

（1）将校验灯（额定电压 110V）的一脚引线接在变压器 TC1（0#）上并保持不变。

（2）合上铣床电源总开关 SA1，按住 SB5，校验灯另一脚引线从 SB1-2 接线端（9#）起，依次逐点测试下列各点：

①SB1-2 接线端（9#），若灯亮为正常；

②SB1-2 接线端（13#），若灯亮为正常；

③SB2-2 接线端（13#），若灯亮为正常；

④SB2-2 接线端（15#），若灯亮为正常；

⑤SB5 接线端（15#），若灯亮为正常；

⑥SB5 接线端（17#），若灯亮为正常；

⑦SQ6-2 接线端（17#），若灯亮为正常；

⑧SQ6-2 接线端（11#），若灯不亮，则说明故障就在此处，SQ6-2 常闭触头开路。

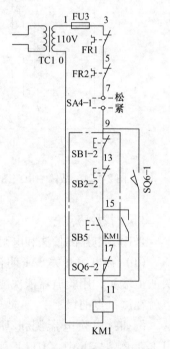

图 2-4-23　故障二电路图

4. 排除故障

根据故障点情况，断开铣床电源总开关 SA1，修复或更换 SQ6。

5. 通电试车

排除故障点后，重新开机操作检查，直至符合技术要求为止。

（1）操作要求

1）此项操作可带电进行，但必须有指导教师监护，确保人身安全。

2）在检修过程中，测量并记录相关元器件的工作情况（触头通断、电压、电流）。

3）定额时间为 30 分钟。

（2）检测情况记录（见表 2-4-12）

表 2-4-12　X62W 型万能铣床主轴电动机电路检测情况记录

元器件名称	元器件状况（外观、断电电阻）	工作电压	工作电流	触头通断情况	
				操作前	操作后

（3）操作注意事项

1）操作时不要损坏元器件。

2）各控制开关操作后，要复位。

3）排除故障时，必须修复故障点，严禁扩大故障范围或产生新故障。检修过程中不要损伤导线或使导线连接脱落。

4）检修所用工具、仪表等符合使用要求。

二、冷却泵电动机电路故障排除

操作要求、检测情况记录和操作注意事项同上。

检查评议

检查评议表参见表 2-1-7。

问题及防治

1）该机床的电气控制与机械结构的配合十分密切，因此，在出现故障时，应首先判明是机械故障还是电气故障。

2）主轴电动机 M1 不能起动时，首先要检查 SA2 倒顺开关的位置。

任务 3　X62W 型万能铣床进给电路的常见电气故障检修

知识目标

1. 熟练地根据 X62W 型万能铣床工作台进给变速时的瞬时冲动典型故障现象分析出故障原因。

2. 熟练地根据 X62W 型万能铣床工作台上、下、左、右、前、后进给控制典型故障现象分析出故障原因。

3. 熟练地根据 X62W 型万能铣床圆工作台典型故障现象分析出故障原因。

能力目标

1. 熟练排除 X62W 型万能铣床工作台进给变速时的瞬时冲动控制常见电气故障。
2. 熟练排除 X62W 型万能铣床工作台上、下、左、右、前、后进给控制常见电气故障。
3. 熟练排除 X62W 型万能铣床圆工作台典型电气故障。

 任务描述（见表 2-4-13）

表 2-4-13　任 务 描 述

工 作 任 务	要　　求
X62W 型万能铣床工作台进给变速时的瞬时冲动控制常见电气故障的排除	1. 能快速准确地在电器原理图中标出最小故障范围的线段
X62W 型万能铣床工作台上、下、左、右、前、后进给控制常见电气故障的分析方法和步骤	2. 排除故障时，必须要修复故障点，不能采用更换元器件、借用触头及改动电路的方法
圆工作台控制典型电气故障的分析方法和步骤	3. 检修时，严禁扩大故障范围或产生新的故障

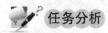 **任务分析**

　　X62W 型万能铣床工作台前后、左右和上下 6 个方向上的进给运动是通过两个操纵手柄、快速移动按钮、电磁离合器 YC1、YC2 和机械联动机构控制相应的行程开关使进给电动机 M3 正转或反转，实现工作台的常速或快速移动的，并且 6 个方向的运动是联锁的，不能同时接通。本任务主要分析排除 X62W 型铣床进给电路的常见故障。

 相关知识

一、工作台进给电气控制电路分析

X62W 型万能铣床进给电动机 M3 的电气控制电路如图 2-4-24 所示。

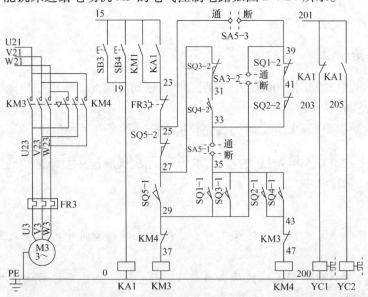

图 2-4-24　X62W 型万能铣床进给电动机 M3 的电气控制电路

（1）工作台的左右进给运动　工作台的左右进给运动控制如图2-4-25所示，由水平工作台纵向操纵手柄和行程开关组合控制见表2-4-14。

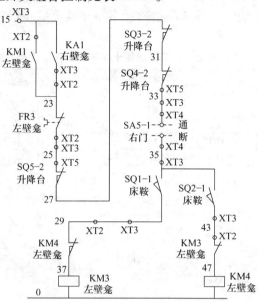

图2-4-25　工作台左右进给运动电气控制及走线示意图

表 2-4-14　工作台纵向（左右）进给操纵手柄位置及其控制关系

手柄位置	行程开关动作	接触器动作	电动机 M3 转向	传动链搭合丝杠	工作台运动方向
向右	SQ1	KM3	正转	左右进给丝杠	向右
居中	—	—	停止	—	停止
向左	SQ2	KM4	反转	左右进给丝杠	向左

【起动条件】　十字（横向、垂直）操纵手柄置于"居中"位置（行程开关 SQ3、SQ4 不受压）；控制圆工作台的选择转换开关 SA5 置于"断开"的位置；SQ5 置于正常工作位置（不受压）；主轴电动机 M1 首先已起动，即接触器 KM1 得电吸合并自锁，其辅助常开触头 KM1（15—23）闭合，接通进给控制电路电源。

1）工作台向左进给运动控制。

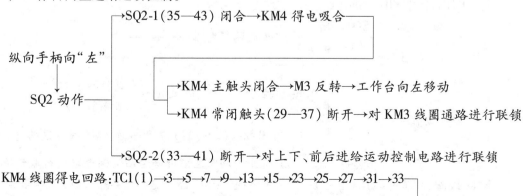

2）工作台向右进给运动控制。工作台向右进给与工作台向左进给相似，请自行分析。

（2）工作台上下和前后进给运动　工作台上下和前后进给运动控制如图2-4-26所示，工作台上下和前后进给运动的选择和联锁通过十字操纵手柄和行程开关SQ3、SQ4组合控制，见表2-4-15。

表2-4-15　工作台上下和前后进给十字操纵手柄位置及其控制关系

手柄位置	行程开关动作	触头	接触器动作	电动机 M3 转向	传动链搭合丝杠	工作台运动方向
向上	SQ4	SQ4-1	KM4	反转	上下进给丝杠	向上
向下	SQ3	SQ3-1	KM3	正转	上下进给丝杠	向下
居中	—		停止		—	停止
向前	SQ3	SQ3-1	KM3	正转	前后进给丝杠	向前
向后	SQ4	SQ4-1	KM4	反转	前后进给丝杠	向后

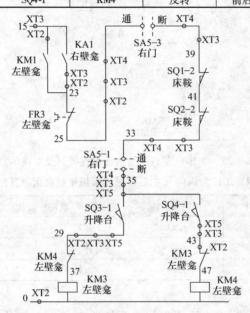

图 2-4-26　工作台上下前后进给电气控制及走线示意图

【起动条件】　左右（纵向）操纵手柄置于"居中"位置（SQ1、SQ2不受压）；控制圆工作台转换开关SA5置于"断开"位置；SQ5置于正常工作位置（不受压）；主轴电动机M1首先已起动（即接触器KM1得电吸合）。

1）工作台向上和向后的进给。

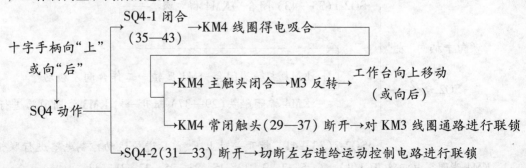

KM4线圈经TC1（110V）—1—3—5—7—9—13—15—23—25—39—41—33—35—SQ4-1—43—47—KM4线圈—TC1（0）回路得电。

2）工作台向下和向前的进给：工作台向下和向前进给与工作台向上和向后进给相似，自行分析。

需要注意的是：左右进给操纵手柄与上下、前后进给操纵手柄的联锁控制关系。在两个手柄中，只能进行其中一个进给方向上的操作，当一个操纵手柄被置定在某一进给方向后，另一个操纵手柄必须置于"中间"位置，否则将无法实现进给运动。如当把左右进给操纵手柄扳向"左"时，又将十字进给操纵手柄扳向"下"进给方向，则位置开关 SQ2 和 SQ3 均被压下，触头 SQ2-2 和 SQ3-2 均分断，断开了接触器 KM3 和 KM4 的线圈通路，进给电动机 M3 只能停转，保证了操作安全。

（3）圆工作台进给运动　为了扩大铣床的加工范围，可在铣床工作台上安装附件圆工作台，进行对圆弧或凸轮的铣削加工。圆工作台进给运动的控制如图 2-4-27 所示。

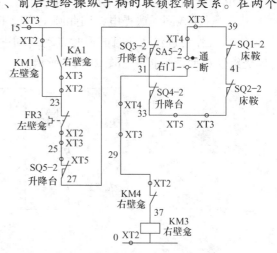

图 2-4-27　圆工作台电气控制及走线示意

转换开关 SA5 是用来控制圆工作台的，其功能见表 2-4-16。

表 2-4-16　圆工作台转换开关 SA5 触头工作状态

触头	接线端标号	所在区号	操作手柄位置	
			断开圆工作台	接通圆工作台
SA5-1	33—35	16	+	-
SA5-2	39—29	18	-	+
SA5-3	25—39	17	+	-

【起动条件】　首先将左右（纵向）和十字（横向、垂直）操纵手柄置于"中间"位置（行程开关 SQ1～SQ4 均未受压，处于原始状态）；SQ5 置于正常工作位置；主轴电动机 M1 已起动，即接触器 KM1 得电吸合并自锁，其辅助常开触头 KM1（15—23）闭合，然后将圆工作台转换开关置于"接通"位置；接通圆工作台进给控制电路电源。

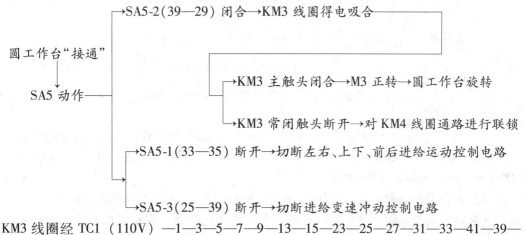

KM3 线圈经 TC1（110V）—1—3—5—7—9—13—15—23—25—27—31—33—41—39—

SA5-2—29—37—KM3 线圈—TC1（0）回路得电。

若要圆工作台停止工作，则只需按下停止按钮 SB1 或 SB2，此时 KM1、KM3 相继失电释放，电动机 M3 停转，圆工作台停止回转。

由于 KM4 线圈无法得电，因此圆工作台不能实现反转。

（4）工作台进给变速时的瞬时点动（即进给变速冲动）工作台进给变速时的瞬时点动（即进给变速冲动）控制如图 2-4-28 所示。

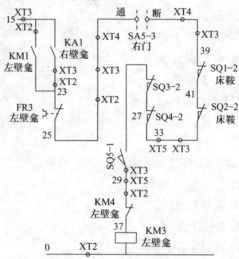

图 2-4-28 工作台进给变速冲动电气
控制及走线示意图

进给变速冲动与主轴变速冲动一样，是为了便于变速时齿轮的啮合，进给变速冲动由蘑菇形进给变速手柄配合行程开关 SQ5 来实现，但进给变速时不允许工作台作任何方向的运动。主轴电动机 M1 先已起动，即接触器 KM1 得电吸合并自锁，其辅助常开触头 KM1（15—23）闭合，接通进给控制电路电源。

变速时，先将蘑菇形变速手柄拉出，使齿轮脱离啮合，转动变速盘至所选择的进给速度档，然后用力将蘑菇形变速手柄向外拉到极限位置，再将蘑菇形变速手柄复位。

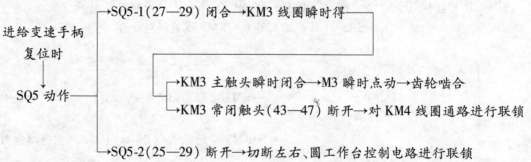

KM3 线圈经 TC1（110）—1—3—5—7—9—13—15—23—25—39—41—33—31—27—SQ5-1—29—37—KM3 线圈—0 回路得电。

（5）工作台的快速运动 工作台的快速运动，是由各个方向的操纵手柄与快速按钮 SB3 或 SB4 配合控制的。如果需要工作台在某个方向快速运动，应将工作台操纵手柄扳向相应的方向位置。

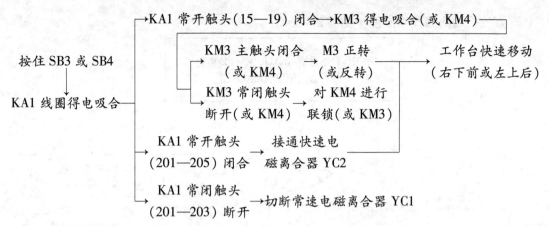

KA1 线圈经 TC1（110V）—1—3—5—7—9—13—15—SB3 或 SB4—19—21— KA1 线圈—0 回路得电。

YC2 线圈经 TC2（101）—103—201—205—YC2 线圈—200—TC2（102）回路得电。

松开快速按钮 SB3 或 SB4，接触器 KM3 或 KM4 失电释放，快速电磁离合器 YC2 失电释放，常速电磁离合器 YC1 得电吸合，工作台快速运动停止，继续以常速在这个方向上运动。

二、故障分析方法

1. 工作台进给控制检修流程（见图 2-4-29）

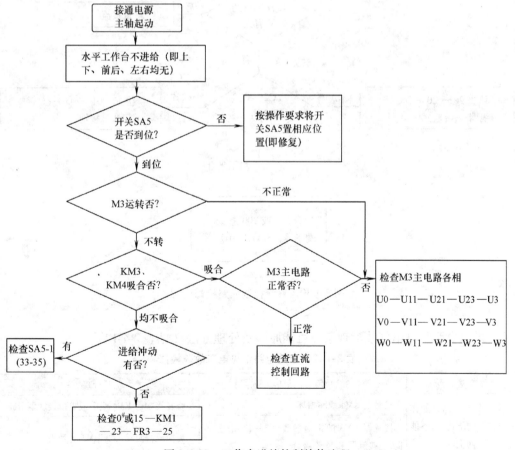

图 2-4-29 工作台进给控制检修流程

2. 直流控制回路检修流程（见图 2-4-30）

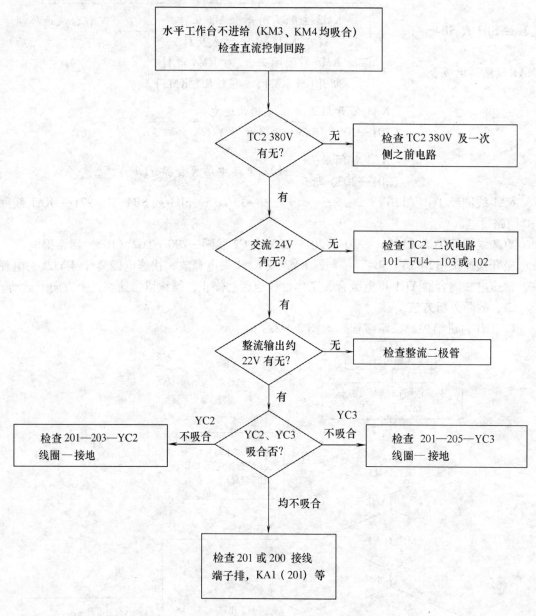

图 2-4-30　直流控制回路检修流程

3. 进给电路常见电气故障现象、可能原因及处理方法（见表 2-4-17）

表 2-4-17　进给电路常见电气故障检修

故障现象	故障可能原因	故障处理方法
操纵工作台手柄只能作向右、向前、向下运动，不能向左、向后、向上动作	接触器 KM4 线圈损坏	修复接触器 KM4 线圈或更换接触器 KM4
	接触器 KM3 的常闭触头（43—47）接触不良，使接触器 KM4 不吸合	更换或修复接触器 KM3 的触头

(续)

故障现象	故障可能原因	故障处理方法
接触器 KM3 和 KM4 吸合时,主触头弧光大,铁心吸不牢,发出"嗒嗒"响声	接触器 KM4 的常闭触头(29—37)、KM3 的常闭触头(43—47)接触不良,弹簧压力太小	更换触头及压力弹簧或更换相应的接触器
操纵工作台横向及垂直手柄均无动作	行程开关 SQ1-2 或 SQ2-2 触头未接好,造成接触器 KM3 和 KM4 吸合不了	检查行程开关 SQ1 和 SQ2 触头,进行调整或修复
进给电动机运转时,有异常声音,发出"嗡嗡"声	电动机轴承外环与端盖内孔配合过松,转子窜动量过大	锉修电动机端盖内孔,镶套或更换新端盖,在端盖内加装波形弹簧,以调整转子窜动量
进给变速无冲动	进给变速冲动行程开关 SQ5-1 的 27 号线断线或开关固定螺钉松动,开关位移,变速盘撞压不到 SQ5	将断线接好、压紧,重新调整 SQ5,拧紧安装螺钉
进给常速、快速及主轴制动均无	熔断器 FU4 熔断	检查熔断原因,更换熔体
	整流器 VC 损坏	更换损坏元器件
	控制变压器 TC2 损坏	检修或更换变压器
进给常速、快速及主轴制动力小	交流电压不足	检查电压不足原因,提高电源电压
	整流器 VC 中某一桥臂断路或整流二极管损坏	检修 VC,更换损坏的整流二极管
	控制电磁离合器线圈回路中的接触器、继电器和开关的触头接触不良,使电磁离合器吸力不足	检修接触不良的触头

任务准备

根据任务,选用工具、仪表、耗材及器材,见表 2-4-18。

表 2-4-18　工具、仪表、耗材及器材明细

序号	名称	型号与规格	单位	数量
1	万能铣床	X62W 型	台	1
2	电工通用工具	验电器、钢丝钳、螺钉旋具(一字形和十字形)、电工刀、尖嘴钳、活扳手、剥线钳等	套	1
3	万用表	自定	块	1
4	绝缘电阻表	型号自定,或 500 V、0 ~ 200 MΩ	台	1
5	钳形电流表	0 ~ 50 A	块	1
6	劳保用品	绝缘鞋、工作服等	套	1

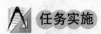 任务实施

学生分组按照每人一台机床进行排除故障练习。教师在每台 X62W 型万能铣床上设置进给电路故障一处，让学生预先知道，练习一个故障点的检修。在掌握一个故障点的检修方法的基础上，再设置两个或两个以上故障点，故障现象尽可能不相互重合。如果故障相互重合，按要求应有明显检查顺序。

1. 操作要求

1）此项操作可带电进行。但必须有指导教师监护，确保人身安全。

2）在检修过程中，测量并记录相关元器件的工作情况（触头通断、电压、电流）。

3）定额时间为 30 分钟。

2. 检测情况记录

检测情况记录在表 2-4-9 中。

表 2-4-9　X62W 型万能铣床主轴电动机电路检测情况记录表

元器件名称	元器件状况 （外观、断电电阻）	工作电压	工作电流	触头通断情况	
				操作前	操作后

3. 操作注意事项

1）操作时不要损坏元器件。

2）各控制开关操作后，要复位。

3）排除故障时，必须修复故障点，严禁扩大故障范围或产生新故障。检修过程中不要损伤导线或使导线连接脱落。

4）检修所用工具、仪表等符合使用要求。

4. 故障排除举例

故障一：进给电动机 M3 能正转，但不能反转

（1）观察故障现象　合上电源开关 SA1，主轴电动机 M1 正常起动运转后，将纵向操作手柄扳至"右"位，KM3 线圈得电，进给电动机 M3 正转，带动工作台向右进给；再将纵向操作手柄扳至"左"位，KM4 线圈得电，但进给电动机 M3 不转。

（2）分析故障范围　因为进给电动机 M3 能正转，但不能反转，所以故障为接触器 KM4 主触头接触不良或导线松脱。故障电路如图 2-4-31 中点画线所示。

（3）故障点查找　采用验电器测试法查找故障点的方法步骤如下：

1）合上电源开关 SA1，用验电器分别测试交流接触器 KM4 的 3 对主触头的上接线端，若验电器发光为正常，不发光则说明故障为连接 KM3 和 KM4 主触头上端的导线松脱或断线。

2）将纵向操作手柄扳至"右"位，使 KM3 线圈得电，KM3 主触头闭合，然后用验电器分别测试交流接触器 KM4 的 3 对主触头的下接线端，若验电器发光为正常，不发光则说明故障为连接 KM3 和 KM4 主触头下端的导线松脱或断线。

3）断开电源开关 SA1，拆下进给电动机 M3 任意两相定子绕组接线端，并做好绝缘处理，重新合上 SA1，起动电动机 M1 后，将纵向操作手柄扳至"左"位，使 KM4 线圈得电，KM4 主触头闭合，然后再次用验电器分别测试交流接触器 KM4 的 3 对主触头的下接线端，若验电器发光为正常，不发光则说明故障为 KM4 主触头接触不良。

（4）故障排除　根据故障具体情况，采用恰当的方法排除故障，最后恢复电动机 M3 定子绕组接线。

（5）通电试车　通电检查铣床各项操作，应符合各项技术要求。

故障二：工作台各个方向都不能做进给运动而且也不能进给冲动

（1）观察故障现象　合上铣床电源总开关 SA1，铣床主轴电动机起动后，操作工作台纵向操纵手柄和十字操纵手柄，工作台各个方向（即上下、前后、左右 6 个方向）都不能进给运动，同时也不能进给冲动。

（2）判断故障范围　根据故障现象，分析控制电路可知，故障电路如图 2-4-32 中点画线所示。其故障电路路径为 15#—KM1 常开触头—23#—FR3 常闭触头—25#或 0#线。

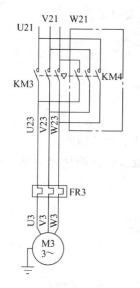

图 2-4-31　故障一电路图

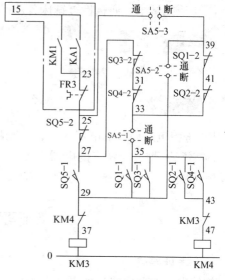

图 2-4-32　故障二电路图

（3）查找故障点

【方法一】　采用电压分阶测量法检查故障点

1）将万用表选择开关拨至交流"250V"挡。

2）将黑表笔接在选择的参考点 TC1（1#）上。

3）合上电源开关 SA1，将主轴电动机起动后，红表笔从 TC1（0#）起，依次逐点测量下列各点：

①变压器 TC1（0#），测得电压值 110V 为正常；

②接线端子 XT3（0#），测得电压值 110V 为正常；

③接线端子 XT2（0#），测得电压值 110V 为正常；

④接触器 KM4 线圈（0#），测得电压值 110V 为正常；

⑤接触器 KM3 线圈（0#），测得电压值 110V 为正常；说明 0# 线无故障。

4）检查 0# 线无故障后，再检查 15#—KM1 常开触头—23#—FR3 常闭触头—25# 范围。检查方法基本同上，不同之处是以 TC1（0#）为参考点，红表笔从接触器 KM1 常开触头（15#）起，依次逐点测量下列各点：

①接触器 KM1（15#），若测得电压值 110V 为正常；

②接触器 KM1（23#），若测得电压值 110V 为正常；

③热继电器 FR3（23#），若测得电压值 110V 为正常；

④热继电器 FR3（25#），若测得电压值 0V 为不正常，则说明故障点为 FR3 常闭触头接触不良。

【方法二】 采用试灯法检查故障点

检测方法与故障一方法二相似。

（4）排除故障　断开铣床电源总开关 SA1，根据故障点情况，修复或更换接触器 FR3 触头。

（5）通电试车　通电检查铣床各项操作，是否符合技术要求。

■ **检查评议**

检查评议表参见表 2-1-7。

✎ **问题及防治**

1）进给电路涉及的电器较多，检查故障时，首先要认清故障回路。

2）X62W 型万能铣床的电器安装较为分散，检查故障前要认清故障回路中所涉及器件的具体位置。

考证要点及单元练习

一、考证要点

维修电工职业资格证的考核分为理论知识考核和技能操作考核两部分。

（一）理论知识考核要点

1. 识图知识

1）X62W 型万能铣床所用低压电器的图形符号和文字符号。

2）X62W 型万能铣床控制电路图的识读。

2. 低压电器知识

X62W 型万能铣床型车床所用低压电器的结构、类型、在本电路中的作用，工作原理。

3. 电力拖动控制知识

X62W 型万能铣床的结构、运动形式及电气控制电路原理。

4. 电工仪表知识

1）万用表的型号、规格、选择及使用与维护方法。

2）绝缘电阻表的型号、规格、选择及使用与维护方法。

3）钳形电流表的型号、规格、选择及使用与维护方法。

（二）技能操作考核要点

1. 常用电工工具、仪表的使用与维护

1）常用电工工具的使用。

2）万用表的使用与维护。

3）绝缘电阻表的使用与维护。

4）钳形电流表的使用与维护。

2. 电路故障判断及修复

1）机床电气故障检修的一般步骤和方法。

2）X62W 型万能铣床电路常见电气故障维修。

3. 安全文明生产

1）劳动保护用品穿戴整齐。

2）工具仪表佩戴齐全。

3）遵守操作规程，讲文明礼貌。

4）操作完毕清理好现场。

二、单元练习

（一）选择题

1. X62W 型万能铣床工作台进给必须在主轴起动后才允许，是为了（　　）。

A. 电路安装的需要　　　　　B. 加工工艺的需要

C. 安全的需要　　　　　　　D. 工作方便

2. X62W 型万能铣床工作台没有采取制动措施，是因为（　　）。

A. 惯性小　　　　　　　　　B. 转速不高而且有丝杠传动

C. 有机械制动　　　　　　　D. 不需要

3. X62W 型万能铣床前后进给正常，但左右不能进给，其故障范围是（　　）。

A. 主电路正常，控制电路故障

B. 主电路故障，控制电路正常

C. 主电路控制电路都有故障

D. 主电路控制电路以外的故障

4. X62W 型万能铣床的进给操作手柄的功能是（　　）。

A. 只操纵电器　　　　　　　B. 只操纵机械

C. 操纵机械和电器　　　　　D. 操纵冲动开关

5. X62W 型万能铣床工作台各个方向的限位保护是靠限位挡铁碰撞（　　）完成的。

A. 限位开关　　　　　　　　B. 操作手柄

C. 限位开关或操作手柄　　　D. 报警器，提醒操作者

6. X62W 型万能铣床左右进给手柄搬向右，工作台向右进给时，上下、前后进给手柄必须处于（　　　）。

A. 上位　　　　　　　　　　B. 后位

C. 零位　　　　　　　　　　D. 任意位置

7. X62W 型万能铣床控制电路的电源电压为（　　　）V。

A. 110　　　　　　　　　　B. 220

C. 127　　　　　　　　　　D. 380

（二）判断题

1. 在 X62W 型万能铣床电气电路中采用了两地控制方式，其控制按钮是按串联规律连接的。　　　　　　　　　　　　　　　　　　　　　　　　　　　　　　　（　　）

2. X62W 型万能铣床电气电路中采用了完备的电气联锁措施，主轴起动后才允许工作台作进给运动和快速移动。　　　　　　　　　　　　　　　　　　　　　　　（　　）

3. X62W 型万能铣床主轴电动机的制动是能耗制动。　　　　　　　　　　　（　　）

4. X62W 型万能铣床工作台可以在 4 个方向调整位置或进给。　　　　　　　（　　）

5. X62W 型万能铣床主轴电动机要求正反转，不用接触器控制而用组合开关控制是因为操作安全方便。　　　　　　　　　　　　　　　　　　　　　　　　　（　　）

6. 对于 X62W 型万能铣床，为了避免损坏刀具和机床，要求只要电动机 M1、M2、M3 有一台过载，3 台电动机都必须停止运转。　　　　　　　　　　　　　　　（　　）

7. X62W 型万能铣床圆工作台的工作与否，对工作台在其他方向的进给运动无影响。

（　　）

（三）问答题

1. 写出 X62W 型万能铣床的操作步骤。

2. 主轴变速时产生瞬时冲动的作用是什么？简述其变速冲动过程。

3. 简述 X62W 型万能铣床的工作台快速移动的控制过程。

4. 简述 X62W 型万能铣床主轴电动机的控制过程。

5. X62W 型万能铣床电气控制线路中 3 个电磁离合器的作用分别是什么？电磁离合器为什么要采用直流电源供电？

（四）操作练习题

1. 检修 X62W 型万能铣床主轴电动机不能起动的电气电路故障。

2. 检修 X62W 型万能铣床主轴电动机不能正常运行的电气电路故障。

3. 检修 X62W 型万能铣床主轴电动机不能正常停车的电气电路故障。

4. 检修 X62W 型万能铣床工作台各个方向都不能进给的电气电路故障。

5. 检修 X62W 型万能铣床工作台不能向上或向后（向下或向前）运动的电气电路故障。

6. 检修 X62W 型万能铣床工作台不能向右、向后、向上（或向左、向前、向下）运动的电气电路故障。

7. 检修 X62W 型万能铣床工作台能前、后、上、下（或左、右）进给正常，但左、右（或前、后、上、下）不能进给的电气电路故障。

8. 检修 X62W 型万能铣床工作台不能快速进给，主轴制动失灵的电气电路故障。

9. 检修 X62W 型万能铣床变速时冲动失灵的电气电路故障。

10. 检修 X62W 型万能铣床冷却泵电动机不能起动的电气电路故障。

11. 检修 X62W 型万能铣床照明灯不能亮的电气电路故障。

【练习要求】

1. 在 X62W 型万能铣床上，人为设置隐蔽故障 3 处，其中主电路 1 处，控制电路 2 处。

2. 学生排除故障过程中，教师要进行监护，注意安全。

3. 学生排除故障过程中，应正确使用工具和仪表。

4. 排除故障时，必须修复故障点并通电试车。

5. 安全文明操作。

操作练习题评分标准见表 1-1-42。

单元 5　T68 型镗床电气控制电路故障检修

任务 1　认识 T68 型镗床

知识目标

1. 熟悉 T68 型镗床的结构、作用和运动形式。

2. 理解 T68 型镗床电气电路的组成及工作原理。

能力目标

1. 掌握 T68 型镗床的操纵手柄、按钮和开关的功能。

2. 掌握 T68 型镗床元器件的位置、电路的大致走向。

3. 掌握 T68 型镗床的基本操作及调试方法步骤。

 任务描述（见表 2-5-1）

表 2-5-1　任务描述

工作任务	要求
观看 T68 型镗床的加工过程,并了解 T68 镗床的结构及运动形式	1. 了解 T68 型镗床的功能 2. 了解 T68 型镗床的主要组成部分 3. 观察 T68 型镗床的主运动、进给运动、刀架的快速运动及低速冲动,注意观察各种运动的操纵、电动机运转情况
熟悉 T68 型镗床的操纵手柄、按钮和开关的功能,操作及调试 T68 型镗床	1. 能操作所有控制开关及手柄 2. 在教师指导下进行 T68 型镗床起动和快速进给操作
理解 T68 型镗床电气电路的组成及工作原理	1. 熟悉 T68 型镗床电气电路的组成 2. 识读 T68 型镗床控制电路的原理图、接线图和布置图 3. 能将原理图和实物元器件一一对应

任务分析

镗床是一种精密加工的机床，主要用于加工工件上要求比较高的孔，通常这些孔的轴线之间要有严格的垂直度、同轴度、平行度以及相互间精确的距离。由于镗床本身的刚性好，其可动部分在导轨上的活动间隙小，且有附加支撑，因此，镗床常用来加工箱体零件，如变速箱、主轴箱等。

按照用途的不同，镗床可以分为立式镗床、卧式镗床、坐标镗床、金刚镗床和专门镗床。T68 型卧式镗床是镗床中应用较广的一种，主要用于钻孔、镗孔、及加工端平面等，使用一些附件后，还可以车削螺纹。

本节的学习任务是：掌握 T68 型卧式镗床的主要结构和运动形式；正确识读 T68 型卧式镗床电气控制电路原理图以及正确操作、调试 T68 型卧式镗床。

相关知识

一、认识 T68 型镗床

1. T68 型卧式镗床的主要结构与型号含义

T68 型卧式镗床的主要结构如图 2-5-1 所示。主要由床身、主轴箱、前立柱、带尾座的后立柱、下溜板、上溜板、和工作台等部分组成。

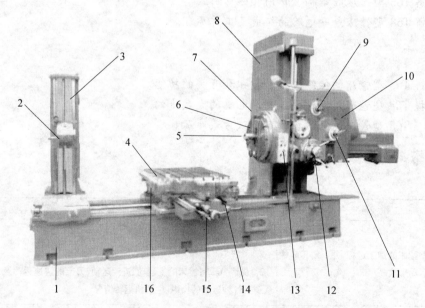

图 2-5-1　T68 型镗床的主要结构

1—床身　2—尾座　3—后立柱　4—工作台　5—主轴
6—花盘　7—刀具溜板　8—前立柱　9—进给变速机构　10—主轴箱
11—主轴变速机构　12—主轴锁紧装置　13—按钮板
14—下溜板　15—丝杆　16—上溜板

该镗床型号的意义如下：

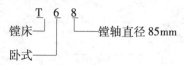

T　6　8

镗床 ┐ 　镗轴直径85mm

卧式 ┘

2．T68 型镗床的主要运动形式及控制要求

T68 型镗床的主要运动形式包括主运动、进给运动和辅助运动。

（1）主运动　包括镗床主轴和花盘的旋转运动。

（2）进给运动　包括镗床主轴的轴向进给、花盘上刀具溜板的径向进给、工作台的横向和纵向进给、主轴箱沿前立柱导轨的升降运动（垂直进给）。

（3）辅助运动　包括镗床工作台的回转、后立柱的轴向水平移动、尾座的垂直移动及各部分的快速移动。

机床的主体运动及各种常速进给运动都是由主轴电动机来驱动，但机床各部分的快速进给进动是由快速进给电动机来驱动。

控制要求如下：

1）镗床主运动和各种常速进给运动都是由一台电动机拖动的。快速进给运动是由快速进给电动机来拖动的。

2）主轴应有较大的调速范围，且要求恒功率调速，通常采用机械电气联合调速。

3）变速时，为使滑移齿轮顺利进入良好啮合，控制电路中，还设有变速低速冲动环节。

4）主轴能进行正反转低速点动调整，以实现主轴电动机的正反转控制。

5）为了使主轴电动机停车时能迅速准确，在主轴电动机中还应设有电气制动环节。

6）由于镗床的运动部件较多，需采取必要的联锁与保护。

3．认识 T68 型镗床主要操纵部件（见图 2-5-2）

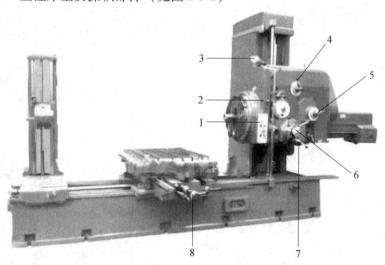

图 2-5-2　T68 型镗床主要操纵部件位置

1—主轴起停按钮　2—快速进给控制手柄　3—照明灯开关　4—进给变速操作手柄

5—主轴变速操作手柄　6—主轴手动进给及机动进给换向操作手柄

7—花盘径向刀架手动进给及机动进给操作手柄　8—进给选择手柄

二、T68 型镗床电气控制电路分析

T68 型卧式镗床控制电路原理如图 2-5-3 所示。

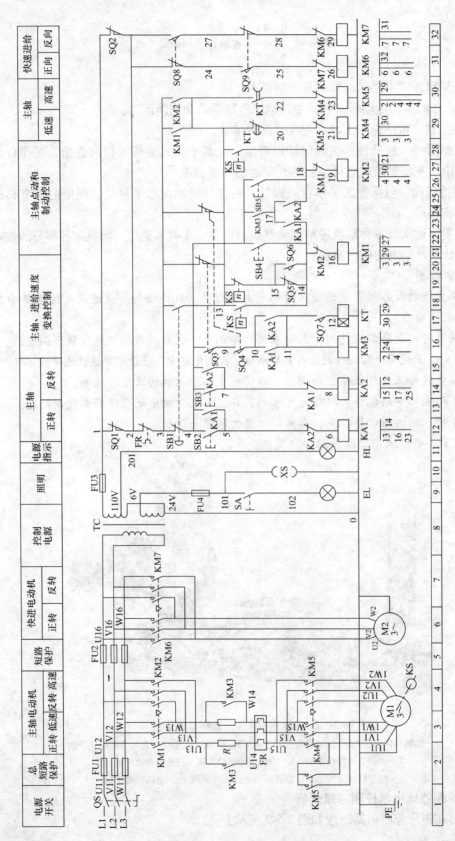

图 2-5-3　T68 型镗床电气原理图

356

（一）主电路分析

主轴电动机 M1 是一台双速电动机，用来驱动主轴旋转运动以及进给运动。接触器 KM1、KM2 分别实现正、反转控制，接触器 KM3 实现制动电阻 R 的切换，KM4 实现低速控制和制动控制，使电动机定子绕组联结成三角形（△），此时的电动机转速 $n = 1440r/min$，KM5 实现高速控制，使电动机 M1 定子绕组接成双星形（$\curlyvee\curlyvee$），此时的电动机转速 $n = 2880r/min$，熔断器 FU1 作为短路保护，热继电器 FR 作为过载保护。

快速进给电动机 M2 用来驱动主轴箱、工作台等部件快速移动，它由接触器 KM6、KM7 分别实现正、反转控制，由于短时工作，故不需要过载保护，熔断器 FU2 作为短路保护。

（二）控制电路分析

控制电路由控制变压器 TC 提供110V电压作为电源，熔断器 FU3 作为短路保护。主轴电动机 M1 的控制包括正反转控制、制动控制、高低速控制、点动控制以及变速冲动控制。T68 型卧式镗床在工作过程中，各个位置开关处于相应的通、断状态。

各位置开关的作用及工作状态说明见表 2-5-2。

表 2-5-2 位置开关的作用及工作状态说明

位置开关	作 用	工作状态
SQ1	工作台、主轴箱进给联锁保护	工作台、主轴箱进给时，触头断开
SQ2	主轴进给联锁保护	主轴进给时，触头断开
SQ3	主轴变速	主轴没变速时，常开触头被压合，常闭触头断开
SQ4	进给变速	进给没变速时，常开触头被压合，常闭触头断开
SQ5	主轴变速冲动	主轴变速后，手柄推不上时触头被压合
SQ6	进给变速冲动	进给变速后，手柄推不上时触头被压合
SQ7	高、低速转换控制	高速时触头被压合，低速时断开
SQ8	反向快速进给	反向快速进给时，常开触头被压合，常闭触头断开
SQ9	正向快速进给	正向快速进给时，常开触头被压合，常闭触头断开

三、T68 型镗床的电器设备型号规格、功能及位置

根据元器件明细表（见表 2-5-3）和位置图（见图 2-5-4）、接线图（见图 2-5-5），熟悉 T68 型镗床的电器设备型号规格、功能及位置。

表 2-5-3 T68 型镗床元器件明细

元器件代号	图上区号	名称	型号及规格	数量	用途	备注
M1	3	主轴电动机	JD02—51—4/2，5.5/7.5kW	1	主传动用	1460/2880 r/min，D2
M2	6	快速进给电动机	J02—32—4.3kW，1430r/min	1	机床各部分的快速移动	D2
QS	1	组合开关	HZ2—60/3，60A，三极	1	电源引入	

（续）

元器件代号	图上区号	名称	型号及规格	数量	用途	备注
SA	9	组合开关	HZ2—10/3,10A,三极	1	照明开关	
FU1	2	熔断器	RL1—60/40	3	总短路保护	配熔体40A
FU2	5	熔断器	RL1—15/15.4	3	M2短路保护	配熔体15A,3只、4A,2只
FU3	9	熔断器	RL1—15/15.4	1	110V控制电路短路保护	
FU4	9	熔断器	RL1—15/15.4	1	照明电路短路保护	
KM1	21	交流接触器	CJ0—40,线圈电压110V,50Hz	1	控制M1正转	
KM2	27	交流接触器	CJ0—40,线圈电压110V,50Hz	1	控制M1反转	
KM3	16	交流接触器	CJ0—20,线圈电压110V,50Hz	1	控制M1(短接R)	
KM4	29	交流接触器	CJ0—40,线圈电压110V,50Hz	1	控制M1低速	
KM5	30	交流接触器	CJ0—40,线圈电压110V,50Hz	1	控制M1高速	
KM6	31	交流接触器	CJ0—20,线圈电压110V,50Hz	1	控制M2正转	
KM7	32	交流接触器	CJ0—20,线圈电压110V,50Hz	1	控制M2反转	
KT	17	时间继电器	JS7—2A,线圈电压110V,50Hz	1	控制M1高低速	整定时间3s
KA1	12	中间继电器	JZ7—44,线圈电压110V,50Hz	1	控制M1正转	
KA2	14	中间继电器	JZ7—44,线圈电压110V,50Hz	1	控制M1反转	
TC	8	控制变压器	BK—300,380/110V,24V,6V	1	控制电源	
FR	3	热继电器	JR0—10/3D,整定电流16A	1	M1过载保护	
KS	4	速度继电器	JY—1,500V,2A	1	主轴制动用	
R	3	电阻器	ZB—0.9,0.9Ω	2	限流电阻	
SB1	12	按钮	LA2,380V,5A	1	主轴停止	
SB2	12	按钮	LA2,380V,5A	1	主轴正向启动	
SB3	14	按钮	LA2,380V,5A	1	主轴反向启动	
SB4	22	按钮	LA2,380V,5A	1	主轴正向点动	
SB5	26	按钮	LA2,380V,5A	1	主轴反向点动	
SQ1	12	行程开关	LX1—11H	1	主轴联锁保护	
SQ2	32	行程开关	LX3—11K	1	主轴联锁保护	
SQ3	16	行程开关	LX1—11K	1	主轴变速控制	开启式
SQ4	16	行程开关	LX1—11K	1	进给变速控制	开启式
SQ5	19	行程开关	LX1—11K	1	主轴变速控制	开启式
SQ6	20	行程开关	LX1—11K	1	进给变速控制	开启式
SQ7	17	行程开关	LX5—11	1	高速控制	
SQ8	31	行程开关	LX3—11K	1	反向快速进给	开启式
SQ9	31	行程开关	LX3—11K	1	正向快速进给	开启式
XS	10	插座	T型	1		专用插座
EL	9	机床工作灯	K—1,螺口	1	工作照明	配24V、40W灯泡
HL	11	指示灯	DX1—0,白色	1	电源指示	配6V、0.15A灯泡

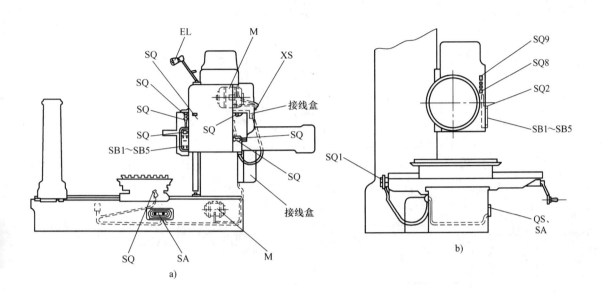

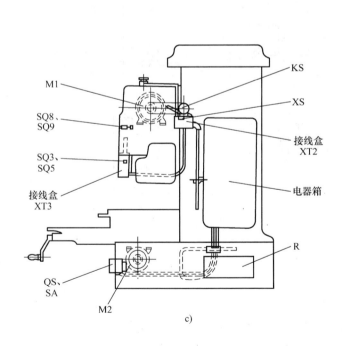

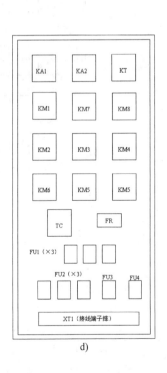

图 2-5-4　T68 型镗床电器的位置

a）主视图　b）左视图　c）右视图　d）电器箱电器位置图

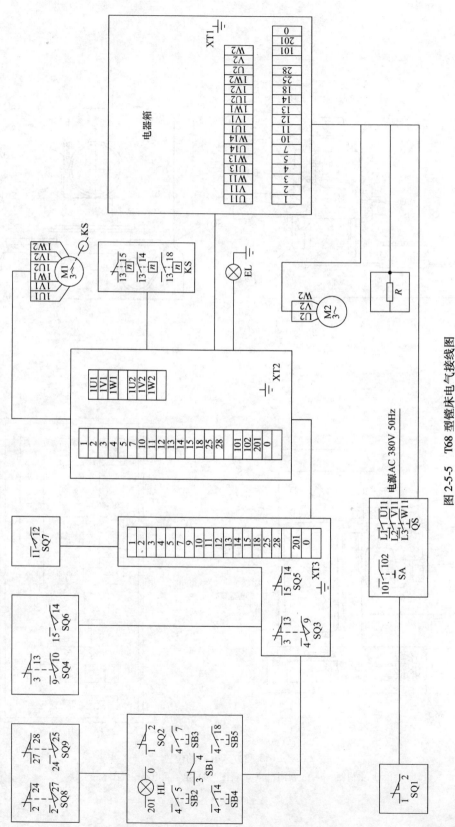

图 2-5-5　T68 型镗床电气接线图

四、操作调试 T68 型卧式镗床的方法步骤

1）先检查各锁紧装置，并置于"松开"的位置。

2）选择好所需要的主轴转速（拉出手柄转动180°，旋转手柄，选定转速后，推回手柄至原位即可）。

3）选择好进给所需的进给转速（拉出进给手柄转动180°，旋转手柄，选定转速后，推回手柄至原位即可）。

4）合上电源开关，电源指示灯亮，再把照明开关合上，局部工作照明灯亮。

5）调整主轴箱的位置。进给选择手柄置于位置"1"，向外拉快速操作手柄，主轴箱向上运动，向里推快速操作手柄，主轴箱向下运动，松开快速操作手柄，主轴箱停止运动。

6）调整工作台的位置。

①进给选择手柄从位置"1"顺时针扳到位置"2"，向外拉快速操作手柄，上溜板带动工作台向左运动，向里推快速操作手柄，上溜板带动工作台向右运动，松开快速操作手柄，工作台停止运动。

②进给选择手柄从位置"2"顺时针扳到位置"3"，向外拉快速操作手柄，下溜板带动工作台向前运动，向里推快速操作手柄，下溜板带动工作台向后运动，松开快速操作手柄，工作台停止运动。

7）主轴电动机正、反向点动控制。

①按下正向点动按钮，主轴电动机正向低速转动，松开正向点动按钮，主轴电动机停转。

②按下反向点动按钮，主轴电动机反向低速转动，松开反向点动按钮，主轴电动机停转。

8）主轴电动机正、反向低速转动控制。

①按下正向起动按钮，主轴电动机正向低速转动，按下停止按钮，主轴电动机反接制动而迅速停车。

②按下反向起动按钮，主轴电动机反向低速转动，按停止按钮，主轴电动机反接制动而迅速停车。

9）主轴电动机正、反向高速转动控制。

①将主轴变速操作手柄转至"高速"位置，拉出手柄转动180°，旋转手柄，选定转速后，推回手柄至原位即可。

②按下正向起动按钮，主轴电动机正向低速起动，主轴电动机经延时，转为高速转动，按下停止按钮，主轴电动机实行反接制动而迅速停车。

③按下反向起动按钮，主轴电动机反向低速转动，经延时，主轴电动机转为高速转动，按下停止按钮，主轴电动机实行反接制动而迅速停车。

10）主轴变速控制。主轴需要变速时可不必按停止按钮，只要将主轴变速机构操作手柄拉出转动180°，旋转手柄，选定转速后，推回手柄至原位即可。

11）进给变速控制。需要进给变速时可不必按停止按钮，只要将进给变速机构操作手柄拉出转动180°，旋转手柄，选定转速后，推回手柄至原位即可。

12）关闭电源开关。

任务准备

根据任务，选用工具、仪表、耗材及器材，见表 2-5-4。

表 2-5-4　工具、仪表、耗材及器材明细

序号	名称	型号与规格	单位	数量
1	万能铣床	X62W 型	台	1
2	电工通用工具	验电器、钢丝钳、螺钉旋具（一字形和十字形）、电工刀、尖嘴钳、活扳手、剥线钳等	套	1
3	万用表	自定	块	1
4	绝缘电阻表	型号自定，或 500V、0～200MΩ	台	1
5	钳形电流表	0～50A	块	1
6	劳保用品	绝缘鞋、工作服等	套	1

 任务实施

一、镗床的操作实训

在教师的监控指导下，按照操作调试 T68 型卧式镗床的方法步骤，完成对铣床的操作实训。

二、根据元器件布置图逐一核对所有低压元器件

按照元器件布置图在机床上逐一找到所有元器件，并在图样相应位置上做出标志。

操作要求如下：

1）此项操作断电进行。

2）在核对过程中，观察并记录该元器件的型号及安装方法。

3）观察每个元器件的电路连接方法。

4）使用万用表测量各元器件触头操作前后的通断情况并做记录。

 检查评议

检查评议表参见表 2-1-7。

 问题及防治

1）进车间前穿戴好安全防护品，防止安全事故的发生。

2）T68 型镗床的操作较为复杂，需要认真观摩教师或师傅操作示范。

3）学生操作练习时，教师或师傅必须在现场指导和监护，随时做好采取应急措施的准备。

任务 2　T68 型镗床主轴起动、点动及制动控制电路的常见电气故障维修

知识目标

1. 掌握排除 T68 型镗床主轴电动机的点动、正反转控制常见电气故障的方法和步骤。

2. 掌握排除 T68 型镗床主轴电动机的制动控制常见电气故障的方法和步骤。

能力目标

1. 能够熟练排除 T68 型镗床主轴电动机的点动、正反转控制常见电气故障。
2. 能够熟练排除 T68 型卧式镗床主轴电动机制动控制常见电气故障。

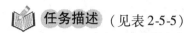 **任务描述**（见表 2-5-5）

表 2-5-5　任　务　描　述

工作任务	要　求
排除 T68 型镗床主轴电动机的点动、正反转控制常见电气故障	1. 能快速准确地在电气原理图中标出最小故障范围的线段 2. 排除故障时，必须要修复故障点，不能采用更换元器件、借用触头/点及改动线路的方法
排除 T68 型镗床主轴电动机的制动控制常见电气故障	3. 检修时，严禁扩大故障范围或产生新的故障

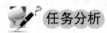 **任务分析**

T68 型镗床的主轴调速范围大，所以主轴电动机采用"△—丫丫"双速电动机，用于拖动主运动和进给运动。从原理图中可以得知，主轴电动机 M1 的控制包括正反转控制、制动控制、高低速控制、点动控制以及变速冲动控制。本任务主要分析排除 T68 型镗床主轴电动机点动控制、正反转控制以及制动控制的常见故障。

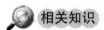 **相关知识**

一、主轴起动及点动电气控制电路

在 T68 型镗床主轴电动机控制电路中，主轴可以正、反点动调整，这是通过主轴电动机低速点动来实现的。以下先来分析主轴电动机点动控制电路。

1. 主轴电动机点动控制

从 T68 型镗床电气原理图中，将 M1 点动电气控制电路分开画，如图 2-5-6 所示。

原理分析如下：主轴电动机 M1 由热继电器 FR 做过载保护，熔断器 FU1 做短路保护，接触器 KM4 控制并兼做失电压和欠电压保护。

控制电路的电源由控制变压器 TC 二次侧提供 110V 电压。

（1）主轴电动机正向点动控制　主轴电动机正向点动控制是由正向点动按钮 SB4，接触器 KM1 和 KM4（使 M1 联结成三角形，低速运转）实现的。

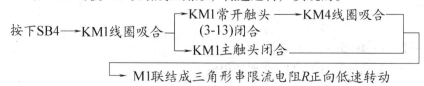

松开SB4 ──→ KM1线圈和KM4线圈失电释放 ──→ M1停转

KM1 线圈经 1—2—3—4—14—16—0 回路得电。

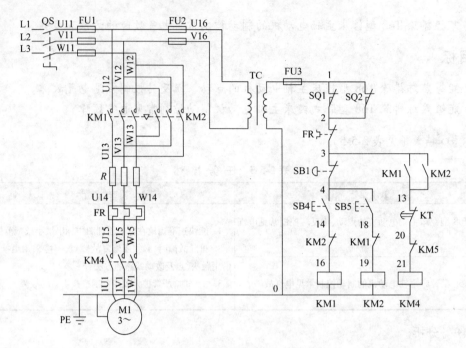

图 2-5-6　主电动机点动控制电路

KM4 线圈经 1—2—3—13—20—21—0 回路得电。

（2）主轴电动机反向点动控制　按下反向点动按钮 SB5，使 KM2 线圈和 KM4 线圈得电，M1 联结成三角形串限流电阻 R 反向低速转动。

KM2 线圈经 1—2—3—4—18—19—0 回路得电。

KM4 线圈经 1—2—3—13—20—21—0 回路得电（此处 3—13 是通过 KM2 触头）。

主轴电动机 M1 的点动控制过程如下：

2. 主轴电动机正反向低速转动控制

从 T68 型镗床电气原理图中，将主轴电动机正反向低速转动控制电路单独画，如图 2-5-7 所示。

（1）原理分析

1）正转控制

KA1 线圈经 1—2—3—4—5—6—0 回路得电。

KM3 线圈经 1—2—3—4—9—10—11—0 回路得电。

KM1 线圈经 1—2—3—4—17—14—16—0 回路得电。

KM4 线圈经 1—2—3—13—20—21—0 回路得电。

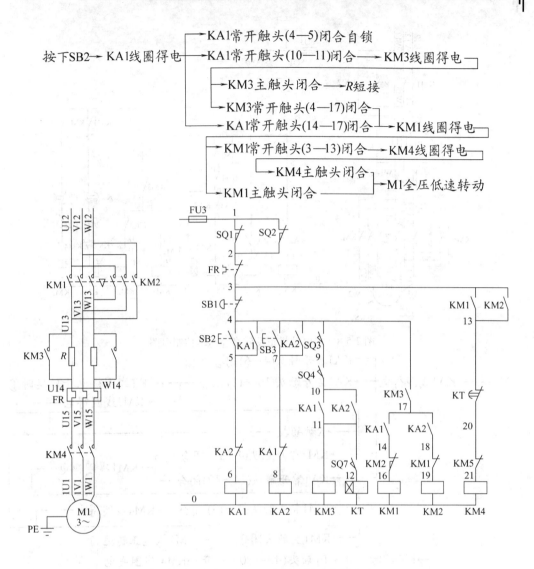

图 2-5-7 主电机正反向低速转动控制电路

2）反转控制：由反向按钮 SB3 控制，以中间继电器 KA2、接触器 KM2，并配合接触器 KM3 和 KM4 来实现。其工作原理与正向低速转动相似，读者有兴趣可自行分析。

3．主轴电动机正反转高速控制

从 T68 型镗床电气原理图中，把主轴电动机正反转高速控制电路单独画出，如图 2-5-8 所示。低速时，主轴电动机 M1 定子绕组作△联结，$n = 1460r/min$；高速时，M1 定子线组为 Y Y 联结，$n = 2880r/min$。

（1）原理分析 为了减小起动电流，先低速全压起动延时后转为高速转动。将变速机构转至"高速"位置，压下限位开关 SQ7，其常开触头 SQ7（11—12）闭合。

1）正转高速：用正向起动按钮 SB2 控制，中间继电器 KA1 线圈和接触器 KM3、KM1、KM4 的线圈及时间继电器 KT 相继得电，M1 联结成三角形（△）低速转动，延时后，由 KT 控制，KM4 线圈失电，接触器 KM5 得电，M1 联结成双星形（Y Y）高速转动。其工作原理如下：

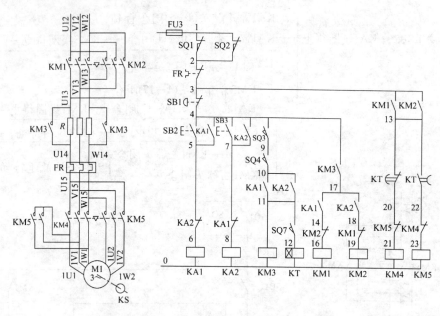

图 2-5-8　主电动机正反转高速运转控制电路

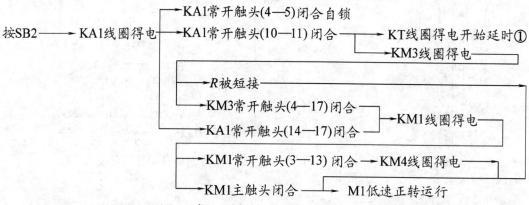

① 延时后 →KT 延时断开常闭触头(13—20) 断开→KM4 线圈失电

　　　　 →KT 延时闭合常开触头(13—20) 闭合→KM5 线圈得电→M1 高速运转

以上控制过程中，KA1 线圈经 1—2—3—4—5—6—0 回路得电。

KM3 线圈经 1—2—3—4—9—10—11—0 回路得电。

KM1 线圈经 1—2—3—4—17—14—16—0 回路得电。

KM4 线圈经 1—2—3—13—20—21—0 回路得电。

KM5 线圈经 1—2—3—13—22—23—0 回路得电。

KT 线圈经 1—2—3—4—9—10—11—12—0 回路得电。

（2）反转高速：由 SB3 控制，KA2、KM3、KM2、KM4 和 KT 等线圈相继得电，M1 低速转动，延时后，KM4 线圈失电，KM5 线圈得电，M1 高速转动。其工作原理与正向高速控制相似，读者有兴趣可自行分析。

二、主轴制动电气控制电路

T68 型镗床主轴电动机停车制动采用由速度继电器 KS、串电阻的双向低速反接制动。如 M1 为高速转动，则转为低速后再制动。

从 T68 型原理图中，将主轴制动控制电路单独画出如图 2-5-9 所示。

1. 原理分析

（1）主轴电动机高速正转反接制动控制　参见图 2-5-8 正向高速转动控制电路。M1 高速转动时，位置开关 SQ7（11—12）常开触头闭合，KS 常开触头（13—18）闭合，KA1、KM3、KM1、KT、KM5 等线圈均已得电动作，停车时按停止按钮 SB1。

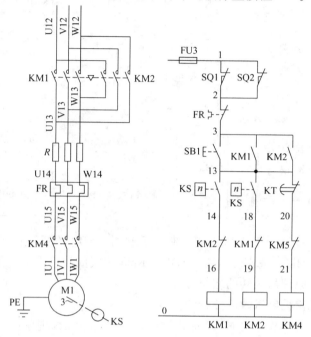

图 2-5-9　主轴制动电气控制电路

工作原理分析如下：

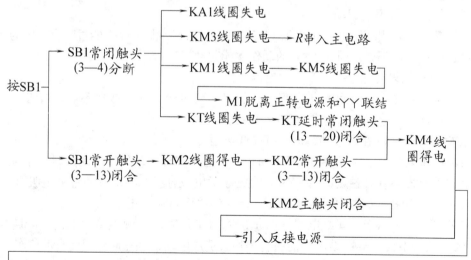

如制动前 M1 为低速转动，则按 SB1 后，上述过程中，没有 KM5 线圈和 KT 线圈失电两

个环节。

主轴电动机高速正转反接制动控制过程如下：

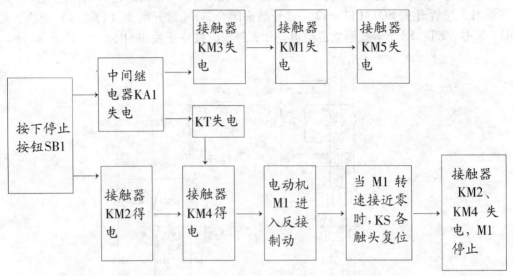

（2）主轴电动机高速反转反接制动控制　反转时，SQ7 常开触头（11—12）闭合，KS 常开触头（13—14）闭合，KA2、KM3、KM2、KM5 等线圈均已得电动作。按停止按钮 SB1 后，反接制动的工作原理与正转的相似。

三、主轴电动机常见电气故障分析和检修

主轴电动机最常见的故障为 M1 不能正常运转。有以下几种现象：

1. 主轴只有一个方向能起动，另一个方向不能起动

主要原因是不能起动方向的按钮和接触器的故障。

2. 主轴正反转都不能起动

检查熔断器 FU1 和 FU2、热继电器 FR，最后再检查接触器 KM3 能否吸合，因为无论正反转，高速或低速，都必须通过 KM3 的动作才能起动。

3. 主轴电动机只有低速挡，没有高速挡

这种故障主要是由于时间继电器 KT 失灵、KT 延时闭合触头接触不好，或者位置开关 SQ7 安装位置移动，造成 SQ7 总是处于断开状态。

4. 主轴电动机起动在高速挡，但运行在低速挡

这种故障主要是由于时间继电器 KT 动作后，延时部分不动作，可能延时胶木推杆断裂或推动装置不能推动延时触点，则 KM4 一直处于通电吸合状态，KM5 不能通电吸合。

5. 电动机高速挡时，在低速起动后不向高速转移而自动停止

这种故障主要是由于时间继电器 KT 动作后，KT 延时闭合触头接触不良，KM4 常闭触头（30 区）接触不良，KM5 线圈不能吸合等均会造成电动机低速起动后而自动停车。

主轴电动机常见故障的分析和处理方法和车床、铣床大致相同，首先要观察故障现象，然后运用逻辑分析法判断故障范围。以下用图 2-5-10 来说明按下按钮 SB2 后，电动机 M1 不能正常运转的检修流程。

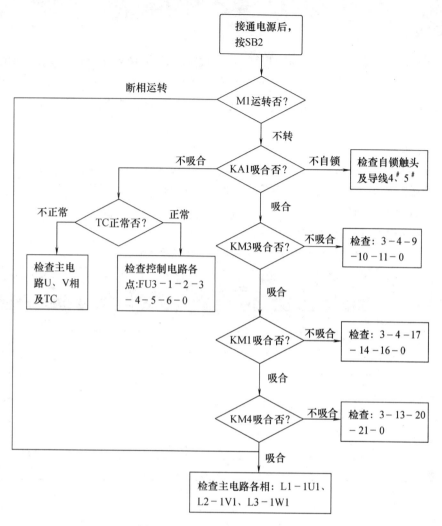

图 2-5-10 主轴电动机检修流程

任务准备

根据任务，选用工具、仪表、耗材及器材，见表 2-5-6。

表 2-5-6 工具、仪表、耗材及器材明细

序号	名称	型号与规格	单位	数量
1	万能铣床	X62W 型	台	1
2	电工通用工具	验电器、钢丝钳、螺钉旋具(一字形和十字形)、电工刀、尖嘴钳、活扳手、剥线钳等	套	1
3	万用表	自定	块	1
4	绝缘电阻表	型号自定，或 500V、0~200MΩ	台	1
5	钳形电流表	0~50A	块	1
6	劳保用品	绝缘鞋、工作服等	套	1

任务实施

学生分组按照每人一台机床进行排故练习。教师在每台 T68 型镗床上设置主轴电路故障一处，让学生预先知道，练习一个故障点的检修。在掌握一个故障点的检修方法的基础上，再设置两个或两个以上故障点，故障现象尽可能不相互重合。如果故障相互重合，按要求应有明显检查顺序。

1. 操作要求

1）此项操作可带电进行，但必须有指导教师监护，确保人身安全。

2）在检修过程中，测量并记录相关元器件的工作情况（触头通断、电压、电流）。

3）定额时间为 30 分钟。

2. 检测情况记录（见表 2-5-7）

表 2-5-7　T68 型镗床主轴电动机电路检测情况记录表

元器件名称	元器件状况 （外观、断电电阻）	工作电压	工作电流	触头通断情况	
				操作前	操作后

3. 操作注意事项

1）操作时不要损坏元器件。

2）各控制开关操作后，要复位。

3）排除故障时，必须修复故障点，严禁扩大故障范围或产生新故障。检修过程中不要损伤导线或使导线连接脱落。

4）检修所用工具、仪表等符合使用要求。

4. 故障排除举例

故障一：主轴电动机 M1 能低速正向起动运行，但低速反向起动时会发出"嗡嗡"声

（1）观察故障现象　合上电源开关 QS，按下低速正向起动按钮 SB2 时，KA1、KM3、KM1 和 KM4 依次得电，电动机 M1 正向起动运转，然后按下停止按钮 SB1，M1 立即停转；再按下低速反向起动按钮 SB3 时，KA2、KM3、KM2 和 KM4 也依次得电，但电动机 M1 不能反向起动，并发出"嗡嗡"声（这时要立即切断电源，防止烧毁电动机）。

（2）分析故障范围　主轴电动机 M1 低速正向起动正常，而低速反向起动却发生了断相运行现象，分析主电路结构原理可知，造成这一故障现象的原因是：接触器 KM2 主触头接触不良或连接导线松脱。

故障电路如图 2-5-11 中点画线所示。

（3）查找故障点 采用验电器和电阻测量法查找故障点的方法步骤如下：

1）合上电源开关 QS，按下低速正向起动按钮 SB2 时，使电动机 M1 正向起动运转（这时接触器 KM1 主触头已闭合），然后用验电器分别测试接触器 KM2 主触头的上、下接线端，若验电器正常发光则无故障，若验电器不亮，则故障为连接 KM1 和 KM2 主触头的这根导线断线或线头松脱。

2）按下停止按钮 SB1，断开电源开关 QS，将万用表转换开关调至"R×100"挡，然后人为按下接触器 KM2 动作试验按钮，用万用表分别测量 KM2 的 3 对主触头的接触情况，若阻值为零则无故障，若阻值为较大或无穷大，则故障为该触头接触不良。

（4）故障点排除 根据故障情况紧固导线或维修更换 KM2 主触头。

（5）通电试车 通电检查镗床各项操作，直至符合各项技术指标。

故障二：主轴电动机 M1 能低速起动运行，但不能实现高速运行

（1）观察故障现象 合上电源开关 QS，按下低速正向或反向起动按钮时，主轴电动机 M1 都能正常起动运行；再将转速控制手柄扳至"高速"位置，按下起动按钮 SB2 或 SB3，M1 能实现低速全压起动，KT 延时一段时间后，M1 随即停止，不能实现高速运行，但观察接触器 KM5 已吸合。

（2）分析故障范围 由于 M1 低速起动正常，KT 延时后 KM5 也能得电吸合，因此，故障范围应是接触器 KM5 主触头接触不良或连接导线线头松脱。故障电路如图 2-5-12 中点画线所示。

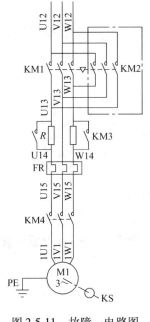

图 2-5-11 故障一电路图

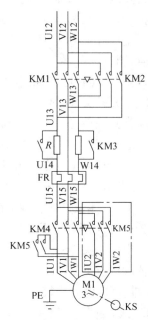

图 2-5-12 故障二电路图

（3）查找故障点 采用验电器和电阻测量法查找故障点的方法步骤如下：

1）合上电源开关 QS，按下正向起动按钮 SB2，在电动机 M1 低速起动过程中，用验电器快速测试接触器 KM5 主触头的上、下接线端，若验电器正常发光则无故障，若验电器不

亮，则故障为连接 KM4 和 KM5 主触头的这根导线断线或线头松脱。

（2）按下停止按钮 SB1，断开电源开关 QS，将万用表转换开关调至"R×100"挡，然后人为按下接触器 KM5 动作试验按钮，用万用表分别测量 KM5 主触头的接触情况，若阻值为零则无故障，若阻值为较大或无穷大，则故障为该触头接触不良。

（4）故障点排除　根据故障情况紧固导线或维修更换 KM5 主触头。

（5）通电试车　通电检查镗床各项操作，直至符合各项技术指标。

故障三：在低速起动时，按下正转低速起动按钮 SB2，主轴电动机 M1 不能起动，但按下正转点动按钮 SB4 时，主轴电动机 M1 能起动运转

（1）观察故障现象　合上电源开关 QS，按下正转低速起动按钮 SB2，KA1 吸合，KM3 吸合，KM1 不吸合，KM4 不吸合，主轴电动机 M1 不能起动；按下正转点动按钮 SB4，M1 起动运转，松开 SB4，M1 停转。

（2）判断故障范围　按下 SB2，KA1、KM3 吸合，说明控制回路电源部分正常，接触器 KM1 不能吸合，说明 KM1 线圈回路有断点；而按下 SB4，M1 运转正常，说明点动回路 KM1、KM4 线圈正常，因此，故障点应在 KM1 线圈支路中，即 SB1→4#→XT3→4#→XT2→4#→XT1→4#→KM3 常开触头→17#→KA1 常开触头→14#。

故障电路如图 2-5-13 所示。

（3）查找故障点

【方法一】　采用电压分阶测量法检查

1）将万用表功能选择开关拨至交流"250V"挡。

2）将黑表笔接在选择的参考点 TC（0#）上。

3）合上电源开关 QS，按下 SB2，使 KA1、KM3 线圈吸合，红表笔从接线排 XT1（4#）起，依次逐点测量：

①接线排 XT1（4#），测得电压值 110V 为正常；

② KM3 常开触头（4#），测得电压值 110V 为正常；

③ KM3 常开触头（17#），测得电压值 110V 为正常；

④ KA1 常开触头（17#），测得电压值 110V 为正常；

⑤ KA1 常开触头（14#），测得电压值 0V 为不正常；

说明故障点是 KA1 常开触头（14—17）闭合时接触不良。

【方法二】　采用试灯法查找故障点

1）将校验灯（额定电压 110V）的一脚引线接在参考点 TC（0#）上。

2）合上电源开关 QS，按下 SB2，使 KA1、KM3 线圈吸合，另一脚引线从接线排 XT1（4#）起，依次逐点测试：

①接线排 XT1（4#），校验灯亮为正常；

② KM3 常开触头（4#），校验灯亮为正常；

③ KM3 常开触头（17#），校验灯亮为正常；

④ KA1 常开触头（17#），校验灯亮为正常；

⑤ KA1 常开触头（14#），校验灯不亮为不正常；说明故障点是 KA1 常开触头（14—17）闭合时接触不良。

（4）排除故障　断开 QS，修复或更换 KA1 触头。

（5）通电试车　通电检查镗床各项操作是否符合技术要求。

故障四：主轴在高速时，按下正转起动按钮 SB2，主轴电动机 M1 开始低速起动，延时一定时间后，M1 自动停车，不能高速运行

（1）观察故障现象　将主轴转速操作手柄拨至高速，合上电源开关，按下按钮 SB2，M1 低速正向起动运转，经延时，KM5 没有吸合，M1 停转，无高速运行。

（2）判断故障范围　从现象中可看出，经延时后，KM4 线圈能失电，说明 KT 线圈回路正常，故障在 KM5 线圈回路。

故障电路如图 2-5-14 所示。

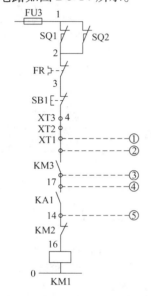

图 2-5-13　故障三电路及检修步骤

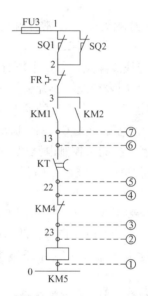

图 2-5-14　故障四电路及检修步骤

$$\text{KT 延时断开常闭触头} \xrightarrow{13^{\#}} \text{KT 延时闭合常开触头} \xrightarrow{22^{\#}} \text{KM4 常闭触头} \xrightarrow{23^{\#}}$$

$$\longrightarrow \text{KM5 线圈} \xrightarrow{0^{\#}} \text{TC（110V）}$$

（3）查找故障点　采用试灯法检查故障点。

1）将校验灯（额定电压 110V）的一脚引线接在参考点 FU3（1#）上。

2）将主轴转速操作手柄拨至高速，合上电源开关 QS，校验灯另一脚引线从 KM5 线圈（0#）起，逆序逐点测试以下各点：

① KM5 线圈（0#），校验灯亮为正常；

② KM5 线圈（23#），校验灯亮为正常；

③ KM4 常闭触头（23#），校验灯亮为正常；

④ KM4 常闭触头（22#），校验灯亮为正常；

⑤KT 延时闭合常开触头（22#），校验灯亮为正常；

⑥KT 延时闭合常开触头（13#），按下 SB2，KT 延时结束后，直到 M1 停转校验灯都没亮，则说明故障为 KT 延时闭合常开触头闭合时接触不良。

（4）排除故障　断开 QS，检查修复或更换 KT 常开触头。

（5）通电试车　通电检查镗床各项操作，是否符合技术要求。

故障五：主轴电动机 M1 反向运转时，停车能制动；M1 正向运转时，停车不能制动

（1）观察故障现象　合上电源开关 QS，按下正转起动按钮 SB2，主轴电动机 M1 正向起动运行，按下停止按钮 SB1，M1 惯性停车无反接制动；按下反转按钮 SB3，M1 反向起动运行，按下停止按钮 SB1，M1 受制动而迅速停车。

（2）判断故障范围　由于 M1 正反转运行正常，排除 KM2、KM4 线圈回路，因此可判断故障范围为：

SB1 常开触头 $\xrightarrow{13^{\#}}$ KS 常开触头 $\xrightarrow{18^{\#}}$ KM1 常闭触头

故障电路如图 2-5-15 所示。

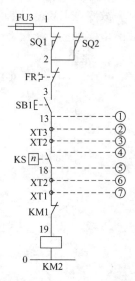

图 2-5-15　故障五电路及检修步骤

（3）查找故障点　采用电压分阶测量法检查故障点。

1）将万用表功能转换开关拨至交流电压"250V"挡。

2）将黑表笔接在选择的参考点 TC（0$^{\#}$）上。

3）合上电源开关 QS，按下 SB2，使 M1 正向起动运行。红表笔依次测量控制电路以下各点：

①按钮 SB1 常开触头（13$^{\#}$），测得电压值 110V 为正常；

②接线端子 XT3（13$^{\#}$），测得电压值 110V 为正常；

③接线端子 XT2（13$^{\#}$），测得电压值 110V 为正常；

④速度继电器 KS 的常开触头（13$^{\#}$），测得电压值 110V 为正常；

⑤速度继电器 KS 的常开触头（18$^{\#}$），测得电压值 0V 为不正常，说明故障就在此处，KS 常开触头（13—18）闭合时接触不良。

（4）排除故障　断开 QS，修复或更换 KS 常开触头（13—18）。

（5）通电试车　通电检查镗床各项操作，必须符合技术要求。

检查评议

检查评议表参见表 2-1-7。

问题及防治

1）T68 型镗床有 18 种调速挡，是采用双速电动机和机械滑移齿轮来实现的。因此，当出现调速故障时，应首先分清是电气故障还是机械故障，再进行维修。

2）停车操作时，要将停车按钮按到底，否则不能实现反接制动停车，而是自由停车。

任务 3　T68 型镗床主轴变速或进给变速时冲动电路、快速进给及辅助电路故障维修

知识目标

1. 掌握排除 T68 型镗床主轴变速或进给变速冲动电气控制电路常见电气故障的方法和

步骤。

2. 掌握排除 T68 型镗床快速进给及辅助电路常见电气故障的方法和步骤。

能力目标

1. 能熟练排除 T68 型镗床主轴变速或进给变速冲动电路常见电气故障。
2. 能熟练排除 T68 型镗床快速进给及辅助电路常见电气故障。

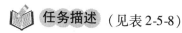 **任务描述** （见表 2-5-8）

表 2-5-8　任务描述

工作任务	要　求
排除 T68 型镗床主轴变速或进给变速冲动电气控制常见电气故障	1. 能快速准确地在电气原理图中标出最小故障范围的线段
	2. 排除故障时，必须要修复故障点，不能采用更换元器件、借用触头及改动电路的方法
排除 T68 型镗床快速进给及辅助电路常见电气故障	3. 检修时，严禁扩大故障范围或产生新的故障

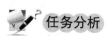 **任务分析**

T68 型镗床的主运动与进给运动的速度变换，是用变速操作盘来调节改变变速传动系统而得到的。T68 型镗床主轴变速和进给变速既可在主轴与进给电动机中预选速度，也可在电动机运行中进行变速。

为了缩短辅助时间，机床各部件的快速移动由快速移动操作手柄控制，通过快速移动电动机 M2 拖动。运动部件及其运动方向的确定由装设在工作台前方的操作手柄操作，而控制则用镗头架上的快速操纵手柄控制。

本任务主要分析排除 T68 型镗床主轴变速或进给变速时冲动电路以及快速进给及辅助电路的常见故障。

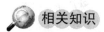 **相关知识**

一、主轴变速或进给变速冲动电气控制线路

T68 型镗床主轴变速和进给变速分别由各自的变速孔盘机构进行调速。调速既可在主轴电动机 M1 停车时进行，也可在 M1 转动时进行（先自动使 M1 停车调速，再自动使 M1 转动）。调速时，使 M1 冲动以方便齿轮顺利啮合。

1. 主轴变速原理分析

从 T68 型镗床原理图中分解出 M1 停车时主轴变速冲动控制电路，如图 2-5-16 所示。

（1）变速孔盘机构操作过程

①手柄在原位———②拉出手柄—转动孔盘$\xrightarrow{\text{齿轮啮合}}$③推入手柄

（2）电路控制过程：

①原速（低速或高速）———②反接制动$\xrightarrow{\text{冲动}}$③原速（低速或再转高速）

（3）M1 在主轴变速时的冲动控制

1）手柄在原位：M1 停转，KS 常闭触头（13—15）闭合，位置开关 SQ3 和 SQ5 被压动，它们的常闭触头 SQ3（3—13）和常闭触头 SQ5（15—14）分断。

2）拉出手柄，转动变速盘：SQ3 和 SQ5 复位，KM1 线圈经（1—2—3—13—15—14—16—0）得电，KM4 线圈经（1—2—3—13—20—21—0）得电动作，M1 经限流电阻 R（KM3 未得电）联结成三角形低速正向旋转。

当 M1 转速升高到一定值（120r/min）时，KS 常闭触头（13—15）分断，KM1 线圈失电释放，M1 脱离正转电源；由于 KS 常开触头（13—18）闭合，KM2 线圈经（1—2—3—13—18—19—0）得电动作，M1 反接制动。

当 M1 转速下降到一定值（100r/min）时，KS 常开触头（13—18）分断，KM2 线圈失电释放；KS 常闭触头闭合，KM1 线圈又得电动作，M1 又恢复起动。

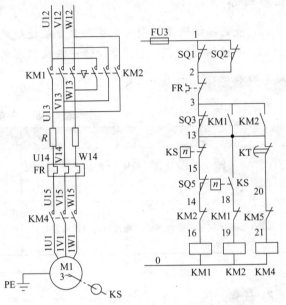

图 2-5-16　M1 停车时主轴变速冲动控制电路

M1 重复上述过程，间歇地起动与反接制动，处于冲动状态，有利于齿轮良好啮合。

3）推回手柄：只有在齿轮啮合后，才可能推回手柄。压动 SQ3 和 SQ5，SQ3 常开触头（4—9）闭合，SQ3 常闭触头（3—13）和 SQ5 常闭触头（15—14）分断，切断 M1 的电源，M1 停转。

（4）M1 在高速正向转动时主轴变速控制

1）手柄在原位：压动 SQ3 和 SQ5。KA1、KM3、KT、KM1、KM5 等线圈得电动作，KS1 常开触头（13—18）闭合的情况下高速正向转动（见图 2-5-8）。

2）拉出手柄，转动变速孔盘：SQ3 和 SQ5 复位，它们的常开触头分断，SQ3 常闭触头（3—13）和 SQ5 常闭触头（15—14）闭合，使 KM3、KT1 线圈失电，进而使 KM1、KM5 线圈也失电，切断 M1 的电源。

继而 KM2 和 KM4 线圈得电动作，M1 串入限流电阻 R 反接制动。当制动结束，由于 KS 常闭触头（13—15）闭合，KM1 线圈得电控制 M1 正向低速冲动，以利齿轮啮合。

3）推回手柄：如齿轮已啮合，才可能推回手柄。SQ3 和 SQ5 又被压动，KM3、KT、KM1、KM4 等线圈得电动作，M1 先正向低速起动，后在 KT 的控制下，自动变为高速（新转速）转动。

2. 进给变速原理分析

其工作原理与主轴变速时相似。拉出进给变速手柄，使限位开关 SQ4 和 SQ6 复位，推入手柄则压动它们。

3. 实际走线路径分析

（1）主电路部分　与主轴点动控制电路相同，不再重述。

（2）控制电路部分　KM1 线圈回路如下：

FR 常闭触头 $\xrightarrow{3^{\#}}$ XT1 $\xrightarrow{3^{\#}}$ XT2 $\xrightarrow{3^{\#}}$ XT3 $\xrightarrow{3^{\#}}$ SQ3 常闭触头 $\xrightarrow{13^{\#}}$ XT3 $\xrightarrow{13^{\#}}$

$\xrightarrow{13^{\#}}$ XT2 $\xrightarrow{13^{\#}}$ KS 常闭触头 $\xrightarrow{15^{\#}}$ XT2 $\xrightarrow{15^{\#}}$ XT3 $\xrightarrow{15^{\#}}$ SQ5 常闭触头 $\xrightarrow{14^{\#}}$

$\xrightarrow{14^{\#}}$ XT3 $\xrightarrow{14^{\#}}$ XT2 $\xrightarrow{14^{\#}}$ XT1 $\xrightarrow{14^{\#}}$ KM2 常闭触头 $\xrightarrow{16^{\#}}$ KM1 线圈 $\xrightarrow{0^{\#}}$ TC(110V)

KM2 线圈回路如下：

FR 常闭触头 $\xrightarrow{3^{\#}}$ XT1 $\xrightarrow{3^{\#}}$ XT2 $\xrightarrow{3^{\#}}$ XT3 $\xrightarrow{3^{\#}}$ SQ3 常闭触头 $\xrightarrow{13^{\#}}$ XT3 $\xrightarrow{13^{\#}}$

$\xrightarrow{13^{\#}}$ XT2 $\xrightarrow{13^{\#}}$ KS 常开触头 $\xrightarrow{18^{\#}}$ XT2 $\xrightarrow{18^{\#}}$ XT1 $\xrightarrow{18^{\#}}$ KM1 常闭触头 $\xrightarrow{16^{\#}}$

$\xrightarrow{16^{\#}}$ KM2 线圈 $\xrightarrow{0^{\#}}$ TC(110V)

KM4 线圈回路与主轴点动控制电路相同，不再重述。

二、刀架升降电气控制电路

1. T68 型镗床刀架升降电路原理分析

将 T68 型镗床主轴刀架升降电气控制电路单独画出，如图 2-5-17 所示。

具体是先将有关手柄扳动，接通有关离合器，挂上有关方向的丝杆，然后由快速操纵手柄压动位置开关 SQ8 或 SQ9，控制接触器 KM6 或 KM7 线圈动作，使快速移动电动机 M2 正转或反转，拖动有关部件快速移动。

1）将快速移动手柄扳到"正向"位置，压动 SQ9，SQ9 常开触头（24—25）闭合，KM6 线圈经（1—2—24—25—26—0）得电动作，M2 正向转动。

将手柄扳到中间位置，SQ9 复位，KM6 线圈失电释放，M2 停转。

2）将快速手柄扳到"反向"位置，压动 SQ8，KM7 线圈得电动作，M2 反向转动。

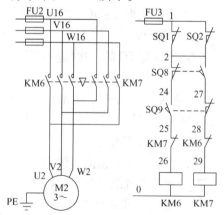

图 2-5-17　T68 型镗床刀架升降电气控制电路

2. 主轴箱、工作台和主轴机动进给联锁

为防止工作台、主轴箱与主轴同时机动进给，损坏机床或刀具，在电气电路上采取了相互联锁措施。联锁是通过两个并联的限位开关 SQ1 和 SQ2 来实现的。

当工作台或主轴箱的操作手柄板在机动进给时，压动 SQ1，SQ1 常闭触头（1—2）分断；此时如果压动 SQ2，SQ2 常闭触头（1—2）分断，两个限位开关的常闭触头都分断，切断了整个控制电路的电源，于是 M1 和 M2 都不能运转。

3. 实际走线路径分析

（1）主电路部分　正向快速进给路径如图 2-5-18 所示。

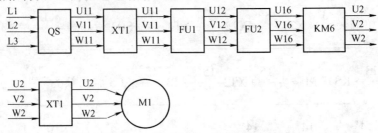

图 2-5-18　主电路正向快速进给路径图

反向快速进给将 KM6 换成 KM7 即可。

（2）控制电路部分　正向快速进给路径如下：

$$FU3 \xrightarrow{1^{\#}} XT1 \xrightarrow{1^{\#}} XT2 \xrightarrow{1^{\#}} XT3 \xrightarrow{1^{\#}} SQ2\ 常闭触头 \xrightarrow{2^{\#}} SQ8\ 常闭触头 \xrightarrow{24^{\#}}$$

$$\xrightarrow{24^{\#}} SQ9\ 常开触头 \xrightarrow{25^{\#}} XT3 \xrightarrow{25^{\#}} XT2 \xrightarrow{25^{\#}} XT1 \xrightarrow{25^{\#}} KM7\ 常闭触头 \xrightarrow{26^{\#}}$$

$$\xrightarrow{26^{\#}} KM6\ 线圈 \xrightarrow{0^{\#}} TC(110V)$$

反向快速进给与正向快速进给相似，读者有兴趣可自行分析。

三、辅助线路（照明、指示电路）

1. 原理分析

控制变压器 TC 的二次侧分别输出 24V 和 6V 电压（照明、指示电路参见 T68 型镗床原理图的 9 区、10 区、11 区），作为机床照明灯和指示灯的电源。EL 为机床的低压照明灯，由开关 SA 控制，FU4 做短路保护；HL 为电源指示灯，当机床电源接通后，指示灯 HL 亮，表示机床可以工作。

2. 实际走线路径分析

分析方法与车床相似，读者有兴趣可自行分析。

四、常见电气故障分析和检修

1. 主轴变速或进给变速冲动电气控制电路常见电气故障

T68 型镗床主轴变速电气故障有主轴变速手柄拉出后，主轴电动机 M1 不能冲动；或者变速完毕，合上手柄后，主轴电动机 M1 不能自动开车。

当主轴变速手柄拉出后，通过变速机构的杠杆、压板使位置开关 SQ3 动作，主轴电动机断电而制动停车。速度选好后推上手柄、位置开关动作，使主轴电动机低速冲动。位置开关 SQ3 和 SQ5 装在主轴箱下部，由于位置偏移、触头接触不良等原因而完不成上述动作。又因 SQ3、SQ5 是由胶木塑压成型的，由于质量等原因，有时绝缘击穿，造成手柄拉出后，尽管 SQ3 已动作，但由短路接通，使主轴仍以原来转速旋转，此时变速将无法进行。

2. 刀架升降电气控制电路常见电气故障

这部分电路比较简单，若无快速进给，则检查位置开关 SQ8、SQ9 和接触器 KM6、KM7

的触头和线圈是否完好；有时还需要检查一下机构是否正确地压动位置开关。

 任务准备

根据任务，选用工具、仪表、耗材及器材，见表 2-5-9。

表 2-5-9　工具、仪表、耗材及器材明细

序号	名称	型号与规格	单位	数量
1	万能铣床	X62W 型	台	1
2	电工通用工具	验电器、钢丝钳、螺钉旋具(一字形和十字形)、电工刀、尖嘴钳、活扳手、剥线钳等	套	1
3	万用表	自定	块	1
4	绝缘电阻表	型号自定，或 500V、0 ~ 200MΩ	台	1
5	钳形电流表	0 ~ 50A	块	1
6	劳保用品	绝缘鞋、工作服等	套	1

任务实施

学生分组按照每人一台机床进行排除故障练习。教师在每台 T68 型镗床上设置主轴变速或进给电路故障一处，让学生预先知道，练习一个故障点的检修。在掌握一个故障点的检修方法的基础上，再设置两个或两个以上故障点，故障现象尽可能不相互重合。如果故障相互重合，按要求应有明显检查顺序。

1. 操作要求

1）此项操作可带电进行，但必须有指导教师监护，确保人身安全。

2）在检修过程中，测量并记录相关元器件的工作情况（触头通断、电压、电流）。

3）定额时间为 30 分钟。

2. 检测情况记录（见表 2-5-10）

表 2-5-10　T68 型镗床电路检测情况记录表

元器件名称	元器件状况（外观、断电电阻）	工作电压	工作电流	触头通断情况	
				操作前	操作后

3. 操作注意事项

1）操作时不要损坏元器件。

2）各控制开关操作后，要复位。

3）排除故障时，必须修复故障点，严禁扩大故障范围或产生新故障。检修过程中不要损伤导线或使导线连接脱落。

4）检修所用工具、仪表等符合使用要求。

4. 故障排除举例

故障一：M1 能反接制动，但制动为零时不能进行低速冲动

（1）观察故障现象　合上电源开关 QS，主轴变速手柄拉出后，M1 能反接制动，但制动为零时不能进行低速冲动。

（2）判断故障范围　根据故障现象，判断故障可能为：SQ3、SQ5 位置移动，触头接触不良等致使 SQ3（3—13）、SQ5（14—15）不能闭合或 KS 常闭触头不能闭合。

（3）查找故障点　采用电压分阶测量法检查，如图 2-5-19 所示。

1）万用表选择开关拨至交流"250V"挡。

2）将黑表笔接在选择的参考点 TC（0#）上。

3）合上电源开关 QS，拉出主轴变速手柄，红表笔依次测量以下各点：

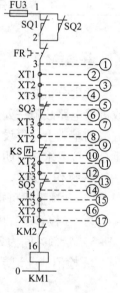

①热继电器 FR 常闭触头（3#），测得电压值 110V 为正常；

②接线端子 XT1（3#），测得电压值 110V 为正常；

③接线端子 XT2（3#），测得电压值 110V 为正常；

④接线端子 XT3（3#），测得电压值 110V 为正常；

⑤位置开关 SQ3 常闭触头（3#），测得电压值 110V 为正常；

⑥位置开关 SQ3 常闭触头（13#），测得电压值 110V 为正常；

⑦接线端子 XT3（13#），测得电压值 110V 为正常；

⑧接线端子 XT2（13#），测得电压值 110V 为正常；

⑨速度继电器 KS 常闭触头（13#），测得电压值 110V 为正常；

⑩速度继电器 KS 常闭触头（15#），测得电压值 0V 不正常；说明故障就在此处，KS 常闭触头开路。

图 2-5-19　故障一检修步骤

（4）排除故障　断开 QS，更换或修复速度继电器 KS。

（5）通电试车　通电检查镗床各项操作，符合技术要求。

故障二：主轴电动机 M1 起动运转，拉出主轴变速手柄，主轴电动机 M1 仍以原来转向和转速旋转，M1 不能冲动

（1）观察故障现象　合上电源开关 QS，按下按钮 SB2，主轴电动机 M1 起动运转，拉出主轴变速手柄，主轴电动机 M1 仍以原来转向和转速旋转，M1 不能冲动。

（2）判断故障范围　根据故障现象，判断故障可能为：SQ3 常闭触头不能分断。

（3）查找故障点　采用电阻法测量检查。

1）万用表选择开关拨至"$R \times 10\Omega$"挡，调零。

2）断开电源开关，检查 SQ3 常闭触头（3—13），拉出主轴变速手柄，测量 SQ3 常闭触头（3—13），正常时应该不导通，否则为不正常。

（4）排除故障　断开电源开关 QS，更换位置开关 SQ3 触头。

（5）通电试车 通电检查镗床各项操作，符合技术要求。

故障三：将快速移动手柄扳到"反向"位置，无吸合声，M2 不运转

（1）观察故障现象 合上电源开关 QS，将快速移动手柄扳到"正向"位置（即向外拉手柄），M2 运转；将手柄扳到中间位置，M2 停转；将快速移动手柄扳到"反向"位置（即向里推手柄），无吸合声，M2 不运转。

（2）判断故障范围 由于 M2 正转运行正常，反转运行不正常，并且 KM7 不吸合，可判断故障应该在：

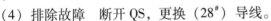

$$SQ8\ 常闭触头 \xrightarrow{2^{\#}} SQ8\ 常开触头 \xrightarrow{27^{\#}} SQ9\ 常闭触头 \xrightarrow{28^{\#}} XT3 \xrightarrow{28^{\#}}$$

$$\xrightarrow{} XT2 \xrightarrow{28^{\#}} XT1 \xrightarrow{28^{\#}} KM6\ 常闭触头 \xrightarrow{29^{\#}} KM7\ 线圈 \xrightarrow{0^{\#}} KM6\ 线圈$$

（3）查找故障点 采用电压分阶测量法检查，如图 2-5-20 所示。

1）将万用表选择开关拨至交流电压"250V"挡。

2）将红表笔接在选择的参考点 TC（110V）上。

3）合上电源开关 QS，黑表笔依次测量控制电路以下各点：

① KM7 线圈（$0^{\#}$），测得电压值 110V 为正常；

② KM7 线圈（$29^{\#}$），测得电压值为 110V 为正常；

③ KM6 常闭触头（$29^{\#}$），测得电压值 110V 为正常；

④ KM6 常闭触头（$28^{\#}$），测得电压值 110V 为正常；

⑤接线端子 XT1（$28^{\#}$），测得电压值 110V 为正常；

⑥接线端子 XT2（$28^{\#}$），测得电压值 110V 为正常；

⑦接线端子 XT3（$28^{\#}$），测得电压值 0V 不正常；说明故障就在此处，接线端子 XT2 与接线端子 XT3 之间的连接导线（$28^{\#}$）开路。

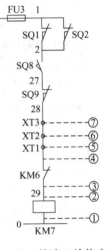

图 2-5-20 故障三检修步骤

（4）排除故障 断开 QS，更换（$28^{\#}$）导线。

（5）通电试车 通电检查镗床各项操作，符合技术要求。

检查评议

检查评议表参见表 2-1-7。

问题及防治

1）检查故障时，首先要认清故障回路及故障元器件的具体位置。

2）镗床的各控制开关多，观察故障现象时要认清各控制开关位置。

考证要点及单元练习

一、考证要点

维修电工职业资格证的考核分为理论知识考核和技能操作考核两部分。

（一）理论知识考核要点

1. 识图知识

1）T68 型镗床所用低压电器的图形符号和文字符号。

2）T68 型镗床控制电路图的识读。

2. 低压电器知识

T68 型镗床所用低压电器的结构、类型、在本电路中的作用，工作原理。

3. 电力拖动控制知识

T68 型镗床的结构、运动形式及电气控制电路原理。

4. 电工仪表知识

1）万用表的型号、规格、选择及使用与维护方法。

2）绝缘电阻表的型号、规格、选择及使用与维护方法。

3）钳形电流表的型号、规格、选择及使用与维护方法。

（二）技能操作考核要点

1. 常用电工工具、仪表的使用与维护

1）常用电工工具的使用。

2）万用表的使用与维护。

3）绝缘电阻表的使用与维护。

4）钳形电流表的使用与维护。

2. 电路故障判断及修复

1）机床电气故障检修的一般步骤和方法。

2）T68 型镗床电路常见电气故障维修。

3. 安全文明生产

1）劳动保护用品穿戴整齐。

2）工具仪表佩戴齐全。

3）遵守操作规程，讲文明礼貌。

4）操作完毕清理好现场。

二、单元练习

（一）选择题

1. T68 型镗床主轴电动机点动时，M1 定子绕组接成（　　　）。

A. 丫　　　　　　　　　　　　B. △

C. 双丫　　　　　　　　　　　D. 双△

2. T68 型镗床主轴电动机停车制动采用（　　　）。

A. 反接制动　　　　　　　　　B. 能耗制动

C. 电磁离合器制动　　　　　　D. 电磁制动

3. T68 型镗床主轴电动机采用双速电动机是因为（　　　）。

A. 减小机械冲击　　　　　　　B. 减小起动电流

C. 使主轴调速范围增大　　　　D. 提高电动机的输出功率

（二）判断题

1. T68 型镗床主轴电动机采用双速电动机，所以其主轴只有两种速度。（　　　）

2. T68 型镗床主轴电动机高速运行先低速起动的原因是为了减小起动电流。（　　　）

3. 检修 T68 型镗床主轴电动机制动故障时，必须在主轴正反转起动运行正常的情况下进行。　　　　　　　　　　　　　　　　　　　　　　　　　　　　（　　）

（三）问答题

1. 简述 T68 型镗床的操作步骤。

2. 简述 T68 型镗床的运动形式。

3. 简述 T68 型镗床主轴电动机的反转起动控制过程。

4. 简述 T68 型镗床主轴电动机高速运行时，首先要低速起动的原因。

5. T68 型镗床控制电路中的时间继电器有什么作用？

6. 简述 T68 型镗床进给变速冲动电气控制电路原理。

（四）操作练习题

1. 检修 T68 型镗床主轴电动机只有一个方向能起动，另一个方向不能起动的电气电路故障。

2. 检修 T68 型镗床主轴电动机不能正反转起动的电气电路故障。

3. 检修 T68 型镗床主轴电动机只有低速挡，没有高速挡的电气电路故障。

4. 检修 T68 型镗床主轴电动机在高速挡起动，但运行在低速挡的电气电路故障。

5. 检修 T68 型镗床主轴电动机在高速挡时，低速起动后不向高速转移而自动停止的电气电路故障。

6. 检修 T68 型镗床主轴电动机无变速冲动的电气电路故障。

7. 检修 T68 型镗床没有制动的电气电路故障。

8. 检修 T68 型镗床快速进给电动机不能正常运转的电气电路故障。

9. 检修 T68 型镗床指示灯不亮的电气电路故障。

10. 检修 T68 型镗床照明灯不亮的电气电路故障。

【练习要求】

1. 在 T68 型镗床上，人为设置隐蔽故障 3 处，其中主电路 1 处，控制电路 2 处。

2. 学生排除故障过程中，教师要进行监护，注意安全。

3. 学生排除故障过程中，应正确使用工具和仪表。

4. 排除故障时，必须修复故障点并通电试车。

5. 安全文明操作。

操作练习题评分标准见表 1-1-42。

参 考 文 献

［1］ 田淑珍. 工厂电气控制设备及技能训练［M］. 北京：机械工业出版社，2007.

［2］ 王兵. 常用机床电器维修［M］. 北京：中国劳动社会保障出版社，2006.

［3］ 孟凡伦，等. 维修电工生产实习［M］.2 版. 北京：中国劳动出版社，1997.

［4］ 张秉淑. 电力拖动控制线路［M］.2 版. 北京：中国劳动出版社，1994.

［5］ 刘玉章. 电工工艺训练［M］. 北京：高等教育出版社，2009.

［6］ 李敬梅. 电力拖动控制线路与技能训练［M］. 北京：中国劳动社会保障出版社，2001.

机 械 工 业 出 版 社

教师服务信息表

尊敬的老师：

您好！感谢您多年来对机械工业出版社的支持与厚爱！为了进一步提高我社教材的出版质量，更好地为职业教育的发展服务，欢迎您对我社的教材多提宝贵意见和建议。另外，如果您在教学中选用了《常用电力拖动控制线路安装与维修（任务驱动模式)》（冯志坚 邢贵宁 主编）一书，我们将为您免费提供与本书配套的电子课件。

一、基本信息

姓名：＿＿＿＿＿＿ 性别：＿＿＿＿＿＿ 职称：＿＿＿＿＿＿ 职务：＿＿＿＿＿

学校：＿＿＿＿＿＿＿＿＿＿＿＿＿＿＿＿＿＿＿＿＿ 系部：＿＿＿＿＿

地址：＿＿＿＿＿＿＿＿＿＿＿＿＿＿＿＿＿＿＿＿＿ 邮编：＿＿＿＿＿

任教课程：＿＿＿＿＿＿＿＿ 电话：＿＿＿＿＿＿（O）手机：＿＿＿＿＿

电子邮件：＿＿＿＿＿＿＿ qq：＿＿＿＿＿＿＿ msn：＿＿＿＿＿

二、您对本书的意见及建议

（欢迎您指出本书的疏误之处）

三、您近期的著书计划

请与我们联系：

100037 北京市西城区百万庄大街 22 号机械工业出版社·技能教育分社 陈玉芝 收

Tel：010-88379079

Fax：010-68329397

E-mail：cyztian@ gmail. com 或 cyztian@ 126. com